水利工程施工设计研究

李彦博　施建业　马文飞 ◎ 著

吉林科学技术出版社

图书在版编目（CIP）数据

水利工程施工设计研究 / 李彦博，施建业，马文飞
著. -- 长春：吉林科学技术出版社，2023.7
ISBN 978-7-5744-0764-0

Ⅰ．①水… Ⅱ．①李… ②施… ③马… Ⅲ．①水利工
程－施工设计－研究 Ⅳ．①TV222

中国国家版本馆 CIP 数据核字(2023)第 155279 号

水利工程施工设计研究

著	李彦博　施建业　马文飞
出 版 人	宛　霞
责任编辑	张伟泽
封面设计	金熙腾达
制　版	金熙腾达
幅面尺寸	185mm × 260mm
开　本	16
字　数	288 千字
印　张	12.75
印　数	1–1500 册
版　次	2023年7月第1版
印　次	2024年2月第1次印刷

出　版	吉林科学技术出版社
发　行	吉林科学技术出版社
地　址	长春市福祉大路5788号
邮　编	130118
发行部电话/传真	0431-81629529 81629530 81629531
	81629532 81629533 81629534
储运部电话	0431-86059116
编辑部电话	0431-81629518
印　刷	三河市嵩川印刷有限公司

书　号	ISBN 978-7-5744-0764-0
定　价	80.00元

前　言

　　水是国民经济的命脉，也是人类发展的命脉。随着我国经济的高速发展和人们生活质量的不断提高，人们对水利工程建设的要求也越来越高。水利工程是我国民生事业的基础，而水利工程设计方案则为工程施工建设工作提供了方案指导，设计方案的科学性与合理性自然也就影响工程最终的质量和价值。因此，水利工程建设不仅要注重工程建设质量，同时还对水利工程设计等方面提出了很高的要求。水利工程施工是按照设计提出的工程结构、数量、质量及环境保护等要求，研究从技术、工艺、材料、装备，组织和管理等方面采取相应的施工方法和技术措施，以确保工程建设质量，经济、快速地实现设计要求的一门独立的科学。水利工程建设中，良好的施工设计是保证工程施工顺利进行的关键，一旦施工设计存在问题，水利工程的施工进度、施工质量等都会受到不同程度的影响。因此，应通过加强前期准备工作、完善组织流程、在设计中融入生态理念等对策强化施工设计质量，促进水利工程施工设计质量提高。

　　本书是水利工程施工设计研究方向的著作，从水利工程施工概述介绍入手，针对水利工程概述、水利工程施工技术、水利工程施工设计进行了分析研究；另外对施工导流与爆破施工、地基处理与基础工程施工做了一定的介绍；还剖析了土方石施工、水闸和渠系建筑物施工等内容；最后对水利工程施工组织设计进行了探讨。这对于探索和引导水利工程施工设计优化提供了正确的途径和方法，对进一步加强水利工程施工设计优化价值理念的研究具有重要的理论意义和现实意义。

　　本书在写作过程中，引用了大量的规范和参考书籍，未在书中一一注明，在此向有关作者表示感谢！由于写作时间仓促、作者水平有限，书中难免存在缺点和疏漏之处，望广大读者给予指正。

目　录

第一章　水利工程施工概述

水利工程是为控制和调配自然界的地表水及地下水，达到兴利除害的目的而修建的工程，也称为水工程。水是人类生产和生活必不可少的宝贵资源，但其自然存在的状态并不完全符合人类的需要。因此只有修建水利工程，控制水流，防止洪涝灾害，并进行水量的调节和分配，才能满足人们对水资源的需要。水利工程需要修建坝、堤、溢洪道、水闸、进水口、渠道、渡槽、筏道、鱼道等不同类型的水工建筑物，以实现其目标。

第一节　水利工程概述

一、现代水利工程治理的相关概念

（一）水利工程管理的定义

水利工程建成后，只有通过科学管理，才能发挥最佳综合效益。水利工程管理主要服务于防洪、排水、灌溉、发电、水运、水产、工业用水、生活用水以及改善环境等方面。

从广义上讲，水利工程管理就是通过法律、经济和技术手段保护及合理运用已建成的水利工程，使其充分发挥防汛抗旱、水资源配置、水生态保护功能，为农业、工业、城乡用水和经济发展提供可靠的保障。

从狭义上讲，对于水利工程管理具体工作人员而言，水利工程管理是对已建成的水利工程进行依法管理、安全监测、养护修理和调度运行，以保障工程正常运行，充分发挥工程效益。

水利工程管理包括：确保工程安全，避免工程受到人为或非人为因素的破坏；完善水利工程的各项功能，发挥其兴利除害的社会效益和经济效益；确保水利工程不会发生决口、溃坝等重大事故，对各类风险进行严控；对水利工程进行日常的维修和养护；在水利工程运行中摸索经验，用实践检验工程设计、施工、运行的正确性，探索出一条可持续发展的道路，从而加快水利工程的建设步伐。

（二）从水利工程管理到水利工程治理

水利工程通过修建各种堤坝、溢洪道、水闸、沟渠等多种不同的水工建筑物改变水资源的时空分布，以实现开发利用和保护水资源的目的。一般来说，水利工程规模比较大，涵盖防洪、灌溉、水土保持、跨流域调水等多个方面，并与环境保护有直接联系。因此，人们对水利工程的要求越来越高。传统的水利工程不仅要适应社会经济发展需求，还要兼顾生态效益。基于这一目标，水利工作者致力将水利工程建设与生态环境保护有机地结合在一起，以实现可持续发展。水利工程管理从单一的管理朝着综合治理的方向迈进，也引申出了水利工程治理的新型定义。

在我国，"治理"一词有着悠久的历史。"大禹治水"中的"治"字就体现出古人的一种治理态度。治理比管理更加灵活多样，更具有广泛性。治理是一个正向发展的过程，而管理是一种实现期望的方法；治理需要多部门参与、联合完成，而管理的主体相对比较单一；治理以调控为主，而管理以支配为主；治理的目标是协调多方的利益、实现共赢，而管理的目标更侧重于维护管理主体的利益。

从水利工程管理到水利工程治理，两者虽然只有一字之差，却体现出两种截然不同的理念。从主体上看，"管理"的主体是政府，而"治理"的主体包括政府、社会组织乃至个人；从运行方式上看，"管理"由上而下、层次分明，往往存在"发号施令"的现象，过于强硬，充满人治的作风，而"治理"不再是完全行政化的命令式口吻，更多的是强调多部门相互协调和法治的作用，使法治成为协调各方的共同基础。通过法治途径，"治理"还能自下而上地对政府主体施加影响，所以水利工程治理不但体现了治理主体从一元转化成多元、治理方式由人治转化成法治，而且对水利工程治理能力提出了新的要求。

(三) 现代水利工程治理的概念

近年来，我国始终将推进国家治理体系和治理能力现代化作为全面深化改革的总目标。水利是国民经济的命脉，水利工程更是地方经济建设和社会发展不可或缺的先决条件。因此，构建水利工程治理体系是构建国家治理体系的重要组成部分。

现代水利工程治理应建立在符合市场经济的管理机制和规章制度的基础上；应采用先进技术及手段对水利工程进行科学控制运用；应突出各种社会组织乃至个人在治理过程中的主体地位；应为水利工程治理提供良好的法治保障；应具有掌握先进治理理念和治理技术的治理队伍；应在水利工程治理上本着以社会、经济、生态等综合效益为优先的原则，达到综合治理的目的。

二、水利工程及工程治理的必要性

在我国，水利工程是一项基本工程，在推动国家经济发展上发挥着重要作用。随着社会经济的发展，水利工程的数量不断增加，规模不断扩大，但水利工程的治理工作仍存在诸多不足，如果处理不当，将严重影响人民群众的切身利益。我国社会主要矛盾已经转化为人民日益增长的美好生活需要和不平衡不充分的发展之间的矛盾。这一论断同样科学地概括了我国水利工程管理的现状与矛盾，表明了我国水利工程治理的迫切性和必要性。

由于水在自然存在的状态下并不完全符合人类的要求，所以人类不断对其进行主观改造，修建各种各样的水利工程。水利工程也称水工程，是用于控制和调配自然界的地表水和地下水，达到除害兴利而修建的工程。水利工程需要修建堤坝、水闸、沟渠、溢洪道等众多不同类型的水工建筑物，以实现其目标。

三、水利工程治理的意义

在计划经济和国家单一投资体制下，水利工程建设管理以自营制为主要特征，各级政府的水行政主管部门通过下达指令性计划，安排所属单位从事水利工程的规划、设计、施工活动及相应阶段的管理工作，没有明确的单位对工程建设全过程负责，缺乏有效的激励机制，监督机制也不健全。

水利工程治理中存在的一系列问题是人与自然和谐发展的问题，是人类面向未来对可持续发展的认知问题。

随着社会经济的不断发展，水利工程的地位和作用也发生了转变，其不但事关防洪、供水、农业灌溉等方面，而且事关我国的经济发展和生态保护。从现实情况看，现代治水理念已朝着科学化、系统化、全局化转变，综合治理、全盘规划和可持续发展成为实现水资源保护、改善生态、服务人民、人水和谐等综合目标的重要途径。

四、水利工程的分类

按服务对象或建设目的，水利工程可分为防止洪水泛滥造成自然灾害的防洪工程，进行水力发电的水电工程，农业上防旱防涝的农田水利工程，排污排水并为城镇生产生活用水服务的城镇供排水工程，促进和保护渔业生产的渔业水利工程，改善水土流失、水污染并保障生态安全的水土保持工程，等等。同时，如果该水利工程兼有防洪、发电以及农业灌溉等多项功能，可称之为综合利用水利工程。

（一）水利工程的特点

1. 涉及面广

水利工程建设需要综合考虑施工所在地的气候环境、地形地貌、地理交通以及周边厂矿企业等外部因素，并结合实际，以唯物主义辩证法为指导，从水利工程主体与当地情况的契合度上分析论证，保证水利工程造福一方。

2. 涉及学科多

水利工程具有极强的专业性，需要相关学科提供技术保障。因此，水利工程要综合多方面因素，以科学为本，坚持理论指导工作的精神，以确保水利工程建设有序开展。水利工程要求工程技术人员必须具备工程设计、生态保护、水文观测、气象识别以及法律法规等专业知识，监理人员必须具备相应的监理资质才能上岗。

3. 复杂的未知因素

水利工程是在难以确切掌握的气象、水文、地质等自然条件下进行施工和运行的。这些不确定因素是不可抗拒的。因此，水利工程常常受到水的推力、浮力、渗透力、冲刷力等外力作用，存在一定的风险。

4. 管理困难

水利工程规模大、工期长、投资多、回报慢且技术复杂，因此必须按照基本建设程序和有关标准进行管理。但由于各地情况不同，施工管理标准在执行上存在困难，尚未形成一套完整的体系可供参考。这也是水利工程管理问题时有发生的原因之一。

（二）水工建筑物的分类

水工建筑物大体分为三类：挡水建筑物、泄水建筑物、专门水工建筑物。

1. 挡水建筑物

挡水建筑物是指阻挡水流并调节水位的建筑物，大体分为堤、坝两类。堤为沿河、沿湖或沿海的防水构筑物，多用土石等筑成。坝为横跨河道并拦截水的建筑物，或者河工险要处巩固堤防的建筑物。

2. 泄水建筑物

泄水建筑物是指能从水库安全可靠地放泄多余或需要水量的建筑物，常见的有：由河道分泄洪水的分洪闸、溢洪堤；低水头水利枢纽的滚水坝、拦河闸和冲沙闸；由渠道分泄入渠洪水或多余水量的泄水闸、退水闸；高水头水利枢纽的溢流坝、溢洪道、泄水孔、泄水涵管、泄水隧洞；由涝区排泄涝水的排水闸、排水泵站；等等。

3. 专门水工建筑物

专门水工建筑物是指为完成特定目标或任务的建筑物，常见的有：河渠中的分水闸、节制闸、冲沙闸、沉沙池、渡槽等；过坝设施中的船闸、升船机、筏道、鱼道等；水电站中的前池、调压室、压力水管、水电站厂房等。这些建筑物普遍具有地方性特点，如何设立需要视具体情况而定。

此外，有些建筑物仅在短期内发挥特定作用，可称为临时性水工建筑物，如围堰、导流隧洞等。但这些临时性水工建筑物也可能会"转正"，如有些导流隧洞可以根据实际要求改建成永久性泄水或引水隧洞。需要注意的是，很多水工建筑物由于功能交叉，并不能笼统地划归一类。比如，一些溢流坝既是挡水建筑物又是泄水建筑物，很难界定其分类。

（三）水利工程规划

水利工程规划的目的是全面合理地安排水资源，实现工程的安全、经济和高效，因此水利工程的规划必须严格按照科学的精神开展各项工作。

1. 确保水利工程规划的安全性

从科学角度出发，水利工程规划除了要发挥水利工程的基本功能外，还需要考虑水利工程的安全性。以河流水利工程为例，泥沙堆积、河道侵蚀等因素很容易滋生安全问题，水利工程必须得到足够的安全性保障，否则一旦出现险情，后果将不堪设想。水利工程中没有亡羊补牢的说法，任何教训都是无法承受的。因此，安全性要从一开始就纳入水利工程规划。

2. 确保水利工程规划的经济性

除了安全性之外，在水利工程规划中也要充分考虑工程建设成本的问题。这是一个无法回避的问题。只有从安全管理、成本管理以及风控等角度综合考虑，才能实现科学的成本控制，满足水利工程规划的经济性。所以，水利工程主体单位一定要保证资金合理使用，"好钢用在刀刃上"，杜绝资金浪费的情况发生。

五、现代水利工程治理的基本特征

作为一项科学性、综合性的工作，现代水利工程治理既包含业务管理工作又包含社会服务工作。现代水利工程治理应依托先进的科学技术，对传统的水利技术进行改造，按照科学的管理制度、创新的治水理念、先进的治理手段，通过对水资源的合理开发，在水利工程治理上实现智能化、法制化、规范化、多元化，最终实现水资源的可持续利用以及经济社会的可持续发展。

（一）治理手段智能化

治理手段智能化是指由现代通信与信息技术、计算机网络技术、行业技术、智能控制技术汇集而成的针对某一方面的应用。它有别于传统水利工程管理，先进的智能化管理手段是水利工程治理现代化的重要体现。只有不断探索治理新技术、新方法，引进国际先进治理经验和一流设施，增强治理工作科技含量，才能不断推动现代水利工程治理工作朝着数字化、信息化、智能化方向迈进，最终实现水利工程治理的现代化。

水库大坝自动化安全监测系统、水雨情自动化采集系统、水文预测预报信息化传输系统、运行调度和应急管理的集成化系统等智能化管理手段的应用，将使治理手段更强、治理水平更高。

（二）治理依据法制化

随着法治社会建设的不断推进，我国在水利方面的法制化进程也在不断深入。《水法》《防洪法》《中华人民共和国水土保持法》等多部法律为水利工程治理提供了法律保障。

加强水利工程治理，制定和细化有关政策、法规，不断丰富和完善水利工程建设管理体制和运行机制。健全的法制化是实现水利工程治理现代化的根本。只有制度的约束和法律的限制，才能实现规范、透明、廉洁、高效的水利行政管理，强化水利行政执法力度，确保水利行政工作的顺利开展。

严格执行河道管理范围内建设项目管理，抓好洪水影响评价报告的技术审查，健全水政监察执法队伍，防范控制水事违法案件的发生是实现水利工程治理现代化的重中之重。

（三）治理制度规范化

治理制度的规范化是现代水利工程治理的重要基础，只有将各项制度制定得详细且规范，单位职工照章办事，才能将水利工程治理的现代化提上日程。管理单位分类定性准确、机构设置合理、维修经费落实到位、实施管养分离是规范化的基础。单位职工竞争上岗，职责明确到位，建立激励机制，实行绩效考核，落实培训机制，人事劳动制度、学习培训制度、岗位责任制度、请示报告制度、检查报告制度、事故处理报告制度、工作总结制度、工作大事记制度、档案管理制度等各项制度健全是规范化的保障。控制运用、检查观测、维修养护等制度以及启闭机械、电气系统和计算机控制等设备操作制度健全，将治理工作专业化、制度化以及规范化，使各项工作有条不紊地展开，将治理工作真正落到实处。

（四）治理对象多元化

新时代赋予了水利工程治理的新目标：除了保障水利工程安全运行，还要追求水利工程的综合效益。与水利工程传统的社会效益、经济效益相比，生态环境效益等方面往往被人们忽视。所以，追求水利工程的综合效益是实现水利工程治理现代化的重要途径。

水利工程的社会效益是指修建工程比无工程情况下，在保障社会和谐、带动社会发展和增进人民福祉方面的作用。水利工程的经济效益是指在有工程和无工程的情况下，相比较增加的财富或减少的损失，它不但指在运行过程中征收回来的水费、电费等，而且是从国家或国民经济总体的角度分析，社会各个方面能够获得的收入。水利工程的生态环境效益是指修建工程比无工程情况下，对当地气候和生态环境进行改善，保持水土稳定，促进环境质量提升而获得的利益。

要使水利工程充分发挥良好的综合效益，达到现代化治理的目标，必须做到以下几点：首先，要树立现代治理观念，协调好人与自然、生态、水之间的关系，重视水利工程与经济社会、生态环境的协调发展；其次，要建立符合社会主义市场经济发展、适应新时代水利工程治理特点的一整套治理体系；最后，在采用先进治理手段的基础上，加强水利工程治理的标准化、制度化、规范化建设。

第二节　水利工程施工技术

一、水利工程中的施工技术相关概述

水利工程是利国利民的基础建设工程，其在施工建设的过程中有一个重要的工程内容就是修建大坝对河道进行疏通，此时极为重要的工作内容就是导流设计，其如果设计得当，那么对于工程建设的周期将有一定程度的缩减，使得工程建设能够提前完成，降低施工成本。此外，水利工程在正常导流后还需要做好施工前期工作，这主要需要根据施工区域的地质地理条件以及实际的施工情况，采用较为先进的地基处理技术来优化施工处的地基，从而实现对该施工区域地基的加固，以此实现地基的稳定。对于地基加固来说，还可以采用预应力锚固技术来利用预应力混凝土进行地基的固定，实现地基的稳定。开展以上工作后就是进行相关方面的施工，对于施工来说一个非常重要的施工技术就是大体积碾压混凝土技术，该技术是一种较为先进的大坝施工技术，其具有防渗性能强、混凝土体积小的优点，能够有效地实现高强度的土石压实填充，有助于提高工程进度和质量。

二、水利工程施工技术的几点思考

在社会飞速发展的今天，人们的生活水平越来越高。为了满足大众日益增多的需求，推动社会稳定发展，我们更应该做好水利工程施工技术的研究工作，从技术上不断地革新，不断地优化，只有这样水利工程才能够满足时代发展的需求。除此之外，工作人员更应该把握工程开展的具体状态，在工程开展过程中解决其中的问题，提升技术水平。

（一）水利工程施工的基本特点

在水利工程施工过程中有一些基本的特点：

第一，工程建设地的水流要合理地控制。大多数情况下，水利工程的施工地点都是在江河湖泊附近，所以水流带来的影响是非常巨大的。为了减少水流对于施工带来的影响，施工单位应该合理地控制水流，尽可能地减少水流的冲刷，这样才能够顺利地进行水利工程的建设。

第二，有较高的工程质量要求。水利工程开展过程中投资比较大，整体的工期较长，所以工程的施工质量直接影响到了建设投资是否能得到合理回报。如果施工质量无法达到要求，甚至会对下游地区的群众产生影响，严重的会造成生命财产损失，所以国家针对水利工程的具体施工提出了较为详细的质量要求。

第三，复杂性较强。由于整个水利工程的施工涉及了多个环节，会受到多种因素的影响，所以施工时间很长，也会受到气候的影响。绝大多数工程都是露天开展的，所以严寒、酷暑、暴雪、雪雨这些较为恶劣的天气，都会对工程进度产生一定的影响。

与此同时，由于工程量巨大，所以会涉及地质学气象学等多个学科还要涉及多个领域的专业知识，这就需要施工人员拥有较为专业的知识。由于水利工程开展过程中涉及的方面比较广需要各部门的支持，有时还会对居民的生活用水，以及交通运输产生一定的影响，所以整个工程开展过程中涉及的各方面内容十分复杂。

第四，准备时间较长。很多水利工程建设的地点都处于交通不便，或者是高山峡谷的地区。由于施工的时间比较长，所以前期要做好准备工作。有时候需要进行道路的铺设，或建设临时的生活办公地点。

（二）水利工程施工技术要点

1. 预应力锚固施工技术

所谓预应力锚固施工技术即通过一定的施工手段对需要施工目标进行加固的施工处理技术。预应力锚固施工技术有着较为广泛的用途，在水利工程中更是使用频繁。运用此技术后，加固目标更加牢固，能使得整体的水利水电施工工程有更强的稳定性。

2. 导流、围堰施工技术

大多数情况下，水利工程的建设和洪涝灾害有一定的关联。在洪涝灾害多发的地点会进行水利工程的建设。在治理洪涝灾害的过程中，不能仅仅通过修建堤坝来解决问题，因为自然灾害的力量巨大，可能会对人们的生命健康造成巨大的威胁。所以我们还可以建设水利工程进行导流围堰施工，既能够疏通水流，还能够把水流引走。

3. 坝体防渗与填筑技术

水利工程的建设有着工程量巨大和工程周期长的特点。所以，在整个工程开展过程中，往往会面临多种多样的问题。例如，坝体渗漏，如果不及时地修补，可能会带来巨大的工程问题。针对这个问题，应用较多的应对方法就是坝体防渗与填筑技术，应用这项技术就能够解决渗漏的问题。

三、水利工程施工技术的改进措施

科技进步为水利工程发展提供了坚实的技术支持，其广泛地应用于水利工程中。水利工程具有多种功能，其数量呈上升趋势。当前，国家高度重视水利工程建设。水利工程可以促进农业灌溉，能够防洪抗旱，因此，水利工程施工期间要严格把控每一个施工环节，切实提高施工质量。

（一）水利工程施工过程中常见的问题及其原因

1. 水利工程施工过程中常见的问题

随着现代化进程的不断推进和科学技术的不断发展，在国家政策的大力扶持下，我国水利工程行业得到了快速的发展。水利工程施工非常复杂，涵盖多个方面内容。当前，国家制定了许多水利工程规范和政策，虽然对施工起到了一定的规范作用，但是我国水利工程施工问题依然普遍存在。

水利工程施工问题多种多样，主要表现为水坠坝施工问题、土方施工问题、混凝土坝施工问题、软土地基施工处理问题和基坑排水施工问题。

2. 水利工程施工过程中出现问题的原因

一是部分施工单位不按照既定程序进行操作，水利工程施工期间存在违规操作现象，这就给水利工程质量埋下了隐患；二是水利工程施工选址时没有做好地质勘测工作，水利工程地质资料不正确，如果水利工程施工期间发现所选地址不适合开发，然后进行重新选址，这样不仅耽误工期，还会造成人力、物力、财力的极大浪费，给水利工程带来巨大的损失；三是在水利工程施工过程中，地基处理不合理，没有对其进行加固，严重影响水利工程施工进度和质量；四是水利工程设计出现问题，如工程结构设计不合理、简图绘制不正确、荷载取值不合理，设计不合理会给水利工程施工带来困难，严重影响水利工程施工进度；五是水利工程的建筑材料不合格，由于疏忽或者鉴别能力有限，采购人员采购的水利工程材料可能存在质量不合格现象，没有达到水利工程建筑使用的标准，材料质量问题同样会影响水利工程质量和工程施工进度；六是水利工程施工管理存在问题，如果水利工程施工单位不严格按照设计图纸进行施工，很容易造成水利工程施工偏差，导致水利工程出现质量问题。

（二）当前水利工程施工技术的改进措施

1. 加强对水利工程施工过程的监督管理

影响水利工程施工质量的因素非常多，每个施工环节都可能造成工程质量问题。因此，要做好水利工程施工过程的监督、管理工作，监管水利工程施工的每一个具体环节。

一是水利工程施工单位在设计和实施具体的施工方案时，要结合水利工程施工的实际情况，从水利工程施工技术、施工管理、资金支持等方面进行综合分析，确保水利工程施工方案的技术可行、资金分配合理；二是水利工程施工单位要加快施工进度，降低水利工程建设成本；三是要加强对水利工程施工过程的监督和管理，运用水利工程相关法律约束施工方的行为，让水利工程施工质量管理有法可依；四是要强化政府的监督作用，进一步保证水利工程的施工质量。

2. 保障水利工程施工的原材料质量

水利工程施工期间，原材料质量对水利工程质量起到决定性作用。因此，要想提高水利工程质量，人们就要对水利工程施工材料质量把好关。

一是水利工程施工之前要做好准备工作，水利工程施工单位要选择负责任、细心、工作经验丰富的人员去采购原材料；二是工作人员在采购原材料之前要做好详细的市场调查，掌握各种水利工程施工原材料的信息，选择最合适的、最可靠的原料供货商；三是即便工作人员选择了合适的供货商，水利工程施工材料检验员也要对材料进行严格检验，只有原材料的各种质量指标都达到水利工程施工的使用要求才可以投入使用；四是建材市场鱼龙混杂，水利工程施工单位要坚决把好原材料的质量关，不符合水利工程施工要求的原材料坚决不允许进入施工场地。

3. 要做好水利工程施工的质量验收工作

在水利工程施工过程中，事后控制施工质量是水利工程质量鉴定的一个重要环节。水利工程施工的事后控制合理到位，能够有效地提高水利工程施工质量问题的分析处理水平。一旦发现水利工程施工存在质量问题，要给予全面的登记与分析，明确提出处理这些问题的方案，提高水利工程施工质量，并及时查找原因，不断改进施工措施，保证水利工程的后续施工质量。水利工程施工环节的质量控制会直接影响水利工程的建设进度、质量水平与投资力度等，应进一步加强水利工程施工的质量控制，协调各部门的工作关系，提升水利工程施工质量，恰当处理水利工程施工进度、质量控制和投资的关系，发挥水利工程的综合效益。

4. 提高水利工程施工人员的专业技术水平

施工人员的技术水平对水利工程的施工质量有着重要影响。每个水利工程施工环节都需要专业的技术人员，但是施工人员的专业技术水平参差不齐。所以，水利工程施工单位要合理筛选施工人员，选择有一定水利工程施工技术基础的人员，同时要定期对技术人员进行培训，提升施工技术水平。

水利工程是极为重要的基础工程设施，对经济发展和环境保护都有重要价值，因此提高水利工程施工技术应用水平就显得十分重要。科学、有效的施工技术是水利工程施工质量的基础保障。水利工程是一项国家大力支持发展的基础建设项目，不仅关系到地方经济发展，还可以造福人民，改善区域生态环境。施工期间，施工单位应积极研究水利工程施工的新技术，严格把控水利工程施工的每一个环节。特别是防渗施工、桩基础施工等几个极为关键的环节。同时，要严格按照相关规范和施工工艺进行操作，加强对水利工程施工过程的管理，以便未来充分发挥水利工程的作用。

四、水利工程施工技术管理重要性

我国对于水利工程投入了大量的人力、物力和财力，这加快了我国水利事业的发展和进步，同时也由于多种外界因素的影响和制约，在水利工程当中，质量事故的问题还时有发生，给人们的生命财产安全造成了重大损失。为了可以更好地保证水利工程的施工质量，我们必须不断加强对水利工程的施工技术管理，更好地促进我国水利工程的长远发展。

（一）水利工程施工技术管理的内容和特点分析

1. 水利工程的施工管理内容分析

水利工程管理包括施工过程管理和工程竣收后的验收管理，水利工程建设主要由业主、承包方和三方联合管理监理单位所实施，并且将其作为主要管理内容。水利工程项目管理的最终目标就是为了可以更好地加强水利工程项目的管理，保证水利工程的施工质量和经济效益，用最少的经济投资来实现经济效益的最大化。在水利工程施工技术的管理过程当中，主要包括施工质量管理、施工过程管理和施工技术安全管理以及施工进度和施工造价管理等，有着严格的要求。建设单位和监理单位必须根据工程的实际情况制订出合理的施工组织计划，选择合理的建筑材料和施工机械设备，水利工程的承包单位还要严格按照组织计划来进行工程施工，并对工程施工现场的施工进度进行详细管理。监理单位还必须在施工现场当中实施严格的监督管理，更好地确保水利工程的施工进度和施工质量，满足业主的设计要求。

2. 水利工程施工管理的特点分析

水利工程属于工程施工项目之一，具有周期长、施工范围比较广的特点，总体建设规模非常庞大，这也造成我国水利工程在施工时具有较强的复杂性，尤其是在水利工程管理当中，内容更是十分多样。相关管理人员必须加强重视，并且还要积极分析水利工程的管理特点。从实际发展来看，水利工程很容易就会受到自然因素和人为因素的制约比如地震、洪水等各项自然灾害，都会严重影响水利工程的施工质量管理，这也造成我国水利工程施工管理的不确定性。在这种情况下，采取科学有效的施工管理措施就显得非常有必要，还属于提高水利工程施工管理的有效途径。

（二）水利工程施工技术管理的重要作用分析

水利工程具有自身特有的特点，这些特点决定了水利工程在施工过程当中周期非常长、需要用到的自然资源种类比较多、施工量比较大、流动性比较强等特点。同时又由于水利工程经常是在河流上进行，容易受到自然条件的影响等，很容易就会由于外界环境因素的影响而造成水利工程的施工质量不符合规定要求。对于一些偏远地区的水利工程建设来说，工程材料的运输非常困难，需要专门工作人员修建道路，修建道路和机械设备的进出场费都非常高，增加了整个工程的生产成本，降低了经济效益。水利工程项目的唯一性也造就了施工过程中的独特性，需要工作人员不断地加强对施工安全的重视程度，由于各个行业工程管理的内容都不一样，水利工程的工作人员就需要不断反复筛选施工方案，更好地保证水利工程项目的施工质量。当前，随着我国建筑行业管理体制改革的不断深化，以工程施工技术管理为核心的水利施工企业的经营管理体制也发生了很大变化。对于施工企业来说，既要为业主提供一个合格优良的建筑产品，同时，还要确保产品能够取得一定的经济效益和社会效益，这就要求管理人员能够对施工项目加强规范性管理，特别是要加强对工程质量、进度、成本的管理控制。施工人员还必须从项目的立项、规划、设计、施工以及竣工验收、资料归档、档案整理环节入手，整个过程都不能有任何的闪失和差错，否则引起的经济损失是不可估量的。在这当中，施工属于最为重要的一个环节，而且还可以更好地将设计图纸转换为实际过程，任何一道施工工序都会对水利工程的质量产生致命性的损失，因此，对于项目的现场施工管理必须不断地加强重视。

（三）完善我国水利工程项目施工技术管理的具体解决措施分析

1. 加强水利工程的运行管理，积极完善各项规章制度

根据国家一系列法律法规和规章制度的要求，再结合实际情况，制定了一系列管理方法和规章制度。在水利工程的具体施工当中，我们必须积极改变各种不良习惯操作，严格遵循好各项规章制度，认真做好各项设备的运行记录。同时，我们还要建立起运行分析管理制度，对仪表指示、运行记录、设备检查等各项问题和现象进行详细分析，及时找出问题产生的原因和规律，并对其采取相应的解决措施和应对对策。

2. 积极提高工作人员的施工技术水平，确保工程的安全性

在水利工程的施工过程当中，相应的技术管理也必须始终把安全放在首要位置，建立起健全的安全生产组织制度，采取一系列有效的管理措施，更好地提高工作人员的施工技术能力水平，利用相应的规章制度约束工作人员的行为。在制定好规章制度之后，我们还必须确保制度的落实，各种各样的经验和事例都说明安全生产和每个职工切身利益存在着非常紧密的联系，可以更好地提高工作人员按照规章制度执行工作的自觉性。

对于各种各样的安全事故，工作人员还要积极开展各项调查分析管理工作，及时填写各种调查报告和事故通报，而且工作人员在发生事故之后，还要不断总结，只有从思想上认识到问题产生的原因以后，才可以避免后续相似问题的产生，减少相应的经济损失。同时我们还要制定出相应的奖惩措施，制定出奖励和惩罚的制度规定，对于表现比较好的工作人员进行适当奖励。不仅可以从思想上也可以从物质上进行奖励，更好地提高工作人员的积极性和主动性。同时，对于一些表现不够良好的工作人员来说，还可以进行相应处罚，使其能够明白自身的缺点，积极改善自己的思想，充分提高整个工作队伍的积极性。在工作人员队伍当中，还要形成一种工作氛围，加强对安全生产的重要认识。水利工程属于一项技术性很高的工程，所以对于施工人员的要求就比较高，我们必须不断加强对施工人员的技术要求，更好地提高整个工程水平。

3. 不断加强技术监督管理能力

在"质量第一，安全第一"的前提下，必须根据水利工程的实际情况进行技术更新和技术改造工作，逐步将恢复设备性能转变到改良设备性能上，延长水利工程设备的检修周期、缩短工程周期、保证水利工程的检修质量，同时，还要积极学习各种新技术，掌握好新型工艺，熟悉新材料的物理化学性能和使用方法。对于工作人员来说，还要积极改变传统的工作方法和工作步骤，充分运用现代化网络技术和操作步骤，制定检修网络图，提高水利工程的检修质量，缩短工程周期，这也可以极大降低水利工程的能源消耗，提高水利工程的经济效益水平。如果想更好地提高水利工程的技术管理水平，还必须进行一定的技术监督管理工作，对于各种设备进行定期或者是不定期检测，了解各种设备的技术状况和变化规律，保证设备具有良好的运行状况。

随着当下我国经济水平的不断提高和进步，我国社会各个领域都得到了很大的发展和提高，水利建设事业也不例外，我国国内各个小型、中型工程建设项目大量出现，呈现出了一派繁荣的景象。在这种情况下，加强对水利工程施工技术的优化管理工作和水利工程企业管理人员的重视程度，就可以更好地解决水利工程当中出现的施工安全和施工质量方面问题，提高水利工程的质量和使用性能。

第三节 水利工程施工设计

一、水利工程设计质量优化管理

随着社会经济的不断发展，我国在基础设施工程项目领域的投资力度不断增大，相应带动了水利工程施工的发展。水利工程是指通过相应的工程措施，对自然界水资源进行科学、有效的控制，以实现除害兴利目的的工程，普遍具有规模大、施工技术复杂、建设周期长、施工条件复杂等特点，如出现质量问题，将造成巨大的损失。工程设计是水利工程施工的基础，直接影响着水利工程施工质量。因此，从水利工程设计主要干扰因素和问题入手，探究其质量优化管理对策，具有重要的现实意义。

（一）水利工程设计质量主要干扰因素分析

1. 水利工程市场干扰因素分析

由于水利工程施工的特殊性，水利工程多以政府投资为主，部分的项目法人在项目立项之后才确定，其中主要负责人以及相关技术人员普遍是临时抽调组成，在传统的粗放式管理理念影响下，表现出"侧重工程建设、轻视工程管理"的特点，技术人员调动较为频繁，项目法人的管理水平相对较低，无法有效发挥项目法人制的实际效用。这种背景下，如建设单位法律意识及质量管理意识薄弱，将项目委托给资质不过关或无资质的设计单位及个人进行设计，则较难保障设计质量。因此，须进一步强调项目法人制的管理作用，促进水利工程设计市场的规范性发展。

2. 勘测设计周期干扰因素分析

水利工程作为重要的基础设施工程，具有航运、发电、灌溉、抗洪等多种功能，我国将其定义为关系国家安全、经济安全以及生态安全的战略工程。部分水利项目为达到相应的国家投资竞争目的，急于项目立项，相应缩短了设计单位的设计时间。一方面，设计周期大幅缩短，导致设计人员技术研究仓促，部分项目由于时间限制不能得到有效的开展；另一方面，设计人员在赶工状态下，工作质量得不到有效的保障，易出现设计错误影响工程设计质量，最后导致设计成果送审不符合要求不予通过的问题。甚至有些项目在审批手续不全的情况下，抢先开工，严重违反水利工程建设程序规定，也会对施工质量造成严重的不良影响。

3. 设计单位质量管理意识薄弱

虽然我国质量管理整体发展状态良好，多数设计单位相继与国际接轨，接受相应的质量管理体系认证，并取得一定的成效和经验，但仍有部分设计单位不重视设计质量管理工作。此类公司仍普遍沿用传统的设计质量管理模式进行管理，质量体系文件落实较难保障，设计工作人员质量管理意识水平较低，在三级校审实际操作过程中，通常出现校审不严、签字草率等问题，导致设计质量水平始终得不到有效提升。

4. 专业配备缺失因素分析

国内多数甲级设计院具备完整的专业配备，符合大型综合水利工程设计的设计要求，具备相应的项目设计能力。但就部分乙、丙级设计单位而言，专业配备缺失问题较为明显，具体表现为专业人员配备不足、专业分工不明确等问题，通常一个项目仅有 3~5 人跟踪参与，虽然拥有一部分综合性专业人才，却仍不能满足项目设计实际需求，设计成果整体质量水平较低，专业分工界限较为模糊。

（二）强化水利工程设计优化管理的实际措施分析

1. 完善设计质量管理制度

制度是规范设计人员操作行为、提高设计人员质量管理意识的基本保障。水利工程设计涉及内容众多、相关规范标准较为繁杂，设计单位应结合水利工程设计相关标准，完善自身设计质量管理制度，明确设计人员各项操作标准，以提高设计成果质量。设计质量管理制度在内容上应全面包括设计人员各项设计操作，详细规定设计人员须遵守的规范标准，重点标注国家强制性条文内容，保障设计人员每项操作均有章可依，从根本上提高设计人员的质量管理意识，提高水利工程设计水平。

2. 加强设计人员培训

设计人员作为工程设计的直接参与者，其专业水平直接影响着工程设计质量。因此，设计单位应定期组织设计人员进行培训，以不断提高设计人员专业技能水平。设计人员培训应从专业技能培训和专业素质培训两个方面入手。专业技能方面，设计人员须加强设计标准学习，如设计人员对设计标准，尤其是强制性条文的理解出现偏差，将直接影响设计审核。同时，设计人员须加强设计操作学习，不断提高自身设计规范性、科学性，以提高工程设计质量；专业素质方面，设计单位应强化设计人员设计质量管理意识，通过案例学习、设计重点总结、工程设计研讨会等形式，不断强调工程设计的重要性，提高设计人员质量管理意识，端正设计人员工作态度，避免人为操作疏忽或失误，从而达到优化设计质量管理的目的。

3. 完善工程设计监督制度

水利工程普遍具有规模大、施工技术复杂、建设周期长、施工条件复杂等特点，其工程设计工作是一个系统的工作过程，通常分为多个设计阶段完成，针对不同的设计阶段，设计单位的工作重点和目标存在较大差异。因此，相关部门应加强各个阶段的设计监督力度，深入细化执行监督工作，以提高问题发现的及时性和准确性，从而达到优化设计质量管理的目的。设计单位在完成相应阶段的设计工作后，应定期公布工程设计实际情况，同时接受地方政府部门以及工程单位的监督。质量监督机构应积极配合建立相应的质量信息发布制度，对质量监督工作发现的信息进行实时分析和通报，以形成动态、系统的工程设计质量管理。

4. 加强水利工程设计责任管理

水利工程作为重要的基础设施工程，直接关系到国家安全、经济安全以及生态安全，如因施工设计问题导致工程事故或使用事故，将造成无可估量的损失。因此，应全面加强水利工程设计责任管理力度，通过制定责任管理制度，明确各设计部门、人员的设计职责，各参建单位设计人员对应自身岗位承担相应的设计责任，且设计责任管理为终身管理。相关部门应使用多元化管理体制进行水利工程设计方案管理，重点做好工程质量管理以及工程质量调控工作。对于因违反国家建设工程相关质量管理规定，或未有效履行自身工作职责，造成重大工程质量问题及安全事故的设计人员及相关单位，应依法追究其相关法律责任。

综上所述，水利工程具有规模大、施工技术复杂、建设周期长、施工条件复杂等特点，导致水利工程设计工作任务繁杂、质量干扰因素众多。就我国当前水利工程设计质量管理工作而言，虽然整体发展状态较好，但仍存在部分单位不重视设计质量管理、专业配置不全等问题，限制了水利工程质量管理的进一步发展。因此，设计单位及相关部门应从设计质量管理制度、人才培养等角度采取相应的措施，不断提高设计单位设计水平和规范性，强化工程设计质量监督管理力度，以提高水利工程设计质量管理整体水平，促进我国水利工程建设进一步发展。

二、水利工程中混凝土结构的优化设计

水利工程具有防洪、供水、灌溉等兴利除害的功能，水利工程具有规模较大、工期较长、施工难度较大等特点。混凝土结构由于成本比较低、整体性高等优点广泛应用于水利工程建设中，但由于混凝土结构设计难度比较大，在水利工程的建设过程中，也会出现一些问题，因此要科学应用混凝土结构，保证水利工程质量安全。

（一）水利工程混凝土结构设计的意义

水利工程通过修建堤坝、水闸、渡槽等水工建筑对水资源进行调控，通过这些水工建筑的兴建来预防或控制洪涝灾害和干旱灾害，满足社会生产和人民生活的需要。水利工程的规模比较大、工期比较长、施工技术难度比较高，一般来说，在水利工程中需要应用混凝土结构。混凝土是指将砂石、水泥、水按照一定比例进行混合配比，并以水泥为胶凝材料的建筑工程复合材料。混凝土与一定量的钢筋等构件进行配合使用，可以作为承重材料使用到各种建设工程项目中。由于混凝土结构具有良好的耐火性、耐久性、整体性，因此在大型建设工程项目中应用非常广泛，但混凝土结构在我国的水利工程项目中的应用时间比较短，应用经验比较少，尚有很多不足，所以研究如何对水利工程中的混凝土结构进行

优化设计，对我国水利工程建设具有非常重要的理论意义和实践价值。

（二）水利工程中混凝土结构优化设计

水利工程中混凝土结构设计的难度比较大、要求比较高，要综合考虑地形地貌、水文地质、环境气候等多种因素，保证混凝土结构具有良好的抗渗性、稳定性、可靠性。在水利工程项目中，对混凝土结构优化设计具体表现在以下几个方面：

1. 加强对混凝土结构的裂缝控制

裂缝控制是水利工程混凝土结构设计的重要内容，混凝土结构既要控制好承载力，也要把裂缝控制在国家强制标准和设计标准允许的范围内，并根据荷载、压力变化等参数来确定。水利工程中经常使用非常规杆件，裂缝要根据构件的烈性进行评估，并考虑断面作用力的变化问题。根据工程实际情况选择不同的养护方法，创造适当的温度和湿度条件，保证混凝土正常硬化。不同的养护方式对混凝土性能的影响也不同，最为常见的施工养护方法就是自然养护，除此之外还有干湿热、红外线、蒸汽等多种养护方式，标准的养护时间为 28 d，湿度不低于 95%。在自然养护的过程中，可以重点加强对温度和湿度的控制，减少混凝土表面暴露时间，防止水分快速蒸发。控制混凝土的里表温差以及表面降温速度，最终达到控制混凝土结构质量，优化混凝土结构设计的目的。

2. 加强对混凝土原材料的选择与合理配比

合理配比的混凝土是保证水利工程质量的关键，能够有效防止气泡、麻面、孔洞等问题的产生，可以选择细度 2.0~3.0 的砂，合理控制添加剂的比重。对混凝土进行充分振捣和搅拌，确保混凝土的和易性，避免离析，混凝土浇筑之前要确保模板支撑牢固，按照施工标准进行模板支撑和拆卸。钢筋要焊接牢固，禁止随意踩踏混凝土保护层的垫块，并保持垫块均匀牢固。

3. 围岩结构稳定性的优化设计

衬砌的布局对于水利工程的混凝土结构质量具有重要影响，在进行混凝土衬砌设计时，要注意围岩能够承载的水压力。水利工程混凝土结构设计的优化，要重点解决围岩承载力问题，在设计过程中，用平缓地面和陡坡地面确定最小覆盖厚度，厚度不足容易引起工程渗水。

4. 衬砌的优化设计

衬砌可分为开裂和抗裂两种衬砌，要根据工程设计要求和围岩承载力来确定衬砌方式。通过对混凝土衬砌与围岩进行联合作用模拟，形成二次应力，并在此基础上进行钢筋混凝土的支护，把衬砌配筋量控制在合理的范围内，达到最佳支撑效果。通过分析变形与裂缝产生的原因，进行岔管衬砌的布置。

5. 混凝土的温度和湿度计算

对于水利工程中的大体积混凝土温度计算主要通过温度场、应力、抗裂性三个方面进行。一般运用限元法和差分法进行应力计算和温度场计算，而且在进行应力计算的过程中，要考虑混凝土变化而导致的应力松弛。不同配比的情况下需要进行试验值与计算值的比较。

6. 基础资料完善、等级标准明确

要提高混凝土结构设计水平，首先要保证基础资料的真实、准确、完整。基础资料是进行混凝土结构设计的前提。要明确结构设计的等级标准，并考虑工程规模和建筑类别，保证混凝土结构设计质量的同时，实现有效的成本控制。完善水利工程监理制度，对水利工程混凝土结构的设计、施工、验收等过程进行监督和管理，保证施工质量和施工的连续性。

综上所述，水利工程对于周边居民的生产生活和生态环境有着非常重要的影响，混凝土结构在水利工程建设中发挥着重要作用，针对当前混凝土结构在水利工程建设中暴露的问题，在混凝土配比、裂缝控制、围岩稳定等方面进行设计优化，为实现高质量的水利工程奠定基础。

三、优化设计与水利工程建设投资控制

水利工程建设体系在不断发生着变化，针对水利工程的投资也逐渐多元化。

投资者都会对投资风险进行评估，控制资本投入，以最少的资本投入谋得最大的经济收益，节省下来的资金还能另投其他项目。对于整个水利工程建设，投资控制无不体现在各个阶段。当前的投资控制已经形成一套完善体系，通过对项目的实施方案、资本需要及可行性研究，有效地控制了投资规模，基本不会出现无底洞投资和工期无限期延长等现象。在投资控制方案设计上，对每一笔资金投入都进行严格估算，控制超额投资现象的发生，施工阶段实行严格的招标制度，有专门的监理部门全程监督从投标到中标整个流程，对于工程造价由审计部门进行审核，不合理部分一律修改，将预算投资合理化，使投资得到应有的控制。但是怎样优化设计投资控制，还没有得到广泛关注。

（一）优化设计对水利工程建设投资的影响

1. 设计方案直接影响工程投资

水利工程建设首先要进行项目决策和项目设计，这是投资控制的关键所在。而在项目实施阶段则无须进行投资控制了。在做出对项目进行投资的决策之后，就只有设计这一块了。

2. 设计方案间接影响工程投资

工程建设的增多，导致事故的增多，造成事故发生的众多因素中，有30%的是由于设计环节的责任。很多工程项目设计没有经过优化，实施起来各种不合理，严重影响正常的

施工。有的设计质量差，各单项设计方案之间存在矛盾，施工时需要返工，这就造成投资的浪费。

3. 设计方案影响经常性消耗

优化设计不但对项目建设中的一次性投资有优化作用，还影响着后期使用时经常性的消耗。比如，照明装置的能源消耗、维修与保养等。一次性投资与经常性消耗之间存在一定的函数关系，可以通过优化设计寻找两者的最优解，使整个工程建设的总投资费用减少。

（二）优化设计实行困难的原因

1. 主管部门对优化设计控制不力

长期以来，设计只对业主负责，设计质量由设计单位自行把关，主管部门对设计成果缺乏必要的考核与评价，仅靠设计评审来发现一些问题，重点涉及方案的技术可行性，而忽视方案的经济可行性。加之设计工作的特殊性，各个项目有各自的特点，因此针对不同项目优化设计的成果缺乏明确的定性考核指标。

2. 业主对于优化设计的重视程度不高

由于业主对于工程建设认识的局限性，所以他们习惯性地把目光放在施工阶段，而对设计阶段关注不多。出现这种现象的原因有：①在设计对投资影响力方面认识不足，只知道如何在设计上省钱，减少虚拟投入，而不知优化设计可以带来更多的经济利益和更好的工程建设；②在设计单位的选择上比较马虎，有些方案虽然通过招标等方式通过，但是方案的设计并不完善，很难对其进行综合评估；③业主本身专业知识不够，对于优化设计难以提出有价值的要求或建议；④某些业主财大气粗，根本不在乎对设计进行优化，项目建设只追求新颖。这些都是优化设计得不到开展的因素。

3. 优化设计的开展缺乏必要的压力和动力

目前的设计市场拼的是行业经营关系，缺乏公平竞争，设计单位的重心不在技术水平的提高上，只保证不出质量事故，方案的优化、造价的高低，关系不大，使优化设计失去压力。现在的设计收费是按造价的比例计取，几乎跟投资的节约没有关系，导致对设计方案不认真进行技术经济比较，而是加大安全系数，造成投资浪费。设计单位即使花费了人力、物力，优化了设计，也得不到应有的报酬，从而挫伤了优化设计的积极性。

4. 优化设计运行的机制不够完善

优化设计的运行须有良好的机制作为保证，而目前的状况是：①缺乏公平的设计市场竞争机制，设计招标未能得到推广和深化，地方、部门、行业保护严重；②价格机制扭曲，优化不能优价；③法律法规机制有待健全。

（三） 搞好优化设计的几点建议

1. 主管部门应加强对优化设计工作的监控

为保证优化设计工作的进行，开始可由政府主管部门来强制执行，通过对设计成果进行全面审查后方可实施。①建议建设行政主管部门加大审查力度，对设计成果进行全面审查；②加强对设计市场的管理力度，规范设计市场，减少黑市设计；③利用主管部门的职能，总结推广标准规范、标准设计，公布合理的技术经济指标及考核指标，为优化设计提供市场。

2. 加快设计监理工作的推广

优化设计的推行，仅靠政府管控还不能满足社会发展的要求，设计监理已成为形势所迫、业主所需。通过设计监理打破设计单位自己控制质量的局面。主管部门应在搞好施工监理的同时，尽快建立设计监理单位资质的审批条件，加强设计监理人才的培训考核和注册，制定设计监理工作的职责、收费标准等；通过行政手段来保障设计监理的介入，为设计监理的社会化提供条件。

3. 建立必要的设计竞争机制

为保证设计市场的公平竞争，设计经营也应采用招投标。①应成立合法的设计招标代理机构；②各地方主管部门应建立相应的规定，符合条件的项目必须招标；③业主对拟建项目应有明确的功能及投资要求，有编制完整的招标文件；④招标时应对投标单位的资质信誉等方面进行资格审查；⑤应设立健全的评标机构、合理的评标方法，以保证设计单位公平竞争。

设计单位为提高竞争能力，在内部管理上应把设计质量同个人效益挂钩，促使设计人员加强经济观念，把技术与经济统一起来，并通过室主任、总工程师与造价工程师层层把关，控制投资。

4. 完善相应的法律法规

优化设计的推广要有法律法规做保证，目前已有《水利建设项目经济评价规范》《建筑法》等实施规范，这些规范对设计方面的规定不够具体，为更好地监督管理设计工作，还应健全和完善相应法律法规，如设计监理、设计招投标、设计市场及价格管理等。进一步规范水利工程设计招标投标，出台维护水利勘察设计市场秩序的法规。

通过优化设计来控制投资是一个综合性问题，不能片面强调节约投资，正确处理技术与经济的对立统一是控制投资的关键环节。设计人员要用价值工程的理念来进行设计方案分析，要以提高价值为目标、以功能分析为核心、以系统观念为指针、以总体效益为出发点，从而真正达到优化设计效果。

第二章　施工导流与爆破施工

根据国内外水利建设的实践，水利工程施工的特点突出反映在水流控制上。水利水电工程施工常在河流上进行，受水文、气象、地形、地质等因素影响很大，不可避免地要控制水流，进行施工导流，以保证工程施工的顺利进行。在冰冻、降雪、雨天施工时，必须采用相应的措施，避免受气候影响，保证施工质量和施工进度。

爆破是利用炸药的爆炸能量对周围的岩石、混凝土或土等介质进行破碎、抛掷或压缩，从而达到预定的开挖、填筑或处理工程的目的。在水利工程施工中，爆破技术被广泛地应用于建筑物基础、隧洞与地下厂房的开挖，以及骨料开采、定向爆破筑坝和建筑物拆除等方面。

探索爆破的机理，了解炸药的性能，正确掌握各种爆破施工技术，对加快工程进度、保证工程质量和降低工程造价等都具有十分重要的意义。

第一节　施工导流

一、施工导流基础

（一）施工导流概述

1. 施工导流概念

水工建筑物一般都在河床上施工，为避免河水对施工的不利影响，创造干地的施工条件，需要修建围堰围护基坑，并将原河道中各个时期的水流按预定方式加以控制，并将部分或者全部水流导向下游。这种工作就叫施工导流。

2. 施工导流的意义

施工导流是水利工程建设中必须妥善解决的重要问题。主要表现是：

（1）直接关系到工程的施工进度和完成期限；

（2）直接影响工程施工方法的选择；

（3）直接影响施工场地的布置；

（4）直接影响到工程的造价；

（5）与水工建筑物的形式和布置密切相关。

因此，合理的导流方式，可以加快施工进度，缩短工期、降低造价，考虑不周，不仅达不到目的，有可能造成很大危害。例如，选择导流流量过小，汛期可能导致围堰失事，轻则使建筑物、基坑、施工场地受淹，影响施工正常进行，重则主体建筑物可能遭到破坏，威胁下游居民生命和财产安全；选择流量过大，必然增加导流建筑物的费用，提高工程造价，造成浪费。

3. 影响施工导流的因素

影响因素比较多，例如，水文、地质、地形特点；所在河流施工期间的灌溉、给水、通航、过木等要求；水工建筑物的组成和布置；施工方法与施工布置；当地材料供应条件等。

4. 施工导流的设计任务

综合分析研究上述因素，在保证满足施工要求和用水要求的前提下，正确选择导流标准，合理确定导流方案，进行临时结构物设计，正确进行建筑物的基坑排水。

5. 施工导流的基本方法

（1）基本方法有两种

①全段围堰导流法

用围堰拦断河床，全部水流通过事先修好的导流泄水建筑物流走。

②分段围堰导流法

水流通过河床外的束窄河床下泄，后期通过坝体预留缺口、底孔或其他泄水建筑物下泄。

（2）施工导流的全段围堰法

①基本概念

首先利用围堰拦断河床，将河水逼向在河床以外临时修建的泄水建筑物，并流往下游。因此，该法也叫河床外导流法。

②基本做法

全段围堰法是在河床主体工程的上、下游一定距离的地方分别各建一道拦河围堰，使河水经河床以外的临时或者永久性泄水道下泄，主体工程就可以在排干的基坑中施工，待主体工程建成或者接近建成时，再将临时泄水道封堵。该法一般应用在河床狭窄、流量较小的中小河道上。在大流量的河道上，只有地形、地质条件受限，明显采用分段围堰法不利时才采用此法导流。

③主要优点

施工现场的工作面比较大，主体工程在一次性围堰的围护下就可以建成。如果在枢纽工程中，能够利用永久泄水建筑物结合施工导流时，采用此法往往比较经济。

④导流方法

导流方法一般根据导流泄水建筑物的类型区分，如明渠导流、隧洞导流、涵管导流，还有的用渡槽导流等。

（3）施工导流的分段围堰法

①基本概念

分段围堰法施工导流，就是利用围堰将河床分期分段围护起来，让河水从缩窄后的河床中下泄的导流方法。分期，就是从时间上将导流划分成若干个时间段；分段，就是用围堰将河床围成若干个地段。一般分为两期两段。

②适宜条件

一般适用于河道比较宽阔、流量比较大、工程施工时间比较长的工程，在通航的河道上，往往不允许出现河道断流，这时，分段围堰法就是唯一的施工导流方法。

③围堰修筑顺序

一般情况下，总是先在第一期围堰的保护下修建泄水建筑物，或者建造期限比较长的复杂建筑物，例如，水电站厂房等，并预留低孔、缺口，以备宣泄第二期的导流流量。第一期围堰一般先选在河床浅滩一岸进行施工，此时，对原河床主流部分的泄流影响不大，第一期的工程量也小。第二期的部分纵向围堰可以在第一期围堰的保护下修建。拆除第一期围堰后，修建第二期围堰进行截流，再进行第二期工程施工，河水从第一期安排好了的地方下泄。

（二）围堰工程

1. 围堰概述

（1）主要作用

它是临时挡水建筑物，用来围护主体建筑物的基坑，保证在干地上顺利施工。

（2）基本要求

完成导流任务后，若对永久性建筑物的运行有妨碍，还需要拆除。因此，围堰除满足水工建筑物稳定、不透水、抗冲刷的要求外，还需要工程量要小，结构简单，施工方便，有利于拆除，等等。如果能将围堰作为永久性建筑物的一部分，对节约材料、降低造价、缩短工期无疑更为有利。

2. 基本类型及构造

按相对位置不同，分纵向围堰和横向围堰；按构造材料分为土围堰、土石围堰、草土围堰、混凝土围堰、板桩围堰，木笼围堰等多种形式。下面介绍几种常用类型：

（1）土围堰

土围堰与土坝布置内容、设计方法、基本要求、优缺点大体相同，但因其临时性，故在满足导流要求的情况下，力求简单，施工方便。

（2）土石围堰

这是一种石料做支撑体、黏土做防渗体、中间设反滤层的土石混合结构。抗冲能力比土围堰大，但是拆除比土围堰困难。

（3）草土围堰

这是一种草土混合结构。该法是将麦秸、稻草、芦苇、柳枝等柴草绑成捆，修围堰时，铺一层草捆，铺一层土料，如此筑起围堰。该法就地取材，施工简单，速度快，造价低，拆除方便，具有一定的抗渗、抗冲能力，容重小，特别适宜软土地基。但是不宜用于拦挡高水头，一般限于水深不超过 6m、流速不超过 3～4m/s、使用期不超过 2 年的情况。该法过去在灌溉工程中，现在在防汛工程中比较常用。

（4）混凝土围堰

混凝土围堰常用于在岩基土修建的水利枢纽工程，这种围堰的特点是挡水水头高，底宽小，抗冲能力大，堰顶可溢流，尤其是在分段围堰法导流施工中，用混凝土浇筑的纵向围堰可以两面挡水，而且可与永久建筑物相结合作为坝体或闸室体的一部。混凝土纵向或横向围堰多为重力式，为减小工程量，狭窄河床的上游围堰也常采用拱形结构。混凝土围堰抗冲防渗性能好，占地范围小，既适用于挡水围堰，更适用于过水围堰，因此，虽造价相对土石围堰较高，仍为众多工程所采用。混凝土围堰一般须在低水土石围堰保护下干地施工，但也可创造条件在水下浇筑混凝土或预填骨料灌浆，中型工程常采用浆砌块石围堰。混凝土围堰按其结构型式有重力式、空腹式、支墩式、拱式、圆筒式等。按其施工方法有干地浇筑、水下浇筑、预填骨料灌浆、碾压式混凝土及装配式等。常用的型式是干地浇筑的重力式及拱形围堰。此外还有浆砌石围堰，一般采用重力式居多。混凝土围堰具有抗冲、防渗性能好、底宽小、易于与永久建筑物结合，必要时还允许堰顶过水，安全可靠等优点，因此，虽造价较高，但在国内外仍得到较广泛的应用。例如，三峡、丹江口、三门峡、潘家口、石泉等工程的纵向围堰都采用了混凝土重力式围堰，其下游段与永久导墙相结合，刘家峡、乌江渡、紧水滩、安康等工程也均采用了拱形混凝土围堰。

混凝土围堰一般须在低水土石围堰围护下施工，也有采用水下浇筑方式的。前者质量容易保证。

（5）钢板桩围堰

钢板桩围堰是最常用的一种板桩围堰。钢板桩是带有锁口的一种型钢，其截面有直板形、槽形及 Z 形等，有各种大小尺寸及联锁形式。常见的有拉尔森式、拉克万纳式等。

其优点为：强度高，容易打入坚硬土层；可在深水中施工，必要时加斜支撑成为一个围笼，防水性能好；能按需要组成各种外形的围堰，并可多次重复使用。因此，它的用途广泛。

在桥梁施工中常用于沉井顶的围堰，它的用途广泛。有管柱基础、桩基础及明挖基础的围堰等。这些围堰多采用单壁封闭式，围堰内有纵横向支撑，必要时加斜支撑成为一个围笼。

在水工建筑中，一般施工面积很大，则常用以做成构体围堰。它系由许多互相连接的单体所构成，每个单体又由许多钢板桩组成，单体中间用土填实。围堰所围护的范围很大，不能用支撑支持堰壁，因此每个单体都能独自抵抗倾覆、滑动和防止联锁处的拉裂。常用的有圆形及隔壁形等形式。

①围堰高度应高出施工期间可能出现的最高水位（包括浪高）0.5~0.7 m。

②围堰外形一般有圆形、圆端形、矩形、带三角的矩形等。围堰外形还应考虑水域的水深，以及流速增大引起水流对围堰、河床的集中冲刷，对航道、导流的影响。

③堰内平面尺寸应满足基础施工的需要。

④围堰要求防水严密，减少渗漏。

⑤堰体外坡面有受冲刷危险时，应在外坡面设置防冲刷设施。

⑥有大漂石及坚硬岩石的河床不宜使用钢板桩围堰。

⑦钢板桩的机械性能和尺寸应符合规定要求。

⑧施打钢板桩前，应在围堰上下游及两岸设测量观测点，控制围堰长、短边方向的施打定位。施打时，必须备有导向设备，以保证钢板桩的正确位置。

⑨施打前，应对钢板桩锁口用防水材料捻缝，以防漏水。

⑩施打顺序从上游向下游合龙。

⑪钢板桩可用捶击、振动、射水等方法下沉，但黏土中不宜使用射水下沉办法。

⑫经过整修或焊接后钢板桩应用同类型的钢板桩进行锁口试验、检查。接长的钢板桩，其相邻两钢板桩的接头位置应上下错开。

⑬施打过程中，应随时检查桩的位置是否正确、桩身是否垂直，否则应立即纠正或拔出重打。

（6）过水围堰

过水围堰是指在一定条件下允许堰顶过水的围堰。过水围堰既担负挡水任务，又能在汛期泄洪，适用于洪枯流量比值大、水位变幅显著的河流。其优点是减小施工导流泄水建筑物规模，但过流时基坑内不能施工。

根据水文特性及工程重要性，提出枯水期5%~10%频率的几个流量值，通过分析论证，力争在枯水年能全年施工。在可能出现枯水期有洪水而汛期又有枯水的河流上施工时，可通过施工强度和导流总费用（包括导流建筑物和淹没基坑的费用总和）的技术经济比较，选用合理的挡水设计流量。为了保证堰体在过水条件下的稳定性，还需要通过计算或试验确定过水条件下的最不利流量，作为过水设计流量。

过水围堰类型：通常有土石过水围堰、混凝土过水围堰、木笼过水围堰三种。后者由于用木材多，施工、拆除都较复杂，现已少用。

①混凝土过水围堰过流消能

混凝土过水围堰过流消能型式为挑流、面流、底流消能，常用的为挑流消能和面流消能型式。对大型水利工程混凝土过水围堰的消能型式，尚须经水工模型试验研究比较后确定。

②混凝土过水围堰结构断面设计

混凝土重力式过水围堰结构断面设计计算，可参照混凝土重力式围堰设计；混凝土拱形过水围堰结构断面设计，可参照混凝土拱形围堰设计。在围堰稳定和堰体应力分析时，应计算围堰过流工况。围堰堰顶形状应考虑过流及消能要求。

（7）纵向围堰

平行于水流方向的围堰为纵向围堰。

围堰作为临时性建筑物，其特点为：

第一，施工期短，一般要求在一个枯水期内完成，并在当年汛期挡水。

第二，一般须进行水下施工，但水下作业质量往往不易保证。

第三，围堰常须拆除，尤其是下游围堰。

因此，除应满足一般挡水建筑物的基本要求外，围堰还应满足：

第一，具有足够的稳定性、防渗性、抗冲性和一定的强度要求，在布置上应力求水流顺畅，不发生严重的局部冲刷。

第二，围堰基础及其与岸坡连接的防渗处理措施要安全可靠，不致产生严重集中渗漏和破坏。

第三，围堰结构宜简单、工程量小，便于修建和拆除，便于抢进度。

第四，围堰型式选择要尽量利用当地材料，降低造价，缩短工期。

围堰虽是一种临时性的挡水建筑物，但对工程施工的作用很重要，必须按照设计要求进行修筑。否则，轻则渗水量大，增加基坑排水设备容量和费用；重则可能造成溃堰的严重后果，拖延工期，增加造价。这种惨痛的教训，以往也曾发生过，应引起足够的重视。

（8）横向围堰

拦断河流的围堰或在分期导流施工中围堰轴线基本与流向垂直且与纵向围堰连接的上下游围堰。

（三）导流标准选择

1. 导流标准的作用

导流标准是选定的导流设计流量，导流设计流量是确定导流方案和对导流建筑物进行设计的依据。标准太高，导流建筑物规模大、投资大；标准太低，可能危及建筑物安全。因此，导流标准的确定必须根据实际情况进行。

2. 导流标准确定方法

一般用频率法，也就是根据工程的等级，确定导流建筑物的级别，根据导流建筑物的级别，确定相应的洪水重现期，作为计算导流设计流量的标准。

3. 标准使用注意问题

确定导流设计标准，不能没有标准而凭主观臆断。但是，由于影响导流设计的因素十分复杂，也不能将规定看成固定的、一成不变的而套用到整个施工过程中去。因此，在导流设计中，要依据数据，更重要的是，具体分析工程所在河流的水文特性、工程的特点、导流建筑物的特点等，经过不同方案的比较论证，才能确定出比较合理的导流标准。

（四）导流时段的选择

1. 导流时段的概念

它是按照施工导流的各个阶段划分的时段。

2. 时段划分的类型

一般根据河流的水文特性划分为枯水期、中水期、洪水期。

3. 时段划分的目的

因为导流是为主体工程安全、方便、快速施工服务的，它服务的时间越短，标准可以定得越低，工程建设越经济。若尽可能地安排导流建筑物只在枯水期工作，围堰可以避免拦挡汛期洪水，就可以做得比较矮，投资就少；但是，片面追求导流建筑物的经济，可能影响主体工程施工，因此，要对导流时段进行合理划分。

4. 时段划分的意义

导流时段划分，实质上就是解决主体工程在全部建成的整个施工过程中，枯水期、中水期、洪水期的水流控制问题。也就是确定工程施工顺序、施工期间不同时段宣泄不同导流流量的方式，以及与之相适应的导流建筑物的高程和尺寸，因此，导流时段的确定，与主体建筑物的型式、导流的方式、施工的进度有关。

5. 土石坝的导流时段

土石坝施工过程不允许过水，若不能在一个枯水期建成拦洪，导流时段就要以全年为标准，导流设计流量就应以全年最大洪水的一定频率进行设计。若能让土石坝在汛期到来之前填筑到临时拦洪高程，就可以缩短围堰使用期限，在降低围堰的高度，减少围堰工程量的同时，又可以达到安全度汛、经济合理、快速施工的目的。这种情况下，导流时段的标准可以不包括汛期的施工时段，那么，导流的设计流量即为该时段按某导流标准的设计频率计算的最大流量。

6. 砼和浆砌石坝的导流时段

这类坝体允许过水，因此，在洪峰到来时，让未建成的主体工程过水，部分或者全部停止施工，待洪水过后再继续施工。这样，虽然增加一年中的施工时间，但是，由于可以采用较小的导流设计流量，因而节约了导流费用，减少了导流建筑物的工期，可能还是经济的。

7. 导流时段确定注意问题

允许基坑淹没时，导流设计流量确定是一个必须认真对待的问题。因为不同的导流设计流量，就有不同的年淹没次数，就有不同的年有效施工时间。每淹没一次，就要做一次围堰检修、基坑排水处理、机械设备撤退和复工返回等工作。这些都要花费一定的时间和费用。当选择的标准比较高时，围堰做得高，工程量大，但是，淹没次数少，年有效施工时间长，淹没损失费用少；反之，当选择的标准比较低时，围堰可以做得低，工程量小，但是，淹没的次数多，年有效施工时间短，淹没损失费用多。由此可见，正确选择围堰的设计施工流量，有一个技术经济比较问题，还有一个国家规定的完建期限，是一个必须考虑的重要因素。

二、截流

（一）截流概述

1. 截流工程

截流工程是指在泄水建筑物接近完工时，即以进占方式自两岸或一岸建筑戗堤（作为围堰的一部分）形成龙口，并将龙口防护起来，待挡水建筑物完工以后，在有利时机，全力以最短时间将龙口堵住，截断河流。接着在围堰迎水面投抛防渗材料闭气，水即全部经泄水道下泄。与闭气同时，为使围堰能挡住当时可能出现的洪水，必须立即加高培厚围堰，使之迅速达到相应设计水位的高程以上。

截流工程是整个水利枢纽施工的关键，它的成败直接影响工程进度。如果失败，就可能使进度推迟一年。截流工程的难易程度取决于：河道流量、泄水条件；龙口的落差、流速、地形地质条件；材料供应情况及施工方法、施工设备等因素。因此事先必须经过充分的分析研究，采取适当措施，才能保证截流施工中争取主动，顺利完成截流任务。

河道截流工程在我国已有千年以上的历史。在黄河防汛、海塘工程和灌溉工程上积累了丰富的经验，如利用捆厢帚、柴石枕、柴土枕、枊槎、排桩填帚截流，不仅施工方便速度快，而且就地取材，因地制宜，经济适用。中华人民共和国成立后，我国水利建设发展很快，江淮平原和黄河流域的不少截流堵口、导流堰工程多是采用这些传统方法完成的。此外，还广泛采用了高度机械化投块料截流的方法。

在继承了传统的立堵截流经验的基础上，根据我国实际情况，绝大多数河道截流工程都是用立堵法完成的。

2. 截流的重要性

截流若不能按时完成，整个围堰内的主体工程都不能按时开工。一旦截流失败，造成的影响更大。所以，截流在施工导流中占有十分重要的地位。施工中，一般把截流作为施工过程的关键问题和施工进度中的控制项目。

3. 截流的基本要求

（1）河道截流是大中型水利工程施工中的一个重要环节。截流的成败直接关系到工程的进度和造价，设计方案必须稳妥可靠，保证截流成功。

（2）选择截流方式应充分分析水利学参数、施工条件和难度、抛投物数量和性质，并进行技术经济比较。

①单戗立堵截流简单易行，辅助设备少，较经济，使用于截流落差不超过 3.5 m。但龙口水流能量相对较大，流速较高，须制备的重大抛投物料相对较多。

②双戗和双戗立堵截流，可分担总落差，改善截流难度，使用于落差大于 3.5 m。

③建造浮桥或栈桥平堵截流，水力学条件相对较好，但造价高、技术复杂，一般不常选用。

④定向爆破、建闸等方式只有在条件特殊、充分论证后方可选用。

（3）河道截流前，泄水道内围堰或其他障碍物应予清除；因水下部分障碍物不易清除干净，会影响泄流能力增大截流难度，设计中宜留有余地。

（4）戗堤轴线应根据河床和两岸地形、地质、交通条件、主流流向、通航、过木要求等因素综合分析选定，戗堤宜为围堰堰体组成部分。

（5）确定龙口宽度及位置应考虑：

①龙口工程量小，应保证预进占段裹头不招致冲刷破坏。

②河床水深较浅、覆盖层较薄或基岩部位，有利于截流工程施工。

（6）若龙口段河床覆盖层抗冲能力低，可预先在龙口抛石或抛铅丝笼护底，增大糙率为抗冲能力，减少合龙工作量，降低截流难度。护底范围通过水工模型试验或参照类似工程经验拟定。一般立堵截流的护底长度与龙口水跃特性有关，轴线下游护底长度可按水深的 3~4 倍取值，轴线以上可按最大水深的两倍取值。护底顶面高程在分析水力学条件、流速、能量等参数以及护底材料后确定。护底度根据最大可能冲刷宽度加一定富余值确定。

（7）截流抛投材料选择原则：

①预进占段填料尽可能利用开挖渣料和当地天然料。

②龙口段抛投的大块石、石串或混凝土四面体等人工制备材料数量应慎重研究确定。

③截流备料总量应根据截流料物堆存、运输条件、可能流失量及戗堤沉陷等因素综合分析，并留适当备用量。

④戗堤抛投物应具有较强的透水能力，且易于起吊运输。

（8）重要截流工程的截流设计应通过水工模型试验验证，并提出截流期间相应的观测设施。

4. 截流的相关概念和过程

（1）进占：截流一般是先从河床的一侧或者两侧向河中填筑截流戗堤，这种向水中筑堤的工作叫进占。

（2）龙口：戗堤填筑到一定程度，河床渐渐被缩窄，接近最后时，便形成一个流速较大的临时的过水缺口，这个缺口叫作龙口。

（3）合龙（截流）：封堵龙口的工作叫作合龙，也称截流。

（4）裹头：在合龙开始之前，为了防止龙口处的河床或者戗堤两端被高速水流冲毁，要在龙口处和戗堤端头增设防冲设施予以加固，这项工作称为裹头。

（5）闭气：合龙以后，戗堤本身是漏水的，因此，要在迎水面设置防渗设施，在戗堤全线设置防渗设施的工作就叫闭气。

（6）截流过程：从上述相关概念可以看出，整个截流过程就是抢筑戗堤，先后过程包括戗堤的进占、裹头、合龙、闭气四个步骤。

（二）截流方法

1. 投抛块料截流施工方法

投抛块料截流是目前国内外最常用的截流方法，适用于各种情况，特别适用于大流量、大落差的河道上的截流。该法是在龙口投抛石块或人工块体（混凝土方块、混凝土四面体、铅丝笼、竹笼、柳石枕、串石等）堵截水流，迫使河水经导流建筑物下泄。采用投抛块料截流，按不同的投抛合龙方法，截流可分为平堵、立堵、混合堵三种方法。

（1）平堵

先在龙口建造浮桥或栈桥，由自卸汽车或其他运输工具运来块料，沿龙口前沿投抛，先下小料，随着流速增加，逐渐投抛大块料，使堆筑戗堤均匀地在水下上升，直至高出水面。一般说来，平堵比立堵法的单宽流量小，最大流速也小，水流条件较好，可以减小对龙口基床的冲刷。所以特别适用于在易冲刷的地基上截流。由于平堵架设浮桥及栈桥，对机械化施工有利，因而投抛强度大，容易截流施工；但在深水高速的情况下架设浮桥、建造栈桥是比较困难的，因此限制了它的采用。

（2）立堵

用自卸汽车或其他运输工具运来块料，以端进法投抛（从龙口两端或一端下料）进占戗堤，直至截断河床。一般来说，立堵在截流过程中所发生的最大流速、单宽流量都较大，加以所生成的楔形水流和下游形成的立轴漩涡，对龙口及龙口下游河床将产生严重冲刷，因此不适用于在地质不好的河道上截流，需要对河床做妥善防护。由于端进法施工的工作前线短，限制了投抛强度。有时为了施工交通要求特意加大戗堤顶宽，这又大大增加了投抛材料的消耗。但是立堵法截流，无须架设浮桥或栈桥，简化了截流准备工作，因而赢得了时间、节约了资金，所以我国黄河上许多水利工程（岩质河床）都采用了这个方法截流。

（3）混合堵

这是采用立堵结合平堵的方法。有先平堵后立堵和先立堵后平堵两种。用得比较多的是首先从龙口两端下料保护戗堤头部，同时进行护底工程并抬高龙口底槛高程到一定高度，最后用立堵截断河流。平抛可以采用船抛，然后用汽车立堵截流。

2. 爆破截流施工方法

（1）定向爆破截流

如果坝址处于峡谷地区，而且岩石坚硬、交通不便、岸坡陡峻，缺乏运输设备时，可利用定向爆破截流。我国碧口水电站的截流就利用左岸陡峻岸坡设计设置了三个药包，一次定向爆破成功，堆筑方量 6800 m³，堆积高度平均 10 m，封堵了预留的 20 m 宽龙口，有效抛掷率为 68%。

（2）预制混凝土爆破体截流

为了在合龙关键时刻，瞬间抛入龙口大量材料封闭龙口，除了用定向爆破岩石外，还可在河床上预先浇筑巨大的混凝土块体，合龙时将其支撑体用爆破法炸断，使块体落入水中，将龙口封闭。

应当指出，采用爆破截流，虽然可以利用瞬时的巨大抛投强度截断水流，但因瞬间抛投强度很大，材料入水时会产生很大的挤压波，巨大的波浪可能使已修好的戗堤遭到破坏，并会造成下游河道瞬时断流。除此外，定向爆破岩石时，还须校核个别飞石距离、空气冲击波和地震的安全影响距离。

3. 下闸截流施工方法

人工泄水道的截流，常在泄水道中预先修建闸墩，最后采用下闸截流。天然河道中，有条件时也可设截流闸，最后下闸截流，三门峡鬼门河泄流道就曾采用这种方式，下闸时最大落差达 7.08 m，历时 30 余小时；神门岛泄水道也曾考虑下闸截流，但闸墩在汛期被冲倒，后来改为管柱拦石栅截流。

除以上方法外，还有一些特殊的截流合龙方法。如木笼、钢板桩、草土、杩槎堰截流、埽工截流、水力冲填法截流等。

综上所述，截流方式虽多，但通常多采用立堵、平堵或综合截流方式。截流设计中，应充分考虑影响截流方式选择的条件，拟定几种可行的截流方式，通过对水文气象条件、地形地质条件、综合利用条件、设备供应条件、经济指标等全面分析，进行技术比较，从中选定最优方案。

（三）截流工程施工设计

1. 截流时间和设计流量的确定

（1）截流时间的选择

截流时间应根据枢纽工程施工控制性进度计划或总进度计划决定，至于时段选择，一般应考虑以下原则，经过全面分析比较而定：第一，尽可能在较小流量时截流，但必须全面考虑河道水文特性和截流应完成的各项控制工程量，合理使用枯水期；第二，对于具有通航、灌溉、供水、过木等特殊要求的河道，应全面兼顾这些要求，尽量使截流对河道综合利用的影响最小；第三，有冰冻河流，一般不在流冰期截流，避免截流和闭气工作复杂化，如特殊情况必须在流冰期截流时应有充分论证，并有周密的安全措施。

（2）截流设计流量的确定

一般设计流量按频率法确定，根据已选定截流时段，采用该时段内一定频率的流量作为设计流量。

除了频率法以外，也有不少工程采用实测资料分析法，当水文资料系列较长，河道水文特性稳定时，这种方法可应用。至于预报法，因当前的可靠预报期较短，一般不能在初设中应用，但在截流前夕有可能根据预报流量适当修改设计。

在大型工程截流设计中，通常多以选取一个流量为主，再考虑较大、较小流量出现的可能性，用几个流量进行截流计算和模型试验研究。对于有深槽和浅滩的河道，如分流建筑物布置在浅滩上，对截流的不利条件，要特别进行研究。

2. 截流戗堤轴线和龙口位置的选择方法

（1）戗堤轴线位置选择

通常截流戗堤是土石横向围堰的一部分，应结合围堰结构和围堰布置统一考虑。单戗截流的戗堤可布置在上游围堰或下游围堰中非防渗体的位置。如果戗堤靠近防渗体，在二者之间应留足闭气料或过渡带的厚度，同时应防止合龙时的流失料进入防渗体部位，以免在防渗体底部形成集中漏水通道。为了在合龙后能迅速闭气并进行基坑抽水，一般情况下将单戗堤布置在上游围堰内。

当采用双戗多戗截流时，戗堤间距满足一定要求，才能发挥每条戗堤分担落差的作用。如果围堰底宽不太大，上、下游围堰间距也不太大时，可将两条戗堤分别布置在上、下游围堰内，大多数双戗截流工程都是这样做的。如果围堰底宽很大，上、下游间距也很大，可考虑将双戗布置在一个围堰内。当采用多戗时，一个围堰内通常也须布置两条戗堤，此时，两条戗堤间均应有适当间距。

在采用土石围堰的一般情况下，均将截戗堤布置在围堰范围内。但是也有戗堤不与围堰相结合的，戗堤轴线位置选择应与龙口位置相一致。如果围堰所在处的地质、地形条件不利于布置戗堤和龙口，而戗堤工程量又很小，则可能将截流戗堤布置在围堰以外。龚嘴工程的截流戗就布置在上、下游围堰之间，而不与围堰相结合。由于这种戗堤多数均须拆除，因此，采用这种布置时应有专门论证。平堵截流戗堤轴线的位置，应考虑便于抛石桥的架设。

（2）龙口位置选择

选择龙口位置时，应着重考虑地质、地形条件及水力条件。从地质条件来看，龙口应尽量选在河床抗冲刷能力强的地方，如岩基裸露或覆盖层较薄处，这样可避免合龙过程中的过大冲刷，防止戗堤突然塌方失事。从地形条件来看，龙口河底不宜有顺流流向陡坡和深坑。如果龙口能选在底部基岩面粗糙、参差不齐的地方，则有利于抛投料的稳定。另外，龙口周围应有比较宽阔的场地，离料场和特殊截流材料堆场近，便于布置交通道路和组织高强度施工，这一点也是十分重要的。从水力条件来看，对于有通航要求的河流，预留龙口一般均布置在深槽主航道处，有利于合龙前的通航，至于对龙口的上下游水流条件的要求，以往的工程设计中有两种不同的见解：一种是认为龙口应布置在浅滩，并尽量造成水流进出龙口折冲和碰撞，以增大附加壅水作用；另一种见解是认为进出龙口的水流应平直顺畅，因此可将龙口设在深槽中。实际上，这两种布置各有利弊，前者进口处的强烈侧向水流对戗堤端部抛投料的稳定不利，由龙口下泄的折冲水流易对下游河床和河岸造成冲刷。后者的主要问题是合龙段戗堤高度大，进占速度慢，而且深槽中水流集中，不易创造较好的分流条件。

（3）龙口宽度

龙口宽度主要根据水力计算而定，对于通航河流，决定龙口宽度时应着重考虑通航要求，对于无通航要求的河流，主要考虑戗堤预进占所使用的材料及合龙工程量。形成预留龙口前，通常均使用一般石渣进占，根据其抗冲流速可计算出相应的龙口宽度。另一方面，合龙是高强度施工，一般合龙时间不宜过长，工程量不宜过大。当此要求与预进占材料允许的束窄度有矛盾时，也可考虑提前使用部分大石块，或者尽量提前分流。

（4）龙口护底

对于非岩基河床，当覆盖层较深，抗冲能力小，截流过程中为防止覆盖层被冲刷，一般在整个龙口部位或困难区段进行平抛护底，防止截流料物流失量过大。对于岩基河床，有时为了降低截流难度，增大河床糙率，也抛投一些料物护底并形成拦石坎。计算最大块体时应按护底条件选择稳定系数。

3. 截流泄水道的设计

截流泄水道是指在戗堤合龙时水流通过的地方，例如束窄河槽、明渠、涵洞、隧洞、底孔和堰顶缺口等均为泄水道。截流泄水道的过水条件与截流难度关系很大，应该尽量创造良好的泄水条件，减小截流难度，平面布置应平顺，控制断面尽量避免过大的侧收缩回流。弯道半径亦须适当，减少不必要的损失。泄水道的泄水能力、尺寸、高度应与截流难度进行综合比较选定。在截流有充分把握的条件下尽量减少泄水道工程量，降低造价。在截流条件不利、难度大的情况下，可加大泄水道尺寸或降低高程，以减小截流难度。泄水道计算中应考虑沿程损失、弯道损失、局部损失。弯道损失可单独计算，亦可纳入综合糙率内。如泄水道为隧洞，截流时其流态以明渠为宜，应避免出现半压力流态。在截流难度大或条件较复杂的泄水道，则应通过模型试验核定截流水头。

泄水道内围堰应拆除干净，少留阻水埂子。如估计来不及或无法拆除干净时，应考虑其对截流水头的影响。如截流过程中，由于冲刷因素有可能使下游水位降低，增加截流水头时，则在计算和试验时应予考虑。

三、基坑排水

（一）基坑排水概述

1. 排水目的

在围堰合龙闭气以后，排除基坑内的存水和不断流入基坑的各种渗水，以便使基坑保持干燥状态，为基坑开挖、地基处理、主体工程正常施工创造有利条件。

2. 排水分类及水的来源

按排水的时间和性质不同，一般分两种排水：

（1）初期排水

围堰合龙闭气后接着进行的排水，水的来源是修建围堰时基坑内的积水、渗水、雨天的降水。

（2）经常排水

在基坑开挖和主体工程施工过程中经常进行的排水，水的来源是基坑内的渗水、雨天的降水、主体工程施工的废水等。

（3）排水的基本方法

基坑排水的方法有两种：明式排水法（明沟排水法）、暗式排水法（人工降低地下水位法）。

（二）初期排水的计算

1. 排水能力估算

选择排水设备，主要根据需要排水的能力，而排水能力的大小又要考虑排水时间安排的长短和施工条件等因素。通常按下式估算：

$$Q = KV/T \qquad\qquad (2-1)$$

式中，Q——排水设备的排水能力，m^3/s；

　　　K——积水体积系数，大中型工程用 $4\sim10$，小型工程用 $2\sim3$；

　　　V——基坑内的积水体积，m^3；

　　　T——初期排水时间，s。

2. 排水时间选择

排水时间的选择受水面下降速度的限制，而水面下降速度要考虑围堰的型式、基坑土壤的特性、基坑内的水深等情况，水面下降慢，影响基坑开挖的开工时间；水面下降快，围堰或者基坑的边坡中的水压力变化大，容易引起塌坡。因此，水面下降速度一般限制在每昼夜 $0.5\sim1.0m$ 的范围内。当基坑内的水深已知、水面下降速度基本确立的情况下，初期排水所需要的时间也就确定了。

3. 排水设备和排水方式

根据初期排水要求的能力，可以确定所需要的排水设备的容量。排水设备一般用普通的离心水泵或者潜水泵。为了便于组合、方便运转，一般选择容量不同的水泵。排水泵站一般分固定式和浮动式两种，浮动式泵站可以随着水位的变化而改变高程，比较灵活，若采用固定式，当基坑内的水深比较大的时候，可以采取将水泵逐级下放到基坑内，在不同高程的各个平台上，进行抽水。

（三）经常性排水

主体工程在围堰内正常施工的情况下，围堰内外水位差很大，外面的水会向基坑内渗透，雨天的雨水、施工用的废水，都需要及时排除，否则会影响主体工程的正常施工。因此经常性排水是不可缺少的工作内容。经常性排水一般采取明式排水或者暗式排水法（人工降低地下水位的方法）。

1. 明式排水法

（1）明式排水的概念

指在基坑开挖和建筑物施工过程中，在基坑内布设排水明沟，设置集水井、抽水泵站，而形成的一套排水系统。

（2）排水系统的布置

这种排水系统有两种情况：

①基坑开挖排水系统

该系统的布置原则是：不能妨碍开挖和运输。一般布置方法是：为了两侧出土方便，在基坑的中线部位布置排水干沟，而且要随着基坑开挖进度，逐渐加深排水沟，干沟深度一般保持 1~1.5m，支沟 0.3~0.5m，集水井的底部要低于干沟的沟底。

②建筑物施工排水系统

排水系统一般布置在基坑的四周，排水沟布置在建筑物轮廓线的外侧，为了不影响基坑边坡稳定，排水沟距离基坑边坡坡脚 0.3~0.5m。

③排水沟布置

内容包括断面尺寸的大小、水沟边坡的陡缓、水沟底坡的大小等，主要根据排水量的大小来决定。

④集水井布置

一般布置在建筑物轮廓线以外比较低的地方，集水井、干沟与建筑物之间也应保持适当距离，原则上不能影响建筑物施工和施工过程中材料的堆放、运输等。

（3）渗透流量估算

①估算目的

为选择排水设备的能力提供依据。估算内容包括围堰的渗透流量、基坑的渗透流量。

②围堰渗透流量

一般按有限透水地基上土坝的渗透计算方法进行。公式为：

$$Q = K \frac{(H + T)^2 - (T - y)^2}{2L} \tag{2-2}$$

式中：Q——每米长围堰渗入基坑的渗透流量，$m^3/(d \cdot m)$；

K——围堰与透水层的平均渗透系数，m/d；

H——上游水深，m；

T——透水层厚度，m；

y ——排水沟水面到沟顶的距离，m；

L ——等于 L0—0.5Mh+1，m；

③基坑渗透流量

按无压完整井公式计算：

$$Q = 1.366K \frac{H^2 - h^2}{\lg \frac{R}{r}}$$ （2-3）

式中：Q ——基坑的渗透流量，m^3/d；

H ——含水层厚度，m；

h ——基坑内的水深，m；

R ——地下水位下降曲线的影响半径，m；

r ——化引半径，m。

④说明

地下水位下降曲线的影响半径 R 和地基渗透系数 K 等资料，最好由测试获得，估算时一般按经验取值。

a. 对地下水位下降曲线的影响半径 R：细砂 $R = 100 \sim 200m$；中砂 $R = 250 \sim 500m$；粗砂 $R = 700 \sim 1000m$。

b. 对于渗透流量：当基坑在透水地基上时，可按 1.0m 水头作用下单位基坑面积的渗透流量经验数据来估算总的渗透流量。

c. 降雨一般按不超过 200mm 的暴雨考虑，施工废水可忽略不计。

2. 暗式排水法（人工降低地下水位法）

（1）基本概念

在基坑开挖之前，在基坑周围钻设滤水管或滤水井，在基坑开挖和建筑物施工过程中，从井管中不断抽水，以使基坑内的土壤始终保持干燥状态的做法叫暗式排水法。

（2）暗式排水的意义

在细砂、粉砂、亚砂土地基上开挖基坑，若地下水位比较高时，随着基坑底面的下降，渗透水位差会越来越大，渗透压力也必然越来越大，因此，容易产生流砂现象，一边开挖基坑，一边冒出流砂，开挖非常困难，严重时，会出现滑坡，甚至危及临近结构物的安全和施工的安全。因此，人工降低地下水位是必要的。常用的暗式排水法有管井法和井点法两种。

（3）管井排水法

①基本原理

在基坑的周围钻造一些管井，管井的内径一般为 20~40cm，地下水在重力作用下，流入井中，然后，用水泵进行抽排。抽水泵有普通离心泵、潜水泵、深井泵等，可根据水泵的不同性能和井管的具体情况选择。

②管井布置

管井一般布置在基坑的外围或者基坑边坡的中部，管井的间距应视土层渗透系数的大小，渗透系数小的，间距小一些，渗透系数大的，间距大一些，一般为 15~25m。

③管井组成

管井施工方法就是农村打机井的方法。管井包括井管、外围滤料、封底填料三个部分。井管无疑是最重要的组成部分，它对井的出水量和可靠性影响很大、要求它过水能力大，进入泥沙少，应有足够的强度和耐久性。因此，一般用无沙混凝土预制管，也有的用钢制管。

④管井施工

管井施工多用钻井法和射水法。钻井法先下套管，再下井管，然后一边填滤料，一边拔出套管。射水法是用专门的水枪冲孔，井管随着冲孔下沉。这种方法主要是根据不同的土壤性质选择不同的射水压力。

⑤井点排水法

井点排水法分为轻型井点、喷射井点、电渗井点三种类型，它们都适用雨渗透系数比较小的土层排水，其渗透系数都在 0.1~50m/d。但是它们的组成比较复杂，如轻型井点就由井点管、集水总管、普通离心式水泵、真空泵、集水箱等设备组成。当基坑比较深、地下水位比较高时，还要采用多级井点，因此需要设备多，工期长，基坑开挖量大，一般不经济。

第二节　爆破工程

一、爆破的基本原理

（一）爆破机理

介质在炸药爆炸作用下破坏，是由于炸药爆轰产生冲击波的动态作用和爆轰气体产物膨胀的准静态作用。由于问题的复杂性，目前对土岩爆破作用的理论研究大体上还处于定性分析阶段。在工程爆破设计中，采用经验和半经验的计算方法。

在科学研究上，由于介质性能的差异，出现了三种不同的爆破机理假说。

1. 爆轰气体产物膨胀推力破坏论

爆轰气体产物膨胀推力破坏论不考虑爆轰在介质中引起的冲击波作用，认为爆轰气体

产物膨胀所产生的巨大推力作用于药包周围的岩壁上，促使土岩质点径向移动而产生径向裂隙。如果药包附近存在自由面，则从药包中心到自由面的最短距离处，土质质点移动的阻力最小，由于各方向阻力不等而产生剪切应力，并导致剪切破坏。如果爆轰气体产物的压力在土岩开始破裂时还很大，就会使破碎后的土岩沿径向朝外抛掷。

爆轰气体产物膨胀推力破坏论比较适合于低猛度炸药、装药不耦合系数（炮孔直径与药卷直径之比值）较大条件下的波阻抗较低的土岩爆破。

2. 应力波反射破坏论

应力波反射破坏论不考虑爆轰气体产物膨胀推力作用，认为炸药爆轰时，强大的冲击波首先冲击和压缩周围介质，而后衰减为应力波，传至自由面对反射为拉伸波，当应力大于介质的动态抗拉强度时，从自由面开始向爆源方向产生片裂破坏。

应力波反射破坏论比较适合于高猛度炸药、装药不耦合系数较小条件下的波阻抗较高的岩石爆破。

3. 气体推力与应力波共同作用论

气体推力与应力波共同作用论认为，不论是爆轰气体膨胀推力所产生的剪切作用，还是应力波反射拉伸所引起的复杂应力状态，都是造成土岩特别是硬岩破坏的重要原因。介质中最初形成的裂缝是由冲击波和应力波造成的，而后爆轰气体渗入裂缝，形成尖劈效应，使初始裂缝进一步扩展。

（二）无限介质中的爆破作用

埋置很深的单个集中药包的爆破，可以看作无限介质的爆破，为了方便研究，将周围的介质简化为均匀介质，则药包爆炸后的破坏状况较为均匀。一般工程爆破，炸药爆轰后，气体产物温度在 2500℃ 以上，作用在药室壁面的初始压力高达数千乃至上万兆帕，冲击压力远大于介质的动抗压强度，致使药包附近的介质粉碎（主要为硬岩）或压缩（如软岩、土），即形成粉碎（压缩）区。这一圈层称为粉碎圈（压缩圈）。粉碎区介质消耗了冲击波的很大部分能量，致使冲击波迅速衰减为应力波，其压力已不能直接将岩石粉碎，所以粉碎区范围很小，其半径为药包半径的 2~3 倍。

粉碎区外紧接破碎区。在破碎区内，应力波引起的介质径向压缩导致环向拉伸。由于岩石的动抗拉强度只有动抗压强度的 1/10 左右，所以环向拉应力很容易超过岩石的抗拉强度而产生径向裂隙。径向裂隙发展速度为应力波波速的 0.15~0.4 倍。径向裂隙与粉碎区连通，爆生气体以很高的压力呈尖劈之势渗入裂隙并将其扩展。岩石中，径向裂隙一般可延伸到 8~10 倍药包半径处。

应力波通过后，破碎区岩石应力释放，产生与原压应力方向相反的拉伸应力而导致环

水利工程施工设计研究

向裂隙。径向裂隙和环向裂隙相互交叉、连通，越接近粉碎区，裂隙间距越小，破碎区中的岩石被纵横交错的裂隙切割成碎块。这一圈层称为破碎圈。

破碎区以外，应力波和爆生气体的准静态应力场都不能再引起岩体破坏，只能引起弹性变形。实际上，破碎区之外，应力波已衰减为地震波，统称为弹性震动区，也叫震动圈。无限介质中，球形药包爆炸对介质的破坏状态呈球形对称分布，无限介质中的药包也被称为内部作用药包。

（三）半无限介质中的爆破作用

所谓半无限介质中的爆破，是指在药包附近存在自由面（即介质与空气的接触面）的爆破。这种爆破在实际工程中是最常见的。自由面的存在，使得应力波产生的动态应力场和爆生气体产生的准静态应力场更为复杂。根据爆破试验及应力分析，两种应力场的主应力方向大体相同，因而裂隙的发展方向也大体一致，生成的裂隙群大致呈漏斗状排列。整个破坏区（包括粉碎区和破碎区）呈漏斗状，即形成爆破漏斗。如果药包能量足够大，则破坏区内的破碎岩块就会沿径向抛掷出漏斗。

（四）爆破漏斗

当球形药包在有临空面的半无限介质表面附近进行爆破时，若药包的爆破作用使部分破碎介质具有抛向临空面的能量，则往往会形成一个倒立的圆锥形爆破坑，其形状如漏斗，称为爆破漏斗。

（五）影响爆破效果的因素

工程爆破效果可分为两个方面：一是工程所需的正面效果，即一般所谓爆破效果，如爆除的介质体积、爆后保留体的形状、爆后岩块块度分布、爆堆形状等；二是应尽量弱化负面效果，即一般所谓爆破公害效应，如个别飞石的飞散距离、空气冲击波与地震强度及其影响范围等。

1. 炸药威力

工程爆破中，一般用炸药的爆力和猛度来表示威力的大小。一定量的炸药，爆力愈高，炸除的体积愈多；猛度愈大，爆后岩块愈小。

2. 地质条件

不同类型的岩石，具有不同的波阻抗、弹性模量和强度，因此会产生不同的爆破效果。对于坚硬的岩石，以选用猛度或爆速高的炸药为宜；对于松软岩土，以选用爆力较高、爆容较大的炸药为宜；对于周边控制爆破，以选用临界直径较小、爆速较低的炸药为宜。爆破漏斗的形状及最小抵抗线，一般是在假定介质为匀质体的条件下按几何关系确定。实际上，地质构造对漏斗形状及最小抵抗线均会产生一定影响，岩性愈不均匀，影响愈大。岩层中的软弱破碎带，有可能导致爆生气体过早泄漏而降低对炸药能量的有效利用，同时，可能改变最小抵抗线的方向而且破坏区边缘容易沿某条明显裂隙发展而改变漏斗的设计形状。

3. 药量分布

为了爆除一定体积的介质，既可采用少数的大药包，也可采用众多的小药包。大药包，如洞室爆破，药量集中，每个药包负担的爆落体积大，爆炸能量在爆区内的分布极不均匀，岩块大小也极不均匀。小药包，如钻孔爆破则相反，块度比较均匀。

4. 装药结构

装药结构是指炸药在药室中的分布。以钻孔爆破为例，其装药结构有连续装药、轴向间隔装药和径向间隔装药三种类型。连续装药，操作最方便，常用于没有特殊要求的开挖爆破。轴向间隔装药，因药量沿炮孔分布较均匀，故爆块较均匀，大块率较低。轴向间隔装药的间隔材料有空气、土壤和锯木屑等。孔底留有锯木屑等柔性材料的轴向间隔，可减轻乃至防止药包对孔底岩石的破坏作用，近年来，已广泛应用于水工建筑物地基保护层的开挖。径向间隔装药常用于周边控爆，因为其径向间隔可降低爆轰对孔壁的冲击压力，防止孔壁外围出现粉碎区。

5. 自由面数量

自由面数量对爆破效果会产生重大影响。自由面愈多，应力波反射面也愈多，从而有利于介质破碎。一般地，每增加一个自由面，单位体积岩石的耗药量可减少 10%～20%。在基坑开挖和料场开采中，都应采用台阶爆破，以增加自由面数量。

6. 爆破参数

爆破参数包括炸药单耗、药包间距、最小抵抗线、钻孔深度等设计参数及参数间的相互关系。药包间距不能过大，如大于两倍最小抵抗线，则药包间将留下岩埂；药包间距过小，如小于最小抵抗线，则爆岩过碎，从而造成能量浪费。

7. 堵塞

药室与地表面（或自由面）的通道必须用炮泥堵塞。堵塞的作用在于保证炸药进行完全的爆轰反应，以放出最大热量、减少有毒气体生成量，延长爆生气体的作用时间，以提高对介质的做功能力。

堵塞材料要求有较高的密实性和较高的摩擦系数。对钻孔爆破，以黏土与砂的混合材料做炮泥为佳；对洞室爆破，可在紧靠洞室部位，沿导洞堵塞 2～3 m 的土壤，再以石渣堵至要求的长度。

8. 起爆方法

起爆材料的多样化及起爆技术的进步为提高爆破效果开辟了新的领域。适当的起爆时序不仅可大大增强爆破效果，而且还可大大降低爆破公害效应。对钻孔爆破，起爆药包的位置也会影响爆破效果。孔口正向起爆（雷管置于药包的孔口端，聚能穴朝下），装药方便，但爆破效果不如孔底反向起爆（雷管置于药包的孔底端，聚能穴朝向孔口）。反向起爆可提高炮孔利用率，降低大块率。

二、爆破器材

所谓爆炸，是指物质的潜能瞬时转化为作用于周围介质的机械功的过程，并伴随有声、光等效应的出现。

爆破是利用爆炸所产生的热和极高的压力，来改变或破坏周围介质的过程。爆破必须使用一定的爆破材料，它通常分为炸药和起爆材料两类。

（一）炸药的基本概念

炸药是在外界能力激发作用下很容易发生高速化学反应，并产生大量气体和热量的物质。同时，炸药是一种能把它所集中的能量在瞬间释放出来的物质。

物质能成为炸药并发生爆炸，必须具备以下三个要素：

1. 产生放热反应

炸药在爆炸瞬间释放出相当大的热量，是它对周围介质做机械功的物质基础，也是能使反应独立、高速进行的首要因素。显然，如果是吸热反应，则必须从外部补充热量，才能保证反应继续进行。

2. 反应速度快

由于反应速度快，生成的气体产物来不及扩散就被反应生成的热量加热到很高温度。这种高温气体几乎全部聚集在药室内，压力可达几万到几十万个大气压，因而具有很大的能量密度。煤在空气中获取氧，故燃烧速度缓慢，生成的热量不断扩散到大气中，能量密度只有 17.14 kJ/L，所以不能形成爆炸。TNT 炸药的爆热虽只有 3 971 kJ/kg，但靠本身所含的氧进行反应，反应时间只有几万分之一秒，气体产物瞬间就被加热到 3 000 ℃ 以上，能量密度高达 6 563 kJ/L。这种高温、高压和高能量密度的气体迅速膨胀，就产生了爆炸现象。

3. 生成大量气体

高速放热反应虽是爆炸的必要条件，但还不是充分条件。有些化学反应，虽能迅速放出巨大热量，但因不生成大量气体，故不会产生爆炸现象。由于气体可压缩性和膨胀系数很大，在炸药爆炸瞬间处于强烈的压缩状态，储存了极大的压缩能，因而在其膨胀过程中，可将内能释放出来，迅速转变为机械功。

炸药就是具备上述三要素的物质，通常由碳、氢、氧、氮等元素组成。

（二）炸药的主要性能

炸药的种类、品种很多，性能各不相同。即使是同一品种的炸药，在储存一段时间后，爆炸性能也会发生变化。炸药的主要性能有安定性、敏感度和氧平衡密度等。了解和掌握炸药的性能，是安全可靠地使用炸药的基础。

1. 炸药的物理化学性能

（1）炸药的安定性

炸药在长期储存过程中，保持其原有物理、化学性质不变的能力，称为炸药的安定性，包括物理安定性和化学安定性。

①物理安定性。物理安定性取决于炸药的物理性质，主要有吸湿、结块、挥发、渗油、老化、冻结、耐水等性能。固态硝酸铵类炸药易吸湿变潮，从而降低爆炸威力，严重时产生拒爆。含水硝酸铵类炸药易产生析晶、逸气、渗油和冻结等现象，从而降低爆炸威力乃至拒爆。

②化学安定性。化学安定性取决于炸药的化学性质，特别是热分解作用。炸药的有效期取决于安定性。储存环境温度、湿度及通风条件等对炸药的实际有效期影响很大。

（2）炸药的敏感度

炸药是一种相对稳定的物质，仅当获得足够强度的某种形式的起始能量时，才会产生爆轰。炸药在外界能量作用下激起爆轰的过程，称为炸药的起爆。炸药起爆所需的外界能量，称为起爆冲能。炸药起爆的难易程度，称为炸药的敏感度。

有不同的起爆冲能，相应地，炸药也就有不同的敏感度，如热感度、火焰感度、冲击感度、摩擦感度、冲击波感度和爆轰感度等。炸药感度指标通过规定条件下的试验确定，该值对于指导炸药的安全生产、运输、储存和使用具有重大意义。

不同的炸药，具有不同的敏感度。同一种炸药，对于不同的外能，其敏感度可能出现较大差异。对于工业炸药，常用雷管的爆轰波作为起爆冲能，故要求其爆轰感度和冲击波感度不应过低。为了生产安全，又要求工业炸药冲击和摩擦感度不能过高。

装填雷管用的起爆药，具有较高的火焰感度和冲击波感度，生产中更应注意安全。

（3）炸药的氧平衡

炸药爆炸的化学过程首先是物质分解为碳、氢、氧、氮四种主要元素，而后是可燃元素进行氧化放热反应，形成新的稳定爆生产物，如 CO_2、H_2O、CO、NO_x、H_2、NO 和 CH_4 等。产物种类、数量及热效应与炸药所含助燃元素和可燃元素的数量有着密切的关系。

炸药的氧平衡是指炸药所含氧量能将炸药中的其他元素氧化的程度。在爆炸化学反应中，若炸药内的氧元素正好将炸药中的碳、氢完全氧化为 CO_2、H_2O，而氮呈游离态 N_2，则称为零氧平衡。零氧平衡是最理想的状态，氧、碳、氢元素均得到充分利用，放出的热量最多，而且不会产生有毒气体。氧含量过多为正氧平衡，生成 NO_x，放出热量较少；含氧过少为负氧平衡，生成 CO_2 放出热量较少。正氧和负氧平衡均会使炸药中的某些元素得不到充分利用，导致反应热降低和产生有毒气体。

工业炸药应力求零氧平衡或微量正氧平衡，避免负氧平衡。

（4）炸药的密度

单位体积炸药的重量称为炸药的密度。随着密度增大，炸药的爆速和猛度提高，但当密度增大到一定限度后，炸药的爆速和猛度又开始降低。

2. 炸药威力的理论指标

炸药威力即炸药做功的能力。一定质量的炸药，若初始体积为 V_0，温度为 T_0，压力为 P_0，由于爆轰过程的高速度，可视爆轰为一定容绝热过程。爆轰结束时，反应热全部放出，体积仍为 V_0，但压力上升为 P，温度上升为 T。随后，爆生气体绝热膨胀，压力由 P 降至 P_0，温度由 T 降至 T_0，体积由 V_0 膨胀至 V。

炸药爆轰做功过程的两种状态，对应着周围介质承受的两种力的作用。在定容绝热阶段，爆轰波对周围介质产生冲击波，形成动态作用，使介质在一定范围内破裂。在爆生气体绝热膨胀阶段，压力作用时间相对较长，变化较缓慢，可视为静态作用。在静态作用过程中，介质中的裂缝进一步扩展，介质破碎成块体，并获得抛掷能量。

以下五个指标综合地反映了炸药的威力，即反映动态作用与静态作用的大小：

（1）爆热。1kg 或 1mol 炸药在定容条件下爆炸时放出的热量叫作爆热 Q_V。

（2）爆温。爆轰结束瞬间，爆轰产物在炸药初始体积内达到热平衡后的温度叫作爆温 T。

（3）爆容。1kg 炸药爆轰生成气体产物在标准状态下所具有的体积叫作爆容 V。

（4）爆压。爆轰结束瞬间，爆轰产物在炸药初始体积内达到热平衡后的压力叫作爆压 P。

（5）爆速。爆轰波传播速度叫作爆速。爆速与装药密度及药柱直径有关，因而在提出爆速值时，应指明相应的装药密度和药柱直径。化合炸药爆速随密度增大而提高；混合炸药则存在最佳密度，如药柱直径为 32 mm 的固态硝铵类炸药的最佳密度为 0.95 ~ 1.05 g/cm^3，密度过大或过小，爆速均会下降。

3. 炸药威力的实用指标

在炸药威力的理论指标中，爆速可用较简单的方法准确测定，其余指标则不然。因此，在生产实践中，为比较各种炸药的威力，常采用爆力、猛度与殉爆距离等相对比较实用的指标。

（1）爆力是指炸药爆炸破坏一定量介质能力的大小。爆力反映炸药破坏介质体积的大小，爆力愈大，炸除介质的体积愈大。从爆力的化学、物理过程看，爆力反映了爆生气体产物膨胀做功的能力，即反映了炸药爆轰过程的静态作用，与爆热、爆容和爆压有关。

（2）猛度是指炸药爆炸将一定量介质破坏成细块的能力。猛度反映了炸药的动态作用，表征爆炸冲击波和应力波强度，即爆轰波参数的大小。这些参数的集中代表就是爆速。爆速愈高，猛度愈大。就爆破效果而言，猛度反映炸药对介质破碎的程度。猛度愈高，爆后块度愈小。

（3）殉爆距离是指炸药药包的爆炸引起相邻药包起爆的最大距离。主动药包起爆后，若引起被动药包爆炸，则称后者为"殉爆"，能引起殉爆的最大间距称为殉爆距离。

被动药包殉爆，是由主动药包产生的冲击波所致。殉爆距离反映了炸药的动态作用，也反映了炸药的敏感度。

三、爆破施工安全技术

爆破作业必然会产生爆破飞石、地震波、空气冲击波、噪声、粉尘和有毒气体等负面效应，即爆破公害。因此，在爆破作业中，要研究爆破公害的产生原因、公害强度分布及其规律，并通过科学设计，采取有效的施工措施，以确保保护对象（包括人员、设备及邻近的建筑物或构筑物）的安全。

（一）爆破、起爆材料的储存与保管

（1）爆破材料应储存在干燥、通风良好、相对湿度不大于65%的仓库内，库内温度应保持在18~30℃。爆破材料周围5m内的范围，须清除一切树木和草皮。库房应有避雷装置，接地电阻不大于10Ω。库内应有消防设施。

（2）爆破材料仓库与民房、工厂、铁路、公路等应有一定的安全距离。炸药与雷管（导爆索）须分开储存，两库房的安全距离不应小于有关规定。同一库房内不同性质、批号的炸药应分开存放。严防虫、鼠等啃咬。

（3）炸药与雷管成箱（盒）堆放要平稳、整齐。成箱炸药宜放在木板上，堆摆高度不得超过1.7m，宽不超过2m，堆与堆之间应留有不小于1.3m的通道，药堆与墙壁间的距离不应小于0.3m。

（4）严格控制施工现场临时仓库内爆破材料的储存数量，炸药不得超过3t，雷管不得超过10000个和相应数量的导火索。雷管应放在专用的木箱内，离炸药不小于2m的距离。

（二）装卸、运输与管理

（1）爆破材料的装卸均应轻拿轻放，不得受到摩擦、震动、撞击、抛掷或转倒。堆放时要摆放平稳，不得散装、改装或倒放。

（2）爆破材料应使用专车运输，炸药与起爆材料、硝铵炸药与黑火药均不得在同一车辆、车厢装运。用汽车运输时，装载不得超过允许载重量的 2/3，行驶速度不应超过 20 km/h，车顶部须加以遮盖。

（三）爆破操作安全要求

（1）装填炸药应按照设计规定的炸药品种、数量、位置进行。装药要分次装入，用竹棍轻轻压实，不得用铁棒或用力压入炮孔内，不得用铁棒在药包上钻孔以安设雷管或导爆索，必须用木棒或竹棒进行。当孔深较大时，药包要用绳子吊下，或用木制炮棍护送，不允许直接往孔内丢放药包。

（2）起爆药卷（雷管）应设置在装药全长的 1/3～1/2（从炮孔口算起）位置上，雷管应置于装药中心，聚能穴应指向孔底，导爆索只许用锋利的刀一次切割好。

（3）遇有暴风雨或闪电打雷时，应禁止装药、安设电雷管和连接电线等操作。

（4）在潮湿条件下进行爆破，药包及导火索表面应涂防潮剂加以保护，以防受潮失效。

（5）爆破孔洞的堵塞应保证要求的堵塞长度，充填密实不漏气。

（6）导火索长度应根据爆破员完成全部炮眼和进入安全地点所需的时间来确定。

（四）爆破公害的控制与防护

爆破公害的控制与防护是工程爆破设计中的重要内容。为防止爆破公害带来破坏，应调查周围环境，掌握人员、机械设备及重要建（构）筑物等保护对象的分布状况，并根据各种保护对象的承受能力，按照有关规范、规程规定的安全距离，确定允许爆破规模。爆破施工过程中，处于危险区的人员、设备应撤至安全区，无法撤离的建（构）筑物及设施必须予以防护。

爆破公害的控制与防护可以从爆源、公害传播途径以及保护对象三个方面采取措施。

1. 控制爆源公害强度

在爆源控制公害强度是公害防护最为积极有效的措施。

合理的爆破参数、炸药单耗和装药结构既可达到预期的爆破效果，又可避免爆炸能量过多地转化为震动、冲击波、飞石和爆破噪声等公害。采用深孔台阶微差爆破技术可有效地削弱爆破震动和空气冲击波强度。合理布置岩石爆破中最小抵抗线的方向不仅可有效控制飞石的方向和距离，而且对降低与控制爆破震动、空气冲击波和爆破噪声强度也有明显效果。保证炮孔的堵塞长度与质量，针对不良地质条件采取相应的爆破控制措施，对消减爆破公害的强度也是非常重要的。

2. 在传播途径上削弱公害强度

在爆区的开挖线轮廓进行预裂爆破或开挖减震槽，可有效降低传播至保护区岩体中的爆破地震波强度。

对爆区的临空面进行覆盖、架设防波屏可削弱空气冲击波的强度，阻挡飞石。

3. 保护对象的防护

当爆破规模已定，而在传播途径上的防护措施尚不能满足要求时，可对危险区内的建（构）筑物及设施进行直接防护。对保护对象的直接防护措施有防震沟、防护屏及表面覆盖等。

此外，严格执行爆破作业的规章制度，对施工人员进行安全教育也是保证施工安全的重要环节。

（五）爆破震动安全监测

1. 爆破震动安全监测是爆破安全控制的有效方法

在水利工程施工中，经常会遇到在已建（构）筑物及特殊部位（如灌浆帷幕等）附近进行开挖爆破施工的情况，而爆破地震效应会对它们产生震动破坏影响，如何避免爆破震动破坏或采用何种控制方式避免产生爆破震动破坏是人们普遍关心的问题。由于影响震动的因素太多，而且不易分析清楚，因此针对爆破应力波的传播规律及建筑物的破坏标准，主要采用现场试验的方法，以获得经验或半经验公式。由于影响该经验公式的因素很多，即使在同一爆区，实测经验公式也主要起宏观安全控制作用，即采用振速预报的方法来控制爆破震动对建筑物的振动破坏，但因爆破部位与建筑物的位置关系经常发生变化，地质条件变化复杂，各次爆破施工质量和爆破方式不同，以及爆破参数、爆破器材和起爆网络的变化，均可导致爆破振速发生变化，故振速预报不能替代日常监测。最为可靠的是参考经验公式预报振速，采用现场跟踪振速监测的方法，对爆破规模进行安全控制，当振速值超标时，应对保护对象进行宏观调查，判明爆破震动对保护对象的影响程度，并将信息反馈给施工单位，控制爆破施工规模。监测资料将是工程施工质量评定的依据之一，应存档备查。

2. 爆破震动安全监测的测试参量

波的传播过程是一个行进的扰动，也是能量从介质的一点传递到另一点的反映。这里有两种速度必须区分：一种是波的传播速度，它描述扰动通过介质传播的速度；另一种是质点振动的速度，它描述质点在受到波动能量扰动时，围绕平衡位置做微小振动的速度。

要完整地描述一个质点在空间的运动状态，原则上应该确定质点的位移、速度和加速度（三个正交分量）随时间变化的过程。20世纪二三十年代以来，世界上著名的爆破研究机构进行了大量研究，认为质点振动速度与建（构）筑物破坏的关系最为密切，且相关关系稳定。故进行爆破震动安全监测时，采用建筑物基础的最大质点振动速度作为控制爆破震动影响的判断依据是恰当的。

3. 安全标准确定

建筑物爆破震动安全控制标准的确定可通过三种方法：①通过现场爆破试验确定；②采用类比法选择安全控制标准；③借鉴其他工程经验公式。要确定某一特定建筑物的爆破安全控制标准，首先应考虑采用现场试验的方法确定。在无条件时，可考虑工程条件相似的建筑物所使用的安全标准，在比较两建筑物结构形式、地质条件的异同点后，综合分析建筑物与爆源的位置关系、传播介质、地形地貌、地质构造以及爆破震动频度和量级关系，并按相关规程、规范的要求最终确定其爆破安全控制标准，即建筑物基础允许的最大爆破质点振动速度。

第三章　地基处理与基础工程施工

基础是构成建筑物的必要组成部分，它位于建筑物的下部，其作用是将上部结构的自重及其所承受的荷载均衡地或按照设计要求的方式传递给地基，并与地基协调地共同工作，保持建筑物的稳定。水利工程中有一类结构物，它们处在水工建筑物基础的位置，其作用主要是为了截断或削减地基中的渗流，有时也兼有承重、传力的功能。本章仅对水工建筑物常用的地基处理方法和基础工程施工进行探讨。

第一节　砂砾石地层灌浆

并不是所有的软土地基都适合灌浆，砂砾石的可灌性是指砂砾石地层能否接受灌浆材料灌入的一种特性。砂砾石地基的可灌性取决于灌浆材料的细度、灌浆的压力和灌浆工艺等因素。

砂砾石地基是比较松散的地层，其具有空隙率大、渗透性强、孔壁易坍塌等。因而在灌浆施工中，为保证灌浆质量和施工的进行，还需要采取一些特殊的施工工艺措施。

一、可灌性

可灌性指砂砾石地基能接受灌浆材料灌入的一种特性。可灌性主要取决于地基的颗粒级配、灌浆材料的细度、浆液的稠度、灌浆压力和施工工艺等因素。砂砾石地基的可灌性一般常用以下几种指标衡量：

（1）可灌比值 M：

$$M = \frac{D_{15}}{d_{85}} \tag{3-1}$$

式中，D——受灌砂砾石层的颗粒级配曲线上相应于含量为15%粒径，mm；

d——灌注材料的颗粒级配曲线上相应于含量为85%粒径，mm。

M 值愈大，可灌性就愈好。一般认为，当 $M \geq 15$ 时，可灌水泥浆；$M = 10 \sim 15$ 时，可灌水泥黏土浆；$M = 5 \sim 10$ 时，宜灌含水玻璃的高细度水泥黏土浆。

（2）砂砾石层中粒径小于 0.1 mm 的颗粒含量百分数愈高，则可灌性愈差。

二、灌浆材料

砂砾石地基灌浆，多用于修筑防渗帷幕，很少用于加固地基，一般多采用水泥黏土浆。

有时为了改善浆液的性能，可掺少量的膨润土和其他外加剂。

砂砾石地基经灌浆后，一般要求帷幕幕体内的渗透系数能够降低到 $10 \sim 10$ cm/s 以下；浆液结石 28 d 的强度能够达到 0.4~0.5 MPa。

水泥黏土浆的稳定性和可灌性指标，均优于水泥浆；其缺点是析水能力低，排水固结时间长，浆液结石强度不高，黏结力较低，抗掺和抗冲能力较差等。

要求黏土遇水以后，能迅速崩解分散，吸水膨胀，并具有一定的稳定性和黏结力。

浆液配比，视帷幕的设计要求而定，一般配比（重量比）为水泥：黏土 = 1：2~1：4，浆液的稠度为水：干料 = 6：1~1：1。

有关灌浆材料的选用、浆液配比的确定以及浆液稠度的分级等问题，均须根据砂砾石层特性和灌浆要求，通过室内外的试验来确定。

三、钻灌方法

砂砾石层中的灌浆孔都是铅直向的钻孔，除打管灌浆法外，其造孔方式主要有冲击钻进和回转钻进两大类；就使用的冲洗液来分，则有清水冲洗钻进和泥浆固壁钻进两种。砂砾石层防渗帷幕灌浆，可分为以下基本方法。

（一）打管灌浆

灌浆管由厚壁的无缝钢管、花管和锥形体管头所组成，用吊锤夯击或振动沉管的方法，打入砂砾石受灌地层设计深度，打孔和灌浆在工序上紧密结合。每段灌浆前，用压力水通过水管进行冲洗，把土砂等杂质冲出管外或压入地层中去，使射浆孔畅通，直至回水澄清。可采用自流式或压力灌浆，自下而上，分段拔管分段灌浆，直到结束。

此法设备简单、操作方便，一般适用于深度较小、结构松散、空隙率大、无大孤石的砂砾石层，多用于临时性工程或对防渗性能要求不高的帷幕。

（二）套管灌浆

施工程序是：边钻孔边下护壁套管（或随打入护壁套管，随冲淘管内砂砾石），直到套管下到设计深度。然后将钻孔冲洗干净，下入灌浆管，再起拔套管至第一灌浆段顶部，安好阻塞器，然后注浆。如此自下而上，逐段提升灌浆管和套管，逐段灌浆，直至结束。

也可自上而下，分段钻孔灌浆，缺点是施工控制较为困难。

采用这种方法灌浆，由于有套管护壁，不会产生塌孔埋钻事故；但压力灌浆时，浆液容易沿着套管外壁向上流动，甚至产生表面冒浆，还会胶结套筒造成起拔困难，甚至拔不出。

（三）循环灌浆

循环灌浆，实质上是一种自上而下，钻一段，灌一段，无须待凝，钻孔与灌浆循环进行的施工方法。钻孔时用黏土浆或最稀一级水泥黏土浆固壁。钻灌段的长度，视孔壁稳定情况和砂砾石渗漏大小而定，一般为 1~2 m，逐段下降，直到设计深度。这种方法灌浆，没有阻塞器，而是采用孔口管顶端的封闭器阻浆。

（四）埋管法

（1）在孔位处先挖一个深 1~1.5 m、半径大于 0.5 m 的坑。由底用干钻向下钻进至砂砾石层 1~1.5 m，把加工好的孔口管下入孔内，孔口管下端 1~1.5 m 加工成花管，孔口管管径要与钻孔孔径相适应，上端应高出地面 20 cm 左右。在浅坑底部设止浆环，防止灌浆时浆液沿管壁向上窜冒，浅坑用混凝土回填（或粘、壤土分层夯实），待凝固后，通过花管灌注纯水泥浆，以便固结孔口管的下部，并形成密实的防止冒浆的盖板。

（2）打管法钻机钻孔，孔口管插入钻孔用吊锤打至预定位置，然后再向下钻深 30~50 cm，并清除孔内废渣，灌注水泥浆。

（五）预埋花管灌浆

在钻孔内预先下入带有射浆孔的灌浆花管，管外与孔壁的环形空间注入填料，后在灌浆管内用双层阻塞器（阻塞器之间为灌浆管的出浆孔）进行分段灌浆，其施工程序是：

（1）钻孔及护壁常使用回转钻机钻孔至设计深度，接着下套管护壁或用泥浆固壁。

（2）清孔钻孔结束后，立即清除孔底残留的石渣，将原固壁泥浆更换为新鲜泥浆。

（3）下花管和下填料若套管护壁时，先下花管后下填料（若泥浆固壁时，则先下填料后下花管）。花管直径为 75~110 mm，沿管长每隔 0.3~0.5 cm 环向钻一排（4 个）孔径为 10 mm 的射浆孔。射浆孔外面用弹性良好的橡胶圈箍紧，橡胶圈厚度为 1.5~2 mm，宽度 10~15 cm。花管底部要封闭严密、牢固。安设花管要垂直对中，不能偏在套管（或孔壁）的一侧。

用泵灌注花管与套管（或孔壁）之间环形空间的填料，边下填料，边起拔套管，连续浇注，直到全孔填满将套管拔出为止。填料配比为水泥：黏土 = 1：2 ~ 1：3；

水：干料＝1：1～3：1；浆体密度 1.35～1.36 t/m³；黏度 25 s；结石强度 $R = 0.1～0.2$ MPa，$R \leqslant 0.5～0.6$ MPa。

四、开环

孔壁填料待凝 5～15 d，达到一定强度后，可进行开环。在花管中下入双层阻塞器，灌浆管的出浆孔要对准花管上准备灌浆的射浆孔，然后用清水或稀浆逐渐升压至开环为止。

压开花管上的橡皮圈，压裂填料，形成通路，称为开环，为浆液进入砂砾石层创造条件。

五、灌浆

开环以后，继续用清水或稀浆灌注 5～10 min，再开始灌浆。花管的每一排射浆孔就是一个灌浆段，灌完一段，移动阻塞器使其出浆孔对准另一排射浆孔，进行另一灌浆段的开环和灌浆。

由于双层阻塞器的构造特点，可以在任一灌浆段进行开环灌浆，必要时还可重复灌浆比较机动灵活。灌浆段长度一般为 0.3～0.5 m，不易发生串浆、冒浆现象，灌浆质量比较均匀，质量较有保证。国内外比较重要的砂砾石层灌浆多采用此法，其缺点是有时有不开环的现象，且花管被填料胶结后，不能起拔回收，耗用钢材较多，工艺复杂，成本较高。

前三种灌浆方法的灌浆结束后，应立即封孔，以防坍孔冒浆；预埋花管法则可在帷幕检查后集中进行封孔，但要孔口加盖进行保护。砂砾石地基灌浆，应根据各工程的具体条件和灌浆应达到的要求，通过灌浆试验，提出需要掌握的控制标准，用以指导灌浆施工。

六、高压喷射注浆法

根据喷嘴的喷射范围，高压喷射注浆分为旋喷、摆喷和定喷。

近年来，高压喷射注浆技术作为一个日趋成熟的地基基础处理方法，已被广泛地应用于砂、土质地层的河道、堤坝、工业民用建筑基础防渗和地基加固中。但在砂砾石地层的应用因其成孔困难、成墙效果不理想等原因，并未被广泛采用。由水电十一局承建的九甸峡水电站厂房工程砂砾石围堰截渗应用了高压旋喷灌浆，取得了成功，现对之进行总结，形成本施工工法。

砂砾石层主要由细砂及砂卵石等粗颗粒组成，其透水性较强，透水率较大，对于该类型地层防渗，一般采用帷幕灌浆处理，但帷幕灌浆施工速度慢、投资大，防渗效果并不十分明显。采用高压旋喷灌浆进行防渗处理可达到帷幕灌浆处理所达不到的效果。但高压喷射灌浆存在其不可回避的弊端，一是砂砾石地层成孔过程中的塌孔问题，二是地层中的孤石能否有效被水泥浆包裹问题。

本工法从九甸峡水电站厂房基础防渗中总结出来。为了解决高压旋喷防渗墙处理方案在砂砾石层中的可施工性，在常规施工方法的基础上采取了有效改进措施。针对砂砾石地层成孔难、易塌孔、钻进速度慢等技术难题，采取了大扭矩风动回转式液压钻机跟管钻进，PVC套管护壁成孔方法。这种钻孔方法与传统泥浆、水泥浆护壁钻孔方法相比，具有成孔快、不塌孔、工艺简单等优点。针对注浆过程中的孤石能否有效被水泥浆包裹及水泥浆与砂砾石充分搅拌问题，在注浆施工方法上选用高压水孔内切割，风动搅拌，水泥固结的三管法。在参数选择上尽量选择大水压，加大高压水对地层冲击、切割力度；在遇有孤石时，采取在孤石上、下50 cm加大喷嘴旋转速度、慢速提升的办法，充分将孤石用水泥浆包住，从而使固结后的柱体达到连续完整的目的。工程所取得的成功经验值得类似工程借鉴和使用。

（一）适用范围

高压喷射注浆法防渗和加固技术主要适用于砂类土、黏性土、黄土和淤泥等软弱土层，本工法主要介绍其在砂砾石中的应用。

（二）工艺原理

高压喷射注浆是利用钻机成孔后，由高压喷射注浆台车（简称高喷台车）把前端带有喷嘴的注浆管置入砂砾石层预定深度后，以30~40 MPa压力把浆液或水从喷嘴中喷射出来，形成喷射流切割破坏砂砾石层，使原砂砾石层被破坏并与高压喷射进来的水泥浆按一定的比例和质量大小，有规律地重新排列组合，浆液凝固后，便在砂砾石层中形成一个柱状固结体，无数个柱状固结体的连接便形成一道屏蔽幕墙。

因从喷嘴中喷射出来的浆液或水能量很大，能够置换部分碎石土颗粒，使浆液进入碎石土中，从而起到加固地基和防渗的作用。

（三）施工工艺及特殊情况处理

1. 高压旋喷施工参数确定

高压旋喷渗墙施工前期，首先进行试验孔施工，试验孔施工主要确定孔深、孔距、水气浆压力、浆液密度、注浆率、旋转及提升速度，试验孔施工结束后，进行钻孔取芯、注水试验和开挖检查。计算出透水率并通过试验得出芯体的抗压强度，开挖检查来看旋喷墙厚度及成墙连续性。

2. 高压旋喷防渗墙施工工法

高压旋喷防渗墙钻孔注浆分两序施工，先施工Ⅰ序孔，后施工Ⅱ序孔，相邻孔施工间隔时间不少于24h。注浆采用同轴三管法高压旋喷灌浆，同轴三管法即以浆、气、水三种介质同时作用于地层，使浆液与地层颗粒成分混合、搅拌、置换、充填渗透形成固结体。

施工程序为：场地平整压实→造孔（跟管钻进）→下PVC管护壁→跟管拔出→高喷台车就位→试喷→下喷具→喷灌→封孔→高喷台车移位。

（1）造孔

针对砂砾石地层成孔难、易塌孔、钻进速度慢等技术难题，可采取大扭矩液压工程钻机跟管钻进。一是采用YGJ-80风动液压钻机配偏心式冲击器冲击跟管钻进；二是采用QLCN-120履带式多功能岩土钻机跟管钻进。钻孔直径均为φ140 mm，造孔效率可达6.0 m/h。钻机就位后，用水平尺校正机身，使钻杆轴线垂直对准钻孔中心位置，孔位偏差不大于5 cm。钻孔达到设计深度后，将钻杆提出，在跟管内下设小于跟管口径的PVC套管取代跟管。PVC护壁套管下至孔底后，再用液压拔管器分节拔出钢质护壁跟管。PVC护壁套管滞留在孔中，待喷射灌浆时通过高压水切割破碎，通过水泥浆与砂砾石固结在一起。

（2）护壁

造孔结束，将钻杆提出，下设底端透水无纺布包扎φ120 PVC护壁管，进行成孔护壁，护壁套管接头用塑料密封带连接。护壁套管下至孔底后，采用YGB液压拔管机将套管分节拔出。

（3）喷具组装及检查

喷具由水、气、浆三管并列组成，采用专用螺栓连接，自下而上由喷头、喷管、旋喷三叉管组成，连接处用尼龙垫密封。喷具组装后试运行水、气、浆管的畅通和承压情况，当水压达到设计压力的1.5倍时，管路无泄漏后再试喷15 min后结束检查。

（4）试喷检查结束后

使喷嘴喷射方向与高喷轴线一致，并设置好旋喷转速下入喷具至设计孔深。为防止在下喷具过程中因意外而堵塞喷嘴，可送入低压水、气、浆并开始喷浆。在初始喷浆时只喷转不提，静喷3~5 min，待孔口返浆浓度接近1.3 g/cm³时，按参数要求的提升速度和旋转速度自下而上喷射灌浆到设计高程，喷射浆液为灰水比0.8:1的纯水泥浆。

3. 特殊情况处理

（1）漏浆处理

在砂砾石围堰高喷灌浆防渗墙的施工中，可能会有部分孔发生漏浆现象，说明围堰基础存在一定的集中渗流区，对工程施工安全十分不利。因此，在发生漏浆时，视严重程度应采取停止提升或放慢提升速度的办法，尽可能使漏浆地层充分灌满水泥浆，从而达到充分固结的目的。

（2）孤石处理

针对注浆过程中的孤石能否有效被水泥浆包裹及水泥浆与砂砾石充分搅拌问题，在注浆施工方法上应选用高压水孔内切割、风动搅拌、水泥固结的三管法。在参数选择大水压，加大高压水对地层冲击、切割力度，在遇有孤石时，采取在孤石上、下 50 cm 加大喷嘴旋转速度、慢速提升的办法，充分将孤石用水泥浆包住，从而使固结后的柱体达到连续完整的目的。

（3）事故停喷

在高喷过程中发生停电、停喷事故，均采取重新扫孔、复喷的办法，扫孔底至停喷段以下 1.2 m，解决因停喷造成的柱体连续性问题。

4. 质量要求

在施工过程中，应着重对钻孔和灌浆两道工序进行控制以及对防渗墙质量进行检查，主要有以下几个方面：

（1）钻孔

要经常检查钻孔孔位有无偏差，及时予以纠正。孔斜一般要钻孔孔斜小于 0.5 %～1.5 %的孔深。

检测喷浆管的旋转和提升速度，以设计要求为准或通常将旋转速度控制在 5～20 r/min，提升速度为 5～20 cm/min。

当因拆卸钻杆或其他原因暂停喷射时，再喷射时应使新旧固结体搭接 10 cm 以上，防止断桩。

（2）灌浆

要检查灌浆浆液的比重和流动度指标以及灌浆压力和流量等指标，并及时进行调整，使其满足要求。利用灌浆自动记录仪记录灌浆过程，随时核算灌入浆液总量是否满足要求。要及时观察和检测冒浆，在高喷施工过程中，往往有一定数量的土粒随着一部分浆液冒出地面，通过对冒浆现象的观察，及时了解地层的变化情况、喷射灌浆效果以及各项施工参数是否合理，以便适时做出适当调整。

（3）防渗墙质量检验

对高喷防渗墙固结体的质量检验可采用开挖检查、钻取岩芯、压（注）水试验等多种方法来进行。检验主要内容为：固结体的整体性和均匀性；固结体的几何特性，包括有效直径、深度和偏斜度；固结体的水力学特性，包括渗透系数和水力坡降等。

质量检验一般在高喷工作结束后四周进行，根据检验结果采取适当措施以确保达到预期要求。对防渗墙应进行渗透试验，一般做法为：在高喷固结体适当部位钻孔（取芯），然后在孔内进行压水或注水试验，判断其抗渗透能力。

5. 安全措施

（1）施工前对风、水、浆、电及施工顺序进行详细规划，保证作业面规范整齐。

（2）加强施工人员安全教育，建立各种设备操作规程。

（3）设置醒目的安全标志，人员上下机架要系安全带。

（4）电动机械设备应设置安全防护设施和安全保护措施。

（5）施工前必须检查防水电缆是否完好，防止电伤人。

（6）施工时，做好废浆排放工作；工程结束时，要做到工完料净场地清。

第二节　岩石地基灌浆

一、灌浆方法

基岩灌浆有多种方法，按照浆液流动的方式分，有纯压式灌浆和循环式灌浆；按照灌浆段施工的顺序分有自上而下灌浆和自下而上灌浆等。它们各有优缺点，各自适应不同的情况。

（一）纯压式和循环式灌浆

1. 纯压式灌浆

将浆液灌注到灌浆孔段内，不再返回的灌浆方式称为纯压式灌浆。

纯压式灌浆的浆液在灌浆孔段中是单向流动的，没有回浆管路，灌浆塞的构造也很简单，施工工效也较高，这是它的优点；它的缺点是，当长时间灌注后或岩层裂隙很小时，浆液的流速慢，容易沉淀，可能会堵塞一部分裂隙通道，解决这一问题的办法是提高浆液的稳定性，如在浆液中掺加适量的膨润土，或者使用稳定性浆液。

2. 循环式灌浆

浆液灌注到孔段内，一部分渗入岩石裂隙；一部分经回浆管路返回储浆桶，这种方法称为循环式灌浆。为了达到浆液在孔内循环的目的，要求射浆管出口接近灌浆段底部，规范规定其距离不大于 50 cm。

循环式灌浆时，无论何时灌浆孔段内的浆液总是保持着流动状态，因而可最大限度地减少浆液在孔内的沉淀现象，不易过早地堵塞裂隙通道，因而有利于提高灌浆质量，这是其优点；它的缺点是比纯压式灌浆施工复杂、浆液损耗量大，工效也低一些，在有的情况下，如灌注浆液较浓、注入率较大、回浆很少、灌注时间较长等，可能会发生孔内浆液凝住射浆管的事故。

在国外，纯压式"灌浆采用比较普遍。在我国，灌浆规范规定"帷幕灌浆方式宜采用循环式灌浆，也可采用纯压式灌浆""浅孔固结灌浆可采用纯压式灌浆"。各个工程应根据工程具体情况选用。

（二）自上而下和自下而上灌浆

1. 自上而下灌浆

自上而下灌浆法（也称下行式灌浆法）是指自上而下分段钻孔、分段安装灌浆塞进行的灌浆。在孔口封闭灌浆法推广以前，我国多数灌浆工程采用此法。

采用自上而下灌浆法时，各灌浆段灌浆塞分别安装在其上部已灌浆段的底部。每一灌浆段的长度通常为 5 m，特殊情况下可适当缩短或加长，但最长也不宜大于 10 m，其他各种灌浆方法的分段要求也是如此。灌浆塞在钻孔中预定的位置上安装时，有时候由于钻孔工艺或地质条件的原因，可能达不到封闭严密的要求，在这种情况下，灌浆塞可适当上移，但不能下移。自上而下灌浆法可适用于纯压式灌浆和循环式灌浆，但通常与循环式灌浆配套采用。

2. 自下而上灌浆

自下而上灌浆法（也称上行式灌浆法）就是将钻孔一次钻到设计孔深，然后自下而上逐段安装灌浆塞进行灌浆的方法。这种方法通常与纯压式灌浆结合使用，很显然，采用自下而上灌浆法时，灌浆塞在预定的位置塞不住，其调整的方法是适当上移或下移，直至找到可以塞住的位置。如上移时就加大灌浆段的长度，《水工建筑物水泥灌浆施工技术规范》规定，当灌浆段长度大于 10 m 时，应当采取补救措施。补救的方法一般是在其旁布置检查孔，通过检查孔发现其影响程度，同时可进行补灌。

3. 综合灌浆法

综合灌浆法是在钻孔的某些段采用自上而下灌浆，另一些段采用自下而上灌浆的方法。

这种方法通常在钻孔较深、地层中间夹有不良地质段的情况下采用。

4. 全孔一次灌浆

全孔一次灌浆法是指整个灌浆孔不分段一次进行的灌浆。《水工建筑物水泥灌浆施工技术规范》规定，这种方法一般在孔深不超过 6 m 的浅孔灌浆时采用，也有的工程放宽到 8 m~10 m。全孔一次灌浆法可采用纯压式灌浆，也可采用循环式灌浆。

各种灌浆方法的特点及适用范围见表 3-1。

表 3-1　各种灌浆方法的特点及适用范围

灌浆方法	优点	缺点	适用范围
自上而下灌浆法	灌浆塞置于已灌段底部，易于堵塞严密，不易发生绕塞返浆；各段压水试验和水泥注入量成果准确；灌浆质量比较好	钻孔、灌浆工序不连续，工效较低；孔内灌浆塞和管路复杂	可适用于较破碎的岩层和各种岩层
自下而上灌浆法	钻孔、灌浆作业连续，工效较高	岩层陡倾角裂隙发育时，易发生绕塞返浆；不便于分段进行裂隙冲洗	适用较完整的或缓倾角裂隙的地层
综合灌浆法	介于自上而下灌浆法和自下而上灌浆法之间	介于自上而下灌浆法和自下而上灌浆法之间	可适用于较破碎和完整性基岩地层
全孔一次灌浆法	工序少，工效高	适用范围窄	浅孔固结灌浆
孔口封闭法	能可靠地进行高压灌浆，不存在绕塞返浆问题，事故率低；能够对已灌段进行多次复灌，对地层的适应性强，灌浆质量好，施工操作简便，工效较高	每段均为全孔灌浆，全孔受压，近地表岩体抬动危险大。孔内占浆量大，浆液损耗多，灌后扫孔工作量大，有时易发生铸灌浆管事故	适宜于较高压力和较深钻孔的各种灌浆。水平层状地层慎用

（三）孔口封闭灌浆法

孔口封闭法是我国当前用得最多的灌浆方法，它是采用小口径钻孔，自上而下分段钻进，分段进行灌浆，但每段灌浆都在孔口封闭，并且采用循环式灌浆法。

1. 工艺流程

孔口封闭灌浆法单孔施工程序为：孔口管段钻进→裂隙冲洗兼简易压水→孔口管段灌浆→镶铸孔口管→待凝 72 h→第二灌浆段钻进→裂隙冲洗兼简易压水→灌浆→下一灌浆段钻孔、压水、灌浆→……直至终孔→封孔。

2. 技术要点

孔口封闭法是成套的施工工艺，施工人员应完整地掌握其技术要点，而不能随意肢解，各取所需。

（1）钻孔孔径

孔口封闭法适宜于小口径钻孔灌浆，因此钻孔孔径宜为 φ46 mm～φ76 mm。与 φ42 mm

或 φ50 mm 的钻杆（灌浆管）相配合，保持孔内浆液能较快地循环流动。

（2）孔口段灌浆

灌浆孔的第一段即孔口段是镶铸孔口管的位置，各孔的这一段应当先钻出，先进行灌浆。孔口段的孔径宜比灌浆孔下部的孔径大两级，通常为 76 mm 或 91 mm。孔口段的深度应与孔口管的长度一致。灌浆时在混凝土盖板与岩石界面处安装灌浆塞，进行循环式或纯压式灌浆，直至达到结束条件。

（3）孔口管镶铸

镶铸孔口管是孔口封闭法的必要条件和关键工序。孔口管的直径应与孔口段钻孔的直径相配合，通常采用 φ73 mm 或 φ89 mm。孔口管的长度应当满足深入基岩 1~2.5 m 和高出地面 10 cm，灌浆压力高或基岩条件差时，深入基岩应当长一些。孔口管的上端应当预先加工有螺纹，以便于安装孔口封闭器。孔口段灌浆结束后应当随即镶铸孔口管，即将孔口管下至孔底，管壁与钻孔孔壁之间填满 0.5∶1 的水泥浆，导正并固定孔口管，待凝 72 h。

（4）孔口封闭器

由于灌浆孔很深，灌浆管要深入孔底，所以必须确保在灌浆过程中灌浆管不被浆液凝固铸死，因此孔口封闭器的作用十分重要。规范要求，孔口封闭器应具有良好的耐压和密封性能，在灌浆过程中灌浆管应能灵活转动和升降。

（5）射浆管

孔口封闭法的射浆管即孔内灌浆管，也就是钻杆。射浆管必须深入灌浆孔底部，离孔底的距离不得大于 50 cm，这是形成循环式灌浆的必要条件。

（6）孔口各段灌浆

孔口段及其以下 2~3 段段长划分宜短，灌浆压力递增宜快，这样做的目的一方面是为了减少抬动危险，另一方面是尽快达到最大设计压力。通常孔口三段按 2 m、1 m、2 m 段长划分，第四段恢复到 5 m 长度，并升高到设计最大压力。

（7）裂隙冲洗及简易压水

除地质条件不允许或设计另有规定外，一般孔段均合并进行裂隙冲洗和简易压水。

需要注意的是，各段压水虽然都在孔口封闭，全孔受压，但在计算透水率时，试段长度只取未灌浆段的段长，已灌浆段视为不透水。

（8）活动灌浆管和观察回浆

采用孔口封闭法进行灌浆，特别是在深孔（大于 50 m）、浓浆（小于 0.7∶1）、高压力（大于 4 MPa）、大注入率和长时间灌注的条件下必须经常活动灌浆管和十分注意观察回浆。灌浆管的活动包括转动和上下升降，每次活动的时间 1~2 min，间隔时间 2~10 min，视灌浆时的具体情况而定，回浆应经常保持在 15 L/min 以上。这两条措施都是为了防止在灌浆的过程中灌浆管被凝住。

（9）灌浆结束条件

孔口封闭法的灌浆结束条件比其他灌浆方法严格一些，主要表现在达到设计压力和足够小的注入率以后的持续时间稍长。这样做的目的是使灌入岩体的浆液受到更充分的挤压、脱水、密实，从而可以紧接着进行以下孔段的钻灌作业，而不必待凝。

（10）不待凝

一个灌浆段灌浆结束以后，不待凝，立即进行下一段的钻孔和灌浆作业。孔口封闭灌浆法诞生以前，灌浆后的待凝大大影响灌浆工效的提高，此问题曾长期困扰灌浆工程界。

孔口封闭法的实践成功地解决了这一问题，它的技术保证就是上述的灌浆结束条件。

二、灌浆压力

（一）灌浆压力的构成和计算

准确地说，灌浆压力是指灌浆时浆液作用在灌浆段中点的压力，它是灌浆泵输出压力（由压力表指示）、浆液自重压力、地下水压力和浆液流动损失压力的代数和。

浆液在灌浆管和钻孔中流动的压力损失可包括沿程损失和局部损失。此项数值与管路长度、管径、孔径、糙率、接头弯头的多少与形式、浆液黏度、流动速度等有关，可以通过计算或试验得出，但由于计算比较复杂，试验也不易做得准确，且这项数值相对较小，因此为简便起见一般予以忽略。

在灌浆施工实践中，特别是现今多采用的高压灌浆施工中，由于灌浆压力很大（大于3 MPa），浆柱压力、地下水压力、管路损失相对都较小，因此习惯上常常就采用表压力作为灌浆压力。

由于大多数灌浆泵都是柱塞泵或活塞泵，它们输出浆液的压力是波动的，压力表或记录仪指示的压力也是波动的，有的时候波动还很大。控制和记录灌浆压力宜以波动的中值为准。我国乌江渡和龙羊峡等工程的帷幕灌浆也曾以压力波动的峰值作为压力控制的标准。

（二）灌浆压力的控制

灌浆过程中，灌浆压力的控制主要有以下两种方法：

一次升压法。灌浆开始后，尽快地将灌浆压力升到设计压力。

分级升压法。在灌浆过程中，开始使用较低的压力，随着灌浆注入率的减少，将压力分阶段逐步升高到设计值。

一次升压法适用于透水性不大、裂隙不甚发育的岩层灌浆。分级升压法适用于裂隙发育、透水率较大的地层。

灌浆压力应当根据注浆率的变化进行控制。灌浆压力和注浆率是相互关联的两个参数，在施工中应遵循这样的原则：当地层吸浆量很大、在低压下即能顺利地注入浆液时，应保持较低的压力灌注，待注浆率逐渐减小时再提高压力；当地层吸浆量较小、注浆困难时，应尽快将压力升到规定值，不要长时间在低压下灌浆。

高压灌浆应当特别注意控制灌浆压力和注入率。平缝模型试验表明，上抬力与最大灌浆压力和最大注入量成正比，而注入量与注入率有关，因此为防止上抬力过大而引起地面抬动，必须协调控制灌浆压力和注入率。

$$F_{max} = P_{max}V_{max}/6t \tag{3-2}$$

式中，F_{max}——最大上抬力；

P_{max}——最大灌浆压力；

V_{max}——最大注入量，即平缝中尚未发生沉淀的浆液体积；

t——缝宽的一半。

不同的工程灌浆压力与注入率的匹配情况是不一样的。

（三）灌浆压力趋向的判断

在灌浆过程中，根据实际情况合理地控制灌浆压力是灌浆成功的关键，施工人员必须对灌浆压力趋向进行正确判断，并采取相应措施。表3-2为灌浆过程中各种压力变化趋向及其应对措施。

表3-2 压力趋向判断与控制措施

压力趋向	物理描述	控制措施
压力不变，吸浆量逐渐减少	表明浆液逐渐充填在有许多细裂隙的岩层中，通常吸浆量是低至中等	灌浆情况基本正常。当总注入量较大且注入率递减不快时，可适当改浓浆液，控制浆液扩散
压力不变，吸浆量逐渐减少，接着突然减少	裂隙过早堵塞	进行冲洗。改稀浆液或谨慎提高灌浆压力
在设计压力下，在较长时间内保持不变压力和中等吸浆量	可能存在漏浆或串浆，或扩散范围较大，常发生在Ⅰ序孔中	如无表面渗漏，可逐渐加浓浆液。如灌注一定量的水泥后，吸浆率仍未减少，可停灌待凝后再复灌
压力不变，吸浆量突然增大	局部岩体变形，或无变形而裂隙变宽。	加浓浆液或降低压力，直到吸浆量有减少趋势

续表

压力趋向	物理描述	控制措施
压力不变,吸浆量突然减少之后又逐渐减少	受局部地层限制,浆液先充填空穴,然后逐渐充填微细裂隙	可改稀一级的浆液,如使用稳定性浆液,可增加减水剂用量
在低压下,使用浓浆灌注,仍能保持最大泵量的吸浆量	浆液自由流入了严重破碎的岩层、溶洞,持续灌注,浆液扩散广,材料消耗大	浆液中加入填料,灌入一定量后暂停灌浆,之后在同一孔或相邻孔复灌
在低压或缓慢升高压力情况下,吸浆量很大但逐渐减少	浆液一般是在中等破碎地层中扩散,通常发生在Ⅰ序孔,当泵量超过吸浆率时,可达到设计压力	灌浆情况正常。浆液不再加浓,继续灌注到结束条件
压力迅速增加,吸浆量迅速减少	由于浆液加浓太快,提前堵塞裂隙	冲孔,改用稀浆灌注
吸浆量由减少变为增大,使用较浓浆液时仍不改变	岩体发生大范围的缓慢变形,或在有充填的大裂隙中,冲刷出了通道	降低压力
压力和吸浆率脉动变化,趋于无规律地减少	破碎或层状岩层中的裂隙逐渐堵塞	灌浆情况正常
压力和吸浆量不稳定地增减脉动,没有固定的变化趋势	岩体表面、岩块或灌浆区浆液打开了新通道,发生局部变形,通常与严重破碎岩层和大吸浆量有关	尽快加浓浆液到最大浓度,至出现吸浆率减少趋势,或在灌注一定量的浆液后停止灌浆,避免浆液过度扩散,待凝后恢复灌浆

三、基岩帷幕灌浆

帷幕灌浆通常布置在靠近坝基面的上游,是应用最普遍、工艺要求较高的灌浆工程。

(一)施工的条件与施工次序

基岩帷幕灌浆通常应当在具备了以下条件后实施:

(1)灌浆地段上覆混凝土已经浇筑了足够厚度,或灌浆隧洞已经衬砌完成。上覆混凝土的具体厚度各工程规定不一,有的水电站要求为30 m;也有的工程要求为15 m,应视灌浆压力的大小而定。

(2)同一地段的固结灌浆已经完成。

(3)基岩帷幕灌浆应当在水库开始蓄水以前,或蓄水位到达灌浆区孔口高程以前完成。

基岩帷幕灌浆通常由一排孔、二排孔或多排孔组成。由二排孔组成的帷幕，一般应先进行下游排的钻孔和灌浆，然后再进行上游排的钻孔和灌浆；由多排孔组成的帷幕，一般应先进行边排孔的钻孔和灌浆，然后向中间排逐排加密。

单排孔组成的帷幕应按三个次序施工，各次序孔按"中插法"逐渐加密，先导孔最先施工，接着顺次施工Ⅰ、Ⅱ、Ⅲ次序孔，最后施工检查孔。由两排孔或多排孔组成的帷幕，每排可以分为两个次序施工。

原则上说，各排各序都要按照先后次序施工，也就是说应当先序排、先序孔施工完成以后，方可以开始后序排、后序孔的施工。但是，为了加快施工进度、减少窝工，灌浆规范规定，当前一序孔保持领先15 m的情况下，相邻后序孔也可以随后施工。

坝体混凝土和基岩接触面的灌浆段应当先行单独灌注并待凝。

（二）帷幕灌浆孔钻孔的要求

帷幕灌浆孔钻孔的钻机最好采用回转式岩芯钻机、金刚石或硬质合金钻头。这样钻出来的孔形圆整，孔斜较易控制，有利于灌浆，以往经常采用的是钢粒或铁砂钻进，但在金刚石钻头推广普及之后，除有特殊需要外，钢粒钻进一般就用得很少了。

为了提高工效，国内外已经越来越多地采用冲击钻进和冲击回转钻进。但是由于冲击钻进要将全部岩芯破碎，因此岩粉较其他钻进方式多，故应当加强钻孔和裂隙冲洗。另外，在同样情况下冲击钻进较回转钻进的孔斜率大，这也是应当加以注意的。

在各种灌浆中帷幕灌浆孔的孔斜要求是较高的，因此应当切实注意控制孔斜和进行孔斜测量。

（三）灌浆压力的确定

1. 决定灌浆压力的因素

灌浆压力是灌浆能量的来源，一般来说，使用较大的灌浆压力对灌浆质量有利，因为较大的灌浆压力有利于浆液进入岩石的裂隙，也有利于水泥浆液的泌水与硬结，提高结石强度；较大的灌浆压力可以增大浆液的扩散半径，从而减少钻孔灌浆工程量（减少孔数）。但是，过大的灌浆压力会使上部岩体或结构物产生有害的变形，或使浆液渗流到灌浆范围以外的地方，造成浪费；较高的灌浆压力对灌浆设备和工艺的要求也更高。

决定灌浆压力的主要因素有：

（1）防渗帷幕承受水头的大小。通常建筑物防渗帷幕承受的水头大，帷幕防渗标准也高，因而灌浆压力要大，反之，灌浆压力可以小一些。

防渗帷幕"灌浆压力应通过试验确定，通常在帷幕孔顶段取（1.0~1.5）倍坝前静水头，在孔底段取（2~3）倍坝前静水头，但不得抬动岩体"。

（2）地质条件。通常岩石坚硬、完整，灌浆压力可以高一些，反之灌浆压力可小一些。

2. 用经验公式拟定灌浆压力

如何定量地确定灌浆压力，20世纪80年代以前，我国多采用一些经验公式进行初步计算，其中使用较多的公式是：

$$P = P_0 + mh \tag{3-3}$$

式中，P ——灌浆压力，MPa；

$\quad\quad P_0$ ——基岩地表段允许灌浆压力，MPa；

$\quad\quad m$ ——基岩每增加1m深度可增加的压力，MPa/m；

$\quad\quad h$ ——灌浆段深度，m。

其中，P_0 和 m 由表3-3查得，当考虑灌浆方法和灌浆次序因素时由表3-4查得。

表3-3　P_0 与 m 值选用表

岩石类别	岩层特性	P_0（MPa）	m（MPa/m）	常用压力（MPa）
I	具有陡倾裂隙及低透水性的坚固大块结晶岩石与岩浆岩	0.3~0.5	0.2~0.5	4~6
II	中等风化的块状结晶岩、变质岩或大块体少裂隙的沉积岩	0.2~0.3	0.1~0.2	1.5~4.0
III	坚固的半岩性岩石、砂岩、黏土页岩、凝灰岩、强或中等裂隙的成层的岩浆岩	0.15~0.2	0.05~0.1	0.5~1.5
IV	半岩性岩石、软质石灰岩、胶结弱的砂岩及泥灰岩，裂隙很发育的较坚固的岩石	0.05~0.15	0.025~0.05	0.25~0.5
V	松软的、未胶结的泥沙土壤、砾石、砂、砂质黏土	0	0.015~0.025	0.05~0.25

注：1. 采用自下而上分段灌浆时，m 取低限值；

　　2. V类岩石，应在有盖重条件下方可进行有效的灌浆。

表 3-4 P_0 与 m 值选用表

岩石类别	岩层特征	P_0（MPa）	m（MPa/m）				
			灌浆方式		灌浆孔次序系数		
			自上而下	自下而上	I	II	III
I	具有陡倾裂隙及低透水性的坚固大块结晶岩石与岩浆岩	0.15~0.3	0.2	0.1~0.12	1.0	1~1.25	1~1.5
II	中等风化的块状结晶岩、变质岩或大块体少裂隙的沉积岩	0.05~0.15	0.1	0.05~0.06			—
III	坚固的半岩性岩石、砂岩、黏土页岩、凝灰岩、强或中等裂隙的成层的岩浆岩	0.025~0.05	0.05	0.025~0.03			

注：m 值为灌浆方式对应数值与灌浆孔次序系数的乘积。

（四）先导孔施工

1. 先导孔的作用

一项灌浆工程在设计阶段通常难以获得最充分的地质资料，因此在施工之初，利用部分灌浆孔取得必要的补充地质资料或其他资料，用以检验和核对设计及施工参数，这些最先施工的灌浆孔就是先导孔。

先导孔的工作内容主要是获取岩芯和进行压水试验，同时要完成作为 I 序孔的灌浆任务。

2. 先导孔的布置

先导孔应当在 I 序孔中选取，通常 1~2 个单元工程可布置一个，或按本排灌浆孔数的 10% 布置。双排孔或多排孔的帷幕先导孔应布置在最深的一排孔中并最先施工，先导孔的深度一般应比帷幕设计孔深深 5 m。

设计阶段资料不足或有疑问的地段可重点布置先导孔。

但应注意，虽然先导孔具有补充勘探的性质，非不得已也不要把勘探设计阶段的任务任意或大量地转移到先导孔来完成。这是因为在施工阶段来进行的先导孔施工受工期、技术和预算等条件的影响，通常不易做得很细，难以满足设计的要求。

3. 先导孔施工的方法

先导孔通常使用回转式岩芯钻机自上而下分段钻孔，采取岩芯分段安装灌浆塞进行压水试验。压水试验的方法为三级压力五个阶段的五点法。

先导孔各孔段的灌浆宜在压水试验后接着进行。这样灌浆效果好，且施工简便，压水试验成果的准确性可满足要求。也有在全孔逐段钻孔、逐段进行压水试验直到设计深度后，再自下而上逐段安装灌浆塞进行纯压式灌浆直至孔口的。除非钻孔很浅，不允许对先导孔采取全孔一次灌浆法灌浆。

（五）浆液变换

在灌浆过程中，浆液浓度的使用一般是由稀浆开始，逐级变浓，直到达到结束标准。过早地换成浓浆，常易将细小裂隙进口堵塞，致使未能填满灌实，影响灌浆效果；灌注稀浆过多，浆液过度扩散，造成材料浪费，也不利于结石的密实性。因此，根据岩石的实际情况，恰当地控制浆液浓度的变换是保证灌浆质量的一个重要因素。一般灌浆段内的细小裂隙多时，稀浆灌注的时间应长一些；反之，如果灌浆段中的大裂隙多时，则应较快换成较浓的浆液，使灌注浓浆的历时长一些。

灌浆过程中浆液浓度的变换应遵循如下原则：

当灌浆压力保持不变，吸浆量均匀地减少时，或当吸浆量不变，压力均匀地升高时，不需要改变水灰比；当某一级水灰比浆液的灌入量已达到某一规定值（如 300 L）以上，或灌浆时间已达到足够长（如 30 min），而灌浆压力及吸浆量均无显著改变时，可改换浓一级浆液灌注；当其注入率大于 30 L/min 时，可根据具体情况越级变浓。

改变水灰比后，如灌浆压力突增或吸浆率锐减，应立即查明原因。

每一种比级的浆液累计吸浆量达到多少时才允许变换一级，这个数值要根据地质条件和工程具体情况而定，一般情况下可采用 300 L，原则是尽量使最优水灰比的浆液多灌入一些（最优水灰比通过灌浆试验得出）。

对于"无显著改变"的理解可以量化为，某一级浓度的浆液在灌注了一定数量之后，其注入率仍大于初始注入率的 70%，就属于"无显著改变"。

固结灌浆的浆液比级与变换原则可参照帷幕灌浆。

近些年来，欧洲兴起了一种采用稳定浆液灌浆的方法，只使用一种水灰比的浆液，不进行浆液变换。

（六）抬动观测

1. 抬动观测的作用

在一些重要的工程部位进行灌浆，特别是高压灌浆时，有时要求进行抬动观测。抬动观测有两个作用：

（1）了解灌浆区域地面变形的情况，以便分析判断这种变形对工程的影响；

（2）通过实时监测，及时调整灌浆施工参数，防止上部构筑物或地基发生抬动变形。

2. 抬动观测的方法

常用的抬动观测方法有：

（1）精密水准测量

即在灌浆范围内埋设测桩或建立其他测量标志，在灌浆前和灌浆后使用精密水准仪测量测桩或标点的高程，对照计算地面升高的数值，必要时也可在灌浆施工的中期进行加测。这种方法主要用来测量累计抬动值。

（2）测微计观测

建立抬动观测装置，安装百分表、千分表或位移传感器进行监测。浅孔固结灌浆的抬动观测装置的埋置深度应大于灌浆孔深度，深孔灌浆抬动观测装置的深度一般不应小于20 m。这种方法用来监测每一个灌浆段在灌浆过程中的抬动值变化情况，指导操作人员实时控制灌浆压力，防止发生抬动或抬动值超过限值。

这种抬动观测在压水和灌浆过程中应连续进行，时间间隔可为 5～10 min，但当抬动速率较快时，时间间隔应当缩小至 1～2 min。

根据观测的目的要求可以选用其中的一种观测方法，但在灌浆试验时或对抬动敏感地带，应当同时采用上述两种方法进行观测。

（七）封孔

各灌浆孔、测试孔（检查孔）完成灌浆或测试检查任务后，均应很好地将孔回填封堵密实。

1. 导管注浆法

全孔灌浆完毕后，将导管（胶管、铁管或钻杆）下入钻孔底部，用灌浆泵向导管内泵入水灰比为 0.5∶1 的水泥浆。水泥浆自孔底逐渐上升，将孔内余浆或积水顶出孔外。在泵入浆液过程中，随着水泥浆在孔内上升，可将导管徐徐上提，但应注意务使导管底口始终保持在浆面以下。工程有专门要求时，也可注入砂浆。这种封孔方法适用于浅孔和灌浆后孔口没有涌水的钻孔。

值得注意的是，切忌不用导管，径直向孔口注入浆液。那样因为孔内的水或稀浆不能被置换出来，会在钻孔中留下通道。

2. 全孔灌浆法

全孔灌浆完毕后，先采用导管注浆法将孔内余浆置换成为水灰比0.6∶1或0.5∶1的浓浆，而后将灌浆塞塞在孔口，继续使用这种浆液进行纯压式灌浆封孔。封孔灌浆的压力可根据工程具体情况确定，采用尽可能大的压力，一般不要小于1 MPa。当采用孔口封闭法灌浆时，可使用最大灌浆压力，灌浆持续时间不应小于1 h。经验表明，当采用这种方法封孔时，孔内水泥浆液结石密度都可达到2.0 g/cm³以上，抗压强度20 MPa以上，孔口无渗水。

当采用自下而上灌浆法，一孔灌浆结束后，通常全孔已经充满凝固或半凝固状态的浓稠浆体，在这种情况下可直接在孔口段进行封孔灌浆。

3. 分段灌浆封孔法

全孔灌浆完毕后，自下而上分段进行纯压式灌浆封孔，分段长度20~30 m，使用浆液水灰比0.5∶1，灌浆压力为相应深度的最大灌浆压力，持续时间一般为30 min，孔口段为1 h。这种方法适用于采用自上而下分段灌浆、孔深较大和封孔较为困难的情况。

4. 其他注意事项

（1）当进行封孔灌浆时出现较大的注入量（如大于1 L/min）时，应按正常灌浆过程进行灌浆，直至达到要求的结束条件，如封孔前孔口仍有涌水或渗水，则应当适当延长封孔灌浆持续时间，或采取闭浆措施。

（2）采用上述方法封孔，待孔内水泥浆液凝固后，灌浆孔上部空余部分，大于3 m时，应继续采用导管注浆法进行封孔；小于3 m时，可使用干硬性水泥砂浆人工封填捣实，孔口压抹齐平。

（3）封孔的浆液材料通常情况下采用纯水泥浆，当灌浆后孔口仍有细微渗水时，封孔水泥浆和砂浆中宜加入膨胀剂。

第三节　混凝土防渗墙与垂直防渗施工

一、混凝土防渗墙施工

（一）施工准备

1. 安排工程技术人员勘察现场，进一步了解实施本工程的目的、设计标准、技术要求，按设计文件及图纸要求进行测量放样工作。

2. 针对槽孔式防渗墙工程的要求，编制详细的专项施工方案，用于指导施工。

3. 按施工技术要求平整、清理场地，准备好堆料场，联系好原材料供应厂商。

4. 确定好设备进场道路，施工设备运输进场、安装。

（二）施工现场布置

1. 施工用电

槽孔式防渗墙使用与本标段同一电力供应系统，电力系统可以满足防渗墙施工的需要。

2. 施工用水

施工用水使用与本标段同一供水系统。

3. 施工道路

槽孔式防渗墙工程施工时，上坝道路已修好，防渗墙所使用的机械设备、原材料等可以直接运至施工场地。

（三）导墙施工

导墙施工是防渗墙施工的关键环节，其主要作用为成槽导向、控制标高、槽段定位、防止槽口坍塌及承重，根据选用的机械形式和现场布置，导墙断面形式采用钢筋砼倒"L"形断面。

导槽里侧净宽度0.8 m，导墙混凝土强度等级为C20，导墙施工时，导墙壁轴线放样必须准确，误差不大于10 mm，导墙壁施工平直，内墙墙面平整度偏差不大于3 mm，垂直度不大于0.5%，导墙顶面平整度为5 mm。导墙顶面宜略高于施工地面100~150 mm，每个槽段内的导墙上至少应设有一个溢浆孔。导墙基底与土面密贴，为防止导墙变形，导墙两内侧拆模后，每隔1.5 m布设一道木撑，砼未达到70%强度，严禁重型机械在导墙附近行走。

（四）主要施工方法

1. 沟槽开挖

（1）导墙沟槽采用人工辅助机械开挖。

（2）导墙分段施工，分段长度根据模板长度和规范要求，一般控制在30~50 m。

（3）导墙开挖前根据测量放样成果、防渗墙的厚度及外放尺寸，实地放样出导墙的开挖宽度，并撒出白灰线。

（4）开挖工程中如遇坍方或开挖过宽的地方施做120砖墙外模，外侧应用土分层回填夯实。

（5）为及时排除坑底积水应在坑底中央设置一排水沟，在一定距离设置集水坑，用抽水泵外排。

2. 导墙钢筋、模板及砼施工

（1）导墙沟槽开挖后立即将导墙中心线引至沟槽中，及时整平槽底，如遇软基础地质，可采用换填或浇注C15素混凝土垫层，保证基底密实。

（2）土方开挖到位后，绑扎导墙钢筋，钢筋施工结束并经"三检"合格后，填写隐蔽工程验收单，报监理验收，经验收合格后方可进行下道工序施工。

（3）导墙模板采用木模板，模板加固采用钢管支撑或10cm×10 cm方木支撑加固，支撑的间距不大于1 m，严防跑模，并保证轴线和净空的准确。砼浇注前先检查模板的垂直度和中线以及净距是否符合要求，经"三检"合格后报监理通过方可进行砼浇注。

（4）砼浇注采用泵车入模，砼浇注时两边对称分层交替进行，严防走模，如发生走模，立即停止砼的浇注，重新加固模板，并纠正到设计位置后，再继续进行浇注。

（5）砼的振捣采用插入式振捣器，振捣间距为0.6 m左右，防止振捣不均，同时也要防止在一处过振而发生走模现象。

3. 模板拆除

导墙混凝土达到规范强度要求后开始拆除模板，具体时间由试验确定。拆模后立即再次检查导墙的中心轴线和净空尺寸以及侧墙砼的浇筑质量，如发现侧墙砼侵入净空或墙体出现空洞须及时修凿或封堵，并召集相关人员分析讨论事件发生原因，制定出相应措施，防止类似问题再次发生。

模板拆除后立即架设木支撑，支撑上下各一道，呈梅花形布置，水平间距1.5 m。经检查合格后报监理验收，验收后立即回填，防止导墙内挤。

（五）泥浆制作

1. 为保证成槽的安全和质量，护壁泥浆生产循环系统的质量控制是关系到槽壁稳定、砼质量及砂砾石层成槽的必备条件。

工程优先采用优质膨润土为主、少量的黏土为辅的泥浆制备材料，造孔用的泥浆材料必须经过现场检测合格后，方可使用。质量控制主要指标为：比重1.1～1.3，黏度18～25 s，胶体率95%，必要时可加适量的添加剂，制备泥浆性能指标应符合表中规定。

2. 泥浆的拌制：拌制泥浆的方法及时间通过试验确定，并按批准或指示的配合比配制泥浆，计量误差值不大于5%。泥浆搅制系统布置在防渗墙轴线的下游侧，泥浆搅拌站布置 1 m³ 泥浆搅拌机三台。制浆池、沉淀池、贮浆池容量各 200 m³，满足两个槽段同时施工用浆需求。泥浆制浆系统配制的泥浆通过现场布置的输送管输送到各段施工槽孔。

（六）成槽工艺

根据地质结构情况，单元槽段成槽用抓斗成槽机进行挖槽，成槽机上有垂直最小显示装置，当偏差大于 1/300 时，则进行纠偏工作。纠偏可采取两种方法：一种是将槽段用砂土回填，再利用槽壁机挖槽；二是根据成槽机上垂直度的显示装置，特别偏差大于 1/300 开始位置，逐步向下抓或空挖修整槽壁的倾斜。一般成槽垂直精度可达 1/500～1/300。抓斗工作宽度 2.8 m，一个标准槽段需要三幅抓才能完成，当抓斗至弱风化岩岩层时，改用冲击钻钻孔，直至达到设计位置。

抓斗每抓一次，应根据垂线观察抓斗的垂直及位置情况，然后下斗直到土面，若土质较硬则提起抓斗约 80 cm，冲击数次抓土，起斗时应缓慢，在斗出泥浆面时应即时回灌泥浆，保证一定液面。抓取的泥土用自卸汽车运输至指定地方，不得就地卸土，待泥土较干时再采用挖沟机装上自卸汽车外运，冲孔的返浆沉积泥渣用泥浆车外运，不影响文明施工。

（七）岩面鉴定与终孔验收

1. 基岩面须按下列方法确定：

（1）依照防渗墙中心线地质剖面图，当孔深接近预计基岩面时，即应开始取样，然后根据岩样的性质确定基岩面；

（2）对照邻孔基岩面高程，并参考钻进情况确定基岩面；

（3）当上述方法难以确定基岩面，或对基岩面发生怀疑时，应采用岩芯钻机取岩样，加以确定和验证。

2. 终孔后，由监理工程师同施工单位质检人员进行孔形、孔深检测验收，确保孔形、孔斜、孔深符合设计要求。

3. 基岩岩样是槽孔嵌入基岩的主要依据，必须真实可靠，并按顺序、深度、位置编号、填好标签，装箱，妥善保管。

（八）钢筋笼制作吊装

1. 钢筋笼制作平台设计

钢筋笼的加工制作应在离施工现场最近的地方，本工程钢筋笼加工制作场地设在坝顶坝左 0+48.865 至坝左 0+089.34 段，防渗墙中心线上游段 16 m 外场地内。由于防渗墙特殊的工艺和精度要求，钢筋笼制作精度必须满足设计和施工要求，因此将钢筋笼在平整度

≤5mm 的硬化场地上制作加工，平台上要设置钢筋定位样板，确保钢筋位置的准确，钢筋笼的加工速度及顺序要和槽孔施工相一致，不宜积存过多的钢筋笼，以免增加倒运和造成钢筋笼变形。

2. 钢筋笼加工

地下防渗墙钢筋笼最大长度为 26 m，标准段宽 6 m，最重 11.32 t（含接头工字钢）。

为保证钢筋笼加工质量和整体性，将采用整片制作吊装的方案。

钢筋笼加工制作时先将钢箍排列整齐，再将竖直主筋依次穿入钢箍（竖直主筋间隔错位搭接），采用间隔点焊就位，定位要准确。钢筋笼保护层用 100mm×100mm×10mm 厚钢板按竖向间距 3~5 m 布置一块焊在钢筋笼主筋内外侧（每层布置 2~3 块）。钢筋笼加工时按设计的位置预留 2 个水下砼灌注导管孔，并做好标记。根据帷幕设计要求，防渗墙每幅须设置 4 根预埋管（φ110 钢管），在钢筋笼制作时，焊接在钢筋笼的内侧处，须避开导管预留位置布置。

钢筋笼加工方法如下：

（1）钢筋笼主筋保护层厚度 10 cm；

（2）为保证砼灌注导管顺利插入，应将纵向主筋放在内侧，横向钢筋放在外侧；

（3）纵向钢筋的底端根据设计距离槽底 20 cm，同时，钢筋底端稍向内弯折；

（4）纵向钢筋采用接驳器套筒连接，钢筋轴线在一条直线上；同一截面的接头面积不能超过 50%，且间隔布置；

（5）钢筋笼除结构焊缝须满焊及四周钢筋交点须全部点焊处，中间的交叉点可采用 50% 交错点焊；

（6）钢筋笼成型后，临时绑扎铁丝全部拆除，以免下槽时挂伤槽壁；

（7）制作钢筋笼时，在制作平台上预安定位钢筋桩，提高工效和保证制作质量，制作出的钢筋笼须满足设计和现规范要求；

（8）施工前准备好弧焊机、点焊机、钢筋切断机、钢筋弯曲机等，且钢筋经过复核合格；

（9）主筋间距误差 ±10 mm，箍筋间距误差 ±20 mm，钢筋笼厚度 0~10 mm，宽度 ±20 mm，长度 ±50 mm。

3. 钢筋笼吊放

钢筋笼的端部设 8 个吊点，吊环采用 20 圆钢制作，中间部位设置 2 个吊点，焊在钢桁架竖筋上，同时，起吊钢筋笼的头部及中部。

起吊时应特别注意防止钢筋笼的扭曲，起吊钢筋笼采用 50 t 履带吊整片吊装。起吊时不能使钢筋笼下端在地面上拖引，以防造成下端钢筋弯曲变形。为防止钢筋笼吊起后在空中摆动，应在钢筋笼下端系上拽引绳以人力操纵。

插入钢筋笼时，最重要的是使钢筋笼对准单元槽段、垂直而又准确地插入槽内。钢筋笼进入槽内时，吊点中心必须对准槽段中心，然后徐徐下降，此时必须注意不要因起重臂摆动或其他影响而使钢筋笼产生横向摆动，造成槽壁坍塌。

如果钢筋笼不能顺利插入槽内，应立即吊出，查出原因加以解决，在修槽之后再吊放，不能强行插放，否则会引起钢筋笼变形或使槽壁坍塌，产生大量沉渣，而且预埋管位置将可能发生偏移。

为防止浇筑混凝土时钢筋笼上浮，可在钢筋笼上端设置 φ25 吊筋固定在槽口工字钢上。

4. 钢筋笼入槽时的标高控制

制作钢筋笼时，选主桁架的两根立筋作为标高控制的基准，做好标记；下钢筋笼前测定主桁架位置处的导墙顶面标高，根据标高关系计算好固定钢筋笼于导墙上的设于焊接钢筋笼上的吊攀，钢筋笼下到位后用工字钢穿过吊攀将钢筋笼悬吊于导墙之上。下笼前技术人员根据实际情况下技术交底单，确保钢筋笼及预埋件位于槽段设计上的标高。

（九）防渗墙接头施工

各单元墙段由接缝（或接头）连接成防渗墙整体，墙段间的接缝是防渗墙的薄弱环节，如果接头设计方案不当或施工质量不好，就有可能在某些接缝部位产生集中渗漏，严重者会引起墙后地基土的流失，给主体结构留下长期质量隐患。因此，为加强防渗墙接头防水质量，接头均采用工字钢接头。

接头工字钢采用 10 mm 和 12 mm 厚钢板焊接而成，施工现场加工制作，钢板原材料根据施工进度采用汽车集中运输至施工现场进行焊接拼装，工字钢一侧与钢筋笼焊接牢固，两侧各伸出 45 cm（侧边采用 12 mm 钢板），施工中，要保证钢筋笼与工字钢的垂直度，相邻墙段钢筋笼之间插入一序槽段工字钢内。

（十）清孔

1. 根据本工程地层特点清孔采用"泵吸反循环法"置换泥浆清孔。

2. 清孔换浆结束 1 h 后，应达到以下质量要求：

（1）孔底淤积厚度≤10 cm；

（2）槽内泥浆密度不大于 1.3 g/cm³，500/700 mL 漏斗黏度不大于 30 s。

3. 清孔换浆合格后，方可进行下道工序。

4. 清孔合格后，应于 4 h 内开浇混凝土，如因特殊情况不能按时浇筑，则应由监理工程师与施工单位协商后，另行提出清孔标准和补充规定。

5. 混凝土浇筑。

（1）施工程序

混凝土浇筑采用直升导管法，施工程序如下：

施工准备→导管配置→二次清孔验收→下浇筑导管→槽口平台架设→装料斗→开盘下料→浇筑→测量槽内砼面→计算埋深→提管、拆管、继浇筑→终浇收仓。

（2）施工方法说明

在槽孔清孔结束后，采取灌浆平台下设混凝土导管，混凝土导管为丝扣连接，管径φ250 mm。

混凝土入仓方式为：单槽采取 3～4 台 12 m³ 混凝土拌和车送混凝土入槽口料斗入槽孔。混凝土采用满管法开始浇筑。浇筑开仓时，先在导管内下设隔离球，将导管下至距孔底小于 25 cm 处，待导管及料斗储满料后，将导管上提适当距离，让混凝土一举将导管底封住，避免混浆。在浇筑过程中，做好浇筑记录，严格控制混凝土质量（槽口抽样）、控制各料斗均匀下料，并根据混凝土上升速度起拔导管，混凝土上升速度不小于 2 m/h。

混凝土浇筑过程中须遵守下列规定：

a. 导管埋入混凝土的深度不得小于 1 m，不宜大于 6 m；

b. 混凝土面上升速度应不小于 2 m/h，并连续上升至设计墙体高程；

c. 混凝土应均匀上升，各处高差应控制在 50 cm 以内，在有埋管时尤其注意；

d. 至少每隔 30 min 测量一次槽孔内混凝土面深度，至少每隔 2 h 测量一次导管内混凝土面深度，并及时填写混凝土记录表，以便核对浇筑方量和埋管深度；

e. 槽孔内应设置盖板，避免混凝土散落槽孔内；

f. 不符合质量要求的混凝土严禁浇入槽孔内；

g. 应防止入管的混凝土将空气压入导管内；

h. 混凝土浇筑从孔深较低的导管开始，当混凝土面上升至相邻导管的孔底高程时，用同样的方法开始浇筑第二组导管，直到全槽混凝土面浇平。

（十一）特殊情况处理

1. 导墙严重变形或局部坍塌，影响成槽施工时，宜采取以下处理方法：

（1）破坏部位应重新修筑导墙；

（2）回填槽孔、处理塌坑或采取其他安全技术措施；

（3）改善地基条件和槽内泥浆性能。

造孔过程中，如遇少量漏浆，采用加大泥浆比重、投堵漏剂等处理，槽孔采用投锯末、膨胀粉、水泥等堵漏材料处理，确保孔壁安全。

2. 地层严重漏浆，应迅速向槽内补浆并填入堵漏材料，必要时可回填槽孔。

3. 混凝土浇筑过程中导管堵塞、拔脱或导管破裂漏浆，须重新吊放导管时，应按下列程序处理：

（1）将事故导管全部拔出，重新吊放导管；

（2）核对混凝土面高程及导管长度，确认导管的安全插入深度；

（3）抽尽导管内泥浆，断续浇筑。

4. 墙段连接未达到设计要求时，选择下列处理方法：

（1）在接缝迎水面采用高压喷射灌浆或水泥灌浆处理；

（2）在接头处两侧各钻凿一个桩孔，钻头直径根据接头孔孔斜和设计墙厚选择，成孔后再浇筑混凝土。

5. 防渗墙体发生断墙或混凝土严重混浆时，按以下方法进行处理：

（1）在需要处理墙段上游侧补一段新墙；

（2）在需要处理的墙段上游面进行水泥灌浆或高压喷射灌浆处理；

（3）用地质钻机在墙体内钻孔对夹泥层用高压水冲洗，洗净后采用水泥灌浆或高压喷射灌浆处理。

6. 在防渗墙造孔成槽过程中，遇到孤石、大块砼及砖块、木头等，采用正常成槽手段难以快速成槽时，在考虑孔壁安全的前提下，用重锤法或其他方法处理。

7. 造孔成槽过程中出现塌孔、大坝裂缝现象，立即处理，对固壁泥浆配比及造孔手段进行调整，确保孔壁稳定，对施工过程中产生的裂缝，采取加固措施进行处理。

8. 在成槽过程中，对固壁泥浆漏失量做详细测试和记录，当发现固壁泥浆漏失严重时，应及时堵漏和补浆，采取措施进行处理。现场备有堵漏材料，如黏土球、锯末、水泥和足够泥浆。适当调整泥浆配比，并适当放缓成孔速度，待固壁泥浆漏失量正常后再恢复正常钻进，必要时向泥浆中掺加堵漏剂。

（十二）质量保证措施

1. 槽孔质量控制

（1）施工中操作人员准确定位，孔位误差≤3 cm，经当班质检员检查合格确认后方可进行下道工序。控制好孔斜率与槽形，保证孔斜率及槽形满足设计要求。

（2）施工中各项工艺参数要随时进行抽查，做好施工记录，严格按照确定的技术参数施工。

2. 混凝土质量控制

（1）混凝土的施工性能，每班应取样检查 2 次，开浇前必须检查。

（2）墙体材料的质量控制与检查应遵守下列规定：

①墙体材料的性能主要检查 28 d 龄期的抗压强度、抗掺和抗冻性能；

②检查普通混凝土的抗渗等级；

③质量检查试件数量：抗压强度试件每 100 m³ 成型一组，每个墙段最少成型一组；抗渗性能试件每 3 个墙段成型一组；抗冻性能以 3 个试件为一组。

（3）混凝土质量评定应遵守下列规定：

①混凝土进行质量评定时，可按该工程所取全部试验数据进行统计计算；

②混凝土的抗渗指标应单独确定，合格试件的百分率应不小于 85%；

③混凝土强度的检验评定可按 DL/T5144 的规定执行；

④混凝土的抗冻指标评定可按 DL/T5150 的规定执行。

3. 质量检查

（1）开工前必须建立质量保证体系，包括建立质量检查机构、配备质检人员等。

（2）质检人员应对槽孔建造、泥浆配制及使用、清孔换浆、混凝土浇筑等质量进行检查与控制。

（3）混凝土防渗墙质量检查程序分工序质量检查和墙体质量检查，工序质量检查包括终孔、清孔换浆、混凝土拌制与浇筑等。各工序验收合格后，由监理单位签发验收报验资料，上道工序未经检查合格，不得进行下道工序。

（4）槽孔建造的终孔质量检查应包括下列内容：

①孔位、孔深、孔斜、槽宽；

②基岩岩样与槽孔嵌入基岩深度；

③一、二期槽孔间接头的套接厚度。

（5）槽孔的清孔质量检查应包括下列内容：

①孔内泥浆性能；

②孔底淤积厚度；

③接头刷洗质量。

（6）混凝土及其浇筑质量检查应包括下列内容：

①原材料的检验；

②导管间距；

③浇筑混凝土的上升速度及导管埋深；

④终浇高程；

⑤混凝土槽口样品的物理力学检验及其数据统计分析结果；

⑥检查墙体质量应在成墙 28 d 后进行，检查内容为墙体的物理力学性能指标、墙段接缝和可能存在的缺陷，检查可采用钻孔取芯注水试验或其他检测方法，检查孔的数量宜为 10 个槽孔一个，位置应具有代表性。

（十三）安全及文明施工措施

1. 混凝土防渗墙施工前，必须制定各工序的安全操作规程，必须贯彻"安全第一、预防为主"的方针，加强安全组织教育，建立安全生产保证体系，确保施工安全。

2. 机械、特种作业等专业操作人员未经考核不得上岗，施工进行中必须按规定的操作程序进行，严禁违章操作，力保施工安全。

3. 非作业人员不得进入施工作业区，施工机械严禁违规载人。

4. 进入施工作业区人员必须戴安全帽。

5. 混凝土防渗墙施工的相关作业人员必须持证上岗，不得在各工序施工过程中擅自离岗。

6. 各施工工序的材料供应人员应佩戴防护口罩、防腐手套等防护用品。

7. 在施工机械的工作范围内，非必要时不得有人员进入，以免造成人员伤害。

8. 严格现场用电管理，加强机械维护、检查、保养。机电设备由专职工种人员操作管理，认真遵守用电安全操作规程和机械使用说明，防止超负荷运转，所有机电设备都必须良好接地，并安装触电保护装置。

9. 抓好现场施工道路维修工作，做到路面平整、干净，保证道路畅通，危险地段设置明显标志，及时清除路障，保证车辆行驶安全。

10. 现场材料、工具摆放整齐有序，电缆、水管分别架设，废浆、废水有序排放，创造文明的施工环境。

（十四）环保、水保措施

1. 对职工进行生态环境保护教育，增强其生态环境保护意识和责任感。

2. 工程施工便道、孔位清理的弃渣应按监理工程师指定地点及要求堆放。

3. 制定施工污水处理排放措施。

4. 对废弃泥浆、钻渣及施工垃圾，应清理干净并用密闭的运输工具运至指定的位置，保持施工场地的清洁整齐，做到文明施工。

5. 施工废弃物不得随意倾倒或就地掩埋，应集中处理。

6. 不在施工区内焚烧会产生有毒或恶臭气体的物质。因工作需要时，报请当地环境行政主管部门同意，采取防治措施，在监理工程师监督下实施。

7. 施工前制定施工措施，做到有组织地排水。

8. 保持施工区和生活区的环境卫生，在施工区和生活营地设置足够数量的临时垃圾贮存设施，防止垃圾流失，定期将垃圾送至指定垃圾场，按要求进行覆土填埋。

二、垂直防渗施工

垂直防渗的方案主要有如下几种形式：混凝土防渗墙、水泥土搅拌桩防渗墙、高压喷射灌浆防渗墙、冲抓套井造黏土井桩防渗墙、黏土劈裂灌浆帷幕、水泥灌浆帷幕等。

（一）混凝土防渗墙

混凝土防渗墙是在松散透水地基或土石坝坝体中连续造孔成槽，以泥浆固壁，在泥浆下浇筑混凝土而建成的起防渗作用的地下连续墙，是保证地基稳定和大坝安全的工程措施。就墙体材料而言，目前采用最多的是普通砼和塑性砼，其成槽的工法主要有钻劈法、钻抓法、抓取法、铣削法和射水法。

混凝土防渗墙施工一般都包括施工准备、槽孔建造、泥浆护壁、清孔换浆、水下混凝土浇筑、接头处理等几个重要环节。上述各个环节中槽孔建造投入的人力、设备最多，使用的设备最关键，是成墙过程中影响因素最多、技术最复杂的一环，就成槽的工法而言，主要有如下几种：钻劈法、钻抓法、抓取法和射水法。

1. 钻劈法

钻劈法是用冲击钻机钻凿主孔和劈打副孔形成槽孔的一种防渗墙成槽方法，其适用于槽孔深度较大范围，从几米到上百米的都适应，墙体厚度 60 cm 以上，其优点是适应于各种复杂地层，其缺点是工效相对较低、机械装备落后、造价较高。

2. 钻抓法

钻抓法是用冲击或回转钻机先钻主孔，然后用抓斗挖掘其间副孔，形成槽孔的一种防渗墙成槽施工方法。此工法与上一种工法类似，是用抓斗抓取副孔替代冲击钻劈打副孔，但两种工法施工机械组合不同，钻抓法工效高于钻劈法，工程规模较大，地质不特别复杂，对于有砂卵石且要进入基岩的防渗墙成槽，一般采用此工法。对于防渗墙要穿过较大粒径的卵石、漂石进入坚硬的基岩层时，上部用冲击钻配合抓斗成槽，下部复杂地层由冲击钻成槽。此工法具有成槽墙体连续性好、质量易于控制和检查、施工速度较快等特点，成槽质量优于上一种工法。此工法的工效主要是根据地质情况选用成槽设备组合。

3. 抓取法

抓取法是只用抓斗挖掘地层，形成槽孔的一种防渗墙施工方法，抓取法施工时也分主孔与副孔。对于一般松软地层采用如堤防、土坝等且墙体只进入基岩强分化地层最适合抓取法，特别是采用薄型液压抓斗更能抓取 30 cm 厚度薄墙。抓取法的成墙深度一般小于 40 m，深度过深其工效显著降低，用抓取法建造的防渗墙，其墙段连方法多采用接头管法，而对于墙深度较大时，也可采用钻凿法。该工法的特点是适用于堤防、土坝性等一般松软地层，墙体连续性好，质量易于控制和检查，施工速度较快等。抓斗法平均工效与地质、深度、厚度、设备状况等因素有关，一般在 $60\sim160$ m²/台班。影响造价的主要因素是地质情况、深度和墙体厚度。

4. 射水法

射水法是国内 20 世纪 80 年代初期开始研究的一种防渗加固技术，在垂直防渗领域大量用于堤防防渗加固处理，近几年在水库土坝坝身及坝基防渗也有应用。其主要原理：利用灰渣泵及成槽器中的射水喷嘴形成高速泥浆液流来切割，破碎地层岩土结构，同时，卷扬机带动成槽器以及整套钻杆系统做上、下往复冲击运动，加速破碎地层。反循环砂石泵将水混合渣土吸出槽孔，排入沉淀池。槽孔由一定浓度的泥浆固壁，成槽器上的下刃口切割修整槽孔壁，形成具有一定规格的槽孔，成槽后采用水砼浇筑方法在槽内抗渗材料，形成槽板，用平接技术连接而成整体地下防渗墙。

射水法成墙的深度已突破 30 m，但一般在 30 m 以内。射水法成墙质量的关键是墙体的垂直度和两序槽孔接头质量，一般情况下，只要精心操作垂直度易于保证。成墙接缝多，且采用平接头方式，这是此工法有别其他工法之处。只要两序槽孔长度合适，设备就位准确，保证二期槽孔施工时成槽器侧向喷嘴畅通，且防渗墙的接头质量是能够保证的。

射水法具有地层适应性强、工效较高、成本适中的特点，最适宜于颗粒较小的软弱地层。由于在各种地层中的工效不同，材料用量也不一样，因此每平方米成墙造价也不同。

（二）深层搅拌法水泥土防渗墙

深层搅拌法水泥土防渗墙是利用钻搅设备将地基土水泥等固化剂搅拌均匀，使地基土固化剂之间产生一系列物理—化学反应，硬凝成具有整体性、水稳定性和一定强度的水泥土，深层搅拌法包括单头搅、双头搅、多头搅。水泥土防渗墙是深层搅拌法加固地基技术作为防渗方面的应用，这几年在堤防垂直防渗中得到大量应用，特别是为了适应和推广这一技术，已研究出适应这一技术的专用设备——多头小直径深层搅拌截渗桩机。深搅法的特点是施工设备市场占有量大、施工速度快、造价低等，特别是采用多头搅形成薄型水泥土截渗墙，工效更高。影响造价的主要因素是墙体厚度、深度和地质情况。

深搅法处理深度一般不超过 20 m，比较适用于粉细以下的细颗粒地层，该技术形成的水泥土均匀性和底部的连续性在施工中应加以重视。

第四章　土石方施工

水利工程项目是关系民生的重大工程项目，在投入使用以后具有水资源的合理调配与利用，兼具防洪、蓄水等多种功能。作为大型工程项目，在整个的工程建设施工时，土石方施工技术能否合理应用，将会关系到水利工程土石方施工的整体效果，影响到水利工程的质量和效益。因此，任何水利工程项目实施过程中，必须要结合现场环境条件、施工目标与要求，选择恰当的土石方施工技术，并在土石方施工环节严格相应的技术规范，提高整体的施工效果。

第一节　开挖方法与施工机械

一、石方开挖程序和方式

（一）选择开挖程序的原则

从整个枢纽工程施工的角度考虑，选择合理的开挖程序，对加快工程进度具有重要的作用。选择开挖程序时，应遵循以下原则：

1. 根据地形条件、枢纽建筑物布置、导流方式和施工条件等具体情况合理安排。

2. 把保证工程质量和施工安全作为安排开挖程序的前提，尽量避免在同一垂直空间同时进行双层或多层作业。

3. 按照施工导流、截流、拦洪度汛、蓄水发电以及施工期通航等项工程进度的要求，分期、分阶段地安排好开挖程序，注意开挖施工的连续性，并考虑后续工程的施工要求。

4. 对受洪水威胁和与导、截流有关的部位，应先安排开挖；对不适宜在雨、雪天或高温、严寒季节开挖的部位，应尽量避免在相应的气候条件下安排施工。

5. 对不良地质地段或不稳定岩体岸（边）坡的开挖，必须十分重视，做到开挖程序合理、措施得当，以保证施工安全。

（二）开挖程序及其适用条件

水利水电工程的基础石方开挖，一般包括岸坡和基坑的开挖。岸坡开挖一般不受季限制，而基坑开挖则多在围堰的防护下施工，它是主体工程控制性的第一道工序。对于溢洪道或渠道等工程的开挖，如无特殊要求，则可按渠首、闸室、渠身段、尾水消能段或边坡、底板等部位的石方做分项分段安排，并考虑其开挖程序的合理性。设计时，可结合工程本身的特点，参照表4-1选择开挖程序。

表4-1 石方开挖程序及其适用条件

开挖程序	安排步骤	适用条件
自上而下开挖	先开挖岸坡，后开挖基坑；或先开挖边坡，后开挖底板	用于施工场地狭窄、开挖量大且集中的部位
自下而上开挖	先开挖下部，后开挖上部	用于施工场地较大、岸坡（边坡）较低缓或岩石条件许可，并有可靠技术措施
上下结合开挖	岸坡与基坑，或边坡与底板上下结合开挖	用于有较宽阔的施工场地和可以避开施工干扰的工程部位
分期或分段开挖	按照施工时段或开挖部位、高程等进行安排	用于分期导流的基坑开挖或有临时过水需求的工程项目

（三）开挖方式

1. 基本要求

在开挖程序确定之后，根据岩石的条件、开挖尺寸、工程量和施工技术要求，通过方案比较拟定合理的开挖方式。其基本要求如下：

（1）保证开挖质量和施工安全；

（2）符合施工工期和开挖强度的要求；

（3）有利于维护岩体完整性和边坡稳定性；

（4）可以充分发挥施工机械的生产能力；

（5）辅助工程量小。

2. 各种开挖方式的适用条件

按照破碎岩石的方法，主要有钻爆开挖和直接应用机械开挖两种施工方法。20世纪80年代初开始，国内外出现一种用膨胀剂做破碎岩石材料的"静态破碎法"。

（1）钻爆开挖

钻爆开挖是当前广泛采用的开挖施工方法。其开挖方式有薄层开挖、分层开挖（梯段开挖）、全断面一次开挖和特高梯段开挖等类型。

（2）直接用机械开挖

使用带有松土器的重型推土机破碎岩石，一次破碎0.6~1 m，该法适用于施工场地宽阔、大方量的软岩石方工程。其优点是没有钻爆作业，不需要风、水、电辅助设施，不但简化了布置，而且施工进度快，生产能力高；缺点是不适宜破碎坚硬岩石。

（3）静态破碎法

在炮孔内装入破碎剂，利用药剂自身的膨胀力，缓慢地作用于孔壁，经过数小时达到300~500 MPa的压力，使介质开裂。该法适用于在设备附近、高压线下以及开挖与浇筑过渡段等特定条件下的开挖与岩石切割或拆除建筑物。其优点是安全可靠，没有爆破所产生的公害；缺点是破碎效率低，开裂时间长。对于大型的或复杂的工程，使用破碎剂时，还要考虑使用机械挖除等联合作业手段，或与控制爆破配合，才能提高效率。

（四）坝基开挖

1. 坝基开挖程序

坝基开挖程序的选择与坝型、枢纽布置、地形地质条件、开挖量以及导流方式等因素有关，其中导流程序与导流方式是主要因素。

2. 坝基开挖方式

开挖程序确定以后，开挖方式的选择主要取决于总开挖深度、具体开挖部位、开挖量、技术要求以及机械化施工因素等。

（1）薄层开挖

岩基开挖深度小于4 m，采用浅孔爆破。开挖方式有劈坡开挖、大面积群孔爆破开挖和先掏槽后扩大开挖等。

（2）分层开挖

当开挖深度大于4 m时，一般采用分层开挖。开挖方式有自上而下逐层开挖、台阶式分层开挖、竖向分段开挖、深孔与洞室组合爆破开挖以及洞室爆破开挖等。

（3）全断面开挖和高梯段开挖

梯段高度一般大于20 m，主要特点是通过钻爆使开挖面一次成形。

（五）溢洪道和渠道的开挖

1. 开挖程序

溢洪道、渠道的常用过水断面一般为梯形或矩形。选择开挖程序时，应考虑现场地形与施工道路等条件，结合混凝土衬砌的安排以及拟采用的施工方法等，其开挖程序的选择见表4-2。

表 4-2　溢洪道、渠道开挖程序

主要因素	开挖程序	适用工程类型
考虑临时泄洪的需要	分期开挖，每一期根据需要开挖到一定高程	溢洪道
根据现场的地形、道路等施工条件和挖方利用情况	可分期、分段开挖	溢洪道
结合混凝土衬砌边坡和浇筑底板的顺序	先开挖两岸边坡，后开挖底板，或上下结合开挖	溢洪道
按照构筑物的分类	先开挖闸室或渠首，后开挖消能段或渠尾部分	溢洪道、渠道
根据采用人工或机械等不同施工方法划分开挖段	分段开挖	渠道

设计开挖程序须注意以下问题：

（1）应在两侧边坡顶部修建排水天沟，减少雨水冲刷。施工中要保持工作面平整，并沿上、下游方向贯通以利于排水和出渣。

（2）根据开挖断面的宽窄、长度和挖方量的大小，一般应同时对称开挖两侧边坡，并随时修整，以保持稳定。

（3）对于窄而深的渠道，爆破受两侧岩壁的约束力大，爆破效果一般较差，应结合钻爆设计安排合理的开挖程序。

（4）渠身段可采用大爆破施工方法，但要注意控制渠首附近的最大起爆药量，防止因破坏山岩而造成渗漏。

2. 开挖方式

溢洪道、渠道一般采用爆破开挖的方式。

（六）边坡开挖

在边坡稳定性分析的基础上，判明影响边坡稳定性的主导因素，对边坡变形破坏的形式和原因做出正确判断，并制定可行的开挖措施，以免影响工程施工进程和边坡的稳定性。

1. 开挖控制措施

（1）尽量改善边坡的稳定性。拦截地表水和排除地下水，防止边坡稳定恶化。可在边坡变形区以外 5 m 处开挖截水天沟和在变形区以内开挖排水沟，拦截和排除地表水的同时，可采用喷浆、勾缝、覆盖等方式避免坡体受到渗水侵害。对于地下水的排除，可根据岩体结构特征和水文地质条件，采用倾角小于115°的钻孔排水；对于有明显含水层，可能产生深层滑动的边坡，可以采用平洞排水。对于不稳定型边坡开挖，可以先做稳定处理，然后再进行开挖。例如，采用抗滑挡墙、抗滑桩、锚筋桩、预应力锚索及化学灌浆等方法，必要时边挡护边开挖。尽量避免雨季施工，并力争一次处理完毕。若雨季必须施工则应采取临时封闭措施，做好稳定性观测和预报工作。

（2）按照"先坡面，后坡脚"自上而下的开挖程序施工，并限制坡比，坡高要在允许范围之内，必要时可增设马道。开挖时，注意不切断层面或楔体棱线，不使滑体悬空而失去支撑作用。坡高应尽量控制在不涉及有害软弱面及不稳定岩体。

（3）控制爆破规模，应不使爆破震动附加动荷载使边坡失稳。为避免造成过多的爆破裂隙，开挖邻近最终边坡时，应采用光面、预裂爆破的方式，必要时可改用小炮、风镐或人工撬挖。

2. 不稳定岩体的开挖

（1）一次削坡开挖

一次削坡开挖主要用于开挖边坡高度较低的不稳岩体，如溢洪道或渠道边坡。其施工要点是由坡面至坡脚顺面开挖，即先降低滑体高度，再循序向里开挖。

（2）分段跳槽开挖

分段跳槽开挖主要用于有支挡（如挡土墙、抗滑桩）要求的边坡开挖。其施工要点是开挖一段即支护一段。

（3）分台阶开挖

在坡高较大时，采用分层留出平台或马道的方式提高边坡的稳定性。台阶高度由边坡处于稳定状态下的极限滑动体高度和极限坡高来确定，其值由力学计算的有关算式求得。为保证施工安全，应将计算的极限值除以安全系数 K，作为允许值。

二、土方机械化施工

（一）挖土机械

挖掘机的种类繁多，根据行走装置的不同，可分为履带式和轮胎式两种；根据工作方式的不同，可分为循环式和连续式两种；根据工作传动方式的不同，可分为索式、链式和液压式等类型。

1. 单斗挖掘机

按用途分为建筑用和专用两种。

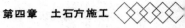

按行走装置分为履带式、汽车式、轮胎式和步行式四种。

按传动装置分为机械传动、液压传动和液力机械传动三种。

按工作装置分为正向铲、反向铲、拉（索）铲、抓铲四种。

按动力装置分为内燃机驱动、电力驱动两种。

按斗容量分为 0.5 m³、1 m³、2 m³ 等类型。

挖掘机有回转、行驶和工作三个装置。正向铲挖掘机有强有力的推力装置，能挖掘Ⅰ～Ⅳ级土和破碎后的岩石。正向铲主要用来挖掘停机面以上的土石方，也可以挖掘停机面以下不深的地方，但不能用于水下开挖。

2. 多斗式挖掘机

多斗式挖掘机又称挖沟机、纵向多斗挖土机。与单斗挖土机比较，多斗式挖土机有这些优点：挖土作业是连续的，在同样条件下生产率高；开挖单位土方量所需的能量消耗较低；开挖沟槽的底和壁较整齐；在连续挖土的同时，能将土自动卸在沟槽一侧。

多斗式挖土机不宜开挖坚硬的土和含水量较大的土，它适宜开挖黄土、粉质黏土等。

多斗式挖土机由工作装置、行走装置和动力、操纵及传动装置等几部分组成。

按工作装置的不同分为链斗式和轮式两种；按卸土方式的不同分为装有卸土皮带运输器和未装卸土皮带运输器两种。通常挖沟机大多装有皮带运输器。行走装置有履带式、轮胎式和履带轮胎式三种。其动力一般为内燃机。

（二）挖运组合机械

1. 推土机

以拖拉机为原动机械，另加切土刀片的推土器，既可薄层切土又能短距离推运。

推土机是一种挖运综合作业机械，是在拖拉机上装上推土铲刀而成。按推土板的操作方式不同，其可分为索式和液压式两种。索式推土机的铲刀是借刀具自重切入土中，切土深度较小；液压推土机能强制切土，推土板的切土角度可以调整，切土深度较大，因此液压推土机是目前工程中常用的一种推土机。

推土机构造简单，操作灵活，运转方便，所需作业面小，功率大，能爬30°左右的缓坡，适用于施工场地清理和平整，开挖深度不超过 1.5 m 的基坑以及沟槽的回填土，堆筑高度在 1.5 m 以内的路基、堤坝等。在推土机后面安装松土装置，可破松硬土和冻土，还可牵引无动力的土方机械（如拖式铲运机、羊脚碾等）进行其他土方作业。推土机的推运距离宜在 100 m 以内，当推运距离在 30~60 m 时，经济效益最高。

利用下述方法可提高推土机的生产效率：

（1）下坡推土。借推土机自重，使铲刀的切土深度加深运土数量加大，以提高推土能力和缩短运土时间。一般可提高 30%~40% 的效率。

（2）并列推土。对于大面积土方工程，可用两三台推土机并列推土。推土时，两铲刀相距 15~30 cm，以减少土的侧向散失，倒车时，分别按先后顺序退回。平均运距在50~75 m时，效率最高。

（3）沟槽推土。当运距较远、挖土层较厚时，利用前次推土形成的槽推土，可大大减少土方散失，从而提高效率。此外，还可在推土板两侧附加侧板，增大推土板前的推土体积，以提高推土效率。

2. 铲运机

按行走方式不同，铲运机分为牵引式和自行式两种。前者用拖拉机牵引铲斗，后者自身有行驶动力装置。现在多用自行式。根据操作方式不同，自行式铲运机又分索式和液压式两种。

铲运机能独立完成铲土、运土、卸土和平土作业，对行驶道路要求低，操作灵活，运转方便，生产效率高。铲运机适用于大面积场地平整，开挖大型基坑、沟槽及填筑路基、堤坝等，最适合开挖含水量不大于 27% 的松土和普通土，不适合在砂砾层和沼泽区工作。当铲运较硬的土壤时，宜先用推土机翻松 0.2~0.4 m，以减少机械磨损，提高效率。常用铲运机斗容量为 1.5~6 m³。牵引式铲运机的运距以不超过 800 m 为宜，当运距在 300 m 左右时效率最高；自行式铲运机的经济运距为 800~1500 m。

3. 装载机

装载机是一种高效的挖运组合机械。其主要用途是铲取散粒料并装上车辆，可用于装运。

第二节　明挖施工与砌石工程

一、明挖施工

（一）明挖施工程序

水利枢纽工程通常由若干单项工程项目组成，如坝、电站、通航建筑物等。安排土石方工程施工程序，首先要划分分部工程和施工区段。

分部工程通常按建筑物划分，如大坝、电站等。施工区段是按施工特性和施工要求来划分的，如船闸可分为上引航道、船闸及下引航道。区段划分除形态特征外，关键还在施工要求方面。如船闸和引航道在施工要求上就不一样，从工程进度上看，船闸基础开挖后，要进行混凝土工程施工和闸门等金属结构的安装，以及调试等工作，需要较长时间。引航道一般只有开挖或筑堤，没有或仅有少量混凝土浇筑，工期相对不甚紧迫。施工程序上应选挖船闸基础，再挖引航道。在工程质量上，船闸基础开挖质量要求高，必须保证基础岩石的完整性，爆破控制较严格，引航道开挖质量要求稍低，则不太严格。

安排施工区段的施工程序，即安排各区段的施工先后次序，其主要原则如下：

1. 工种多，需要较长施工时间的区段应尽早施工；工种少、施工简单又不影响整个工程或某部分完工日期的区段可后施工。

2. 工种不多，但对整个工程或部位起控制作用的区段，施工时将给主要区段带来干扰，甚至损害，这样的区段应先预施工。如峡谷地区大坝的岸坡开挖。

3. 本身不是主要区段，但它先施工可给整个工程或主要区段创造便利条件，或具有明显经济效益的区段，也应早期施工或一部分早期施工。

4. 对其他部分或区段无大的影响，又不控制工期的区段，应作为调节施工强度的区段，安排在两个高峰之间的低强度时施工。

5. 各区段的施工程序应与整个工程施工要求一致，与施工导流及工程总进度符合。

（二）明挖施工进度

各分部工程和施工区段的施工程序确定后，即对施工进度进行安排。安排施工进度时，必须根据工程的各个部分和区段的施工条件及开挖或填筑工程量选择施工方案和机械设备。依据各区段不同高程和位置的工作条件与工作场面大小，估算可能达到的施工强度，计算每个部位需要的施工时间，最后得出各部分和区段的总施工进度计划。

施工场面较大、施工条件方便、施工时间较长而强度不大的区段，可按其中等条件进行粗略估算。对施工条件较差、施工时间较短、施工强度大的控制性区段，应该按部位和高程分析其可能达到的施工强度和需要的施工时间。最后按施工程序和各分部或区段需要的施工时间，制订出土石方工程的进度计划。

土石方工程施工进度反映出各分部工程和各区段的施工程序、施工的起止时间和施工强度、实际上也决定了施工方法、机械设备数量及机械的规格型号。

除上所述，安排施工进度时必须考虑下述条件：

1. 土石方工程施工进度必须与整个工程的施工总进度一致，按工程总进度要求按期完成，如果某部分实在不能在总进度规定时间内完成，应修正总进度。

2. 应考虑气候条件，特别是土料施工时，应考虑雨季、冬季（冰冻）对施工的影响。在此期间是停工或是采取防护措施，应进行分析比较而定。

3. 应考虑水文条件，特别是山区河流的洪水期与枯水期水位变化很大，某些部位可尽量利用枯水期低水位时施工，尽量减少水下施工或建筑围堰，以节省施工费用。

4. 主要建筑物基础处理一般都比较费时间，基础施工要求严格，有时遇有断层、破碎带或洞室溶穴需要处理，安排进度应留有余地。

5. 在料场距离远、道路坡度大的山区，堆石坝填筑的最大施工强度，往往受道路昼夜允许行驶的车辆车次控制。

（三） 明挖施工方案选择

土石方工程施工方案的选择必须依据施工条件、施工要求和经济效果等进行综合考虑，具体因素有如下几个方面：

1. 土质情况。必须弄清土质类别，如黏性土、非黏性土或岩石，以及密实程度、块体大小、岩石坚硬性、风化破碎情况。

2. 施工地区的地势地形情况和气候条件，距重要建筑物或居民区的远近。

3. 工程情况。工程规模大小、工程数量和施工强度、工作场面大小、施工期长短等。

4. 道路交通条件，修建道路的难易程度、运输距离远近。

5. 工程质量要求。主要决定于施工对象，如坝、电站厂房及其他重要建筑物的基础开挖、填筑应严格控制质量。通航建筑物的引航道应控制边坡不被破坏，不引起塌方或滑坡。对一般场地平整的挖填有时是无质量要求的。

6. 机械设备。主要指设备供应或取得的难易、机械运转的可靠程度、维修条件与能力。当小型工程或施工时间不长时，为减少机械购置费用，可用原有的设备。但旧机械完好率低、故障多，工作效率必然较低，配置的机械数量应大于需要的量，以补偿其不足。工程数量巨大、施工期限很长的大型工程，应该采用技术性能好的新机械，虽然机械购置费用较多，但新机械完好率高，生产率也高，生产能力强，可保证工程顺利进行。

7. 经济指标。当几个方案或施工方法均能满足施工要求时，一般应以完成工程施工所花费用低者为最好。有时，为了争取提前发电，经过经济比较后，也可选用工期短、费用较高的施工方案。

（四） 开挖方法

1. 钻孔爆破法

通过钻孔、装药、爆破开挖岩石的方法，简称钻爆法。这一方法从早期由人工手把钎、锤击凿孔，用火雷管逐个引爆单个药包，发展到用凿岩台车或多臂钻车钻孔，应用毫秒爆破、预裂爆破及光面爆破等爆破技术。施工前，要根据地质条件、断面大小、支护方式、工期要求以及施工设备、技术等条件，选定掘进方式。主要的掘进方式有以下几种：

（1）全断面掘进法

整个开挖断面一次钻孔爆破，开挖成型，全面推进。在隧洞高度较大时，也可分为上、下两部分，形成台阶，同步爆破，并行掘进。在地质条件和施工条件许可时，优先采用全断面掘进法。

（2）导洞法

先开挖断面的一部分作为导洞，再逐次扩大开挖隧洞的整个断面。这是在隧洞断面较大，由于地质条件或施工条件，采用全断面开挖有困难时，以中小型机械为主的一种施工方法。导洞断面不宜过大，以能适应装渣机械装渣、出渣车辆运输、风水管路安装和施工安全为度。导洞可增加开挖爆破时的自由面，有利于探明隧洞的地质和水文地质情况，并为洞内通风和排水创造条件。根据地质条件、地下水情况、隧洞长度和施工条件，确定采用下导洞、上导洞或中心导洞等。导洞开挖后，扩挖可以在导洞全长挖完之后进行，也可以和导洞开挖平行作业。

（3）分部开挖法

在围岩稳定性较差，一般需要支护的情况下，开挖大断面的隧洞时，可先开挖一部分断面，及时做好支护，然后再逐次扩大开挖。用钻爆法开挖隧洞，通常从第一序钻孔开始，经过装药、爆破、通风散烟、出渣等工序，到开始第二序钻孔，作为一个隧洞开挖作业循环。尽量设法压缩作业循环时间，以加快掘进速度。

2. 掘进机法

掘进机是全断面开挖隧洞的专用设备。它利用大直径转动刀盘上的刀具对岩石的挤压、滚切作用来破碎岩石。隧洞掘进机开挖比钻爆法掘进速度快，用工少，施工安全，开挖面平整，造价低，但机体庞大，运输不便，只能适用于长洞的开挖，并且本机直径不能调整，对地质条件及岩性变化的适应性差，使用有局限性。

3. 新奥地利隧洞施工法

新奥地利隧洞施工法简称新奥法（NATM），涉及隧洞设计、施工及管理等方面一整套的工程技术方法。它的主要特点是：运用现代岩石力学的理论，充分考虑并利用围岩的自身承载能力，把衬砌与围岩当成一个整体看待；在施工过程中，必须进行现场量测，并应用量测资料修订设计和指导施工；采用预裂爆破、光面爆破等技术或用掘进机开挖，用锚杆和喷射混凝土等作为支护手段，并强调适时支护。总之，是在充分考虑围岩自身承载能力的基础上，因地制宜搞好隧洞开挖与支护。

4. 盾构法

盾构法是利用盾构在软质地基或破碎岩层中掘进隧洞的施工方法。盾构是一种带有护罩的专用设备，利用尾部已装好的衬砌块作为支点向前推进，用刀盘切割土体，同时排土和拼装后面的预制混凝土衬砌块。盾构法是19世纪初期发明，首先用于开挖英国伦敦泰晤士河水底隧道。盾构机掘进的出渣方式有机械式和水力式，以水力式居多。水力盾构在工作面处有一个注满膨润土液的密封室。膨润土液既用于平衡土压力和地下水压力，又用作输送排出土体的介质。

5. 顶管法

为在地下修建涵洞或管道，用千斤顶将预制钢筋混凝土管或钢管逐渐顶入土层中，随顶随将土从管内挖出。这样将一节节管子顶入，做好接口，建成涵管。顶管法特别适于修建穿过已成建筑物或交通线下面的涵管。

二、砌石工程

（一）主要施工方式

1. 干砌

不使用砂浆的砌石。每块沿子石先平放试安，确认底面贴实平稳，前沿与横线吻合一致，收分合格，接缝适中后，用小石顶紧卡严尾部，再砌侧面第二块沿子石。连砌四块短石后续砌长大丁字石一块，以加强内外衔接。

2. 浆砌

使用水泥石灰砂浆的砌石。先清除表面泥土、石渣，然后试放沿子石，待贴实平稳、缝口合适后，取出抹浆，重新安砌，并不再修打或更动。尾部试用小石卡紧填严，取出后铺浆再填入抹平。

3. 干填腹石

不使用砂浆填筑腹石。使用乱石，由坝顶通过抛石槽投放。沿子石每扣砌 1~2 层投次一次。按"大石在外，小石在内"原则，各石大面朝下，拣平排紧，小石塞严，空隙直径小于 11 厘米。小石不足时，用八磅锤打碎小块石，用手锤砸填。高度低于沿子石，靠近沿子石处与沿子石平齐。

4. 浆砌腹石

使用砂浆砌筑腹石。腹石按干填要求填实，采用座浆法，做到灰浆饱满，无干窝、灰窝。通常用水泥石灰砂浆，或水泥黏土砂浆砌筑。

5. 沿子石

简称"沿石"。指扣、砌坝（垛）岸表面的一层石料。通常由大块石中挑选，形状比较规则，有两个以上平面，扣砌时须专门加工。用以坚固坝面，增强御水抗溜能力，防止坝胎冲刷，方便日常管理。因砌排紧密，又称"镶面石"或"护面石"。

（二）干砌石施工

干砌石施工工序为选石、试放、修凿和安砌。

1. 施工方法

常采用的干砌块石的施工方法有两种，即花缝砌筑法和平缝砌筑法。

（1）花缝砌筑法

花缝砌筑法多用于干砌片（毛）石。砌筑时，依石块原有形状，使尖对拐、拐对尖，相互搭接砌成。砌石不分层，一般多将大面向上。这种砌法的缺点是底部空虚，容易被水流淘刷变形，稳定性较差，且不能避免重缝、迭缝、翅口等毛病。但此法优点是表面比较平整，故可用于流速不大、不承受风浪淘刷的渠道护坡工程。

（2）平缝砌筑法

平缝砌筑法一般多适用于干砌块石的施工。砌筑时将石块宽面与坡面竖向垂直，与横向平行。砌筑前，安放一块石块必须先进行试放，不合适处应用小锤修整，使石缝紧密，最好不塞或少塞小片石。这种砌法横向设有通缝，但竖向直缝必须错开。如砌缝底部或块石拐角处有空隙时，则应选用适当的片石塞满填紧，以防止底部沙砾垫层由缝隙淘出，造成坍塌。

2. 封边

干砌块石是依靠块石之间的摩擦力来维持其整体稳定的。若砌体发生局部移动或变形，将会导致整体破坏。边口部位是最易损坏的地方，所以，封边工作十分重要。对护坡水下部分的封边，常采用大块石单层或双层干砌封边，然后将边外部分用黏土回填夯实，有时也可采用浆砌石埂进行封边。对护坡水上部分的顶部封边，则常采用比较大的方正块石砌成 40 cm 左右宽度的平台，平台后所留的空隙用黏土回填夯实。对于挡土墙、闸翼墙等重力式墙身顶部，一般用混凝土封闭。

3. 干砌石的砌筑要点

造成干砌石施工缺陷的原因主要是由于砌筑技术不良、工作马虎、施工管理不善以及测量放样错漏等。缺陷主要有缝口不紧、底部空虚、鼓心凹肚、重缝、飞缝、飞口（即用很薄的边口未经砸掉便砌在坡上）、翅口（上下两块都是一边厚一边薄，石料的薄口部分互相搭接）、悬石（两石相接不是面的接触，而是点的接触）、浮塞叠砌、严重蜂窝以及轮廓尺寸走样等。

干砌石施工必须注意：

（1）干砌石工程在施工前，应进行基础清理工作。

（2）凡受水流冲刷和浪击作用的干砌石工程中采用竖立砌法（即石块的长边与水平

面或斜面呈垂直方向）砌筑，使其空隙为最小。

（3）重力式挡土墙施工，严禁先砌好里、外砌石面，中间用乱石充填并留下空隙和蜂窝。

（4）干砌块石的墙体露出面必须设丁石（拉结石），丁石要均匀分布。同一层的丁石长度，如墙厚等于或小于 40 cm 时，丁石长度应等于墙厚；如墙厚大于 40 cm，则要求同一层内外的丁石相互交错搭接，搭接长度不小于 15 cm，其中，一块的长度不小于墙厚的 2/3。

（5）如用料石砌墙，则两层顺砌后应有一层丁砌，同一层采用丁顺组砌时，丁石间距不宜大于 2 m。

（6）用干砌石做基础，一般下大上小，呈阶梯状，底层应选择比较方整的大块石，上层阶梯至少压住下层阶梯块石宽度的 1/3。

（7）大体积的干砌块石挡土墙或其他建筑物，在砌体每层转角和分段部位，应先采用大而平整的块石砌筑。

（8）护坡干砌石应自坡脚开始自下而上进行。

（9）砌体缝口要砌紧，空隙应用小石填塞紧密，防止砌体在受到水流的冲刷或外力撞击时滑脱沉陷，以保持砌体的坚固性。一般规定干砌石砌体空隙率应不超过 30%～50%。

（10）干砌石护坡的每一块石顶面一般不应低于设计位置 5 cm、不高出设计位置 15 cm。

（三）浆砌石施工

浆砌石是用胶结材料把单个的石块联结在一起，使石块依靠胶结材料的黏结力、摩擦力和块石本身重量结合成为新的整体，以保持建筑物的稳固，同时，充填着石块间的空隙，堵塞了一切可能产生的漏水通道。浆砌石具有良好的整体性、密实性和较高的强度，使用寿命更长，还具有较好的防止渗水和抵抗水流冲刷的能力。

1. 砌筑工艺

浆砌石工程砌筑的工艺流程如下：

（1）铺筑面准备

对开挖成形的岩基面，在砌石开始之前应将表面已松散的岩块剔除，具有光滑表面的岩石须人工凿毛，并清除所有岩屑、碎片、泥沙等杂物。土壤地基按设计要求处理。

对于水平施工缝，一般要求在新一层块石砌筑前凿去已凝固的浮浆，并进行清扫、冲洗，使新旧砌体紧密结合。对于临时施工缝，在恢复砌筑时，必须进行凿毛、冲洗处理。

（2）选料

砌筑所用石料，应是质地均匀、没有裂缝、没有明显风化迹象、不含杂质的坚硬石料。严寒地区使用的石料，还要求具有一定的抗冻性。

（3）铺（坐）浆

对于块石砌体，由于砌筑面参差不齐，必须逐块座浆、逐块安砌，在操作时还须认真调整，务使坐浆密实，以免形成空洞。

坐浆一般只宜比砌石超前 0.5~1 m，坐浆应与砌筑相配合。

（4）安放石料

把洗净的湿润石料安放在座浆面上，用铁锤轻击石面，使座浆开始溢出为度。

石料之间的砌缝宽度应严格控制，采用水泥砂浆砌筑时，块石的灰缝厚度一般为2~4 cm，料石的灰缝厚度为 0.5~2 cm，采用小石混凝土砌筑时，一般为所用骨料最大粒径的 2~2.5 倍。

安放石料时应注意，不能产生细石架空现象。

（5）竖缝灌浆

安放石料后，应及时进行竖缝灌浆。一般灌浆与石面齐平，水泥砂浆用捣插棒捣实，小石混凝土用插入式振捣器振捣，振实后缝面下沉，待上层摊铺座浆时一并填满。

（6）振捣

水泥砂浆常用捣棒人工插捣，小石混凝土一般采用插入式振动器振捣。应注意对角缝的振捣，防止重振或漏振。

每一层铺砌完 24~36 h 后（视气温及水泥种类、胶结材料强度等级而定），即可冲洗、准备上一层的铺砌。

2. 砌筑方法

（1）基础砌筑

基础施工应在地基验收合格后方可进行。基础砌筑前，应先检查基槽（或基坑）的尺寸和标高，清除杂物，接着放出基础轴线及边线。对于土质基础，砌筑前应先将基础夯实，并在基础面上铺上一层 3~5 cm 厚的稠砂浆，然后安放石块。对于岩石基础，坐浆前还应洒水湿润。

砌第一层石块时，基底应坐浆。第一层使用的石块尽量挑大一些的，这样受力较好，并便于错缝。所有石块第一层都必须大面向下放稳，以脚踩不动即可。不要用小石块来支垫，要使石面平放在基底上，使地基受力均匀基础稳固。选择比较方正的石块，砌在各转角上，称为角石，角石两边应与准线相合。角石砌好后，再砌里、外面的石块，称为面石；最后砌填中间部分，称为腹石。砌填腹石时应根据石块自然形状交错放置，尽量使石块间缝隙最小，再将砂浆填入缝隙中，最后根据各缝隙形状和大小选择合适的小石块放入用小锤轻击，使石块全部挤入缝隙中。禁止采用先放小石块后灌浆的方法。

接砌第二层以上石块时，每砌一块石块，应先铺好砂浆，砂浆不必铺满、铺到边，尤其在角石及面石处，砂浆应离外边4.5 cm，并铺得稍厚一些，当石块往上砌时，恰好压到要求厚度，并刚好铺满整个灰缝。灰缝厚度宜为20~30 mm，砂浆应饱满。阶梯形基础上的石块应至少压砌下级阶梯的1/2，相邻阶梯的块石应相互错缝搭接。基础的最上一层石块，宜选用较大的块石砌筑。基础的第一层及转角处和交接处，应选用较大的块石砌筑。块石基础的转角及交接处应同时砌起。如不能同时砌筑又必须留槎时，应砌成斜槎。

块石基础每天可砌高度不应超过4.2 m。在砌基础时还必须注意不能在新砌好的砌体上抛掷块石，这会使已粘在一起的砂浆与块石受振动而分开，影响砌体强度。

（2）挡土墙

砌筑块石挡土墙时，块石的中部厚度不宜小于20 cm；每砌3~4皮为一分层高度，每个分层高度应找平一次；外露面的灰缝厚度，不得大于4 cm，两个分层高度间的错缝不得小于8 cm。

料石挡土墙宜采用同匹内丁顺相间的砌筑形式。当中间部分用块石填筑时，丁砌料石伸入块石部分的长度应小于20 cm。

（3）桥、涵拱圈

浆砌拱圈一般选用于小跨度的单孔桥拱、涵拱施工，施工方法及步骤如下：

①拱圈石料的选择

拱圈的石料一般为经过加工的料石，石块厚度不应小于15 cm。石块的宽度为其厚度的1.5~2.5倍，长度为厚度的2~4倍，拱圈所用的石料应凿成楔形（上宽下窄），如不用楔形石块时，则应用砌缝宽度的变化来调整拱度，但砌缝厚薄相差最大不应超过1 cm，每一石块面应与拱压力线垂直。因此拱圈砌体的方向应对准拱的中心。

②拱圈的砌缝

浆砌拱圈的砌缝应力求均匀，相邻两行拱石的平缝应相互错开，其相错的距离不得小于10 cm。砌缝的厚度决定于所选用的石料，选用细料石，其砌缝厚度不应大于1 cm；选用粗料石，砌缝不应大于2 cm。

③拱圈的砌筑程序与方法

拱圈砌筑之前，必须先做好拱座。为了使拱座与拱圈结合好，须用起拱石。起拱石与拱圈相接的面，应与拱的压力线垂直。

当跨度在10 m以下时，拱圈的砌筑一般应沿拱的全长和全厚，同时由两边起拱石对称地向拱顶砌筑；当跨度大于10 m以上时，则拱圈砌筑应采用分段法进行。分段法是把拱圈分为数段，每段长可根据全拱长来决定，一般每段长 3~6 m。各段依一定砌筑顺序进行，以达到使拱架承重均匀和拱架变形最小的目的。

拱圈各段的砌筑顺序是：先砌拱脚，再砌拱顶，然后砌 1/4 处，最后砌其余各段。砌筑时一定要对称于拱圈跨中央。各段之间应预留一定的空缝，防止在砌筑中拱架变形面产生裂缝，待全部拱圈砌筑完毕后，再将预留空缝填实。

3. 勾缝与分缝

（1）勾缝

石砌体表面进行勾缝的目的，主要是加强砌体整体性，同时还可增强砌体的抗渗能力，另外也美化外观。

勾缝按其形式可分为凹缝、凸缝、平缝三种。在水工建筑物中，一般采用平缝。

勾缝的程序是在砌体砂浆未凝固以前，先沿砌缝，将灰缝剔深 20~30 mm 形成缝槽，待砌体完成和砂浆凝固以后再进行勾缝。勾缝前，应将缝槽冲洗干净，自上而下，不整齐处应修整。勾缝的砂浆宜用水泥砂浆，砂用细砂。砂浆稠度要掌握好，过稠勾出缝来表面粗糙不光滑，过稀容易坍落走样。最好不使用火山灰质水泥，因为这种水泥干缩性大，勾缝容易开裂。砂浆强度等级应符合设计规定，一般应高于原砌体的砂浆强度等级。

砌体的隐蔽回填部分，可不专门做勾缝处理，但有时为了加强防渗，应事前在砌筑过程中，用原浆将砌缝填实抹平。

（2）伸缩缝

浆砌体常因地基不均匀沉陷或砌体热胀冷缩可能导致产生裂缝。为避免砌体发生裂缝，一般在设计中均要在建筑物某些接头处设置伸缩缝（沉陷缝）。施工时，可按照设计规定的厚度、尺寸及不同材料做成缝板。缝板有油毛毡（一般常用三层油毛毡刷柏油制成）、柏油杉板（杉板面刷柏油）等，其厚度为设计缝宽，一般均砌在缝中。如采用前者，则须先立样架，将伸缩缝一边的砌体砌筑平整，然后贴上油毡，再砌另一边；如采用柏油杉板做缝板，最好是架好缝板，两面同时等高砌筑，无须再立样架。

4. 砌体养护

为使水泥得到充分的水化反应，提高胶结材料的早期强度，防止胶结材料干裂，应在砌体胶结材料终凝后（一般砌完 6~8 h）及时洒水养护 14~21 d，最低限度不得少于 7 d。养护方法是配专人洒水，经常保持砌体湿润，也可在砌体上加盖湿草袋，以减少水分的蒸发。夏季的洒水养护还可起降温的作用，由于日照长、气温高、蒸发快，一般在砌体表面要覆盖草袋、草帘等，白天洒水 7~10 次，夜间蒸发少且有露水，只须洒水 2~3 次即可满足养护需要。

冬季当气温降至 0 ℃以下时，要增加覆盖草袋、麻袋的厚度，加强保温效果。冰冻期间不得洒水养护。砌体在养护期内应保持正温。砌筑面的积水、积雪应及时清除，防止结冰。冬季水泥初凝时间较长，砌体一般不宜采用洒水养护。

养护期间不能在砌体上堆放材料、修凿石料、碰动块石，否则会引起胶结面的松动脱离。砌体后隐蔽工程的回填，在常温下一般要在砌后 28 d 方可进行，小型砌体可在砌后 10~12 d 进行回填。

5. 浆砌石施工的砌筑要领

砌筑要领可概括为"平、稳、满、错"四个字。平，同一层面大致砌平，相邻石块的高差宜小于 2~3 cm；稳，单块石料的安砌务求自身稳定；满，灰缝饱满密实，严禁石块间直接接触；错，相邻石块应错缝砌筑，尤其不允许顺水流方向通缝。

6. 石砌体质量要求

（1）砌石工程所用石材必须质地坚硬、不风化、不含杂质，并符合一定的规格尺寸。

（2）砌石工程所用胶结材料必须符合国家标准及设计要求。

第三节　土石方施工与黄河防洪工程维护

一、土方开挖

土方开挖施工工序分为表土及岸坡清理、软基或土质岸坡开挖两个工序。

（一）表土及岸坡清理

1. 项目分类

（1）主控项目

表土及岸坡清理施工工序主控项目分为表土清理，不良地质土的处理，地质坑、孔处理。

（2）一般项目

表土及岸坡清理施工工序一般项目分为清理范围和土质岸边坡度。

2. 检查方法及数量

（1）主控项目

观察、查阅施工记录（录像或摄影资料收集备查）等方法，进行全数检查。

（2）一般项目

①清理范围

采用量测方法，每边线测点不少于 5 点，且点间距不大于 20 m。

②土质岸边坡度

采用量测方法，每 10 延米量测一点；高边坡须测定断面，每 20 延米测一个断面。

3. 质量验收评定标准

（1）表土清理

树木、草皮、树根、乱石、坟墓以及各种建筑物全部清除；水井、泉眼、地道、坑窖等洞穴的处理符合设计要求。

（2）不良地质土的处理

淤泥、腐殖质土、泥炭土全部清除；对风化岩石、坡积物、残积物、滑坡体、粉土、细砂等处理符合设计要求。

（3）地质坑、孔处理

构筑物基础区范围内的地质探孔、竖井、试坑的处理符合设计要求；回填材料质量满足设计要求。

（4）清理范围

满足设计要求。长、宽边线允许偏差：人工施工 0~50 cm，机械施工 0~100 cm。

（5）岸边坡度

岸边坡度不陡于设计边坡。

一般情况下主体工程施工场地地表的植被清理，应延伸至构筑物最大开挖边线或建筑物基础边线（或填筑坡脚线）外侧至少 5 m 的距离；挖除树根的范围应延伸到最大开挖边线、填筑线或建筑物基础外侧至少 3 m 的距离；原坝体加高培厚工程，其清理范围应包括原坝顶及坝坡。

（二）软基或土质岸坡开挖

1. 项目分类

（1）主控项目

软基或土质岸坡开挖施工工序主控项目分为保护层开挖、建基面处理、渗水处理。

（2）一般项目

软基或土质岸坡开挖施工工序一般项目为基坑断面尺寸和开挖面平整度。

2. 检查方法及数量

（1）主控项目

采用观察、测量与查阅施工记录等方法进行全数检查。

（2）一般项目

采用观察、测量、查阅施工记录等方法，检测点采用横断面控制，断面间距不大于

20 m，各横断面点数间距不大于 2 m，局部凸出或凹陷部位（面积在 0.5m 以上者）应增设检测点。

3. 质量验收评定标准

（1）保护层开挖

保护层开挖方式应符合设计要求，在接近建基面时，宜使用小型机具或人工挖除，不应扰动建基面以下的原地基。

（2）建基面处理

构筑物地基及岸坡开挖面平顺。软基或土质岸坡与土质构筑物接触时，采用斜面连接，无台阶、急剧变坡及反坡。

（3）渗水处理

构筑物基础区及岸坡渗水（含泉眼）妥善引排或封堵，建基面清洁无积水。

（4）基坑断面尺寸及开挖面平整度

①无结构要求或无配筋

a. 长或宽不大于 10 m：符合设计要求，允许偏差为 -10~20 cm。

b. 长或宽大于 10 m：符合设计要求，允许偏差为 -20~30 cm。

c. 坑（槽）底部标高：应符合设计要求，允许偏差为 -10~20 cm。

d. 垂直或斜面平整度：应符合设计要求，允许偏差为 20 cm。

②有结构要求，有配筋预埋件

a. 长或宽不大于 10 m：符合设计要求，允许偏差为 0~20 cm。

b. 长或宽大于 10 m：符合设计要求，允许偏差为 0~30 cm。

c. 坑（槽）底部标高：应符合设计要求，允许偏差为 0~20 cm。

d. 斜面平整度：应符合设计要求，允许偏差为 15 cm。

二、土料填筑

土料填筑施工分为结合面处理、卸料及铺筑、压实、接缝处理四个工序。

（一）结合面处理

1. 项目分类

（1）主控项目

结合面处理工序主控项目有建基面地基压实、土质建基面刨毛、无黏性土建基面的处理、岩面和混凝土面处理。

（2）一般项目

结合面处理工序一般项目有层间结合面、涂刷浆液质量。

2. 检查方法及数量

（1）主控项目

①建基面地基压实：采用方格网布点检查，坝轴线方向 50 m，上下游方向 20 m 范围内布点。检验深度应深入地基表面 1.0 m，对地质条件复杂的地基，应加密布点取样检验。

②土质建基面刨毛：采用方格网布点检查，每验收单元不少于 30 点。

③无黏性土建基面的处理：采用观察、查阅施工记录，进行全数检查。

④岩面和混凝土面处理：采用方格网布点检查，每验收单元不少于 30 点。

（2）一般项目

①层间结合面：采用观察方法，进行全数检查。

②涂刷浆液质量：采用观察、抽测方法，每拌和一批至少取样抽测 1 次。

3. 质量验收评定标准

（1）建基面地基压实

黏性土、砾质土地基土层的压实度等指标符合设计要求。无黏性土地基土层的相对密实度符合设计要求。

（2）土质建基面刨毛

土质地基表面刨毛 2~3 cm，层面刨毛均匀细致，无团块、空白。

（3）无黏性土建基面的处理

反滤过渡层材料的铺设应满足设计要求。

（4）岩面和混凝土面处理

与土质防渗体结合的岩面或混凝土面，无浮渣、污染杂物，无乳皮粉尘、油垢，无局部积水等。铺填前涂刷浓泥浆或黏土水泥砂浆，涂刷均匀，无空白，混凝土面涂刷厚度为 3~5 mm；裂隙岩面涂刷厚度为 5~10 mm；且回填及时，无风干现象，铺浆厚度允许偏差 0~2 mm。

（5）层间结合面

上下层铺土的结合层面无砂砾、杂物，表面松土，湿润均匀，无积水。

（6）涂刷浆液质量

浆液稠度适宜、均匀，无团块，材料配比误差不大于

（二）卸料及铺筑

1. 项目分类

（1）主控项目

卸料及铺筑施工工序中主控项目有卸料、铺填。

（2）一般项目

卸料及铺筑施工工序中一般项目有接合部土料填筑、铺土厚度、铺填边线。

2. 检查方法及数量

（1）主控项目

卸料、铺填中采用观察方法，进行全数检查。

（2）一般项目

①接合部土料填筑：采用观察方法，进行全数检查。

②铺土厚度：采用测量方法，网格控制，每100 m² 一个测点。

③铺填边线：采用测量方法，每条边线，每10延米一个测点。

3. 质量验收评定标准

（1）卸料

卸料、平料符合设计要求，均衡上升。施工面平整、土料分区清晰，上下层分段位置错开。

（2）铺填

上下游坝坡填筑应有富余量，防渗铺盖在坝体以内部分应与心墙或斜墙同时铺筑。铺料表面应保持湿润，符合施工含水量。

（3）接合部土料填筑

防渗体与地基（包括齿槽）、岸坡、溢洪道边墙、坝下埋管及混凝土齿墙等接合部位的土料填筑，无架空现象。土料厚度均匀，表面平整，无团块、无粗粒集中，边线整齐。

（4）铺土厚度

厚度均匀，符合设计要求，允许偏差为0～-5 cm。

（5）铺填边线

铺填边线应有一定富余度，压实削坡后坝体铺填边线满足0～10 cm（人工施工）或0～30 cm（机械施工）要求。

（三）土料压实

1. 项目分类

（1）主控项目

土料压实工序主控项目有碾压参数、压实质量、压实土料的渗透系数。

（2）一般项目

土料压实工序一般项目有碾压搭接带宽度、碾压面处理。

2. 检查方法及数量

（1）主控项目

①碾压参数：查阅试验报告、施工记录，每班至少检查2次。

②压实质量：取样试验，黏性土宜采用环刀法、核子水分密度仪。砾质土采用挖坑灌砂（灌水）法，土质不均匀的黏性土和砾质土的压实度检测也可采用三点击实法。黏性土1次／（100~200m³）；砾质土1次／（200~500 m³）。

③压实土料的渗透系数：渗透试验，满足设计要求。

（2）一般项目

①碾压搭接带宽度：采用观察、量测方法，每条搭接带每一单元抽测3处。

②碾压面处理：通过现场观察、查阅施工记录，进行全数检查。

3. 质量验收评定标准

（1）碾压参数

压实机具的型号、规格，碾压遍数、碾压速度、碾压振动频率、振幅和加水量应符合碾压试验确定的参数值。

（2）压实质量

压实度和最优含水率符合设计要求。1级、2级坝和高坝的压实度不小于98%；3级中低坝及3级以下低坝的压实度不小于96%；土料的含水量应控制在最优量的-2%~3%。取样合格率不小于90%，不合格试样不应集中，且不低于压实度设计值的98%。

（3）碾压搭接带宽度

分段碾压时，相邻两段交接带碾压迹应彼此搭接，垂直碾压方向搭接带宽度应不小于0.3~0.5 m；顺碾压方向搭接带宽度应为1~1.5 m。

（4）碾压面处理

碾压表面平整，无漏压，个别弹簧、起皮、脱空，剪力破坏部分处理符合设计要求。

（四）接缝处理

1. 项目分类

（1）主控项目

接缝处理工序主控项目有接合坡面和接合坡面碾压。

（2）一般项目

接缝处理工序一般项目有接合坡面填土、接合坡面处理。

2. 检查方法及数量

（1）主控项目

采用观察及测量检查方法，接合坡面项目每一结合坡面抽测3处；接合坡面碾压项目，每 10 延米取试样 1 个，如一层达不到 20 个试样，可多层累积统计；但每层不得少于 3 个试样。

（2）一般项目

①接合坡面填土：采用观察、取样检验方法，进行全数检查。

②接合坡面处理：采用观察、布置方格网量测方法，每验收单元不少于 30 点。

3. 质量验收评定标准

（1）接合坡面

斜墙和心墙内不应留有纵向接缝，防渗体及均质坝的横向接坡不应陡于 1∶3，其高差符合设计要求，与岸坡接合坡度应符合设计要求。

均质土坝纵向接缝斜坡坡度和平台宽度应满足稳定要求，平台间高差不大于 15 m。

（2）接合坡面碾压

接合坡面填土碾压密实，层面平整，无拉裂和起皮现象。

（3）接合坡面填土

填土质量符合设计要求，铺土均匀、表面平整，无团块、无风干。

（4）接合坡面处理

纵横接缝的坡面削坡、润湿、刨毛等处理符合设计要求。

三、砂砾料填筑

砂砾料填筑施工分为铺填、压实两个工序。

（一）砂砾料铺填

1. 项目分类

（1）主控项目

砂砾料铺填施工工序主控项目有铺料厚度、岸坡接合处铺填。

（2）一般项目

砂砾料铺填工序一般项目有铺填层面外观、富余铺填宽度。

2. 检查方法及数量

（1）主控项目

①铺料厚度：按 20 m×20 m 方格网的角点为测点，定点测量，每单元不少于 10 点。

②岸坡接合处铺填：采用观察、量测，每条边线，每 10 延米量测 1 组。

（2）一般项目

①铺填层面外观：采用观察方法，进行全数检查。

②富余铺填宽度：采用观察、量测，每条边线，每 10 延米量测 1 组。

3. 质量验收评定标准

（1）铺料厚度

铺料层厚度均匀，表面平整，边线整齐。允许偏差不大于铺料厚度的 10%，且不应超厚。

（2）岸坡接合处铺填

纵横向接合部应符合设计要求；岸坡接合处的填料不得分离、架空。检测点允许偏差 0~10 cm。

（3）铺填层面外观

砂砾料填筑力求均衡上升，无团块、无粗粒集中。

（4）富余铺填宽度

富余铺填宽度满足削坡后压实厚质量要求。检测点允许偏差 0~10 cm。

（二）砂砾料压实

1. 项目分类

（1）主控项目

砂砾料压实工序主控项目有碾压参数、压实质量。

（2）一般项目

砂砾料压实工序一般项目有压层表面质量、断面尺寸。

2. 检查方法及数量

（1）主控项目

①碾压参数：查阅试验报告、施工记录，每班至少检查 2 次。

②压实质量：查阅施工记录，取样试验，按填筑 1000~5000 m³ 取 1 个试样，每层测点不少于 10 个，渐至坝顶处每层或每单元不宜少于 5 个；测点中应至少有 1~2 个点分布在设计边坡线以内 30 cm 处，或与岸坡接合处附近。

（2）一般项目

①压层表面质量：采用观察方法，进行全数检查。

②断面尺寸：采用尺量检查，每层不少于 10 处。

3. 质量验收评定标准

（1）碾压参数。压实机具的型号、规格，碾压遍数、碾压速度和加水量应符合碾压试验确定的参数值。

（2）压实质量。相对密实度不低于设计要求。

（3）压层表面质量。表面平整，无漏压、欠压。

（4）断面尺寸。压实削坡后上、下游设计边坡超填值允许偏差±20 cm，坝轴线与相邻坝料接合面尺寸允许偏差±30 cm。

四、特殊条件下的施工控制

（一）雨季土坝压实施工控制

土石坝填筑是大面积的露天作业，施工过程中遇到雨天，会给控制土壤含水量带来很大的困难。因此，在多雨地区，常由于雨天多，土壤含水量高，雨后不能立即恢复上土，以致雨季黏性土料的填筑成为控制工程进度的关键所在。为了保证工程质量又不过多地增加成本，可采用下列措施：

（1）合理进行大坝断面设计，尽量缩小防渗体（心墙，或斜墙）的断面，减少黏性土料的用量。

（2）在降雨时，坝上应停止黏性土料的填筑。在多雨地区宜采用气胎辗。如采用羊足碾时，要同时配使用平碾，以便在雨前封闭坝面以利排水。为了便于排走雨水，坝填筑面应略向上游倾斜。

（3）必要时在土料储料场和坝面采用人工防雨措施，如备用大防雨布或塑料薄膜。遇雨遮盖填筑面，雨后去盖，将表面湿土稍加清理晾晒，即可上土复工。在抢进度赶拦洪时，为了保证高速度施工，在防渗体填筑面积不太大时，在多雨地区可以考虑采用雨篷作业。雨篷一般为简单屋架式，用帆布或塑料布覆盖，不过篷内填土，碾压不便，篷架升高也麻烦，因此也有采用缆索悬挂式吊棚的。

（4）在雨季施工中，重要的是在非雨期时于坝面附近储备数量足够、质量合格的土料，以供雨季施工时使用。

（5）合理选用某种非黏性土料作为大坝防渗体，再采取一定的施工措施，就有可能在雨季继续施工。

（二）冬季施工控制

在冬季负气温下，土料将发生冻结，并使其物理力学性质发生变化，这对土石坝冬季施工将造成严重影响。不过只要采取适当的技术措施，仍能保证填筑质量。

土料在降温冷却过程中，其中的水分不是一遇冷空气就转变为冰的，土料开始结冰的温度总是低于 0 ℃，即土料的冻结有所谓过冷现象。土料的过冷温度和过冷持续时间与土料的种类、含水量和冷却强度等有关。当负温不是太低时，土料中的水分能长期处于过冷状态而不结冰。含水量低于塑限的土及含水量低于 4%~5% 的砂砾细料，由于水分子颗粒间的相互作用，土的过冷现象极为明显。

土的过冷现象说明当负气温不太低时，用具有正温的土料在露天填筑，只要控制好土料含水量，有可能在土料还未冻结之前，争取填筑完毕。

土料发生冻结时，由于水汽从温度较高处向温度较低处移动，而产生水分转移。水分转移和聚集的结果，使土的冻结层中形成冰晶体和裂缝。冰在土料中决定着冻土的性质，使其强度增大，不易压实。当其融化后，则使土料的强度和稳定性大为降低，或呈松散状态。但土料的含水量接近或低于塑限冻结时，上述现象不甚显著，压实后经过冻融，其力学性质变化也较小。砂砾细料含水量低于 4%~5%，冻结时仍呈松散状态，超过此值后则冻成硬块，不易压实。

（1）碾压式土石坝冬季施工时，只要采取适当的技术措施，防止土料冻结，降低土料含水量和减少冻融影响，仍可保证施工质量，加快施工进度。防止料场中的土料冻结，是土石坝冬季施工的主要内容。为此，可采取以下措施：

①选择冬季施工的专用料区。对砂砾粒应选择粗粒含量较多和易于压实的地区，在夏、秋季进行备料，采用明沟截流和降低地下水位，使砂砾料中的细料含水量降低到 4% 以下；对于黏性土宜选择运距近、含水量接近塑限及地势较高的料区，如含水量较大，须在冬季前进行处理，以满足防冻要求。因此，如有可能，应选用向阳背风的料区。

②料场表土翻松保温。冬季结冰前将料区表土翻松 30~40 cm 深，并碎成小块耙平，使松土的孔隙中充满空气，因而可以降低表层土的导热性，防止下部土料冻结。如某工地在料区表面铺 30 cm 厚的松土，气温到 -12 ℃ 左右时，下部土温仍保持在 4~13 ℃。

③覆盖融热材料保温。根据气温和现场条件，利用树叶、稻草、炉渣及锯木屑等材料，覆盖于土区或土库表面，形成蓄热保温层，使土料不致冻结。

④覆盖冰、雪蓄热保温。可以利用自然雪或人工铺雪于料场表面土上。由于雪的导热性能低，可以达到土料蓄热保温不致冻结的目的。或者也可将料场四周用 0.5 m 高的土埂围起来，并在场内每隔 1.5 m 打一根承冰层的支撑木桩，冬季来临时，在土埂内充满水，待水面结冰到 10~15 cm 厚时，将冰层下的水排走，而形成一个很好的空气隔热保温层，这也可以达到使土料不致冻结的目的。

（2）除了防止料场土料冻结外，在土料运输过程中，也应注意土料保温。

①土温的散失主要是在装、卸过程中，因此应采取快速运输，避免转运，力求从装土到卸土铺填为止的时间，不超过土料冻结所需时间。

②尽量采用容量大、调度灵活及易于倾卸的运输工具，并进行覆盖保温。为了防止土料与金属车厢直接接触，可设置木板隔层，或在车厢内垫一层浸透食盐水（浓度为 20%）

的麻袋。

（3）冬季施工时，对负气温下土料填筑的基本要求如下：

①黏性土的含水量不应超过限塑，防渗体的土料含水量不应大于0.9倍塑限，但也不宜低于塑限2%；砂砾料（指粒径小于5 mm的细料）的含水量应小于4%。

②压实时土料平均温度，一般应保持正温。实践证明，土料温度低于0 ℃，压实效果即将降低，甚至难以压实。

冬季施工的坝体填筑，根据气温条件的不同，可采用露天作业或暖棚内作业。

露天作业要求准备料温度不低于5~10 ℃，其填筑工作可以在较寒冷的气温下进行（日最低气温不低于−5 ℃，碾压时土料温度不低于+2 ℃），黏性土中允许有少量小于5 cm的冻块，但冻块不应集中在填筑层中。如果气温过低或风速过大，则须停止填筑。砂砾料露天填筑的气温，也不应低于−15 ℃，砂料中允许有少量小于10 cm的冻块，但同样不应集中在填筑中。此外，露天作业应力求加快压实工作速度，以免土料冻结。

棚内作业，只是在棚内采取加温措施，使土料保持正温。加温热源可用蒸汽和火炉等。不过费用较高，只是在严寒地区而又必须继续施工时，才宜采用。

五、黄河防洪工程维护

（一）堤防工程维修

1. 堤顶维修的要求

（1）堤肩土质边埂发生损坏，宜采用含水量适宜的黏性土，按原标准进行修复。

（2）土质的堤顶面层结构严重受损，应刨毛、撒土、补土、刮平、压实，按原设计标准修复，堤顶高程不足，应按原高程修复，所用土料宜与原土料相同。

（3）硬化堤顶损坏，应按原结构与相应的施工方法修复。

（4）硬化堤顶的土质堤防，因堤身沉陷使硬化堤顶与堤身脱离的，可拆除硬化顶面，用黏性土或石渣补平、夯实，然后用相同材料对硬化顶面进行修复。

2. 堤坡维修的要求

（1）土质堤坡出现大雨淋沟或损坏，应按开挖、分层回填夯实的顺序修理，所用土料宜与原筑堤土料相同，并在修复的坡面补植草皮。

（2）浅层（局部）滑坡，应采用全部挖除滑动体后重新填筑的方法处理，并符合下列规定：

①分析滑坡成因，对渗水、堤脚下挖塘、冲刷、堤身土质不好等因素引起的滑坡，采取相应的处理措施。

②应将滑坡体上部未滑动的边坡削至稳定的坡度。

③挖除滑动体应从上边缘开始,逐级开挖,每级高度 0.2 m,沿滑动面挖成锯齿形,每一级深度上应一次挖到位,并一直挖至滑动面外未滑动土中 0.5~1.0 m。平面上的挖除范围宜从滑坡边线四周向外展宽 1~2 m。

④重新填筑的堤坡应达到重新设计的稳定边坡。

⑤滑坡处理的过程中,应注意原堤身稳定和挡水安全。

（3）深层圆弧滑坡,应采用挖除主滑体并重新填筑压实的方法处理。重新填筑的堤坡应达到重新设计的稳定边坡。

3. 堤身裂缝的维修要求

（1）堤身裂缝修理应在查明裂缝成因,且裂缝已趋于稳定后进行。

（2）土质堤防裂缝修理宜采用开挖回填、横墙隔断、灌堵缝口、灌浆堵缝等方法。

（3）纵向裂缝修理宜采用开挖回填的方法,并符合下列要求:

①开挖前,可将经过滤的石灰水灌入裂缝内,了解裂缝的走向和深度,以指导开挖。

②裂缝的开挖长度超过裂缝两端各 1 m,深度超过裂缝底部 0.3~0.5 m;坑槽底部的宽度不小于 0.5 m,边坡符合稳定及新旧土结合的要求。

③坑槽开挖时宜采取坑口保护措施,避免日晒、雨淋、进水和冻融;挖出的土料宜远离坑口堆放。

④回填土料与原土料相同,并控制适宜的含水量。

⑤回填土分层夯实,夯实土料的干密度不小于堤身土料的干密度。

（4）横向裂缝修理宜采用横墙隔断的方法,并符合下列要求:

①与临水相通的裂缝,在裂缝临水坡先修前戗;背水坡有漏水的裂缝,在背水坡做好反滤导渗;与临水尚水连通的裂缝,从背水面开始,分段开挖回填。

②除沿裂缝开挖沟槽,还宜增挖与裂缝垂直的横槽（回填后相当于横墙）,横槽间距 3~5 m,墙体底边长度为 2.5~3.0 m,墙体厚度不宜小于 0.5 m。

（5）宽度小于 3~4 cm、深度小于 1 m 的纵向裂缝或龟纹裂缝宜采用灌堵缝口的方法,并符合下列要求:

①由缝口灌入干而细的沙壤土,用板条或竹片捣实。

②灌缝后,宜修土埂压缝防雨,埂宽 10 cm,高出原顶（坡）面 3~5 cm。

（6）堤顶或非滑动性的堤坡裂缝宜采用灌浆堵缝的方法修理。缝宽较大、缝深较小的宜采用自流灌浆修理;缝宽较小、缝深较大的宜采用充填灌浆修理。

①采用自流灌浆宜符合下列要求:

a. 缝顶挖槽,槽宽深各为 0.2 m,用清水洗缝。

b. 按"先稀后稠"的原则用沙壤土泥浆灌缝，稀稠两种泥浆的水土重量比分别为1：0.15与1：0.25。

c. 灌满后封堵沟槽。

②采用充填灌浆修理，可将缝口逐段封死，由缝侧打孔灌浆。

4. 堤防隐患处理要求

（1）堤身隐患应视其具体情况，采用开挖回填、充填灌浆等方法处理。

（2）位置明确、埋藏较浅的堤身隐患，宜采用开挖回填的方法处理，并符合下列要求：

①将洞穴等隐患的松土挖出，再分层填土夯实，恢复堤身原状。

②位于临水侧的隐患，宜采用黏性土料进行回填，位于背水侧的隐患，宜采用沙性土料进行回填。

5. 充填灌浆要求

（1）灌浆过程中应做好记录

孔号、孔位、灌浆历时、吃浆压力、浆液浓度以及灌浆过程中出现的异常现象等均应进行全面、详细的记录。每天工作结束后应对当天的记录资料进行整理分析，计算每孔吃浆量，并绘制必要的图表。

（2）泥浆土料

浆液中的土料宜选用成浆率较高、收缩性较小、稳定性较好的粉质黏土或重粉质壤土，土料组成以粘粒含量20%~45%、粉粒40%~70%、沙粒小于10%为宜。在隐患严重或裂缝较宽、吸浆量大的堤段可适当选用中粉质壤土或少量沙壤土。在灌浆过程中，可根据需要在泥浆中掺入适量膨润土、水玻璃、水泥等外加剂，其用量宜通过试验确定。

（3）制浆贮存

泥浆比重可用比重计测定，宜控制在1.5左右。浆液主要力学性能指标以容重13~16 kN/m³、黏度30~100 s、稳定性小于0.1 mg/m³、胶体率大于80%、失水量10~30 cm³/30 min为宜。

制浆过程中应按要求控制泥浆稠度及各项性能指标，并应通过过滤筛清除大颗粒和杂物，保证浆液均匀干净，泥浆制好后送贮浆池待用。

（4）泵输泥浆

宜采用离心式灌浆机输送泥浆，以灌浆孔口压力小于0.1 MPa为准来控制输出压力。

（5）锥孔布设

宜按多排梅花形布孔，行距1.0 m左右，孔距1.5~2.0 m。锥孔应尽量布置在隐患处或其附近。对松散渗透性强、隐患多的堤防，可按序布孔，逐渐加密。

（6）造孔

可用全液压式打锥机造孔。造孔前应先清除干净孔位附近杂草、杂物。孔深宜超过临背水堤脚连线 0.5~1.0 m。处理可见裂缝时，孔深宜超过缝深 1~2 m。

（7）灌浆

宜采用平行推进法灌浆，孔口压力应控制在设计最大允许压力以内。灌浆应先灌边孔、后灌中孔，浆液应先稀后浓，根据吃浆量大小可重复灌浆，一般 2~3 遍，特殊 4~5 遍。

在灌浆过程中应不断检查各管进浆情况。如胶管不蠕动，宜将其他一根或数根灌浆管的阀门关闭，使其增压，继续进浆。当增压 10 分钟后仍不进浆时，应停止增压拔管换孔，同时记下时间。

注浆管长度以 1.0~1.5 m 为宜，上部应安装排气阀门，注浆前和注浆过程中应注意排气，以免空气顶托、灌不进浆，影响灌浆效果。

（8）封孔收尾

可用容重大于 16 kN/m³ 的浓浆，或掺加 10% 水泥的浓浆封孔，封孔后缩浆空孔应复封。输浆管应及时用清水冲洗，所用设备及工器具应归类收集整理入仓。

（9）异常现象的处理

灌浆中应及时处理串浆、喷浆、冒浆、塌陷、裂缝等异常现象。串浆时，可堵塞串浆孔口或降低灌浆压力；喷浆时，可拔管排气；冒浆时，可减少输浆量、降低浆液浓度或灌浆压力；发生塌陷时，可加大泥浆浓度灌浆，并将陷坑用黏土回填夯实；发生裂缝时，可夯实裂缝、减小灌浆压力、少灌多复，裂缝较大并有滑坡时，应采用翻筑方法处理。

（二）堤防工程抢修

1. 渗水抢修的要求

（1）渗水险情应按"临水截渗，背水导渗"的原则抢修，并符合下列要求：

①抢修时，尽量减少对渗水范围的扰动，避免人为扩大险情。

②在渗水堤段背水坡脚附近有深潭、池塘的，抢护时宜在背水坡脚处抛填块石或土袋固基。

（2）水浅流缓、风浪不大、取土较易的堤段，宜在临水侧采用黏土截渗，并符合下列要求：

①先清除临水边坡上的杂草、树木等杂物。

②抛土段超过渗水段两端 5 m，并高出洪水位约 1 m。

（3）水深较浅而缺少黏性土料的堤段，可采用土工膜截渗，铺设土工膜宜符合下列要求：

①先清除临水边坡和坡脚附近地面有棱角或尖角的杂物，并整平堤坡。

②土工膜可根据铺设范围的大小预先黏结或焊接。土工膜的下边沿折叠黏牢形成卷筒，并插入直径 4~5 cm 的钢管。

③铺设前，宜在临水堤肩上将土工膜卷在滚筒上。

④土工膜沿堤坡紧贴展铺。

⑤土工膜宜满铺渗水段临水边坡并延长至坡脚以外 1 m 以上。预制土工膜宽度不能达到满铺要求时，也可搭接，搭接宽度宜大于 0.5 m。

⑥土工膜铺好后，在其上压一两层土袋，由坡脚最下端压起，逐层向上紧密平铺排压。

（4）堤防背水坡大面积严重渗水的险情，宜在堤背开挖导渗沟，铺设滤料、土工织物或透水软管等，引导渗水排出，并符合有关的规定。

（5）堤身透水性较强、背水坡土体过于松软或堤身断面小而采用导渗沟法有困难的堤段，可采用土工织物反滤导渗，并符合下列要求：

①先清除渗水边坡上的草皮（或杂草）、杂物及松软的表层土。

②根据堤身土质，选取保土性、透水性、防堵性符合要求的土工织物。

③铺设时搭接宽度不小于 0.3 m。均匀铺设沙、石材料做透水压载层，并避免块石压载与土工织物直接接触。

④堤脚挖排水沟，并采取相应的反滤、保护措施。

（6）堤身断面单薄、渗水严重，滩地狭窄，背水坡较陡或背水堤脚有潭坑、池塘的堤段，宜抢筑透水后戗压渗，并符合下列要求：

①采用透水性较大的沙性土，分层填筑密实。

②戗顶高出浸润线出逸点 0.5~1.0 m，顶宽 2~4 m，戗坡 1∶3~1∶5，戗台长度宜超过渗水堤段两端 3 m。

（7）防洪墙（堤）发生渗水险情，应按 SL230 的规定抢修。

2. 管涌（流土）抢护的要求

（1）管涌（流土）险情应按"导水抑沙"的原则抢护，并符合下列要求：

①管涌口不应用不透水材料强填硬塞。

②因地制宜选用符合要求的滤料。

（2）堤防背水地面出现单个管涌，宜抢筑反滤围井，并符合下列要求：

①沿管涌口周围码砌围井，并在预计蓄水高度上埋设排水管，蓄水高度以该处不再涌水带沙的原则确定。围进高度小于 1.0 m，可用单层土袋；大于 1.5 m 可用内外双层土袋，

袋间填散土并夯实。

②井内按反滤要求填筑滤料，如井内涌水过大、填筑滤料困难，可先用块石或砖块抛填，等水势消减后，再填筑滤料。

③滤层填筑总厚度按照出水基本不带沙颗粒的原则确定，滤层下陷宜及时补充。

④背水地面有集水坑、水井内出现翻沙鼓水的，可在集水坑、水井内倒入滤料，形成围井。

（3）管涌较多、面积较大、涌水带沙成片的，宜抢筑反滤铺盖，并符合下列要求：

①按反滤要求在管涌群上面铺盖滤层。

②滤层顶部压盖保护层。

（4）湖塘积水较深、难以形成围井的，宜采用导滤堆抢护，并符合下列要求：

①导滤堆的面积以防止渗水从导滤堆中部向四周扩散、带出泥沙为原则确定。

②先用粗砂覆盖渗水冒沙点，再抛小石压住所有抛下的粗砂层，继抛中石压住所有小石。

③湖塘底部有淤泥时，宜先用碎石抛出淤泥面，再铺粗砂、小石、中石形成导滤堆。

（5）在滤料缺乏的地区，可在背水侧修筑围堰，蓄水反压。

3. 漏洞抢修的要求

（1）漏洞险情应按"临水截堵，背水滤导"的原则抢修，并符合下列要求：

①发现漏洞出水口，应采取多种措施尽快查找漏洞进水口，标示位置。

②临水截堵和背水滤导同时进行。

（2）在堤防临水面宜根据漏洞进口情况，分别采用不同的截堵方法：

①漏洞进水口位置明确、进水口周围土质较好的宜塞堵，并符合下列要求：

a. 用软性材料塞填漏洞进水口，塞堵时做到快、准、稳，使洞周封严。

b. 用黏性土修筑前戗加固。

c. 注意水下操作人员人身安全。

②漏洞进水口位置可大致确定的可采用软帘盖堵，并应符合下列要求：

a. 宜先清理软帘覆盖范围内的堤坡。

b. 将预制的软帘顺堤坡铺放，覆盖漏洞进水口所在范围。

c. 盖堵见效后抛压黏性土修筑前戗加固。

③漏洞进水口较多、较小、难以找准且临水则水深较浅、流速较小的宜修筑围堰，并符合下列要求：

a. 用土袋修筑围堰，将漏洞进口围护在围堰内。

b. 在围堰内填筑黏性土进行截堵。

（3）在漏洞出水口，宜修筑反滤围井，并符合下列要求：

①在漏洞出水口周围用土袋码砌围井，并在预计蓄水高度埋设排水管。

②保持围井自身稳定。

③围井内可填沙石或柳秸料。

4. 裂缝抢修的要求

（1）裂缝险情应按"判明原因，先急后缓"的原则抢修，并符合下列要求：

①进行险情判别，分析其严重程度，并加强观测。

②裂缝伴随有滑坡、崩塌险情的，应先抢护滑坡、崩塌险情，待险情趋于稳定后，再予处理。

③降雨前，应对较严重的裂缝采取措施，防止雨水流入。

（2）漏水严重的横向裂缝，在险情紧急或河水猛涨来不及全面开挖时，可先在裂缝段临水面做前戗截流，再沿裂缝每隔 3~5 m 挖竖井并填土截堵，待险情缓和，再采取其他处理措施。

（3）洪水期深度大并贯穿堤身的横向缝宜采用复合土工膜盖堵，并符合下列要求：

①复合土工膜铺设在临水堤坡，并在其上用土帮坡或铺压土袋。

②背水坡用土工织物反滤排水。

③抓紧时间修筑横墙。

5. 跌窝（陷坑）抢修的要求

（1）跌窝险情应根据其出险的部位及原因，按"抓紧翻筑抢护、防止险情扩大"的原则进行抢修。

（2）抢修堤顶的跌窝，宜采用翻筑回填的方法，并符合下列要求：

①翻出跌窝内的松土，分层填土夯实，恢复堤防原状。

②宜用防渗性能不小于原堤身土的土料回填。

③堤身单薄、堤顶较窄的堤防，可外帮加宽堤身断面，外帮宽度以保证翻筑跌窝时不发生意外为宜。

（3）抢修临水坡的跌窝，宜符合下列要求：

①跌窝发生在临水侧水面以上，宜按规定进行抢修。

②跌窝发生在临水侧水面下且水深不大时，修筑围堰处理。

③跌窝发生在临水侧水面下且水深较大时，用土袋直接填实跌窝，待全部填满后再抛黏性土封堵、帮宽。

（4）抢修背水坡的跌窝，宜符合下列要求：

①不伴随渗水或漏洞险情的跌窝，宜采用开挖回填的方法进行处理，所用土料的透水性能不小于原堤身土。

②伴随渗水或漏洞险情的跌窝，宜填实滤料处理，并符合下列要求：

a. 在堤防临水侧截堵渗漏通道。

b. 清除跌窝内松土、软泥及杂物。

c. 用粗砂填实，渗涌水势较大时，可加填石子或块石、砖头、梢料等，待水势消减后再予填实。

d. 跌窝填满后，可按沙石滤层铺设方法抢护。

6. 防漫溢抢修的要求

（1）堤防和土心坝垛防漫溢抢修应符合下列要求：

①根据洪水预报，估算洪水到达当地的时间和最高水位，按预定抢护方案，积极组织实施，并应抢在洪水漫溢之前完成。

②堤防防漫溢抢修应按"水涨堤高"原则，在堤顶修筑子堤。

③坝、垛防漫溢抢修应按"加高止漫"原则，在坝、垛顶部修筑子堤；按"护顶防冲"原则，在坝顶铺设防冲材料防护。

（2）抢筑子堤应就地取材，全线同步升高、不留缺口，并符合下列要求：

①清除草皮、杂物，并开挖结合槽。

②子堤应修在堤顶临水侧或坝垛顶面上游侧，其临水坡脚距堤（坝）肩线 0.5~1.0 m。

③子堤断面应满足稳定要求，其堤顶超出预报最高水位 0.5~1.0 m。

④必要时应采取防风浪措施。

（3）在坝、垛顶面铺设柴把、柴料或土工织物防护，宜符合下列要求：

①柴护护顶：

a. 在坝、垛顶面前后各打桩一排，桩距坝肩 0.5~1.0 m。

b. 柴把直径 0.5 m 左右，搭接紧密，并用麻绳或铅丝绑扎在桩上。

②柴料护顶：漫坝水深流急的，可在两侧木桩间直接铺一层厚 0.3~0.5 m 的柴料，并在柴料上抛压块石。

③土工织物护顶：

a. 将土工织物铺放于坝、垛顶面，用桩固定。

b. 在土工织物上铺放土袋、块石或混凝土预制块等重物。

c. 土工织物的长、宽分别超过坝顶长、宽的 0.5~1.0 m。

（三）河道整治工程维修

1. 坝体维修的要求

（1）土心出现大雨淋沟、陷坑，宜采用开挖回填的方法修理，挖除松动土体，由下至上分层回填夯实。

（2）土心发生裂缝，应根据裂缝特征进行修理，并符合下列规定：

①表面干缩、冰冻裂缝以及缝深小于 1.0 m 的龟纹裂缝，宜采用灌堵缝口的方法。

②缝深不大于 3.0 m 的沉陷裂缝，待裂缝发展稳定后，宜采用开挖回填的方法，并符合本规程的有关规定。

③非滑动性质的深层裂缝，宜采用充填灌浆或上部开挖回填与下部灌浆相结合的方法处理。

（3）土心滑坡，应根据滑坡产生的原因和具体情况，采用开挖回填、改修缓坡等方法进行处理，并符合下列规定：

①开挖回填：

a. 挖除滑坡体上部已松动的土体，按设计边坡线分层回填夯实。滑坡体方量很大，不能全部挖除时，可将滑弧上部能利用的松动土体移做下部回填土方，由下至上分层回填。

b. 开挖时，对未滑动的坡面，按边坡稳定要求放足开挖线；回填时，逐坯开蹬，做好新旧土的结合。

c. 恢复土心边坡的排水设施。

②改修缓坡：

a. 放缓边坡的坡度应经土心边坡稳定分析确定。

b. 将滑动土体上部削坡，按放缓的土心边坡加大断面，做到新旧土体结合、分层回填夯实。

c. 回填后，应恢复坡面排水设施及防护设施。

2. 护脚维修的要求

（1）水面以上，护脚平台或护脚坡面发生凹陷时，应抛石排整到原设计断面。排整应做到大石在外、小石在里、层层错压、排挤密实。

（2）水面以下，探测的护脚坡度陡于稳定坡度或护脚出现走失时，应抛散石或石笼加固，有航运条件可采用船只抛投。完成后应检查抛石位置是否符合要求。

（3）散抛石护坡的护脚修理，可直接从坝顶运石抛卸于护坡或置放于护坡的滑槽上，滑至护脚平台上，然后进行人工排整，损坏的护坡于抛石结束后整平；砌石护坡的护脚修

理，应防止石料砸坏护坡。

（4）护脚坡度陡于设计坡度，应按原设计要求用块石或石笼补抛至原设计坡度。

（5）海堤的堤岸防护工程，其桩式护脚、混凝土或钢筋混凝土块体护脚和沉井护脚受到风暴潮冲刷破坏，应按原设计要求补设。

3. 风浪冲刷抢护的要求

（1）铺设土工织物或复合土工膜防浪，宜符合下列要求：

①先清除铺设范围内堤坡上的杂物。

②铺设范围按堤坡受风浪冲击的范围确定。

③土工织物或复合土工膜的上沿宜用木桩固定，表面宜用铜丝或绳坠块石的方法固定。

（2）挂柳防浪，宜符合下列要求：

①选干枝直径不小于 0.1 m、长不小于 1 m 的树（枝）冠。

②在树杈上系重物止浮，在干枝根部系绳备挂。

③在堤顶临水侧打桩，桩距和悬挂深度根据流势和坍塌情况而定。

④从坍塌堤段下游向上游顺序搭接叠压逐棵挂柳入水。

（3）土袋防浪，宜符合下列要求：

①水上部分或水深较小时，先将堤坡适当削平，然后铺设土工织物或软草滤层。

②根据风浪冲击范围摆放土袋，袋口朝向堤坡，依次排列，互相叠压。

③堤坡较陡的，可在最底一层土袋前面打桩防止滑落。

（4）草、木排防浪抢护宜将草、木排拴固在堤上，或者用锚固定，将草、木排浮在距堤 3~5 m 的水面上。

4. 坍塌抢修的要求

（1）堤防坍塌险情应按"护脚固基、缓流挑流"的原则抢修，并符合下列要求：

①堤防坍塌抢修，宜抛投块石、石笼、土袋等防冲物体护脚固基。

②大流顶冲、水深流急，水流淘刷严重、基础冲塌较多的险情，应采用护岸缓流的措施。

（2）堤岸防护工程坍塌险情宜根据护脚材料冲失程度及护坡、土心坍塌的范围和速度，及时采取不同的抢修措施。

①护脚坡面轻微下沉，宜抛块石、石笼加固，并将坡面恢复到原设计状况。护脚坍塌范围较大时，可采用抛柴枕、土袋枕等方法抢修。

②护坡块石滑塌，宜抛石、石笼、土袋抢修。土心外露滑塌时，宜先采用柴枕、土袋、土袋枕或土工织物软体排抢修滑塌部位，然后抛石笼或柴枕固基。

（3）采用块石、石笼、土袋抢修宜符合下列要求：

①根据水流速度大小，选择抛投的防冲物体。

②抛投防冲物体宜从最能控制险情的部位抛起，向两边展开。

③块石的重量以 30~75 kg 为宜，水深流急处，宜用大块石抛投。

④装石笼做到小块石居中、大块石在外，装石要满，笼内石块要紧密匀称。

⑤土袋充填度以不大于 80% 为宜，装土后用绳绑扎封口。

⑥抛于内层的土袋宜尽量紧贴土心。

（4）采用柴枕抢修宜符合下列要求：

①柴枕长 5~15 m，枕径 0.5~1.0 m，柴、石体积比 2：1 左右，可按流速大小或出险部位调整用石量。

②捆抛枕的作业场地宜设在出险部位上游距水面较近且距出险部位不远的位置。

③用于护岸缓流的柴枕宜高出水面 1 m，在枕前加抛散石或石笼护脚。

④抛于内层的柴枕宜尽量紧贴土心。

（5）采用柴石搂厢抢修宜符合下列要求：

①查看流势，分析上、下游河势变化趋势，勘测水深及河床土质，确定铺底宽度和桩、绳组合形式。

②整修堤坡，宜将崩塌后的土体外坡削成 1：0.5 左右。

③柴石搂厢每立方米厢体压石 0.2~0.4 m³，厢体着底前宜厚柴薄石，着底后宜薄柴厚石，压石宜采用前重后轻的压法。

④底坯总厚度 1.5 m 左右，在底坯上继续加厢，每坯厚 1.0~1.5 m。每加厢一坯，宜适当后退，做成 1：0.5 左右的厢坡，坡度宜陡不宜缓，不宜超过 1：0.5。每坯之间打桩连接。

⑤搂厢修做完毕后宜在厢体前抛柴枕和石笼护脚护根。

⑥柴石搂厢关键工序宜由熟练人员操作。

（6）采用土袋枕抢修宜符合下列要求：

①土袋枕用幅宽 2.5~3.0 m 的织造型土工织物缝制，长 3.0~5.0 m，高、宽均为 0.6~0.7 m。

②装土地点宜设在靠近坝垛出险部位的坝顶，袋中土料宜充实。

③水深流急处，宜有留绳，防止土袋枕被冲走。

④抛于内层的土袋枕宜尽量紧贴土心。

（7）采用土工织物软体排抢修宜符合下列要求：

①用织造型土工织物，按险情出现部位的大小，缝制成排体，也可预先缝制成 6 m×6 m、

10 m×8 m、10 m×12 m 等规格的排体，排体下端缝制折径为 1 m 左右的横袋，两边及中间缝制折径 1 m 左右的竖袋，竖袋间距一般 3~4 m。

②两侧拉绳直径为 1.0 cm 的尼龙绳，上下两端的挂排绳分别为直径 1.0 cm 和 1.5 cm 的尼龙绳，各绳缆均宜留足长度。

③排体上游边宜与未出险部位搭接，软体排宜将土心全部护住。

④排体外宜抛土枕、土袋、块石等。

5. 滑坡抢修的要求

（1）堤防滑坡险情应按"减载加阻"的原则抢修，并符合下列要求：

①在渗水严重的滑坡体上，应避免大量人员践踏。

②在滑动面上部和堤顶，不应存放料物和机械。

（2）堤岸防护工程发生护坡、护脚连同部分土心下滑或重力式挡土墙发生砌体倾倒的险情，其抢修宜符合下列要求：

①发生"缓滑"，宜采用抛石固基及上部减载的方法抢修。

②发生"骤滑"，宜采用土工织物软体排或柴石搂厢等保护土心，防止水流冲刷。

③发生倾倒，宜抛石、抛石笼或采用柴石搂厢抢修。

（3）堤防背水坡滑坡险情，宜采用固脚阻滑的方法抢修，并符合下列要求：

①在滑坡体下部堆放土袋、块石、石笼等重物，堆放量可视滑坡体大小，以阻止继续下滑和起固脚作用为原则确定。

②削坡减载。

（4）堤防背水坡排渗不畅、滑坡范围较大、险情严重且取土困难的堤段宜抢筑滤水土撑，并符合下列要求：

①可清理滑坡体松土并按有关规定开挖导渗沟。

②土撑底部宜铺设土工织物，并用沙性土料填筑密实。

③每条土撑顺堤方向长 10 m 左右，顶宽 5~8 m，边坡 1：3~1：5，戗顶高出浸润线出逸点不小于 0.5 m，土撑间距 8~10 m。

④堤基软弱，或背水坡脚附近的溃水、软泥的堤段，宜在土撑坡脚处用块石、沙袋固脚。

（5）堤防背水坡排渗不畅、滑坡范围较大、险情严重而取土较易的堤段宜抢筑滤水后戗，并符合下列要求：

①后戗长度根据滑坡范围大小确定，两端宜超过滑坡堤段 5 m，后戗顶宽 3~5 m。

②施工宜符合本规程的有关规定。

（6）堤防背水坡滑坡严重、范围较大，修筑滤水土撑和滤水后戗难度较大，且临水坡又有条件抢筑截渗土戗的堤段，宜采用黏土前戗截渗的方法抢修，并符合本规程的有关规定。

（7）水位骤降引起临水坡失稳滑动的险情，可抛石或抛土袋抢护，并符合下列要求：

①先查清滑坡范围，然后在滑坡体外缘抛石或土袋固脚。

②不得在滑动土体的中上部抛石或土袋。

③削坡减载。

（8）对由于水流冲刷引起的临水堤坡滑坡，其抢护方法宜符合本规程的有关规定。

（9）采用抛石固基的方法抢修应符合下列要求：

①出现滑动前兆时，宜探摸护脚块石，找出薄弱部位，迅速抛块石、柴枕、石笼等固基阻滑。

②块石、柴枕、石笼等应压住滑动体底部。

（10）采用土工织物软体排、柴石搂厢抢修应符合规定。

（四）滑坡处理

1. 滑坡类型

土坝的滑坡按其性质分为剪切性滑坡、塑流性滑坡和液化性滑坡三类；按滑动面形状不同可分为弧形滑坡、直线或折线滑坡及复合滑坡三类；按滑坡发生的部位不同分为上游滑坡和下游滑坡两类。这里主要介绍第一种分法的几类滑坡。

第一，剪切性滑坡。主要是由于坝坡坡度较陡、填土压实密度较差、渗透水压力较大、受到较大的外荷作用、填土密度发生变化和坝基土层强度较低等因素，使部分坝体或坝体连同部分坝基上土体的剪应力超过了土体抗剪强度，因而沿该面产生滑动。

第二，塑流性滑坡。主要发生在坝体和坝基为含水量较大的高塑性黏土的情况，这种土在一定的荷载作用下，产生蠕动作用或塑性流动，即使土的剪应力低于土的抗剪强度，但剪应变仍不断增加，当坝体产生明显的塑性流动时，便形成了塑流性滑坡。

第三，液化性滑坡。在坝体或坝基为均匀的密度较小的中细砂或粉砂情况下，当水库蓄水后土体处于饱和状态时，如遇强烈振动或地震，砂土体积产生急剧收缩，而土体孔隙中的水分来不及排出，使砂粒处于悬浮状态，抗剪强度极小，甚至为零，因而砂体像液体那样向坝坡外四处流散，造成滑坡，故称液化性滑坡，简称液化。

坝体产生滑坡的根本原因在于坝体内部（如设计、施工方面）存在问题等，而外部因素（如管理过程中水位控制不合理等），能够诱发、促使或加快滑坡的发生和发展。

（1）勘测设计方面的原因

某些设计指标选择过高，坝坡设计过陡，或对土石坝抗震问题考虑不足；坝端岩石破碎或土质很差，设计时未进行防渗处理，因而产生绕坝渗流；坝基内有高压缩性软土层、淤泥层，强度较低，勘测时没有查明，设计时也未做任何处理；下游排水设备设计不当，使下游坝坡大面积散浸；等等。

（2）施工方面的原因

施工时为赶速度，土料碾压未达标准，干密度偏低，或者是含水量偏高，施工孔隙压力较大；冬季雨季施工时没有采取适当的防护措施，影响坝体施工质量；合龙段坝坡较陡，填筑质量较差；心墙坝坝壳土料未压实，水库蓄水后产生大量湿陷；等等。

（3）运用管理方面的原因

水库运用中若水位骤降，土体孔隙中水分来不及排出，致使渗透压力增大；坝后排水设备堵塞，浸润线抬高；白蚁等害虫害兽打洞，形成渗流通道；在土石坝附近爆破或在坝坡上堆放重物等也会引起滑坡。

另外，在持续暴雨和风浪淘刷下，在地震和强烈振动作用下也能产生滑坡。

2. 土石坝滑坡的预防和处理

（1）滑坡的抢护

发现有滑坡征兆时，应分析原因，采取临时性的局部紧急措施，及时进行抢护。主要措施有：

①对于因水库水位骤降而引起的上游坝坡滑坡，可立即停止放水，并在上游坝坡脚抛掷砂袋或砂石料，作为临时性的压重和固脚。若坝面已出现裂缝，在保证坝体有足够挡水能力的前提下，可采取在坝体上部削土减载的办法，增强其稳定性。

②对于因渗漏而引起的下游坝坡的滑坡，可尽可能降低水库水位，减小渗漏。或在上游坝坡抛土防渗，在下游滑坡体及其附近坝坡上设置导渗排水沟，降低坝体浸润线。当坝体滑动裂缝已达较深部位，则应在滑动体下部及坝脚处用砂石料压坡固脚或修筑土料戗台。

另外，还要做好裂缝的防护，避免雨水入渗，导走坝外地面径流，防止冰冻、干缩等。

（2）滑坡的处理

当滑坡已经形成且坍塌终止，或经抢护已处于稳定状态时，应根据滑坡的原因、状况、已采取的抢护办法等，确定合理、有效措施，进行永久性处理。滑坡处理应在水库低水位时进行，处理的原则是"上堵下排，上部减载，下部压重"。

①对于因坝体土料碾压不实、浸润线过高而引起的下游滑坡，可在上游修建黏土斜墙，或在坝体内修建混凝土防渗墙防渗，下游采取压坡、导渗和放缓坝坡等措施。

②对于因坝体土料含水量较大、施工速度较快、孔隙水压力过大而引起的滑坡，可放

缓坝坡、压重固脚和加强排水。当发生上游滑坡时，应降低库水位，然后在滑动体坡脚抛筑透水压重体，并在其上填土培厚坝脚，放缓坝坡。若无法降低库水位，则利用行船在水上抛石或抛砂袋，压坡固脚。

③对于因坝体内存在软弱土层而引起的滑坡，主要采取放缓坝坡，并在坝脚处设置排水压重的办法。

④对于因坝基内存在软黏土层、淤泥层、湿陷性黄土层或易液化的均匀细砂层而引起的滑坡，可先在坝脚以外适当距离处修一道固脚齿槽，槽内填石块，然后清除坝坡脚至固脚齿槽间的软黏土等，铺填石块，与固脚齿槽相连，并在坝坡面上用土料填筑压重台。

⑤对于因排水设备堵塞而引起的下游滑坡，先是要分段清理排水设备，恢复其排水能力，若无法完全恢复，则可在堆石排水体的上部设置贴坡排水，然后在滑动体的下部修筑压坡体、压重台等。

对于滑坡裂缝也要进行认真处理，处理时可将裂缝挖开，把其中稀软土体挖出，再用与原坝体相同的土料回填夯实，达到原设计干容重要求。

第五章　水闸和渠系建筑物施工

在水利工程中，经常会有渠系建筑物工程，比如闸门等，闸门起到控制水量，对渠道有调解配水的目的，但在施工渠系建筑物过程中又有它独特的施工方案。渠系建筑物是在渠道及其上修建的水工建筑物的统称。一般规模不大，但数量多，其总的工程量和造价在整个工程中所占比重较大，水闸是一种低水头建筑物，在水利工程中应用相当广泛，可用于完成灌溉、排涝、防洪、给水等多种任务，多建于河道、渠系及水库、湖泊岸边，尤其适合在平原河流上修建。

第一节　水闸施工

一、水闸的组成及布置

水闸是一种低水头的水工建筑物，它具有挡水和泄水的双重作用，用以调节水位、控制流量。

（一）水闸的类型

水闸有不同的分类方法。既可按其承担的任务分类，也可按其结构形式、规模等分类。

1. 按水闸承担的任务分类

水闸按其所承担的任务，可分为六种。

（1）拦河闸

建于河道或干流上，拦截河流。拦河闸控制河道下泄流量，又称为节制闸。枯水期拦截河道，抬高水位，以满足取水或航运的需要，洪水期则提闸泄洪，控制下泄流量。

（2）进水闸

建在河道，水库或湖泊的岸边，用来控制引水流量。这种水闸有开敞式及涵洞式两种，常建在渠首。进水闸又称取水闸或渠首闸。

（3）分洪闸

常建于河道的一侧，用以分泄天然河道不能容纳的多余洪水进入湖泊、洼地，以削减洪峰，确保下游安全。分洪闸的特点是泄水能力很大，以利及时分洪。

（4）排水闸

常建于江河沿岸，防江河洪水倒灌；河水退落时又可开闸排洪。排水闸双向均可能泄水，所以前后都可能承受水压力。

（5）挡潮闸

建在入海河口附近，涨潮时关闸防止海水倒灌，退潮时开闸泄水，具有双向挡水特点。

（6）冲沙闸

建在多泥沙河流上，用于排除进水闸、节制闸前或渠系中沉积的泥沙，减少引水水流的含沙量，防止渠道和闸前河道淤积。

2. 按闸室结构形式分类

水闸按闸室结构形式可分为开敞式、胸墙式及涵洞式等。

（1）开敞式

过闸水流表面不受阻挡，泄流能力大。

（2）胸墙式

闸门上方设有胸墙，可以减少挡水时闸门上的力，增加挡水变幅。

（3）涵洞式

闸门后为有压或无压洞身，洞顶有填土覆盖。多用于小型水闸及穿堤取水情况。

3. 按水闸规模分类

（1）大型水闸。泄流量大于 1000 m^3/s。

（2）中型水闸。泄流量为 100~1000 m^3/s。

（3）小型水闸。泄流量小于 100 m^3/s。

（二）水闸的组成

水闸一般由闸室段、上游连接段和下游连接段三个部分组成。

1. 闸室段

闸室是水闸的主体部分，其作用是控制水位和流量，兼有防渗防冲作用。闸室段结构包括闸门、闸墩、底板、胸墙、工作桥、交通桥、启闭机等。

闸门用来挡水和控制过闸流量。闸墩用来分隔闸孔和支承闸门、胸墙、工作桥、交通桥等。闸墩将闸门、胸墙及闸墩本身挡水所承受的水压力传递给底板。胸墙设于工作闸门上部，帮助闸门挡水。

底板是闸室段的基础，它将闸室上部结构的重量及荷载传至地基。建在软基上的闸室主要由底板与地基间的摩擦力来维持稳定。底板还有防渗和防冲的作用。

工作桥和交通桥用来安装启闭设备、操作闸门和联系两岸交通。

2. 上游连接段

上游连接段处于水流行进区，主要作用是引导水流从河道平稳地进入闸室，保护两岸及河床免遭冲刷，同时有防冲、防渗的作用。一般包括上游翼墙、铺盖、上游防冲槽和两岸护坡等。

上游翼墙的作用是导引水流，使之平顺地流入闸孔；抵御两岸填土压力，保护闸前河岸不受冲刷；并有侧向防渗的作用。

铺盖主要起防渗作用，其表面还应进行保护，以满足防冲要求。

上游两岸要适当进行护坡，其目的是保护河床两岸不受冲刷。

3. 下游连接段

下游连接段的作用是消除过闸水流的剩余能量，引导出闸水流均匀扩散，调整流速分布和减缓流速，防止水流出闸后对下游冲刷。

下游连接段包括护坦（消力池）、海漫、下游防冲槽、下游翼墙、两岸护坡等。下游翼墙和护坡的基本结构和作用同上游。

（三）水闸的防渗

水闸建成后，由于上、下游水位差，在闸基及边墩和翼墙的背水一侧产生渗流。渗流对建筑物的不利影响，主要表现为：降低闸室的抗滑稳定性及两岸翼墙和边墩的侧向稳定性；可能引起地基的渗透变形，严重的渗透变形会使地基受到破坏，甚至失事；损失水量；使地基内的可溶物质加速溶解。

1. 地下轮廓线布置

地下轮廓线是指水闸上游铺盖和闸底板等不透水部分和地基的接触线。地下轮廓线的布置原则是上防下排，即在闸基靠近上游侧以防渗为主，采取水平防渗或垂直防渗措施，阻截渗水，消耗水头。在下游侧以排水为主，尽快排除渗水、降低渗压。

地下轮廓布置与地基土质有密切关系，分述如下：

（1）黏性土地基地下轮廓布置

黏性土壤具有凝聚力，不易产生管涌，但摩擦系数较小。因此，布置地下轮廓线，主要考虑降低渗透压力，以提高闸室稳定性。闸室上游宜设置水平钢筋混凝土或黏土铺盖，或土工膜防渗铺盖，闸室下游护坦底部应设滤层，下游排水可延伸到闸底板下。

（2）沙性土地基地下轮廓布置

沙性土地基正好与黏性土地基相反，底板与地基之间摩擦系数较大，有利闸室稳定，但土壤颗粒之间无黏着力或黏着力很小，易产生管涌，故地下轮廓线布置的控制因素是如何防止渗透变形。

当地基沙层很厚时，一般采用铺盖加板桩的形式来延长渗径，以达到降低渗透坡降和渗透流速。板桩多设在底板上游一侧的齿墙下端。如设置一道板桩不能满足渗径要求时，可在铺盖前端增设一道短板桩，以加长渗径。

2. 防渗排水设施

防渗设施是指构成地下轮廓的铺盖、板桩及齿墙，而排水设施指铺设在护坦、浆砌石海漫底部或闸底板下游段起导渗作用的砂砾石层。排水常与反滤结合使用。

水闸的防渗有水平防渗和垂直防渗两种。水平防渗措施为铺盖，垂直防渗措施有板桩、灌浆帷幕、齿墙和混凝土防渗墙等。

（1）铺盖

铺盖有黏土和黏壤土铺盖、沥青混凝土铺盖、钢筋混凝土铺盖等。

①黏土和黏壤土铺盖

铺盖与底板连接处为一薄弱部位，通常是在该处将铺盖加厚；将底板前端做成倾斜面，使黏土能借自重及其上的荷载与底板紧贴；在连接处铺设油毛毡等止水材料，一端用螺栓固定在斜面上，另一端埋入黏土中，为了防止铺盖在施工期遭受破坏和运行期间被水流冲刷，应在其表面铺砂层，然后在砂层上再铺设单层或双层块石护面。

②沥青混凝土铺盖

沥青混凝土铺盖的厚度一般为 5~10 cm，在与闸室底板连接处应适当加厚，接缝多为搭接形式。为提高铺盖与底板间的粘结力，可在底板混凝土面先涂一层稀释的沥青乳胶，再涂一层较厚的纯沥青。沥青混凝土铺盖可以不分缝，但要分层浇筑和压实，各层的浇筑缝要错开。

③钢筋混凝土铺盖

钢筋混凝土铺盖的厚度不宜小于 0.4 m，在与底板连接处应加厚至 0.8~1.0 m，并用沉降缝分开，缝中设止水。在顺水流和垂直水流流向均应设沉降缝，间距不宜超过 15~20 m，在接缝处局部加厚，并设止水。用作阻滑板的钢筋混凝土铺盖，在垂直水流流向仅有施工缝，不设沉降缝。

（2）板桩

板桩长度视地基透水层的厚度而定。当透水层较薄时，可用板桩截断，并插入不透水层至少 1.0 m；若不透水层埋藏很深，则板桩的深度一般采用 0.6~1.0 倍水头。用作板桩的材料有木材、钢筋混凝土及钢材三种。

板桩与闸室底板的连接形式有两种，一种是把板桩紧靠底板前缘，顶部嵌入黏土铺盖一定深度；另一种是把板桩顶部嵌入底板底面特设的凹槽内，桩顶填塞可塑性较大的不透水材料。前者适用于闸室沉降量较大而板桩尖已插入坚实土层的情况；后者则适用于闸室沉降量小而板桩桩尖未达到坚实土层的情况。

（3）齿墙

闸底板的上、下游端一般均设有浅齿墙，用来增强闸室的抗滑稳定，并可延长渗径。齿墙深一般在 1.0 m 左右。

（4）其他防渗设施

垂直防渗设施在我国有较大进展，就地浇筑混凝土防渗墙、灌注式水泥砂浆帷幕以及用高压旋喷法构筑防渗墙等方法已成功地用于水闸建设。

（5）排水及反滤层

排水一般采用粒径 1~2 cm 的卵石、砾石或碎石平铺在护坦和浆砌石海漫的底部，或伸入底板下游齿墙稍前方，厚 0.2~0.3 m。在排水与地基接触处（即渗流出口附近）容易发生渗透变形，应做好反滤层。

（四）水闸的消能防冲设施与布置

水闸泄水时，部分势能转为动能，流速增大，而土质河床抗冲能力低，所以，闸下冲刷是一个普遍的现象。为了防止下泄水流对河床的有害冲刷，除了加强运行管理外，还必须采取必要的消能、防冲等工程措施。水闸的消能防冲设施有下列主要形式：

1. 底流消能工

平原地区的水闸，由于水头低，下游水位变幅大，一般都采用底流式消能。消力池是水闸的主要消能区域。

底流消能工的作用是通过在闸下产生一定淹没度的水跃来保护水跃范围内的河床免遭冲刷。

当尾水深度不能满足要求时，可采取降低护坦高程；在护坦末端设消力坎；既降低护坦高程又建消力坎等措施形成消力池。有时还可在护坦上设消力墩等辅助消能工。

消力池布置在闸室之后，池底与闸室底板之间，用 1∶3~1∶4 的斜坡连接。为防止产生波状水跃，可在闸室之后留一水平段，并在其末端设置一道小槛；为防止产生折冲水流，还可在消力池前端设置散流墩。如果消力池深度不大（1.0 m 左右），常把闸门后的闸室底板用 1∶3 的坡度降至消力池底的高程，作为消力池的一部分。

消力池末端一般布置尾槛，用以调整流速分布，减小出池水流的底部流速，且可在槛后产生小横轴旋滚，防止在尾槛后发生冲刷，并有利于平面扩散和消减下游边侧回流。

在消力池中除尾坎外，有时还设有消力墩等辅助消能工，用以使水流受阻，给水流以反力，在墩后形成涡流，加强水跃中的紊流扩散，从而达到稳定水跃，减小和缩短消力池深度和长度的目的。

消力墩可设在消力池的前部或后部，但消能作用不同。消力墩可做成矩形或梯形，设两排或三排交错排列，墩顶应有足够的淹没水深，墩高约为跃后水深的 $1/5 \sim 1/3$。在出闸水流流速较高的情况下，宜采用设在后部的消力墩。

2. 海漫

护坦后设置海漫等防冲加固设施，以使水流均匀扩散，并将流速分布逐步调整到接近天然河道的水流形态。

一般在海漫起始段做 $5 \sim 10$ m 长的水平段，其顶面高程可与护坦齐平或在消力池尾坎顶以下 0.5 m 左右，水平段后做成不陡于 1∶10 的斜坡，以使水流均匀扩散，调整流速分布，保护河床不受冲刷。

对海漫的要求：表面有一定的粗糙度，以利于进一步消除余能；具有一定的透水性，以便使渗水自由排出，降低扬压力；具有一定的柔性，以适应下游河床可能的冲刷变形。

常用的海漫结构有以下几种：干砌石海漫、浆砌石海漫、混凝土板海漫、钢丝石笼海漫及其他形式海漫。

3. 防冲槽及末端加固

为保证安全和节省工程量，常在海漫末端设置防冲槽、防冲墙或采用其他加固设施。

（1）防冲槽

在海漫末端预留足够的粒径大于 30 cm 的石块，当水流冲刷河床，冲刷坑向预计的深度逐渐发展时，预留在海漫末端的石块将沿冲刷坑的斜坡陆续滚下，散铺在冲坑的上游斜坡上，自动形成护面，使冲刷不再向上扩展。

（2）防冲墙

防冲墙有齿墙、板桩、沉井等形式。齿墙的深度一般为 $1 \sim 2$ m，适用于冲坑深度较小的工程。如果冲深较大，河床为粉、细砂时，则采用板桩、井柱或沉井。

4. 翼墙与护坡

在与翼墙连接的一段河岸，由于水流流速较大和回流漩涡，须加做护坡。护坡在靠近翼墙处常做成浆砌石的，然后接以干砌石的，保护范围稍长于海漫，包括预计冲刷坑的侧坡。干砌石护坡每隔 $6 \sim 10$ m 设置混凝土埂或浆砌石梗一道，其断面尺寸约为 30 cm×60 cm。在护坡的坡脚以及护坡与河岸土坡交接处应做一深 0.5 m 的齿墙，以防回流淘刷和保护坡顶。护坡下面需要铺设厚度各为 10 cm 的卵石及粗砂垫层。

（五）闸室的布置和构造

闸室由底板、闸墩、闸门、胸墙、交通桥及工作桥等组成。其布置应考虑分缝及止水。

1. 底板

常用的闸室底板有水平底板和反拱底板两种类型。

对多孔水闸，为适应地基不均匀沉降和减小底板内的温度应力，需要沿水流方向用横缝（温度沉降缝）将闸室分成若干段，每个闸段可为单孔、两孔或三孔。

横缝设在闸墩中间，闸墩与底板连在一起的，称为整体式底板。整体式底板闸孔两侧闸墩之间不会出现过大的不均匀沉降，对闸门启闭有利，用得较多。整体式底板常用实心结构；当地基承载力较差，如只有 30~40 kPa 时，则须考虑采用刚度大、重量轻的箱式底板。

在坚硬、紧密或中等坚硬、紧密的地基上，单孔底板上设双缝，将底板与闸墩分开的，称为分离式底板。分离式底板闸室上部结构的重量将直接由闸墩或连同部分底板传给地基。底板可用混凝土或浆砌块石建造，当采用浆砌块石时，应在块石表面再浇一层厚约 15 cm、强度等级为 C15 的混凝土或加筋混凝土，以使底板表面平整并具有良好的防冲性能。

如地基较好，相邻闸墩之间不致出现不均匀沉降的情况下，还可将横缝设在闸孔底板中间。

2. 闸墩

如闸墩采用浆砌块石，为保证墩头的外形轮廓，并加快施工进度，可采用预制构件。大、中型水闸因沉降缝常设在闸墩中间，故墩头多采用半圆形，有时也采用流线型闸墩。

有些地区采用框架式闸墩。这种形式既可节约钢材，又可降低造价。

3. 闸门

闸门在闸室中的位置与闸室稳定、闸墩和地基应力以及上部结构的布置有关。平面闸门一般设在靠上游侧，有时为了充分利用水重，也可移向下游侧。弧形闸门为不使闸墩过长，需要靠上游侧布置。

平面闸门的门槽深度决定于闸门的支承形式，检修门槽与工作门槽之间应留有 1.0~3.0 m 净距，以便检修。

4. 胸墙

胸墙一般做成板式或梁板式。板式胸墙适用于跨度小于 5.0 m 的水闸。

墙板可做成上薄下厚的楔形板。跨度大于 5.0 m 的水闸可采用梁板式，由墙板、顶梁和底梁组成。当胸墙高度大于 5.0 m，且跨度较大时，可增设中梁及竖梁构成肋形结构。

胸墙的支承形式分为简支式和固结式两种。简支胸墙与闸墩分开浇筑，缝间涂沥青；也可将预制墙体插入闸墩预留槽内，做成活动胸墙。固结式胸墙与闸墩同期浇筑，胸墙钢筋伸入闸墩内，形成刚性连接，截面尺寸较小，可以增强闸室的整体性，但受温度变化和闸墩变位影响，容易在胸墙支点附近的迎水面产生裂缝。整体式底板可用固结式，分离式底板多用简支式。

5. 交通桥及工作桥

交通桥一般设在水闸下游一侧，可采用板式、梁板式或拱形结构。为了安装闸门启闭机和便于操作管理，需要在闸墩上设置工作桥。小型水闸的工作桥一般采用板式结构；大、中型水闸多采用装配式梁板结构。

6. 分缝方式及止水设备

（1）分缝方式与布置

为了防止和减少由于地基不均匀沉降、温度变化和混凝土干缩引起底板断裂和裂缝，对于多孔水闸需要沿轴线每隔一定距离设置永久缝。缝距不宜过大或过小。

整体式底板的温度沉降缝设在闸墩中间，一孔、二孔或三孔成为一个独立单元。靠近岸边，为了减轻墙后填土对闸室的不利影响，特别是当地质条件较差时，最好采用单孔，再接二孔或三孔的闸室。若地基条件较好，也可将缝设在底板中间或在单孔底板上设双缝。

为避免相邻结构由于荷重相差悬殊产生不均匀沉降，也要设缝分开，如铺盖与底板、消力池与底板以及铺盖、消力池与翼墙等连接处都要分别设缝。此外，混凝土铺盖及消力池本身也须设缝分段、分块。

（2）止水设备

止水分铅直止水及水平止水两种。前者设在闸墩中间，边墩与翼墙间以及上游翼墙本身；后者设在铺盖、消力池与底板和翼墙、底板与闸墩间以及混凝土铺盖及消力池本身的温度沉降缝内。

（六）水闸与两岸的连接建筑物的形式和布置

水闸与两岸的连接建筑物主要包括边墩（或边墩和岸墙），上、下游翼墙和防渗刺墙，其布置应考虑防渗、排水设施。

1. 边墩和岸墙

建在较为坚实地基上、高度不大的水闸，可用边墩直接与两岸或土坝连接。边墩与闸底板的连接，可以是整体式或分离式的，视地基条件而定。边墩可做成重力式、悬臂式或扶壁式。

在闸身较高且地基软弱的条件下，如仍用边墩直接挡土，则由于边墩与闸身地基所受的荷载相差悬殊，可能产生较大的不均匀沉降，影响闸门启闭，在底板内引起较大的应力，甚至产生裂缝。此时，可在边墩背面设置岸墙。边墩与岸墙之间用缝分开，边墩只起支承闸门及上部结构的作用，而土压力则全部由岸墙承担。岸墙可做成悬臂式、扶壁式、空箱式或连拱式。

2. 翼墙

上游翼墙的平面布置要与上游进水条件和防渗设施相协调，上端插入岸坡，墙顶要超出最高水位至少0.5~1.0 m。当泄洪过闸落差很小，流速不大时，为减小翼墙工程量，墙顶也可淹没在水下。如铺盖前端设有板桩，还应将板桩顺翼墙底延伸到翼墙的上游端。

根据地基条件，翼墙可做成重力式、悬臂式、扶臂式或空箱式等形式。在松软地基上，为减小边荷载对闸室底板的影响，在靠近边墩的一段，宜用空箱式。

常用的翼墙布置有曲线式、扭曲面式、斜降式等几种形式。

对边墩不挡土的水闸，也可不设翼墙，采用引桥与两岸连接，在岸坡与引桥桥墩间设固定的挡水墙。在靠近闸室附近的上、下游两侧岸坡采用钢筋混凝土、混凝土或浆砌块石护坡，再向上、下游延伸接以块石护坡。

3. 刺墙

当侧向防渗长度难以满足要求时，可在边墩后设置插入岸坡的防渗刺墙。有时为防止在填土与边墩、翼墙接触面间产生集中渗流，也可做一些短的刺墙。

4. 防渗、排水设施

两岸防渗布置必须与闸底地下轮廓线的布置相协调。要求上游翼墙与铺盖以及翼墙插入岸坡部分的防渗布置，在空间上连成一体。若铺盖长于翼墙，在岸坡上也应设铺盖，或在伸出翼墙范围的铺盖侧部加设垂直防渗设施。

在下游翼墙的墙身上设置排水设施，形式有排水孔、连续排水垫层。

二、水闸主体结构的施工技术

水闸主体结构施工主要包括闸身上部结构预制构件的安装以及闸底板、闸墩、止水设施和门槽等方面的施工内容。

为了尽量减少不同部位混凝土浇筑时的相互干扰，在安排混凝土浇筑施工次序时，可从以下几个方面考虑：

第一，先深后浅。先浇深基础，后浇浅基础，以避免浅基础混凝土产生裂缝。

第二，先重后轻。荷重较大的部位优先浇筑，待其完成部分沉陷后，再浇相邻荷重较小的部位，以减小两者之间的不均匀沉陷。

第三，先主后次。优先浇筑上部结构复杂、工种多、工序时间长、对工程整体影响大的部位或浇筑块。

第四，穿插进行。在优先安排主要关键项目、部位的前提下，见缝插针，穿插安排一些次要、零星的浇筑项目或部位。

（一）底板施工

水闸底板有平底板与反拱底板两种，平底板为常用底板。这两种闸底板虽都是混凝土浇筑，但施工方法并不一样，下面分别予以介绍。平底板的施工总是先于墩墙，而反拱底板的施工，一般是先浇墩墙，预留联结钢筋，待沉陷稳定后再浇反拱底板。

1. 平底板的施工

（1）浇注块划分

混凝土水闸常由沉降缝和温度缝分为许多结构块，施工时应尽量利用结构缝分块。当永久缝间距很大，所划分的浇筑块面积太大，以致混凝土拌和运输能力或浇筑能力满足不了需要时，则可设置一些施工缝，将浇筑块面积划小些。浇注块的大小，可根据施工条件，在体积、面积及高度三个方面进行控制。

（2）混凝土浇筑

闸室地基处理后，软基上多先铺筑素混凝土垫层 8~10 cm，以保护地基，找平基面。浇筑前先进行扎筋、立模、搭设仓面脚手架和清仓等工作。

浇筑底板时，运送混凝土入仓的方法很多。可以用载重汽车装载立罐通过履带式起重机吊运入仓，也可以用自卸汽车通过卧罐、履带式起重机入仓。采用上述两种方法时，都不需要在仓面搭设脚手架。

一般中小型水闸采用手推车或机动翻斗车等运输工具运送混凝土入仓，且须在仓面设脚手架。

水闸平底板的混凝土浇筑，一般采用平层浇筑法。但当底板厚度不大，拌和站的生产能力受到限制时，亦可采用斜层浇筑法。

底板混凝土的浇筑，一般先浇上、下游齿墙，然后再从一端向另一端浇筑。当底板混凝土方量较大，且底板顺水流长度在 12m 以内时，可安排两个作业组分层浇筑。首先两组同时浇筑下游齿墙，待齿墙浇平后，将第二组调至上游齿墙，另一组自下游向上游开浇第一坯底板。上游齿墙组浇完，立即调到下游开浇第二坯，而第一坯组浇完又掉头浇第三坯。这样交替连环浇注可缩短每坯间隔时间，加快进度，避免产生冷缝。

钢筋混凝土底板，往往有上下两层钢筋。在进料口处，上层钢筋易被砸变形。故开始浇筑混凝土时，该处上层钢筋可暂不绑扎，待混凝土浇筑面将要到达上层钢筋位置时，再进行绑扎，以免因校正钢筋变形延误浇筑时间。

2. 反拱底板的施工

（1）施工程序

由于反拱底板对地基的不均匀沉陷反应敏感，因此必须注意施工程序。目前采用的有下述两种方法：

①先浇筑闸墩及岸墙，后浇反拱底板

为减少水闸各部分在自重作用下产生不均匀沉陷，造成底板开裂破坏，应尽量将自重较大的闸墩、岸墙先浇筑到顶（以基底不产生塑性为限）。接缝钢筋应预埋在墩墙底板中，以备今后浇入反拱底板内。岸墙应及早夯填到顶，使闸墩岸墙地基预压沉实。此法目前采用较多，对于黏性土或沙性土均可采用。

②反拱底板与闸墩岸墙底板同时浇筑

此法适用于地基较好的水闸，虽然对反拱底板的受力状态较为不利，但其保证了建筑的整体性，同时减少了施工工序，便于施工安排。对于缺少有效排水措施的沙性土地基，采用此法较为有利。

（2）施工要点

①由于反拱底板采用土模，因此必须做好基坑排水工作。尤其是沙土地基，不做好排水工作，拱模控制将很困难。

②挖模前将基土夯实，再按设计要求放样开挖；土模挖好后，在其上先铺一层约 10 cm 厚的砂浆，具有一定强度后加盖保护，以待浇筑混凝土。

③采用第一种施工程序，在浇筑岸、墩墙底板时，应将接缝钢筋一头埋在岸、墩墙底板之内，另一头插入土模中，以备下一阶段浇入反拱底板。岸、墩墙浇筑完毕后，应尽量推迟底板的浇筑，以便岸、墩墙基础有更多的时间沉实。反拱底板尽量在低温季节浇筑，以减小温度应力，闸墩底板与反拱底板的接缝按施工缝处理，以保证其整体性。

④当采用第二种施工程序时，为了减少不均匀沉降对整体浇筑的反拱底板的不利影响，可在拱脚处预留一缝，缝底设临时铁皮止水，缝顶设"假铰"，待大部分上部结构荷载施加以后，便在低温期用二期混凝土封堵。

⑤为了保证反拱底板的受力性能，在拱腔内浇筑的门槛、消力坎等构件，须在底板混凝土凝固后浇筑二期混凝土，且不应使两者成为一个整体。

（二）　闸墩施工

由于闸墩高度大、厚度小，门槽处钢筋较密，闸墩相对位置要求严格，所以闸墩的立模与混凝土浇筑是施工中的主要难点。

1. 闸墩模板安装

为使闸墩混凝土一次浇筑达到设计高程，闸墩模板不仅要有足够的强度，而且要有足够的刚度。所以闸墩模板安装以往采用"铁板螺栓、对拉撑木"的立模支撑方法。此法虽须耗用大量木材（对于木模板而言）和钢材，工序繁多，但对中小型水闸施工仍较为方便。有条件的施工单位，在闸墩混凝土浇筑中逐渐采用翻模施工方法。

2. 混凝土浇筑

闸墩模板立好后，随即进行清仓工作。清仓用高压水冲洗模板内侧和闸墩底面，污水则由底层模板的预留孔排出，清仓完毕堵塞小孔后，即可进行混凝土浇筑。闸墩混凝土的浇筑，主要是解决好两个问题：一是每块底板上闸墩混凝土的均衡上升；二是流态混凝土的入仓方式及仓内混凝土的铺筑方法。

当落差大于 2 m 时，为防止流态混凝土下落产生离析，应在仓内设置溜管，可每隔 2~3 m 设置一组。仓内可把浇筑面分划成几个区段，分段进行浇筑。每坯混凝土厚度可控制在 30 cm 左右。

（三）止水设施的施工

为了适应地基的不均匀沉降和伸缩变形，在水闸设计中均设置温度缝与沉陷缝，并常用沉陷缝取代温度缝作用。缝有铅直和水平的两种，缝宽一般为 1.0~2.5 cm。缝中填料及止水设施，在施工中应按设计要求确保质量。

1. 沉陷缝填料的施工

沉陷缝的填充材料，常用的有沥青油毛毡、沥青杉木板及泡沫板等多种。填料的安装有以下两种方法：

一种是先将填料用铁钉固定在模板内侧后，再浇混凝土，拆模后填料即粘在混凝土面上，然后再浇另一侧混凝土，填料即牢固地嵌入沉降缝内。如果沉陷缝两侧的结构需要同时浇灌，则沉陷缝的填充材料在安装时要竖立平直，浇筑时沉陷缝两侧流态混凝土的上升高度要一致。

另一种是先在缝的一侧立模浇混凝土，并在模板内侧预先钉好安装填充材料的长铁钉数排，并使铁钉的 1/3 留在混凝土外面，然后安装填料、敲弯铁尖，使填料固定在混凝土面上，再立另一侧模板和浇混凝土。

2. 止水的施工

凡是位于防渗范围内的缝，都有止水设施，止水包括水平止水和垂直止水，常用的有止水片和止水带。

（1）水平止水

水平止水大都采用塑料止水带，其安装与沉陷缝的安装方法一样。

（2）垂直止水

常用的垂直止水构造止水部分的金属片，重要部分用紫铜片，一般用铝片、镀锌铁皮或镀铜铁皮等。

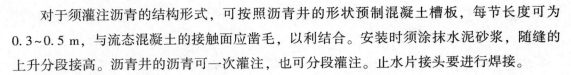

对于须灌注沥青的结构形式，可按照沥青井的形状预制混凝土槽板，每节长度可为 $0.3\sim0.5\ m$，与流态混凝土的接触面应凿毛，以利结合。安装时须涂抹水泥砂浆，随缝的上升分段接高。沥青井的沥青可一次灌注，也可分段灌注。止水片接头要进行焊接。

（3）接缝交叉的处理

止水交叉有两类：一是铅直交叉（指垂直缝与水平缝的交叉）；二是水平交叉（指水平缝与水平缝的交叉）。交叉处止水片的连接方式也可分为两种：一种是柔性连接，即将金属止水片的接头部分埋在沥青块体中；另一种是刚性连接，即将金属止水片剪裁后焊接成整体。在实际工程中可根据交叉类型及施工条件决定连接方法，铅直交叉常用柔性连接，而水平交叉则多用刚性连接。

三、闸门的安装方法

闸门是水工建筑物的孔口上用来调节流量，控制上下游水位的活动结构。它是水工建筑物的一个重要组成部分。

闸门主要由三个部分组成：主体活动部分，用以封闭或开放孔口，通称闸门或门叶；埋固部分，是预埋在闸墩、底板和胸墙内的固定件，如支承行走埋设件、止水埋设件和护砌埋设件等；启闭设备，包括连接闸门和启闭机的螺杆或钢丝绳索和启闭机等。

闸门按其结构形式可分为平面闸门、弧形闸门及人字闸门三种。闸门按门体的材料可分为钢闸门、钢筋混凝土或钢丝水泥闸门、木闸门及铸铁闸门等。

所谓闸门安装是将闸门及其埋件装配、安置在设计部位。由于闸门结构的不同，各种闸门的安装，如平面闸门安装、弧形闸门安装、人字闸门安装等，略有差异，但一般可分为埋件安装和门叶安装两个部分。

四、启闭机的安装方法

在水工建筑物中，专门用于各种闸门开启与关闭的起重设备称为闸门启闭机。将启闭闸门的起重设备装配、安置在设计确定部位的工程称作闸门启闭机安装。

闸门启闭机安装分固定式和移动式启闭机安装两类。固定式启闭机主要用于工作闸门和事故闸门，每扇闸门配备一台启闭机，常用的有卷扬式启闭机、螺杆式启闭机和液压式启闭机等几种。移动式启闭机可在轨道上行走，适用于操作多孔闸门，常用的有门式、台式和桥式等几种。

（一）固定式启闭机的安装

1. 卷扬式启闭机的安装

卷扬式启闭机由电动机、减速箱、传动轴和绳鼓所组成。卷扬式启闭机是由电力或人力驱动减速齿轮，从而驱动缠绕钢丝绳的绳鼓，借助绳鼓的转动，收放钢丝绳使闸门升降。

固定卷扬式启闭机安装顺序：

第一，在水工建筑物混凝土浇筑时埋入机架基础螺栓和支承垫板，在支承垫板上放置调整用楔形板。

第二，安装机架。按闸门实际起吊中心线找正机架的中心、水平、高程，拧紧基础螺母，浇筑基础二期混凝土，固定机架。

第三，在机架上安装、调整传动装置，包括电动机、弹性联轴器、制动器、减速器、传动轴、齿轮联轴器、开式齿轮、轴承、卷筒等。

固定卷扬式启闭机的调整顺序：

第一，按闸门实际起吊中心找正卷筒的中心线和水平线，并将卷筒轴的轴承座螺栓拧紧。

第二，以与卷筒相联的开式大齿轮为基础，使减速器输出端开式小齿轮与大齿轮啮合正确。

第三，以减速器输入轴为基础，安装带制动轮的弹性联轴器，调整电动机位置使联轴器的两片的同心度和垂直度符合技术要求。

第四，根据制动轮的位置，安装与调整制动器；若为双吊点启闭机，要保证传动轴与两端齿轮联轴节的同轴度。

第五，传动装置全部安装完毕后，检查传动系统动作的准确性、灵活性，并检查各部分的可靠性。

第六，安装排绳装置、滑轮组、钢丝绳、吊环、扬程指示器、行程开关、过载限制器、过速限制器及电气操作系统等。

2. 螺杆式启闭机安装

螺杆式启闭机是中小型平面闸门普遍采用的启闭机。它由摇柄、主机和螺栓组成。螺杆的下端与闸门的吊头连接，上端利用螺杆与承重螺母相扣合。当承重螺母通过与其连接的齿轮被外力（电动机或手摇）驱动而旋转时，它驱动螺杆作垂直升降运动，从而启闭闸门。

安装过程包括基础埋件的安装、启闭机安装、启闭机单机调试、启闭机负荷试验。

安装前，首先检查启闭机各传动轴，轴承及齿轮的转动灵活性和啮合情况，着重检查螺母螺纹的完整性，必要时应进行妥善处理。

检查螺杆的平直度，每米长弯曲超过 0.2 mm 或有明显弯曲处可用压力机进行机械校直。螺杆螺纹容易碰伤，要逐圈进行检查和修正。无异状时，在螺纹外表涂以润滑油脂，

并将其拧入螺母，进行全行程的配合检查，不合适处应修正螺纹。然后整体竖立，将它吊入机架或工作桥上就位，以闸门吊耳找正螺杆下端连接孔，并进行连接。

挂一线锤，以螺杆下端头为准，移动螺杆启闭机底座，使螺杆处于垂直状态。对双吊点的螺杆式启闭机，两侧螺杆找正后，安装中间同步轴，螺杆找正和同步轴连接合格后，最后把机座固定。

对电动螺杆式启闭机，安装电动机及其操作系统后应做电动操作试验及行程限位整定等。

3. 液压式启闭机的安装

液压式启闭机由机架、油缸、油泵、阀门、管路、电机和控制系统等组成。油缸拉杆下端与闸门吊耳铰接。液压式启闭机分单向与双向两种。

液压式启闭机通常由制造厂总装并试验合格后整体运到工地，若运输保管得当，且出厂不满一年，可直接进行整体安装，否则，要在工地进行分解、清洗、检查、处理和重新装配。安装程序为：

（1）安装基础螺栓，浇筑混凝土。

（2）安装和调整机架。

（3）油缸吊装于机架上，调整固定。

（4）安装液压站与油路系统。

（5）滤油和充油。

（6）启闭机调试后与闸门联调。

（二）移动式启闭机的安装

移动式启闭机安装在坝顶或尾水平台上，能沿轨道移动，用于启闭多台工作闸门和检修闸门。常用的移动式启闭机有门式、台式和桥式等几种。

移动式启闭机行走轨道均采取嵌入混凝土方式，先在一期混凝土中埋入基础调节螺栓，经位置校正后，安放下部调节螺母及垫板，然后逐根吊装轨道，调整轨道高程、中心、轨距及接头错位，再用上压板和夹紧螺母紧固，最后分段浇筑二期混凝土。

第二节　橡胶坝与渠系主要建筑物施工

一、橡胶坝

橡胶坝是水利工程应用较为广泛的河道挡水建筑物，是用高强度合成纤维织物做受力骨架，内外涂敷橡胶做保护层，加工成胶布，再将其锚固于底板上呈封闭状的坝袋，通过充排管路用水（气）将其充胀形成的袋式挡水坝。坝顶可以溢流，并可根据需要调节坝高，控制上游水位，以发挥灌溉、发电、航运、防洪、挡潮等效益。

在应用时以水或气充胀坝袋，形成挡水坝。不需要挡水时，泄空坝内的水或气，恢复原有河渠的过流断面，在行洪河道的水或气应进行强排，以满足河道行洪对时间的要求。

（一）橡胶坝的形式

橡胶坝分袋式、帆式及钢柔混合结构式三种坝型，比较常用的是袋式坝型。坝袋按充胀介质可分为充水式、充气式和气水混合式；按锚固方式可分锚固坝和无锚固坝，锚固坝又分单线锚固和双线锚固等。

橡胶坝按岸墙的结构形式可分为直墙式和斜坡式。直墙式橡胶坝的所有锚固均在底板上，橡胶坝坝袋采用堵头式，这种形式结构简单、适应面广，但充坝时在坝袋和岸墙结合部位出现拥肩现象，引起局部溢流，这就要求坝袋和岸墙结合部位尽可能光滑。斜坡式橡胶坝的端锚固设在岸墙上，这种形式坝袋在岸墙和底板的连接处易形成褶皱，在护坡式的河道中，与上下游的连接容易处理。

（二）橡胶坝设计要点

1. 坝址选择

设计时应根据橡胶坝特点和运用要求，综合考虑地形、地质、水流、泥沙、环境影响等因素，经过技术经济比较后确定坝址；宜选在河段相对顺直、水流流态平顺及岸坡稳定的河段；不宜选在冲刷和淤积变化大、断面变化频繁的河段；同时，应考虑施工导流、交通运输、供水供电、运行管理、坝袋检修等条件。

2. 工程布置

力求布局合理、结构简单、安全可靠、运行方便、造型美观。宜包括土建、坝体、充排和安全观测系统等；坝长应与河（渠）宽度相适应，坍坝时应能满足河道设计行洪要求，单跨坝长度应满足坝袋制造、运输、安装、检修以及管理要求；取水工程应保证进水口取水和防沙的可靠性。

3. 坝袋

作用在坝袋上的主要设计荷载为坝袋外的静水压力和坝袋内的充水（气）压力。

设计内外压比 a 值的选用应经技术经济比较后确定。充水橡胶坝内外压比值宜选用1.25~1.60；充气橡胶坝内外压比值宜选用0.75~1.10。

坝袋强度设计安全系数充水坝应不小于6.0，充气坝应不小于8.0。

坝袋袋壁承受的径向拉力应根据薄膜理论按平面问题计算。坝袋袋壁强度、坝袋横断面形状、尺寸及坝体充胀容积的计算，可按《橡胶坝坝袋》规定进行。

坝袋胶布除必须满足强度要求外，还应具有耐老化、耐腐蚀、耐磨损、抗冲击、抗屈挠、耐水、耐寒等性能。

4. 锚固结构

锚固结构形式可分为螺栓压板锚固、楔块挤压锚固以及胶囊充水锚固三种。应根据工程规模、加工条件、耐久性、施工、维修等条件，经过综合经济比较后选用。

锚固构件必须满足强度与耐久性的要求。

锚固线布置分单锚固线和双锚固线两种。采用岸墙锚固线布置的工程应满足坍坝时坝袋平整不阻水、充坝时坝袋褶皱较少的要求。

对于重要的橡胶坝工程，应做专门的锚固结构试验。

5. 控制系统

坝袋的充胀与排放所需时间必须与工程的运用要求相适应。

坝袋的充排有动力式和混合式。应根据工程现场条件和使用要求等确定。

充水坝的充水水源应水质洁净。

充排系统的设计包括动力设备、管路、进出水（气）口装置等。

（1）动力设备的设计应根据工程情况、运用管理的可靠性、操作方便等因素，经济合理地选用水泵或空压机的容量及台数。重要的橡胶坝工程应配置备用动力设备。

（2）管路设计应与充、排水（气）时间相适应，做到布置合理、运行可靠及维修方便，具有足够的充排能力。

（3）充水坝袋内的充（排）水口宜设置两个水帽，出口位置应放在能排尽水（气）的地方并在坝内设置导水（气）装置。

（4）寒冷地区管路埋设应满足防冻要求。

6. 安全与观测设备

安全设备设置应满足下列要求：

（1）充水坝设置安全溢流设备和排气阀，坝袋内压不超过设计值；排气阀装设在坝袋两端顶部。

（2）充气坝设置安全阀、水封管或 U 形管等充气压力监测设备。

（3）对建在山区河道、溢流坝上或有突发洪水情况出现的充水式橡胶坝，宜设自动坍坝装置。

7. 土建工程

橡胶坝土建工程应包括基础底板、边墩（岸墙）、中墩（多跨式）、上下游翼墙、上下游护坡、上游防渗铺盖或截渗墙、下游消力池、海漫等。

作用在橡胶坝上的设计荷载可分为基本荷载和特殊荷载两类。

基本荷载：结构自重、水重、正常挡水位或坝顶溢流水位时的静水压力、扬压力（包括浮托力和渗透压力）、土压力、泥沙压力等。

特殊荷载：地震荷载及温度荷载等。

坝底板、岸墙（中墩）应根据地基条件、坝高及上、下游水位差等确定其地下轮廓尺寸。其应力分析应根据不同的地基条件，参照其他规范进行计算；稳定计算可只做防渗、抗滑动计算。

橡胶坝应尽量建在天然地基上；对建在较弱地基上的橡胶坝应进行基础处理。

上、下游护坡工程应根据河岸土质及水流流态分别验算边坡稳定及抗冲能力。护坡长度应大于河底防护的范围。

消力池（护坦）、海漫、铺盖除应满足消能防冲外，还应考虑减轻和防止坝袋振动。对经常溢流的橡胶坝工程，宜设陡坡段与下游消力池（护坦）衔接。应根据运用条件选择最不利的水位和流量组合进行消能防冲计算。

充气橡胶坝的消能防冲计算，应考虑坍坝时坝袋出现凹口引起单宽流量增大的因素。

控制室应满足机电设备布置和操作运行及管理需要，室内地面高程应高于校核洪水位。地下泵房应做防渗、防潮处理。

在已建拦河坝顶或溢洪道上加建橡胶坝时，应对原工程抬高水位后进行稳定及应力校核，并应考虑上游淹没影响和不得降低原有防洪标准。

采用堵头式锚固的橡胶坝应采取有效措施防止端部坍肩。

二、渠系主要建筑物的施工方法

（一）渠道施工

渠道施工包括渠道开挖、渠堤填筑和渠道衬砌。渠道施工的特点是工程量大、施工线路长、场地分散；但工种单纯，技术要求较低。

1. 渠道开挖

渠道开挖的施工方法有人工开挖、机械开挖和爆破开挖等。开挖方法的选择取决于技术条件、土壤特性、渠道横断面尺寸、地下水位等因素。渠道开挖的土方多堆在渠道两侧用作渠堤，因此，铲运机、推土机等机械得到广泛的应用。

（1）人工开挖

①施工排水

渠道开挖首先要解决地表水或地下水对施工的干扰问题，办法是在渠道中设置排水沟。排水沟的布置既要方便施工，又要保证排水的通畅。

②开挖方法

在干地上开挖，应自渠道中心向外，分层下挖，先深后宽。为方便施工，加快工程进度，边坡处可先按设计坡度要求挖成台阶状，待挖至设计深度时再进行削坡。开挖后的弃土，应先行规划，尽量做到挖填平衡。开挖方法有一次到底法和分层下挖法。

一次到底法适用于土质较好、挖深 $2 \sim 3$ m 的渠道。开挖时先将排水沟挖到低于渠底设计高程 0.5 m 处，然后按阶梯状向下逐层开挖至渠底。

分层下挖法适用于土质较软、含水量较高、渠道挖深较大的情况。可将排水沟布置在渠道中部，逐层下挖排水沟，直至渠底。当渠道较宽时，可采用翻滚排水沟法，用此法施工，排水沟断面小，施工安全，施工布置灵活。

③边坡开挖与削坡

开挖渠道如一次开挖成坡，将影响开挖进度。因此。一般先按设计坡度要求挖成台阶状，其高宽比按设计坡度要求开挖，最后进行削坡。

（2）机械开挖

①推土机开挖

推土机开挖，渠道深度一般不宜超过 $1.5 \sim 2.0$ m，填筑渠堤高度不宜超过 $2 \sim 3$ m，其边坡不宜陡于 $1:2$。推土机还可用于平整渠底、清除腐殖土层、压实渠堤等。

②铲运机开挖

铲运机最适宜开挖全挖方渠道或半挖半填渠道。对需要在纵向调配土方的渠道，如运距不远，也可用铲运机开挖。铲运机开挖渠道的开行方式有：

环形开行：当渠道开挖宽度大于铲土长度，而填土或弃土宽度又大于卸土长度，可采用横向环形开行。反之，则采用纵向环形开行，铲土和填土位置可逐渐错动，以完成所需断面。

"8"字形开行：当工作前线较长、填挖高差较大时，则应采用"8"字形开行。其进口坡道与挖方轴线间的夹角以 $40° \sim 60°$ 为宜，过大则重车转弯不便，过小则加大运距。

③爆破开挖

采用爆破法开挖渠道时，药包可根据开挖断面的大小沿渠线布置成一排或几排。当渠底宽度大于深度的 2 倍以上时，应布置 $2 \sim 3$ 排以上的药包，但最多不宜超过 5 排，以免爆破后回落土方过多。单个药包装药量及间、排距应根据爆破试验确定。

2. 渠堤填筑

渠堤填筑前要进行清基，清除基础范围内的块石、树根、草皮、淤泥等杂质，并将基面略加平整，然后进行刨毛。如基础过于干燥，还应洒水湿润，然后再填筑。

筑堤用的土料，以土块小的湿润散土为宜，如砂质壤土或砂质黏土。如用几种土料，应将透水性小的土料填筑在迎水面，透水性大的填筑在背水面。土料中不得掺有杂质，并应保持一定的含水量，以利压实。严禁使用冻土、淤泥、净砂等。

填方渠道的取土坑与堤脚应保持一定距离，挖土深度不宜超过 2 m，取土宜先远后近，并留有斜坡道以便运土。半填半挖渠道应尽量利用挖方填堤，只有土料不足或土质不能满足填筑要求时，才在取土坑取土。

渠堤填筑应分层进行。每层铺土厚度以 20～30 cm 为宜，并应铺平铺匀。每层铺土宽度应保证土堤断面略大于设计宽度，以免削坡后断面不足。堤顶应做成坡度为 2%～4% 的坡面，以利排水。填筑高度应考虑沉陷，一般可预加 5% 的沉陷量。

3. 渠道衬护

渠道衬护就是用灰土、水泥土、块石、混凝土、沥青、塑料薄膜等材料在渠道内壁铺砌一衬护层。在选择衬护类型时，应考虑以下原则：防渗效果好，因地制宜，就地取材，施工简便，能提高渠道输水能力。

（1）灰土衬护

灰土是由石灰和土料混合而成。衬护的灰土比一般为 1：2～1：6（重量比）。衬护厚度一般为 20～40 cm。灰土施工时，先将过筛后的细土和石灰粉干拌均匀，再加水拌和，然后堆放一段时间，使石灰粉充分熟化，稍干后即可分层铺筑夯实，拍打坡面消除裂缝。

灰土夯实后应养护一段时间再通水。

（2）砌石衬护

砌石衬护有三种形式：干砌块石、干砌卵石和浆砌块石。干砌块石用于土质较好的渠道，主要起防冲作用；浆砌块石用于土质较差的渠道，起抗冲防渗作用。

用干砌卵石衬砌施工时，应先按设计要求铺设垫层，然后再砌卵石。砌筑卵石以外形稍带扁平而大小均匀的为好。砌筑时应采用直砌法，即要求卵石的长边垂直于边坡或渠底，并砌紧、砌平、错缝，且坐落在垫层上。为了防止砌面被局部冲毁而扩大，每隔 10～20 m 距离，用较大的卵石干砌或浆砌一道隔墙，隔墙深 60～80 cm、宽 40～50 cm，以增加渠底和边坡的稳定性。渠底隔墙可砌成拱形，其拱顶迎向水流方向，以提高抗冲能力。

砌筑顺序应遵循"先渠底，后边坡"的原则。

块石衬砌时，石料的规格一般以长 40～50 cm、宽 30～40 cm、厚度不小于 8～10 cm 为宜，要求有一面平整。

（3）混凝土衬护

混凝土衬护由于防渗效果好，一般能减少 90% 以上渗漏量，耐久性强，糙率小，强度高，便于管理，适应性强，因而成为一种广泛采用的衬护方法。

混凝土衬护有现场浇筑和预制装配两种形式。前者接缝少、造价低，适用于挖方渠段，后者受气候条件影响小，适用于填方渠段。

　　大型渠道的混凝土衬护多采用现浇施工。在渠道开挖和压实后，先设置排水，铺设垫层，然后浇筑混凝土。浇筑时按结构缝分段，一般段长为 10 m 左右，先浇渠底，后浇渠面。渠底一般多采用跳仓法浇筑。

　　装配式混凝土衬护，是在预制厂制作混凝土衬护板，运至现场后进行安装，然后灌注填缝材料。装配式混凝土预制板衬护，具有质量容易保证、施工受气候条件影响较小的特点，但接缝较多且防渗、抗冻性能较差，故多用于中小型渠道。

　　（4）沥青材料衬护

　　沥青材料渠道衬砌有沥青薄膜与沥青混凝土两大类。

　　沥青薄膜类防渗按施工方法可分为现场浇筑和装配式两种。现场浇筑又可分为喷洒沥青和沥青砂浆两种。

　　现场喷洒沥青薄膜施工，首先要求将渠床整平、压实并洒水少许，然后将温度为200 ℃的软化沥青用喷洒机具在 354 kPa 压力下均匀地喷洒在渠床上，形成厚 6~7 mm 的防渗薄膜。一般须喷洒两层以上，各层间须结合良好。喷洒沥青薄膜后，应及时进行质量检查和修补工作。最后在薄膜表面铺设保护层。

　　沥青砂浆防渗多用于渠底。施工时先将沥青和砂分别加热，然后进行拌和，拌好后保持在 160~180℃，即行现场摊铺，然后用大方铣反复烫压，直至出油，再做保护层。

　　（5）塑料薄膜衬护

　　用于渠道防渗的塑料薄膜厚度以 0.12~0.20 mm 为宜。塑料薄膜的铺设方式有表面式和埋藏式两种。表面式是将塑料薄膜铺于渠床表面，埋藏式是在铺好的塑料薄膜上铺筑土料或砌石作为保护层。保护层厚度一般不小于 30 cm，在寒冷地区加厚。

　　塑料薄膜衬砌渠道施工，大致可分为渠床开挖和修整、塑料薄膜的加工和铺设、保护层的填筑三个施工过程。塑料薄膜的接缝可采用焊接或搭接。

（二）渡槽施工

　　渡槽按施工方法分为装配式渡槽和现浇式渡槽两种类型。装配式渡槽具有简化施工、缩短工期、提高质量、减轻劳动强度、节约钢木材料、降低工程造价的特点，所以被广泛采用。

　　1. 装配式渡槽施工

　　装配式渡槽施工包括预制和吊装两个过程。

（1）构件的预制

①排架的预制

槽架是渡槽的支承构件，为了便于吊装，一般选择靠近槽址的场地预制。制作的方式有地面立模和砖土胎模两种。

地面立模：在平坦夯实的地面上用1∶3∶8的水泥、黏土、砂浆抹面，厚约1 cm，压抹光滑作为底模，立上侧模后就地浇制，拆模后，当强度达到70%时，即可移出存放，以便重复利用场地。

砖土胎模：其底模和侧模均采用砌砖或夯实土做成，与构件接触面用水泥、黏土、砂浆抹面，并涂上脱模剂即可。使用土模应做好四周的排水工作。

②槽身的预制

槽身的预制宜在两排架之间或排架一侧进行。槽身的方向可以垂直或平行于渡槽的纵向轴线，根据吊装设备和方法而定。要避免因预制位置选择不当，从而造成起吊时发生摆动或冲击现象。

③预应力构件的制造

在制造装配式梁、板及柱时采取预应力钢筋混凝土结构，不仅能提高混凝土的抗裂性与耐久性，减轻构件自重，并可节约钢筋20%~40%。预应力就是在构件使用前，预先加一个力，使构件产生应力，以抵消构件使用时荷载产生相反的应力。制造预应力钢筋混凝土构件的方法很多，基本上可分为先张法和后张法两大类。

先张法就是在浇筑混凝土之前，先将钢筋拉张固定，然后立模浇筑混凝土。等混凝土完全硬化后，去掉拉张设备或剪断钢筋，利用钢筋弹性收缩的作用，通过钢筋与混凝土间的黏结力把压力传给混凝土，使混凝土产生预应力。

后张法就是在混凝土浇好以后再张拉钢筋。这种方法是在设计配置预应力钢筋的部位，预先留出孔道，等到混凝土达到设计强度后，再穿入钢筋进行拉张，拉张锚固后，让混凝土获得压应力，并在孔道内灌浆，最后卸去锚固外面的拉张设备。

（2）渡槽的吊装

①排架的吊装

槽架下部结构有支柱、横梁和整体排架等。支柱和排架的吊装通常有垂直吊插法和就地旋转立装法两种。

垂直吊插法是用吊装机具将整个排架垂直吊离地面后，再对准并插入基础预留的杯口中校正固定的吊装方法。

就地旋转立装法是把支架当作一旋转杠杆，其旋转轴心设于架脚，并于基础铰接好，吊装时用起重机吊钩拉吊排架顶部，排架就地旋转立于基础上。

②槽身的吊装

槽身的吊装，基本上可分为两类，即起重设备架立于地面上吊装及起重设备架立于槽墩或槽身上吊装。

2. 现浇式渡槽施工

现浇式渡槽的施工主要包括槽墩和槽身两个部分。

（1）槽墩的施工

渡槽槽墩的施工，一般采用常规方法，也可采用滑升模板施工。使用滑升模板时，一般采用坍落度小于 2 cm 的低流态混凝土，同时还需要在混凝土内掺速凝剂，以保证随浇随滑升，不致使混凝土坍塌。

（2）槽身的施工

渡槽槽身的混凝土浇筑，就整座渡槽的浇筑顺序而言，有从一端向另一端推进或从两端向中部推进以及从中部增加两个工作面向两端推进等几种方式。槽身如采取分层浇筑时，必须合理选取分层高度，应尽量减小层数，并提高第一层的浇筑高度。对于断面较小的梁式渡槽一般均采用全断面一次平起浇筑的方式。U 形薄壳双悬臂梁式渡槽，一般采用全断面一次平起浇筑。

第三节　渠道混凝土衬砌机械化与生态护坡施工

一、渠道混凝土衬砌机械化施工

渠道衬砌机分类：从衬砌成型技术方面可分为两类，一类是内置式插入振捣滑模成型衬砌技术；一类是表面振动滚筒碾压成型技术。相应也产生了两类不同衬砌设备。振捣滑模衬砌机大多采用液压振捣棒。

渠道修整机分类：在渠坡修整技术方面分为三种，即精修坡面旋转铣刨技术、螺旋旋转滚动铣刨技术、回转链斗式精修坡面技术。与其对应产生了不同的渠坡修整机。

混凝土布料技术：有螺旋布料机和皮带布料机技术。螺旋布料机有单螺旋和双螺旋之分。

渠面衬砌：有全断面衬砌、半断面衬砌和渠底衬砌。

自动化程度：有全自动履带行走，自动导向、自动找正；半自动，导轮行走，电气控制，手动操作找正。

成套设备：有修整机、衬砌垫层布料机、衬砌机、分缝处理机、人工台车。

通过大型调水工程，在衬砌技术、机械设备、施工工艺等诸多方面进行了有益的探讨，并取得了很好的效果。随着科技的发展和新材料、新技术的应用，渠道机械化衬砌施工工艺的逐步完善，渠道机械化衬砌设备国产化程度的提高，渠道机械化衬砌的成本将越来越低。

（一）混凝土机械衬砌的优点

大断面渠道衬砌，衬砌混凝土厚度一般较小，在 8~15 cm，混凝土面积较大，但不同于大体积混凝土施工，目前国内外基本可以分为人工衬砌和机械衬砌。由于人工衬砌速度较慢、质量不均一、施工缝多，逐渐被机械化衬砌所取代。

渠道混凝土机械衬砌施工的优点可归纳如下：

1. 衬砌效率高，一般可达到 200 m²/h，约 20 m；

2. 衬砌质量好，混凝土表面平整、光滑，坡脚过度圆滑、美观，密实度、强度也符合设计要求；

3. 后期维修费用低。

（二）混凝土衬砌的施工程序

机械化衬砌又分为滚筒式、滑模式和复合式。一般在坡长较短的渠道上，可以采用滑模式。滚筒式的使用范围较广，可以应用各种坡长要求。根据衬砌混凝土施工工序，在渠道已经基本成形，坡面预留一定厚度的原状土（可视土方施工者的能力，预留 5~20 cm）。

（三）衬砌坡面修整

渠道开挖时，渠坡预留约 30 cm 的保护层。在衬砌混凝土浇筑前，需要根据渠坡地质条件选用不同的施工方法进行修整。

坡脚齿墙按要求砌筑完后，方可进行削坡。削坡分三步进行：

第一，粗削。削坡前先将河底塑料薄膜铺设好，然后，在每一个伸缩缝处，按设计坡面挖出一条槽，并挂出标准坡面线，按此线进行粗削找平，防止削过。

第二，细削。是指将标准坡面线下混凝土板厚的土方削掉。粗削大致平整后，在两条伸缩缝中间的三分点上加挂两条标准坡面线，从上到下挂水平线依次削平。

第三，刮平。细削完成后，坡面基本平整，这时要用 3~4 m 长的直杆（方木或方铝），在垂直于河中心线的方向上来回刮动，直至刮平。

清坡的方法：

第一，人工清坡。在没有机械设备的条件下，可以使用人工清坡，在需要清理的坡面上设置网格线，根据网格线和坡面的高差，控制坡面高程。根据以往的施工经验，在大坡

面上即使严格控制施工质量，误差也在±3 cm。这个误差对于衬砌厚度只有 8~10 cm 厚度的混凝土来说，是不允许的。即使是有垫层，也不能满足要求。对于坡长更长的坡面，人工清坡质量是难以控制的。

第二，螺旋式清坡机。该机械在较短的坡面上（不大于 10 m）效果较好，通过一镶嵌合金的连续螺旋体旋转，将土体进行切削，弃土可以直接送至渠顶，但在过长的坡面上不适应，因为过长的螺旋需要的动力较大，且挠度问题难以解决。

第三，滚齿式。该清坡机沿轨道顺渠道轴线方向行走，一定长度的滚齿旋转切削土体，切削下来的土体抛向渠底，形成平整的原状土坡面。一幅结束后，整机前移，进行下一幅作业。

先由一台削坡机粗削坡，削坡机保留 3~4 mm 的保护层。待具备浇筑条件时，由另一台削坡机精削坡一次修至设计尺寸，并及时铺设保温防渗层。

超挖的部位用与建基面同质的土料或砂砾料补坡，采用人工或小型碾压机械压实。对于因雨水冲刷或局部坍塌的部位，先将坡面清理成锯齿状，再进行补坡。补坡厚度高出设计断面，并按设计要求压实。可采用人工方式也可以使用与衬砌机配套使用的专用渠道修整机精修坡面。

修整后，渠坡上、下边线允许偏差要求控制在±20 mm（直线段）或±50 mm（曲线段），坡面平整度 ≤ 1 cm/2 m，当上覆砂砾料垫层时平整度 ≤ 2 cm/2 m，高程偏差 ≤20 mm。

渠坡修整后的平整度对保温板铺设的影响较大，土质边坡宜采用机械削坡以保证良好的平整度。

（四）砂砾或者胶结砂砾垫层、保温层、防渗层铺设

1. 砂砾或者胶结砂砾垫层铺设

根据设计要求渠坡需要铺设砂砾料垫层。垫层砂砾料要求质地坚硬、清洁、级配良好。铺料厚度、含水率、碾压方法及遍数通常根据现场试验确定。铺料及碾压可采用横向振动碾压衬砌机一次完成，表面平整度要求不大于 1 cm/2 m。

采用垫层摊铺机可连续将砂砾或者胶结砂砾料摊铺在坡面和坡脚上，摊铺机振动梁系统同步将其密实成形，工效高、质量好。摊铺后，垫层密实度和坡面、坡脚表面形状误差均可满足设计要求。

垫层铺设后采用灌水（砂）法取样做相对密度检验。每 600 m² 或每压实班至少检测一次，每次测点不少于 3 个，坡肩、坡脚部位均设测点，检查处人工分层回填捣实。砂砾料或砂料削坡按渠道削坡的有关要求执行。

2. 保温层铺设

为满足抗冻（胀）要求，北方冬季低温地区的渠道混凝土衬砌下铺设保温层，保温材料通常采用聚苯乙烯泡沫塑料板。保温板是否紧贴建基面对衬砌面板混凝土能否振捣密实有较大影响。

外观完整，色泽与厚度均匀，表面平整清洁，无缺角、断裂、明显变形。保温板应错缝铺设，平整牢固，板面紧贴渠床，接缝紧密平顺，两板接缝处的高差不大于 2 mm。板与板之间、板与坡面基础之间紧密结合，聚苯乙烯保温板位置放好后用 U 形卡从板面钉入砂砾料层固定（梅花状布置），铺好的板上面严禁穿钉鞋行走，铺板完成后、铺设复合土工膜之前同样对保温板的接缝、平整度进行检查，平整度控制在 ±5 mm，使用 2 m 靠尺进行检查，接缝控制在 0~2 mm。

3. 防渗层铺设

防渗层采用复合土工膜（两布一膜），铺设前按设计要求并参照《土工合成材料测试规程》对各项技术指标进行检测。接缝处土工膜采用双焊缝热熔焊法拼接，充气法检查；土工布采用缝接法拼接。防渗层铺设、焊接完成后应禁止踩踏，以防损坏。

（1）复合土工膜铺设

复合土工膜施工之前首先做焊接试验，焊接抗拉强度至少不能低于母材的 80%，从试验得出适应于现场实际操作、施工的一些技术参数。

铺设时由坡肩自上而下滚铺至坡脚，中间不出现纵向连接缝。渠坡和渠底接合部以及和下段待铺的复合土工膜部位预留 50~80 cm 搭接长度，坡肩处根据设计蓝图预留 80 cm 复合土工膜的长度。复合土工膜在铺设时先将土工膜按尺寸、匹幅铺好，膜与膜之间不能有褶皱，复合土工膜垂直于水流方向铺设，膜与膜重合 10 cm 进行焊接。铺时将焊接接头预留好后用剪刀剪断。土工膜铺好后进行固定，使用沙袋或其他重物将其压紧。

（2）复合土工膜裁剪

复合土工膜裁剪时以长木条做参照划线引导，保证裁剪后边缘整齐平顺，使用记号笔按照要求的最少搭接界限标注在接缝处上下两张膜上，保证焊接后的搭接宽度。

遇到建筑物时根据建筑物尺寸在复合土工膜上进行标注，并根据土工膜与建筑物的黏结宽度进行裁剪。

（3）复合土工膜与建筑物黏结

若复合土工膜与墩、柱、墙等建筑物进行黏结，黏结宽度不小于设计要求，建筑物周围复合土工膜充分松弛。保证土工膜与建筑物黏结牢固，防水密封可靠，对土工膜或墩柱进行涂胶之前，将涂胶基面清理干净，保持干燥。涂胶均匀布满黏结面，不出现过厚、漏涂现象。黏结过程和黏结后 2 h 内粘结面不承受任何拉力，并保证黏结面不发生错动。

（4）复合土工膜连接

①连接顺序

缝合底层土工布、热熔焊接或黏结中层土工膜、缝合上层土工布。

②土工膜热熔焊接

采用热合爬行机焊接。每天施工前均先做工艺试验，确定当天焊机的温度、速度、挡位等工作参数。施工时应根据天气情况适时调整。环境气温在 5～35 ℃，进行正常焊接。气温低于 5 ℃时，焊接前对搭接面进行加热处理。当环境温度和不利的天气条件严重影响土工膜焊接时，不作业；焊接机械采用 ZPH-501 或 ZPH-210 型土工膜焊接机，温度控制在 420～450 ℃，焊机挡位控制在 3～3.5 挡，焊机行走速度控制在 4.4～4.8 m/min，保证不出现虚焊、漏焊和超量焊等现象。

土工膜焊接前将土工膜焊接面上的尘土、泥土、油污等杂物清理干净，水汽用吹风机吹干，保证焊接面清洁干燥。多块土工膜连接时，接头缝相互错开 100 cm 以上，焊接形成"T"字形结点，不出现"十"字形。

采用双焊缝焊接。双焊缝宽度采用 2×10 mm，搭接宽度 10 cm，焊缝间留有约 1 cm 的空腔。在焊接过程中和焊接后 2 h 内，保证焊接面不承受任何拉力及焊接面错动。

当施工中焊缝出现脱空、收缩起皱及扭曲鼓包等现象时，将其裁剪剔除后重新进行焊接。出现虚焊、漏焊时，用特制焊枪补焊。

焊机定期进行保养和维护，及时清理杂物。

③土工布缝合

将上层土工布和中层土工膜向两侧翻叠，先将底层土工布铺平、搭接、对齐，进行缝合。土工布缝合采用手提缝包机，缝合时针距控制在 6 mm 左右，保证连接面松紧适度、自然平顺，土工膜与土工布联合受力。上层土工布缝合方法与下层土工布缝合方法相同，土工布缝合强度不低于母材的 70%。

（5）复合土工膜保护措施

复合土工膜专车运输。装卸、搬运时不拖拉、硬拽，不使用任何可能对复合土工膜造成损伤的机具，避免尖锐物刺伤；复合土工膜铺设人员穿软底鞋，严禁穿硬底鞋或穿钉鞋作业；铺设好的复合土工膜由专人看管。严禁在复合土工膜上进行一切可能引起复合土工膜损坏的施工作业；堤顶预留的土工膜及时挖槽用土封压，坡脚部位土工膜用彩条布包裹并用沙袋覆压保护，衬砌混凝土浇筑时，保证模板的支立和固定不造成复合土工膜破坏，采用在模板的辅助装置上压置重物、设置支撑等方法支立和固定模板；铺设过程中，采用沙袋或软性重物压重的方法，防止大风对已铺设土工膜造成破坏；施工现场严禁烟火，电气焊作业远离复合土工膜。

（五）浇筑衬砌

渠坡混凝土浇筑衬砌是渠道工程的核心工作内容。

渠道衬砌按部位不同可分为渠坡衬砌和渠底衬砌，按地质条件不同可分为石渠、土渠、砂砾石渠道衬砌，以及膨胀土、湿陷性黄土地区的渠道衬砌。石渠段由于边坡较陡，现有渠道衬砌机尚不能满足使用要求。土质渠段和砂砾石渠段边坡通常较缓（1:2~1:3），采用衬砌机可取得良好效果。对于渠底衬砌，采用传统的人工拖模施工方法或专用的摊铺设备即可满足进度和质量要求。

针对渠道衬砌混凝土面板超薄无筋、施工强度高、速度快、受气候因素影响大等特点，采用机械化施工的衬砌混凝土配合比应专门研究确定，保证混凝土下料后不分离、振捣后密实均匀。衬砌混凝土浇筑前宜进行生产性施工检验，以便验证混凝土配合比、衬砌设备工作参数及施工工艺的合理性。施工过程中，各类技术参数应根据地质、气候等实际情况适时调整。

1. 准备工作

砂砾料防冻胀层、聚苯乙烯保温板和复合土工膜经验收合格；校核基准线；拌和系统运转正常，运输车辆准备就绪；工作台车、养护洒水车等辅助施工设备运转正常；衬砌机设定到正确高度和位置；检查衬砌板厚的设置，板厚与设计值的允许偏差为-5%~20%。

2. 衬砌机的安装

国内衬砌机均为采用轨道式，控制好轨道线是衬砌机定位的关键。根据设计渠道纵轴线、渠道断面尺寸和衬砌机的特性，用全站仪放出渠顶和渠底的轨道中心线，及轨道顶面高程，人工精心铺设。轨道基底要求平整、密实便于控制渠坡衬砌厚度，渠底有地下水的情况必须先对地基进行相应处理（局部换填或浇筑混凝土垫层），避免轨道基底沉陷影响衬砌质量。

3. 模板安装

完成土工膜铺设后开始侧模安装，测量放样出面板横缝位置线和面板顶面及底面线，严格按设计线控制其平整度，不出现陡坎接头。侧模及端头模板均采用10#槽钢安装模板时，在背面钢筋上加压砂袋对模板进行固定。齿槽和坡肩侧模板采用定型钢模板，混凝土衬砌施工过程中测量人员随时对模板进行校核，保证混凝土分缝顺直。

4. 混凝土拌制

渠道混凝土所用的原材料，如水泥、粉煤灰、砂石骨料、外加剂等原材料要符合设计和有关规范要求。衬砌混凝土配合比由试验室提供，保证满足耐久性、强度和经济性等基本要求，并适应机械化施工的工作性要求。骨料的最大粒径不大于衬砌混凝土板厚度的

1/3。混凝土拌和物的坍落度为 7~9 cm。

衬砌混凝土的用水量、砂率、水灰比及掺和料比例通过优化试验确定。配合比参数不得随意变更，当气候和运输条件变化时，微调水量，维持入仓坍落度不变，保证衬砌混凝土机械化施工的工作性。

外加剂采用后掺法掺入，以液体形式掺加，其浓度和掺量根据配合比试验确定。混凝土的拌制时间通过试验确定，混凝土随拌、随运、随用，因故发生分离、漏浆、严重泌水、坍落度降低等问题时，在浇筑现场重新拌和，若混凝土已初凝，做废料处理。

衬砌厚度由衬砌机的液压升降支腿和内置的模板进行调节控制，轨道铺设纵坡比率与渠道的纵坡比率一致，在衬砌过程中，使用自制的高程标签插入已铺好的混凝土中检查衬砌厚度（包括虚铺厚度及压光后的厚度），坡肩、坡面、坡脚处均设侧点，如发现厚度有误差及时进行调整。

5. 衬砌混凝土浇筑

在混凝土衬砌基层检查合格后，进行混凝土衬砌施工。混凝土熟料由混凝土搅拌车运输至布料机进料口，采用螺旋布料器布料，开动螺旋输料器均匀布置。开动振动器和纵向行走开关，边输料边振动，边行走。布料较多时，开动反转功能，将混凝土料收回。布料宽度达到 2~3 m 时，开动成型机，启动工作部分开始二次振捣、提浆、整平。施工时料位的正常高度应在螺旋布料器叶片最高点以下，保证不缺料。30 cm 段护顶混凝土与渠坡混凝土一次成型。使用滑膜衬砌机时完成一段渠坡衬砌后往前行进。用同衬砌厚度相同的槽钢作为上下边模板，安装在上口设计水平段外边线和坡脚齿槽外边线处，并用钢筋桩与底基定位，防止边脚混凝土坍塌变形。

滑模衬砌机施工出现的局部混凝土面缺陷由人工进行修补，保证衬砌面的平整。

混凝土浇筑过程中应高度重视振捣工艺，确保混凝土振捣密实、表面出浆，避免漏振、过振或欠振，浇筑后应避免扰动、严禁踩踏。渠底混凝土浇筑时，要避免雨水、渠坡养护水、地下水等外来水流入仓位，影响混凝土浇筑质量或对已浇筑完成的混凝土造成破坏。渠底混凝土严重的泌水问题通常会导致成品混凝土遭受冻融或表面剥蚀损坏，施工时应采取恰当的处理措施。

当衬砌机出现故障时，立即通知拌和站停止生产，在故障排除衬砌机内混凝土尚未初凝时，继续衬砌。停机时间超过 2 h，及时将衬砌机驶离工作面，清理仓内混凝土，故障出现后对已浇筑的混凝土进行严格的质量检查，并清除分缝位置以外的浇筑物，为恢复衬砌作业做好准备。混凝土终凝后及时铺盖棉毡洒水养护，割缝完成后，进行第二次覆盖。

6. 衬砌混凝土表面成型

衬砌混凝土初凝前应采用与混凝土衬砌机配套的专用抹面压光机及时进行抹面压光，

表面平整度控制在 5 mm/2 m。

混凝土浇筑完成后要及时提浆抹面，确定合理的收面时机和抹面遍数，既要保证衬砌混凝土面板的平整度，又要避免过度抹光，严禁扰动已初凝的混凝土，杜绝二次洒水、撒灰抹面。

（1）采用混凝土抹光机加人工进行表面成型

抹光机抹盘抹面具有对混凝土挤压及提浆整平功能，压光由人工完成。并配备 2 m 靠尺跟踪检测平整度，混凝土表面平整度控制在 5 mm/2 m。人工采用钢抹子抹面，一般为2~3 遍。初凝前及时进行压光处理，清除表面气泡，使混凝土表面平整、光滑、无抹痕。衬砌抹面施工严禁洒水、撒水泥、涂抹砂浆。抹光机将自下而上、由左到右按顺序有搭接地进行抹光。

抹光机整面后，人工用钢抹子随后进行压光出面。压光由渠坡横断面最初施工的一侧向另一侧推行，在施工时及时用 2 m 靠尺检查，对不符合要求的及时处理，确保出面光滑平整。表面平整度要求控制在 5 mm/2 m 以内。

（2）采用多功能混凝土表面成型机进行表面成型

多功能混凝土表面成型机具有对混凝土表面挤压、提浆整平及压光功能。工作方式与振动碾压成形机基本相同。

7．伸缩缝施工

（1）一般规定

①伸缩缝按缝深分为半缝和通缝。半缝深度为混凝土板厚的 0.5~0.75 倍。通缝深度：预留缝为贯穿混凝土板厚度，割缝为混凝土板厚的 0.9 倍。

②伸缩缝按方向可分为横缝和纵缝。横缝垂直于渠轴线，纵缝平行于渠轴线。

③伸缩缝宽度为 1~2 cm。

④伸缩缝下部用聚乙烯闭孔泡沫板填充，顶部 2 cm 用聚硫密封胶填充。

（2）施工方法

①伸缩缝形成

通缝可采取预留方法。按设计通缝位置支立模板，浇筑模板内混凝土，混凝土达到一定强度后，拆除模板，在混凝土立面上粘贴聚乙烯闭孔泡沫板和顶部 2 cm 的预留物（聚乙烯闭孔泡沫板、泡沫保温板等材料），再浇筑聚乙烯闭孔泡沫塑料板另一侧的混凝土，待伸缩缝两侧的衬砌混凝土达到一定强度后，取上部 2 cm 的预留物，填充聚硫密封胶。

半缝及通缝均可采取混凝土切割机切割。切缝前应按设计分缝位置，用墨斗在衬砌混凝土表面弹出切缝线。混凝土切割机宜采用桁架支撑导向，以保证切缝顺直、位置准确。无法使用桁架支撑导向部位（如坡肩、齿槽、桥梁、排水井等部位）人工导向切割。宜先

切割通缝，后切割半缝。

②伸缩缝清理

切割缝的缝面应用钢丝刷、手提式砂轮机修整，用空气压缩机将缝内的灰尘与余渣吹净。填充前缝面应洁净干燥。闭孔泡沫塑料板应采用专用工具压入缝内，并保证上层填充密封胶的深度符合设计要求。

③填充密封胶

a. 密封胶施工工艺流程

在清理完成的伸缩缝两侧粘贴胶带。胶带宽一般为 3～5 cm，胶带距伸缩缝边缘为 0.5 cm。用毛刷在伸缩缝两侧均匀地刷涂一层底涂料，20～30 min 后用刮刀向涂胶面上涂 3～5 mm 密封胶，并反复挤压，使密封胶与被黏结界面更好地浸润。用注胶枪向伸缩缝中注胶，注胶过程中使胶料全部压入并压实，保证涂胶深度。

（3）质量控制

①切缝质量控制

按设计伸缩缝宽度购买混凝土切割片。在切割片上用红色油漆做好切割深度标志。切缝时锯片磨损较大，施工过程中经常用钢板尺检查切缝的宽度和深度，当不能满足设计要求时及时更换锯片。

②注胶质量控制

伸缩缝缝面必须用手提砂轮机或钢丝刷进行表面处理，用空气压缩机将缝内的灰尘与余渣吹净，黏结面必须干燥、清洁、无油污和粉尘。

注胶前必须进行缝深、缝宽的检查，确保聚硫密封胶充填厚度。

施胶完毕的伸缩缝：胶层表面应无裂缝和气泡，表面平整光滑；涂胶饱满且无脱胶和漏胶现象，胶体颜色均匀一致。

密封胶与伸缩缝黏结牢固，黏结缝按要求整齐平滑，经养护完全硫化成弹性体后，胶体硬度应达到设计要求。

混合后的密封胶要确保在要求的时间内用完，过期的胶料不能再同新的密封胶一起使用。

若要进行密封效果满水或带压试验，必须待密封胶完全硫化后（7～14 d）方可进行。

8. 养护

衬砌混凝土养护时间与普通混凝土一样，养护方式大致可分为喷雾养护，洒水养护，铺塑料薄膜养护，铺草帘、毡布等保湿养护及养护剂养护等。由于渠道衬砌施工速度快、线路长、面积大、混凝土面板厚度薄、所处环境气候变化大，养护不到位易使混凝土水分散失加快，造成水化作用不充分，从而导致混凝土强度不足、裂缝大量产生。因此，养护工作至关重要，应引起高度重视。

混凝土面层浇筑完毕后及时养护，在纵、横方向均匀洒布养护剂，喷洒要均匀，成膜厚度一致，喷洒在表面混凝土泌水完毕后进行，喷洒高度控制在 0.5~1 m。除喷洒上表面外，板两侧也要喷洒。然后喷洒一次水，覆盖薄膜，养护不少于 28 d。

9. 特殊天气施工

在渠道混凝土衬砌施工过程中如遇到特殊气候条件，要采取应急措施，保证衬砌混凝土施工质量。

（1）风天施工

采取必要的防范措施，防止塑性收缩裂缝产生。适当调整混凝土用水量，增加混凝土出机口的坍落度 1~2 cm。在衬砌的作业面及时收面并立即养护，对已经衬砌完成并出面的浇筑段及时采取覆盖塑料布等养护措施。

（2）雨天施工

雨季施工要收集气象资料，并制订雨季雨天衬砌施工应急预案。砂石料场做好排水通道，运输工具增加防雨及防滑措施，浇筑仓面准备防雨覆盖材料，以备突发阵雨时遮盖混凝土表面。当浇筑期间降雨时，启动应急预案，浇筑仓面搭棚遮挡防雨水冲刷。降雨停止后必须清除仓面积水，不得带水抹面压光作业。降雨过后若衬砌混凝土尚未初凝，对混凝土表面进行适当的处理后才能继续施工；否则应按施工缝处理。雨后继续施工，须重新检测骨料含水率，并适时调整混凝土配合比中的水量。

（3）高温季节施工

日最高气温超过 30 ℃时，应采取相应措施保证入仓混凝土温度不超过 28 ℃。加强混凝土出机口和入仓混凝土的温度检测，并应有专门记录。

高温季节施工可采取增加骨料堆高、骨料场搭设防晒遮阳棚、骨料表面洒水降温等措施降低混凝土原材料的温度，并采取合理安排浇筑时间、掺加高效缓凝减水剂、采用加冰或加冰水拌和、对骨料进行预冷等方法降低混凝土的入仓温度。混凝土运输罐车采取防晒措施、混凝土输送带搭建防晒棚等措施降低入仓温度。

（4）低温施工

当日平均气温连续 5 d 稳定在 5 ℃以下或现场最低气温在 0 ℃以下时，不宜施工。如因需要继续施工，应采取措施保证混凝拌和物的入仓温度不低于 5 ℃；当日平均气温低于 0 ℃时，应停止施工。

低温季节施工可采取增加骨料堆高和覆盖保温方式，掺加防冻剂、热水拌和等措施。拌和水温一般不超过 60 ℃，当超过 60 ℃时，改变拌和加料顺序，将骨料与水先拌和，然后加入水泥拌和，以免水泥假凝。在混凝土拌和前，用热水冲洗拌和机，并将积水或冰水排除，使拌和机体处于正温状态。混凝土拌和时间比常温季节适当延长 20%~25%。对混凝土运输车车罐采取保温措施，尽量缩短混凝土运输时间。对衬砌成型的混凝土及时覆盖保温或采取蓄热保温措施保温养护。

（六）衬砌质量控制与检测

在衬砌过程中经常检查衬砌厚度，如有误差及时调整。

混凝土初凝前用 2 m 靠尺随时检测平整度。注意坡肩、坡脚模板的保护，确保坡肩、坡脚的顺直。

现场混凝土质量检查以抗压强度为主，并以 150 mm 立方体试件的抗压强度为标准。混凝土试件以出机口随机取样为主，每组混凝土的 3 个试件应在同一储料斗或运输车箱内的混凝土中取样制作。浇筑地点试件取样数量宜为机口取样数量的 10%。同一强度等级混凝土试件取样数量应符合下列要求：

抗压强度：每次开盘宜取样一组，并满足以 28d 龄期，每 100 m³ 成型一组，设计龄期每 200 m³ 成型一组的要求；

抗冻、抗渗指标：其数量可按每季度施工的主要部位取样成型 1~2 组；

抗拉强度：对于 28 d 龄期每 2000 m³ 成型一组，设计龄期每 3000 m³ 成型一组。

混凝土浇筑施工现场应按班次详细记录本班组衬砌施工的情况。

二、生态护坡

生态护坡处于河流生态系统和陆地生态系统的交错带，具有明显的边缘效应，它在满足河流泄洪、排涝以及稳定堤岸的同时，对于维持河床稳定、增加动植物物种种源、提高生物多样性和生态系统生产力、提高河流自净能力、改进邻近地区的微气候、开展休闲娱乐活动等方面均有重要的现实意义和潜在价值。

生态护坡，是综合工程力学、土壤学、生态学和植物学等学科的基本知识对斜坡或边坡进行防护，形成由植物或工程和植物组成的综合护坡系统的护坡技术。开挖边坡形成以后，通过种植植物，利用植物与岩、土体的相互作用（根系锚固作用）对边坡表层进行防护、加固，使之既能满足对边坡表层稳定的要求，又能恢复被破坏的自然生态环境的护坡方式，是一种有效的护坡、固坡手段。

生态护坡技术应该是既满足河道护坡功能，又有利于恢复河道护坡系统生态平衡的系统工程。生态护坡技术可以分为植物护坡和植物工程措施复合护坡技术。植物护坡主要通过植被根系的力学效应（深根锚固和浅根加筋）和水文效应（降低孔压、消弱溅蚀和控制径流）来固土、防止水土流失，在满足生态环境需要的同时，还可以进行景观造景。植物工程复合护坡技术有铁丝网与碎石复合种植基、土木材料固土种植基、三维植被网、水泥生态种植基等形式。

（一）生态护坡类型

1. 人工种草护坡

人工种草护坡，是通过人工在边坡坡面简单播撒草种的一种传统边坡植物防护措施。多用于边坡高度不高、坡度较缓且适宜草类生长的土质路堑和路堤边坡防护工程。

（1）优点

施工简单、造价低廉等。

（2）缺点

由于草籽播撒不均匀、草籽易被雨水冲走、种草成活率低等原因，往往达不到满意的边坡防护效果，而造成坡面冲沟、表土流失等边坡病害，导致大量的边坡病害整治、修复工程，使得该技术近年应用较少。

2. 液压喷播植草护坡

液压喷播植草护坡，是国外近十多年新开发的一项边坡植物防护措施，是将草籽、肥料、黏着剂、纸浆、土壤改良剂等按一定比例在混合箱内配水搅匀，通过机械加压喷射到边坡坡面而完成植草施工。

（1）优点

①施工简单、速度快；②施工质量高，草籽喷播均匀发芽快、整齐一致；③防护效果好，正常情况下，喷播一个月后坡面植物覆盖率可达70%以上，两个月后形成防护、绿化功能；④适用性广。

国内液压喷播植草护坡在水利、公路、铁路、城市建设等部门边坡防护与绿化工程中使用较多。

（2）缺点

①固土保水能力低，容易形成径流沟和侵蚀；②施工者容易偷工减料作假，形成表面现象；③因品种选择不当和混合材料不够，后期容易造成水土流失或冲沟。

3. 客土植生植物护坡

客土植生植物护坡，是将保水剂、黏合剂、抗蒸腾剂、团粒剂、植物纤维、泥炭土、腐殖土、缓释复合肥等一类材料制成客土，经过专用机械搅拌后吹附到坡面上，形成一定厚度的客土层，然后将选好的种子同木纤维、黏合剂、保水剂、复合肥、缓释营养液经过喷播机搅拌后喷附到坡面客土层中。

（1）优点

①可以根据地质和气候条件进行基质和种子配方，从而具有广泛的适应性；②客土与

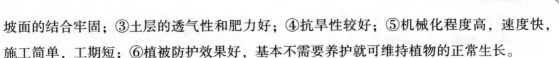

坡面的结合牢固；③土层的透气性和肥力好；④抗旱性较好；⑤机械化程度高，速度快，施工简单，工期短；⑥植被防护效果好，基本不需要养护就可维持植物的正常生长。

该法适用于坡度较小的岩基坡面、风化岩及硬质土砂地、道路边坡、矿山、库区及贫瘠土地。

（2）缺点

要求边坡稳定、坡面冲刷轻微、边坡坡度大的地方，以及长期浸水地区均不适合。

4. 平铺草皮

平铺草皮护坡，是通过人工在边坡面铺设天然草皮的一种传统边坡植物防护措施。

（1）优点

施工简单、工程造价低、成坪时间短、护坡功效快、施工季节限制少。

适用于附近草皮来源较易、边坡高度不高且坡度较缓的各种土质，以及严重风化的岩层和成岩作用差的软岩层边坡防护工程。是设计应用最多的传统坡面植物防护措施之一。

（2）缺点

由于前期养护管理困难，新铺草皮易受各种自然灾害，往往达不到满意的边坡防护效果，而造成坡面冲沟、表土流失、坍滑等边坡灾害，导致大量的边坡病害整治、修复工程。近年来，由于草皮来源紧张，使得平铺草皮护坡的作用逐渐受到了限制。

5. 生态袋护坡

生态袋护坡，是利用人造土工布料制成生态袋，植物在装有土的生态袋中生长，以此来进行护坡和修复环境的一种护坡技术。

（1）优点

透水、透气、不透土颗粒、有很好的水环境和潮湿环境的适用性，基本不对结构产生渗水压力。施工快捷、方便，材料搬运轻便。

（2）缺点

由于空间环境所限，后期植被生存条件受到限制，整体稳定性较差。

6. 混凝土生态护坡

混凝土生态护坡，是由石块、混凝土砌块、现浇混凝土等材料形成网格，在网格中栽植植物，形成网格与植物综合护坡系统，既能起到护坡作用，同时能恢复生态、保护环境。

混凝土生态护坡将工程护坡结构与植物护坡相结合，护坡效果非常好。其中现浇网格生态护坡是一种新型护坡专利技术，具有护坡能力极强、施工工艺简单、技术合理、经济实用等优点，是新一代生态护坡技术，具有很大的实用价值。下面重点介绍混凝土生态护坡技术及技术要求。

（二）生态混凝土材料

1. 骨料

生态混凝土的骨料应符合现行行业标准《普通混凝土用砂、石质量及检验方法标准》。骨料宜采用单级配，粒径宜控制在 20~40 mm。针片状颗粒含量不宜大于 15%，逊径率不宜大于 10%，含泥（粉）总量不宜大于 1%。

2. 水泥

生态混凝土应采用通用硅酸盐水泥作为胶凝材料，包括硅酸盐水泥、普通硅酸盐水泥、矿渣硅酸盐水泥、火山灰质硅酸盐水泥、粉煤灰硅酸盐水泥或复合硅酸盐水泥。

3. 添加剂

制作用于水上护坡、护岸的生态混凝土，空隙内应添加盐碱改良材料，以改善空隙内生物生存环境。盐碱改良材料应具有下列功能：

（1）不破坏维持混凝土稳定性、耐久性的碱性环境；

（2）避免混凝土析出的盐碱性物质对生态系统的不利影响。

用于水上护坡、护岸的生态混凝土宜添加缓释肥，或通过盐碱改良材料与混凝土析出物相互作用提供植物生长必需元素。

对有抗冻要求的地区，制作生态混凝土时应添加引气减水剂，提高抗冻融能力。

当须进一步提高生态混凝土抗压强度时，可在拌和时加入减水剂或环氧树脂、丙乳等聚合物黏合剂。

（三）生态混凝土施工

1. 生态混凝土的配合比

生态混凝土的配合比应符合下列规定：

（1）生态混凝土的骨料品种和粒径、水灰比，应满足防护安全要求和构建不同生态系统的需要。

（2）骨料粒径宜为 20~400 mm，水泥用量宜为 280~320 kg/m³，水灰比不宜大于 0.5，必要时应加入减水剂。

（3）采用碎石或砾石作为骨料的生态混凝土，其抗压强度不应小于 5 MPa。

（4）盐碱改良材料用量应根据营养基和盐碱改良材料的性能综合确定，确保植物一次播种绿化年限不应少于 5 年。

2. 生态混凝土的配制

生态混凝土的配制应符合下列规定：

（1）生态混凝土的拌和宜采取两次加水方式，即先将骨料倒入搅拌设备中，加入用水量的 50%，使骨料表面湿润，再加入水泥进行搅拌混合；然后陆续加入 50%用水量继续进行搅拌，以骨料被水泥浆充分包裹、表面无流淌为度。

（2）生态混凝土在运送途中，应避免阳光暴晒、风吹、雨淋，防止形成表面初凝或脱浆。如有表团初凝现象，应进行人工拌和，符合要求后方可入仓。

3. 坡式结构施工

坡式结构清基及修坡应符合下列规定：

（1）坡式结构施工前应进行清基和修坡处理，不得有树根、杂草、垃圾、废渣、洞穴及粒径 50 mm 以上的土块。

（2）坡面应平整，无软基，坡面修整的坡比、表面压实度应满足设计要求和生态修复要求。

（3）修整后的坡面无天然可耕作表土时，应根据设计要求，覆盖适合植物生长的土料。

（4）对清除的表土应外运至弃土场，不得重新用于填筑边坡；对可利用的种植土料宜进行集中储备，并采取防护措施。

4. 墙式结构施工

生态混凝土墙式结构的箱式砌块制作应符合下列规定：

（1）预制混凝土箱体应采用专用设备制作。

（2）生态混凝土箱式砌块的内芯填浇方式可采用：底层浇注生态混凝土 140 mm，中间放置营养包 60~70 mm，上层浇注生态混凝土 150 mm。

（3）营养包采用 80 g 无纺布制成袋，袋内填充配制好的盐碱改良材料及其他植物营养填充材料。

（4）用于水上挡墙的生态混凝土箱式砌块内，应在内芯生态混凝土浇筑并养护 7 d后，向孔隙内充灌盐碱改良材料。

5. 柔性生态护坡

柔性生态护坡工程系统的根植土厚度达 0.3 m 以上，完全达到园林规范要求，植被土层的厚度，可为各种草本和木本植物提供良性生长的土壤环境。

第一，适合当地气候条件的植物，尽量选用乡土植物；

第二，选择不易退化的品种，尽量选择乔、灌、花、草等的立体植被形式；

第三，抗病虫害能力强，对周围环境的危害性小，选择易成活少维护的植被；

第四，寿命或者效果发挥时间长；

第五，具有能够美化环境的效果；

第六，容易维护管理。

6. 柔性生态护坡优点

（1）结构稳定

自锁结构，整体受力，有很好的稳定性，对冲击力有很好的缓冲作用，抗震性好。生态袋具有透水、透气、不透土的性能，有很好的水环境和潮湿环境的适应性，基本不对结构产生反渗水压力。结构面通过植被的根系同原自然坡面结合成一个有机的整体，不会产生分离和坍塌等现象。对基础处理要求低，对不均匀沉降有很好的适应性，结构不产生温度应力，不需要设置伸缩缝。是永久性有生命的工程，随着时间的延续，植被根系进一步发达，结构的稳定性和牢固性也会进一步地加强。

（2）生态环保

良好的生态环境系统，乔、灌、藤、花、草结合，植被不退化。不使用传统的高耗能材料，不产生建筑垃圾，没有施工噪声污染，能与生态环境很好地融合。植物种子选择多样化，在乡土植物、地带性的前提下，充分发挥植物根系的保土、蓄水、改良环境等功能。绿维生态护坡的广泛应用，比传统做法节约80%以上的能源消耗，可为国家节约数以亿万计的二氧化碳等有害气体排污治理费。

（3）施工快捷

施工快捷方便，施工人员专业技术要求低。管理方便，材料轻便易运易储，运输量比传统做法减少95%以上。

（4）维护费低

良好的生态边坡，植被持久不会退化，不需后期维护费。相比于传统护坡，绿维柔性生态技术为植被生长提供更厚的土壤环境，延长了植被生长时间，减少了修复次数费用。植物土壤改良方便，肥效利用明显提高，减少多次补肥费用，透水透气系统强有利植被生长，节省维护费用。就地取土，进行土壤改良，节省二次搬运费用。

（四）生态袋

生态袋护坡系统针对开挖坡度65°~75°，甚至更大坡度，易发生滑坡和垮塌的边坡，宜采用生态袋生态护坡系统进行防护施工。其核心技术是不可替代的高分子生态袋：用由聚丙烯及其他高分子材料复合制成的材料编织而成，耐腐蚀性强，耐微生物分解，抗紫外线，易于植物生长，使用寿命长达70年的高科技材料制成的护坡材料。主要特点是：它允许水从袋体渗出，从而减小袋体的静水压力；它不允许袋中土壤泄出袋外，达到了水土保持的目的，成为植被赖以生存的介质；袋体柔软，整体性好。

生态袋护坡系统通过将装满植物生长基质的生态袋沿边坡表面层层堆叠的方式在边坡表面形成一层适宜植物生长的环境，同时通过连接配件将袋与袋之间、层与层之间、生态袋与边坡表面之间完全紧密地结合起来，达到牢固护坡的目的，同时随着植物在其上的生长，进一步地将边坡固定然后在堆叠好的袋面采用绿化手段播种或栽植植物，达到恢复植被的目的。由于采用生态袋护坡系统所创造的边坡表面生长环境较好（可达到 30~40 cm 厚的土层），草本植物、小型灌木，甚至一些小乔木都可以非常好地生长，能够形成茂盛的植被效果。近年被广泛应用于各种恶劣情况下的边坡防护施工以及其他一些防护和生态修复领域。

施工程序：①施工准备，做好人员、机具、材料准备。挖好基础。②清坡，清除坡面浮石、浮根，尽可能平整坡面。③生态袋填充，将基质材料填装入生态袋内。采用封口扎带或现场用小型封口机封制。④生态袋和生态袋结构扣及加筋格栅的施工，基础和上层形成的结构将生态袋结构扣水平放置两个袋子之间在靠近袋子边缘的地方，以便每一个生态袋结构扣跨度两个袋子，摇晃扎实袋子以便每一个标准扣刺穿袋子的中腹正下面。每层袋子铺设完成后在上面放置木板并由人在上面行走踩踏，这一操作是用来确保生态袋结构扣和生态袋之间良好的联结。铺设袋子时，注意把袋子的缝线结合一侧向内摆放，每垒砌三层生态袋便铺设一层加筋格栅，加筋格栅一端固定在生态袋结构扣。在墙的顶部，将生态袋的长边方向水平垂直于墙面摆放，以确保压顶稳固。⑤绿化施工，喷播：采用液压喷播的方式对构筑好的生态袋墙面进行喷播绿化施工，然后加盖无纺布，浇水养护。栽植灌木：对照苗木带的土球大小，用刀把生态袋切割一"丁"字小口，同时揭开被切的袋片；用花铲将被切位置土壤取出至适合所带土球大小，被取土壤堆置于切口旁边；用枝剪把苗木的营养袋剪开，完全露出土球，适当修剪苗木根系与枝叶；把苗木放到土穴中，然后用花铲将土壤回填到土穴缝边，同时扎土，直到回填完好，并且盖好袋片；对于刚插植完的苗木，必须浇透淋根水；后期按绿化规范管养。

（五）三维植被网

1. 三维植被网结构

三维植被网是以热塑性树脂为原料，经挤出、拉伸等工序精制而成。它无腐蚀性，化学性稳定，对大气、土壤、微生物呈惰性。

三维植被网的底层为一个高模量基础层，采用双向拉伸技术，其强度高，足以防止植被网变形，并能有效防止水土流失。三维植被网的表层为一个起泡层，膨松的网包以便填入土壤、种上草籽帮助固土，这种三维结构能更好地与土壤相结合。

作用：在边坡防护中使用三维植被能有效地保护坡面不受风、雨、洪水的侵蚀。三维植被网的初始功能是有利于植被生长。随着植被的形成，它的主要功能是帮助草根系统增强其抵抗自然水土流失能力。

2. 三维植被网的特点

由于网包的作用，能降低雨滴的冲击能量，并通过网包阻挡坡面雨水的流速，从而有效地抵御雨水的冲刷；网包中的充填物（土颗粒、营养土及草籽等）能被很好地固定，这样在雨水的冲蚀作用下就会减少流失；在边坡表层土中起着加筋加固作用，从而有效地防止了表面土层的滑移；三维植被网能有助于植被的均匀生长，植被的根系很容易在坡面土层中生长固定；三维植被网能做成草毯进行异地移植，能解决需快速防护工程的植被要求。

3. 三维网植草防护的特点

使边坡具有较大的稳定性，实施三维网植草后，草根生长与三维网形成地面网系，有效防止地表径流冲刷，而根系深入原状坡面深层，使坡面土层与三维网及草坪共同组成坡面防护体系，对坡面的稳定起到重要的作用；创造一个绿意浓郁的边坡生态环境，改善高速公路的景观，符合现行环境要求；工艺简单，操作方便、施工速度快；经济可行。

4. 施工程序与施工工艺

三维网植草是一种新的边坡防护方式，该方法具有工艺操作方便、施工速度快、经济可行的特点，且一般能满足河道边坡防护和美化的要求，其施工程序与工艺如下：边坡场地处理→挂网→固定→回填土→喷播草籽→覆盖无纺布→养护管理。

（1）边坡场地处理。在修整后的坡面上进行场地处理，首先清除石头、杂草、垃圾等杂物然后平整坡面、使坡面流畅并要适当人工夯实。不要出现边坡凹凸不平、松垮现象。

（2）挂网。三维网（EM3）在坡顶延伸 50 cm 埋入截水沟或土中，然后自上而下平铺到坡肩，网与网间平搭，网紧贴坡面，无褶折和悬空现象。

（3）固定。选用 φ6 mm 钢筋和 8#铁丝做成的 U 形钉进行固定，在坡顶、搭接处采用主锚钉固定。坡面其余部分采用辅锚钉固定。坡顶锚钉间距为 70 cm，坡面锚钉间距为 100 cm。锚钉规格：主锚钉为（φ6 mm 钢筋）U 形钢钉长 20~30 cm、宽 1 0 cm，辅锚钉为（8#铁丝）U 形铁钉长 15~20 cm、宽 5 cm，固定时，钉与网紧贴坡面。

（4）回填土。三维网固定后，采用干土施工法进行回填土，把黏性土、复合肥或沤制肥充分搅拌均匀，并分 2~3 次人工抛撒在边坡坡面上，第一次抛撒的厚度控制在 3~5 cm 为适，第二次抛撒厚度 1~2 cm，回填直至覆盖网包（指自然沉降后）。每次抛撒完毕后，在抛撒土壤层的表面机械洒水，机械洒水时，水柱要分散，洒水量不能太多，以免造成新回填土流失，目的是使回填的干土层自然沉降，并要进行适度夯实，防止局部新回填土层与三维网脱离。要求填土后的坡面平整，无网包外露。所选用的黏性土应颗粒均称，显粉末状，无石块与其他杂物存在，肥料可采用进口复合肥（N：P：K=15：15：15）或堆沤基肥，用肥量为 20 g/m²。

干土施工法具有施工操作简单、对路面不会造成污染等优点。

5. 喷播草籽

喷播草籽：液压喷播绿化技术，其原理及操作方法是应用机械动力，液压传送，将附有促种子萌发小苗木生长的种子附着剂、纸纤维、复合肥、保湿剂、草种子和一定量的清水，溶于喷播机内经过机械充分搅拌，形成均匀的混合液，而通过高压泵的作用，将混合液高速均匀喷射到已处理好的坡面上，附着在地表与土壤种子形成一个有机整体，其集生物能、化学能、机械能于一体，具有效率高、成本低，劳动强度小，成坪快的优点。

草种配比：根据边坡的自然条件、立地条件、土壤类型等客观因素科学地进行草种配比，使其能在边坡坡面上良好生长，形成"自然、优美"的景观。使用的具体品种及用量视现场而定。

6. 覆盖无纺布

根据施工期间气候情况及边坡的坡度，来确定在喷播表面层盖单层或多层无纺布，以减少因强降水量造成对种子的冲刷，同时也减少边坡表面水分的蒸发，从而进一步改善种子的发芽、生长环境。

7. 养护管理

苗期注意浇水，确保种子发芽、生长所需的水分；适时揭开无纺布，保证草苗生长正常；适当施肥，一般使用进口复合肥，为草坪生长提供所需养分；定时针对性地喷洒农药，定期清除杂草，保证草坪健康生长；成坪后的草坪覆盖率达到95%以上，一片葱绿、无病虫害。

第六章 水利工程施工组织设计

在我国的基础设施建设当中，水利工程建设占有十分重要的地位.在水利工程的建设过程中，施工组织设计与优化是整个项目能够顺利开展的前提。水利工程建设项目具有投入资金多以及项目建设时间长等特点，使得水利工程建设的难度较大，同时也给项目施工组织设计提出了更高的要求，本文对水利工程施工组织设计进行探讨，进而保障水利工程项目施工顺利进行。

第一节 施工项目与建设项目管理

一、建设项目管理趋势

随着人类社会在经济、技术、社会和文化等各方面的发展，建设工程项目管理理论与知识体系的逐渐完善，进入 21 世纪以后，在工程项目管理方面出现了以下新的发展趋势：

（一）建设工程项目管理国际化

随着经济全球化的逐步深入，工程项目管理国际化已经形成潮流。工程项目国际化要求项目按国际惯例进行管理。按国际惯例就是依照国际通用的项目管理程序、准则与方法以及统一的文件形式进行项目管理，使参与项目的各方（不同国家、不同种族、不同文化背景的人及组织）在项目实施中建立起统一的协调基础。

工程建设市场国际化必然导致工程项目管理国际化，这对我国工程管理的发展既是机遇也是挑战。一方面，随着我国改革开放的步伐加快，我国经济日益深刻地融入全球市场，我国的跨国公司和跨国项目越来越多。许多大型项目要通过国际招标、国际咨询或 BOT 等方式运行。这样做不仅可以从国际市场上筹措到资金，加快国内基础设施、能源交通等重大项目的建设，而且可以从国际合作项目中学习到发达国家工程项目管理的先进管理制度与方法。另一方面，入世后根据最惠国待遇和国民待遇准则，我国将获得更多的机会，并能更加容易地进入国际市场。国内企业可以走出国门在海外投资和经营项目，也可在海外工程建设市场上竞争，锻炼队伍培养人才。

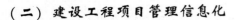

（二）建设工程项目管理信息化

随着计算机和互联网走进人们的工作与生活，以及知识经济时代的到来，工程项目管理的信息化已成必然趋势。更新速度飞快的计算机技术和网络技术在企业经营管理中普及应用的速度迅猛，而且呈现加速发展的态势。这给项目管理带来很多新的生机，在信息高度膨胀的今天，工程项目管理越来越依赖于计算机和网络，无论是工程项目的预算、概算、工程的招标与投标、工程施工图设计、项目的进度与费用管理、工程的质量管理、施工过程的变更管理、合同管理，还是项目竣工决算都离不开计算机与互联网，工程项目的信息化已成为提高项目管理水平的重要手段。很多国家的项目管理公司已经在工程项目管理中运用了计算机与网络技术，实现项目管理网络化、虚拟化。另外，许多项目管理公司也开始大量使用工程项目管理软件进行项目管理，同时还从事项目管理软件的开发研究工作。为此，21世纪的工程项目管理将更多地依靠计算机技术和网络技术，新世纪的工程项目管理必将实现信息化。

（三）建设工程项目全寿命周期管理

建设工程项目全寿命周期管理就是运用工程项目管理的系统方法、模型、工具等对工程项目相关资源进行系统集成，对建设工程项目寿命期内各项工作进行有效整合，并达成工程项目目标和实现投资效益最大化的过程。

建设工程项目全寿命周期管理是将项目决策阶段的开发管理、实施阶段的项目管理和使用阶段的设施管理集成为一个完整的项目全寿命周期管理系统，是对工程项目实施全过程的统一管理，使其在功能上满足设计需求、在经济上可行，达到业主和投资人的投资收益目标。所谓项目全寿命周期是指从项目前期策划、项目目标确定，直至项目终止、临时设施拆除的全部时间年限。建设工程项目全寿命周期管理既要合理确定目标、范围、规模、建筑标准等，又要使项目在既定的建设期限内，在规划的投资范围内，保质保量地完成建设任务，确保所建设的工程项目满足投资商、项目的经营者和最终用户的要求；还要在项目运营期间，对永久设施物业进行维护管理、经营管理，使工程项目尽可能创造最大的经济效益。这种管理方式是工程项目面对市场，直接为业主和投资人服务的集中体现。

（四）建设工程项目管理专业化

现代工程项目投资规模大、应用技术复杂、涉及领域多、工程范围广泛的特点，带来了工程项目管理的复杂性和多变性，对工程项目管理过程提出了更新更高的要求。因此，专业化的项目管理者或管理组织应运而生。在项目管理专业人士方面，通过IPMP（国际项目管理专业资质认证）和 PMP（国际资格认证）认证考试的专业人员就是一种形式。在我国工程项目领域的执业咨询工程师、监理工程师、造价工程师、建造师，以及在设计过程中的建设工程师、结构工程师等，都是工程项目管理人才专业化的形式。而专业化的项目管理组织——工程项目（管理）公司是国际工程建设界普遍采用的一种形式。除此之外，工程咨询公司、工程监理公司、工程设计公司等也是专业化组织的体现。可以预见，**随着工程项目管理制度与方法的发展，工程管理的专业化水平还会有更大的提高。**

二、施工项目管理

施工项目管理是施工企业对施工项目进行有效的掌握控制，主要特征包括：一是施工项目管理者是建筑施工企业，他们对施工项目全权负责；二是施工项目管理的对象是施工项目，具有时间控制性，也就是施工项目有运作周期（投标—竣工验收）；三是施工项目管理的内容是按阶段变化的。根据建设阶段及要求的变化，管理的内容具有很大的差异；四是施工项目管理要求强化组织协调工作，主要是强化项目管理班子，优选项目经理，科学地组织施工并运用现代化的管理方法。

在施工项目管理的全过程中，为了取得各阶段目标和最终目标的实现，在进行各项活动中，必须加强管理工作。

（一）建立施工项目管理组织

1. 由企业采用适当的方式选聘称职的施工项目经理。

2. 根据施工项目组织原则，选用适当的组织形式，组建施工项目管理机构，明确责任、权利和义务。

3. 在遵守企业规章制度的前提下，根据施工项目管理的需要，制定施工项目管理制度。

项目经理作为企业法人代表的代理人，对工程项目施工全面负责，一般不准兼管其他工程，当其负责管理的施工项目临近竣工阶段且经建设单位同意，可以兼任另一项工程的项目管理工作。项目经理通常由企业法人代表委派或组织招聘等方式确定。项目经理与企业法人代表之间需要签订工程承包管理合同，明确工程的工期、质量、成本、利润等指标要求和双方的责权利，以及合同中止处理、违约处罚等项内容。

项目经理以及各有关业务人员组成、人数根据工程规模大小而定。各成员由项目经理聘任或推荐确定，其中技术、经济、财务主要负责人须经企业法人代表或其授权部门同意。项目领导班子成员除了直接受项目经理领导，实施项目管理方案外，还要按照企业规章制度接受企业主管职能部门的业务监督和指导。

项目经理应有一定的职责，如贯彻执行国家和地方的法律、法规；严格遵守财经制度、加强成本核算；签订和履行"项目管理目标责任书"；对工程项目施工进行有效控制等。项目经理应有一定的权力，如参与投标和签订施工合同；用人决策权；财务决策权；进度计划控制权；技术质量决定权；物资采购管理权；现场管理协调权等。项目经理还应获得一定的利益，如物质奖励及表彰等。

（二）项目经理的地位

项目经理是项目管理实施阶段全面负责的管理者，在整个施工活动中有举足轻重的地位。确定施工项目经理的地位是搞好施工项目管理的关键。

1. 从企业内部看，项目经理是施工项目实施过程中所有工作的总负责人，是项目管理的第一责任人。从对外方面来看，项目经理代表企业法定代表人在授权范围内对建设单位直接负责。由此可见，项目经理既要对有关建设单位的成果性目标负责，又要对建筑业企业的效益性目标负责。

2. 项目经理是协调各方面关系，使之相互紧密协作与配合的桥梁与纽带。要承担合同责任、履行合同义务、执行合同条款、处理合同纠纷、受法律的约束和保护。

3. 项目经理是各种信息的集散中心。通过各种方式和渠道收集有关的信息，并运用这些信息，达到控制的目的，使项目获得成功。

4. 项目经理是施工项目责、权、利的主体。这是因为项目经理是项目中人、财、物、技术、信息和管理等所有生产要素的管理人。项目经理首先是项目的责任主体，是实现项目目标的最高责任者。责任是实现项目经理责任制的核心，它构成了项目经理工作的压力，也是确定项目经理权力和利益的依据。其次，项目经理必须是项目的权力主体。权力是确保项目经理能够承担起责任的条件和手段。如果不具备必要的权力，项目经理就无法对工作负责。项目经理还必须是项目利益的主体。利益是项目经理工作的动力。如果没有一定的利益，项目经理就不愿负相应的责任，难以处理好国家、企业和职工的利益关系。

（三）项目经理的任职要求

项目经理的任职要求包括执业资格的要求、知识方面的要求、能力方面的要求和素质方面的要求。

1. 执业资格的要求

项目经理的资质分为一、二、三、四级。其中：

（1）一级项目经理应担任过一个一级建筑施工企业资质标准要求的工程项目，或两个二级建筑施工企业资质标准要求的工程项目施工管理工作的主要负责人，并已取得国家认可的高级或者中级专业技术职称。

（2）二级项目经理应担任过两个工程项目，其中至少一个为二级建筑施工企业资质标准要求的工程项目施工管理工作的主要负责人，并已取得国家认可的中级或初级专业技术职称。

（3）三级项目经理应担任过两个工程项目，其中至少一个为三级建筑施工企业资质标准要求的工程项目施工管理工作的主要负责人，并已取得国家认可的中级或初级专业技术职称。

（4）四级项目经理应担任过两个工程项目，其中至少一个为四级建筑施工企业资质标准要求的工程项目施工管理工作的主要负责人，并已取得国家认可的初级专业技术职称。

项目经理承担的工程规模应符合相应的项目经理资质等级。一级项目经理可承担一级资质建筑施工企业营业范围内的工程项目管理；二级项目经理可承担二级以下（含二级）建筑施工企业营业范围内的工程项目管理；三级项目经理可承担三级以下（含三级）建筑企业营业范围内的工程项目管理；四级项目经理可承担四级建筑施工企业营业范围内的工程项目管理。

项目经理每两年接受一次项目资质管理部门的复查。项目经理达到上一个资质等级条件的，可随时提出升级的要求。

在过渡期内，大、中型工程项目施工的项目经理逐渐由取得建造师执业资格的人员担任，小型工程项目施工的项目经理可由原三级项目经理资质的人员担任。即在过渡期内，凡持有项目经理资质证书或建造师注册证书的人员，经企业聘用均可担任工程项目施工的项目经理。过渡期满后，大、中型工程项目施工的项目经理必须由取得建造师注册证书的人员担任。取得建造师执业资格的人员是否能聘用为项目经理由企业来决定。

2. 知识方面的要求

通常项目经理应接受过大专、中专以上相关专业的教育，必须具备专业知识，如土木工程专业或其他专业工程方面的专业，一般应是某个专业工程方面的专家，否则很难被人们接受或很难开展工作。项目经理还应受过项目管理方面的专门培训或再教育，掌握项目管理的知识。作为项目经理需要具备广博的知识，能迅速解决工程项目实施过程中遇到的各种问题。

3. 能力方面的要求

项目经理应具备以下几方面的能力：

（1）必须具有一定的施工实践经历和按规定经过一段实践锻炼，特别是对同类项目有成功的经历。对项目工作有成熟的判断能力、思维能力和随机应变的能力。

（2）具有很强的沟通能力、激励能力和处理人事关系的能力，项目经理要靠领导艺

术、影响力和说服力而不是靠权力和命令行事。

（3）有较强的组织管理能力和协调能力。能协调好各方面的关系，能处理好与业主的关系。

（4）有较强的语言表达能力，有谈判技巧。

（5）在工作中能发现问题，提出问题，能够从容地处理紧急情况。

4．素质方面的要求

（1）项目经理应注重工程项目对社会的贡献和历史作用。在工作中能注重社会公德，保证社会的利益，严守法律和规章制度。

（2）项目经理必须具有良好的职业道德，将用户的利益放在第一位，不牟私利，必须有工作的积极性、热情和敬业精神。

（3）具有创新精神，务实的态度，勇于挑战，勇于决策，勇于承担责任和风险。

（4）敢于承担责任，特别是有敢于承担错误的勇气，言行一致，正直，办事公正、公平，实事求是。

（5）能承担艰苦的工作，任劳任怨，忠于职守。

（6）具有合作的精神，能与他人共事，具有较强的自我控制能力。

（四）项目经理的责、权、利

1．项目经理的职责

（1）贯彻执行国家和地方政府的法律制度，维护企业的整体利益和经济利益。遵守法规和政策，执行建筑业企业的各项管理制度。

（2）严格遵守财经制度，加强成本核算，积极组织工程款回收，正确处理国家、企业和项目及个人的利益关系。

（3）签订和组织履行"项目管理目标责任书"，执行企业与业主签订的"项目承包合同"中由项目经理负责履行的各项条款。

（4）对工程项目施工进行有效控制，执行有关技术规范和标准，积极推广应用新技术、新工艺、新材料和项目管理软件集成系统，确保工程质量和工期，实现安全、文明生产，努力提高经济效益。

（5）组织编制施工管理规划及目标实施措施，组织编制施工组织设计并实施。

（6）根据项目总工期的要求编制年度进度计划，组织编制施工季（月）度施工计划，包括劳动力、材料、构件及机械设备的使用计划，签订分包及租赁合同并严格执行。

（7）组织制定项目经理部各类管理人员的职责和权限、各项管理制度，并认真贯彻执行。

（8）科学地组织施工和加强各项管理工作。做好内、外各种关系的协调，为施工创造优越的施工条件。

（9）做好工程竣工结算，资料整理归档，接受企业审计并做好项目经理部解体与善后工作。

2. 项目经理的权力

为了保证项目经理完成所担负的任务，必须授予相应的权力。项目经理应当有以下权力：

（1）参与企业进行施工项目的投标和签订施工合同。

（2）用人决策权。项目经理应有权决定项目管理机构班子的设置，选择、聘任班子内成员，对任职情况进行考核监督、奖惩，乃至辞退。

（3）财务决策权。在企业财务制度规定的范围内，根据企业法定代表人的授权和施工项目管理的需要，决定资金的投入和使用，决定项目经理部的计酬方法。

（4）进度计划控制权。根据项目进度总目标和阶段性目标的要求，对项目建设的进度进行检查、调整，并在资源上进行调配，从而对进度计划进行有效的控制。

（5）技术质量决策权。根据项目管理实施规划或施工组织设计，有权批准重大技术方案和重大技术措施，必要时召开技术方案论证会，把好技术决策关和质量关，防止技术上决策失误，主持处理重大质量事故。

（6）物资采购管理权。按照企业物资分类和分工，对采购方案、目标、到货要求，以及对供货单位的选择、项目现场存放策略等进行决策和管理。

（7）现场管理协调权。代表公司协调与施工项目有关的内外部关系，有权处理现场突发事件，事后及时报公司主管部门。

3. 项目经理利益

施工项目经理最终的利益是其行使权力和承担责任的结果，也是市场经济条件下责、权、利、效相互统一的具体体现。项目经理应享有以下的利益：

（1）获得基本工资、岗位工资和绩效工资。

（2）在全面完成"项目管理目标责任书"确定的各项责任目标，交工验收交结算后，接受企业考核和审计，可获得规定的物质奖励外，还可获得表彰、记功、优秀项目经理等荣誉称号和其他精神奖励。

（3）经考核和审计，未完成"项目管理目标责任书"确定的责任目标或造成亏损的，按有关条款承担责任，并接受经济或行政处罚。

项目经理责任制是指以项目经理为主体的施工项目管理目标责任制度，用以确保项目履约，用以确立项目经理部与企业、职工三者之间的责、权、利关系。项目经理开始工作

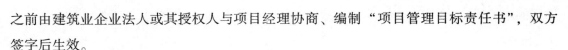

之前由建筑业企业法人或其授权人与项目经理协商、编制"项目管理目标责任书"，双方签字后生效。

项目经理责任制是以施工项目为对象，以项目经理全面负责为前提，以"项目管理目标责任书"为依据，以创优质工程为目标，以求得项目的最佳经济效益为目的，实行的一次性、全过程的管理。

（五）项目经理责任制的作用与特点

1. 项目经理责任制的作用

实行项目管理必须实现项目经理责任制。项目经理责任制是完成建设单位和国家对建筑业企业要求的最终落脚点。因此，必须规范项目管理，通过强化建立项目经理全面组织生产诸要素优化配置的责任、权力、利益和风险机制，更有利于对施工项目、工期、质量、成本、安全等各项目标实施强有力的管理，使项目经理有动力和压力，也有法律依据。

项目经理责任制的作用如下：

（1）明确项目经理与企业和职工三者之间的责、权、利、效关系。

（2）有利于运用经济手段强化对施工项目的法制管理。

（3）有利于项目规范化、科学化管理和提高产品质量。

（4）有利于促进和提高企业项目管理的经济效益和社会效益。

2. 项目经理责任制的特点

（1）对象终一性。以工程施工项目为对象，实行施工全过程的全面一次性负责。

（2）主体直接性。在项目经理负责的前提下，实行全员管理，指标考核、标价分离、项目核算，确保上缴集约增效、超额奖励的复合型指标责任制。

（3）内容全面性。根据先进、合理、可行的原则，以保证工程质量、缩短工期、降低成本、保证安全和文明施工等各项指标为内容的全过程的目标责任制。

（4）责任风险性。项目经理责任制充分体现了"指标突出、责任明确、利益直接、考核严格"的基本要求。

（六）项目经理责任制的原则和条件

1. 项目经理责任制的原则

实行项目经理责任制有以下原则：

（1）实事求是

实事求是的原则就是从实际出发，做到具有先进性、合理性、可行性。不同的工程和不同的施工条件，其承担的技术经济指标不同，不同职称的人员实行不同的岗位责任，不追求形式。

（2）兼顾企业、责任者、职工三者的利益

企业的利益放在首位，维护责任者和职工个人的正当利益，避免人为的分配不公，切实贯彻按劳分配、多劳多得的原则。

（3）责、权、利、效统一

尽到责任是项目经理责任制的目标，以"责"授"权"、以"权"保"责"，以"利"激励尽"责"。"效"是经济效益和社会效益，是考核尽"责"水平的尺度。

（4）重在管理

项目经理责任制必须强调管理的重要性。因为承担责任是手段，效益是目的，管理是动力。没有强有力的管理，"效益"不易实现。

2. 项目经理责任制的条件

实施项目经理责任制应具备下列条件：

（1）工程任务落实、开工手续齐全，有切实可行的施工组织设计。

（2）各种工程技术资料齐全、劳动力及施工设施已配备，主要原材料已落实并能按计划提供。

（3）有一个懂技术、会管理、敢负责的人才组成的精干、得力的高效的项目管理班子。

（4）赋予项目经理足够的权力，并明确其利益。

（5）企业的管理层与劳务作业层分开。

（七）项目经理部的作用

项目经理部是施工项目管理的工作班子，置于项目经理的领导之下。在施工项目管理中有以下作用：

（1）项目经理部在项目经理的领导下，作为项目管理的组织机构，负责施工项目从开工到竣工的全过程施工生产的管理，是企业在某一工程项目上的管理层，同时对作业层负有管理与服务的双重职能。

（2）项目经理部是项目经理的办事机构，为项目经理决策提供信息依据，当好参谋。同时，又要执行项目经理的决策意图，向项目经理负责。

（3）项目经理部是一个组织体，其作用包括完成企业所赋予的基本任务——项目管理与专业管理等。要具有凝聚管理人员的力量并调动其积极性，促进管理人员的合作；协调部门之间、管理人员之间的关系，发挥每个人的岗位作用；贯彻项目经理责任制，搞好管

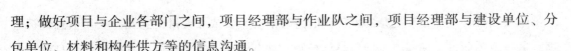

理；做好项目与企业各部门之间，项目经理部与作业队之间，项目经理部与建设单位、分包单位、材料和构件供方等的信息沟通。

（4）项目经理部是代表企业履行工程承包合同的主体，对项目产品和业主全面、全过程负责；通过履行合同主体与管理实体地位的影响力，使每个项目经理部成为市场竞争的成员。

（八）项目经理部建立原则

（1）要根据所选择的项目组织形式设置项目经理部。不同的组织形式对施工项目管理部的管理力量和管理职责提出了不同的要求，同时也提供了不同的管理环境。

（2）要根据施工项目的规模、复杂程度和专业特点设置项目经理部。项目经理部规模大、中、小的不同，职能部门的设置相应不同。

（3）项目经理部是一个弹性的、一次性的管理组织，应随工程任务的变化而进行调整。工程交工后项目经理部应解体，不应有固定的施工设备及固定的作业队伍。

（4）项目经理部的人员配置应面向施工现场，满足施工现场的计划与调度、技术与质量、成本与核算、劳务与物资、安全与文明施工的需要，而不应设置研究与发展、政工与人事等与项目施工关系较少的非生产性管理部门。

（5）应建立有益于组织运转的管理制度。

（九）施工项目的合同管理

由于施工项目管理是在市场条件下进行的特殊交易活动的管理，这种交易活动从投标开始，持续于项目实施的全过程，因此必须依法签订合同。合同管理的好坏直接关系到项目管理及工程施工技术经济效果和目标的实现，因此要严格执行合同条款约定，进行履约经营，保证工程项目顺利进行。合同管理势必涉及国内和国际上有关法规和合同文本、合同条件，在合同管理中应予以高度重视。为了取得更多的经济效益，还必须重视索赔，研究索赔方法、策略和技巧。

（十）施工项目的信息管理

项目信息管理旨在适应项目管理的需要，为预测未来和正确决策提供依据，提高管理水平。项目经理部应建立项目信息管理系统，优化信息结构，实现项目管理信息化。项目信息包括项目经理部在项目管理过程中形成的各种数据、表格、图纸、文字、音像资料等。项目经理部应负责收集、整理、管理本项目范围内的信息。项目信息收集应随工程的进展进行，保证真实、准确。

施工项目管理是一项复杂的现代化的管理活动，要依靠大量信息及对大量信息进行管理。进行施工项目管理和施工项目目标控制、动态管理，必须依靠计算机项目信息管理系统，获得项目管理所需要的大量信息，并使信息资源共享。另外，要注意信息的收集与储存，使本项目的经验和教训得到记录和保留，为以后的项目管理提供必要的资料。

（十一）组织协调

组织协调是指以一定的组织形式、手段和方法，对项目管理中产生的关系不畅进行疏通，对产生的干扰和障碍进行排除的活动。

（1）协调要依托一定的组织、形式的手段。

（2）协调要有处理突发事件的机制和应变能力。

（3）协调要为控制服务，协调与控制的目的，都是保证目标实现。

三、建设项目管理模式

建设项目管理模式对项目的规划、控制、协调起着重要的作用。不同的管理模式有不同的管理特点。目前国内外较为常用的建设工程项目管理模式有：工程建设指挥部模式、传统管理模式、建筑工程管理模式（CM模式）、设计—采购—建造（EPC）交钥匙模式、BOT（建造—运营—移交）模式、设计—管理模式、管理承包模式、项目管理模式、更替型合同模式（NC模式）。其中工程建设指挥部模式是我国计划经济时期最常采用的模式，在今天的市场经济条件下，仍有相当一部分建设工程项目采用这种模式。国际上通常采用的模式是后面的八大管理模式，在八大管理模式中，最常采用的是传统管理模式，目前世界银行、亚洲开发银行以及国际其他金融组织贷款的建设工程项目，包括采用国际惯例FIDIC（国际咨询工程师联合会）合同条件的建设工程项目均采用这种模式。

（一）工程建设指挥部模式

工程建设指挥部是我国计划经济体制下，大中型基本建设项目管理所采用的一种模式，它主要是以政府派出机构的形式对建设项目的实施进行管理和监督，依靠的是指挥部领导的权威和行政手段，因而在行使建设单位的职能时有较大的权威性，决策、指挥直接有效。尤其是有效地解决征地、拆迁等外部协调难题，以及在建设工期要求紧迫的情况下，能够迅速集中力量，加快工程建设进度。但是由于工程建设指挥部模式采用纯行政手段来管理技能管理活动，存在着以下弊端：

1. 工程建设指挥部缺乏明确的经济责任

工程建设指挥部不是独立的经济实体，缺乏明确的经济责任。政府对工程建设指挥部

没有严格、科学的经济约束，指挥部拥有投资建设管理权，却对投资的使用和回收不承担任何责任。也就是说，作为管理决策者，却不承担决策风险。

2. 管理水平低，投资效益难以保证

工程建设指挥部中的专业管理人员是从本行业相关单位抽调并临时组成的团队，应有的专业人员素质难以保障。而当他们在工程建设过程中积累了一定经验之后，又随着工程项目的建成而转入其他工程岗位。以后即使是再建设新项目，也要重新组建工程建设指挥部。为此，导致工程建设的管理水平难以提高。

3. 忽视了管理的规划和决策职能

工程建设指挥部采用行政管理手段，甚至采用军事作战的方式来管理工程建设，而不善于利用经济的方式和手段。它着重于工程的实现，而忽视了工程建设投资、进度、质量三大目标之间的对立统一关系。它努力追求工程建设的进度目标，却往往不顾投资效益和对工程质量的影响。

由于这种传统的建设项目管理模式自身的先天不足，使得我国工程建设的管理水平和投资效益长期得不到提高，建设投资和质量目标的失控现象也在许多工程中存在。随着我国社会主义市场经济体制的建立和完善，这种管理模式将逐步为项目法人责任制所替代。

（二）传统管理模式

传统管理模式又称为通用管理模式。采用这种管理模式，业主通过竞争性招标将工程施工的任务发包给或委托给报价合理和最具有履约能力的承包商或工程咨询、工程监理单位，并且业主与承包商、工程师签订专业合同。承包商还可以与分包商签订分包合同。涉及材料设备采购的，承包商还可以与供应商签订材料设备采购合同。

这种模式形成于19世纪，目前仍然是国际上最为通用的模式，世界银行贷款、亚洲开发银行贷款项目和采用国际咨询工程师联合会（FIDIC）的合同条件的项目均采用这种模式。

传统管理模式的优点是：由于应用广泛，因而管理方法成熟，各方对有关程序比较熟悉；可自由选择设计人员，对设计进行完全控制；标准化的合同关系；可自由选择咨询人员；采用竞争性投标。

传统管理模式的缺点是：项目周期长，业主的管理费用较高；索赔和变更的费用较高；在明确整个项目的成本之前投入较大。此外，由于承包商无法参与设计阶段的工作，设计的"可施工性"较差，当出现重大的工程变更时，往往会降低施工的效率，甚至造成工期延误；等等。

（三）建筑工程管理模式（CM 模式）

采用建筑工程管理模式，是以项目经理为特征的工程项目管理方式，是从项目开始阶段就由具有设计、施工经验的咨询人员参与到项目实施过程中来，以便为项目的设计、施工等方面提供建议。为此，又称为"管理咨询方式"。

建筑工程管理模式的特点，与传统的管理模式相比较，具有的主要优点有以下几个方面：

1. 设计深度到位

由于承包商在项目初期（设计阶段）就任命了项目经理，他可以在此阶段充分发挥自己的施工经验和管理技能，协同设计班子的其他专业人员一起做好设计，提高设计质量，为此，其设计的"可施工性"好，有利于提高施工效率。

2. 缩短建设周期

由于设计和施工可以平行作业，并且设计未结束便开始招标投标，使设计施工等环节得到合理搭接，可以节省时间，缩短工期，可提前运营，提高投资效益。

（四）设计—采购—建造（EPC）交钥匙模式

EPC 模式是从设计开始，经过招标，委托一家工程公司对"设计—采购—建造"进行总承包，采用固定总价或可调总价合同方式。

EPC 模式的优点是：有利于实现设计、采购、施工各阶段的合理交叉和融合，提高效率，降低成本，节约资金和时间。

EPC 模式的缺点是：承包商要承担大部分风险，为减少双方风险，一般均在基础工程设计完成、主要技术和主要设备均已确定的情况下进行承包。

（五）BOT 模式

BOT 模式即建造—运营—移交模式，它是指东道国政府开放本国基础设施建设和运营市场，吸收国外资金、本国私人或公司资金，授给项目公司特许权，由该公司负责融资和组织建设，建成后负责运营及偿还贷款，在特许期满时将工程移交给东道国政府。

BOT 模式作为一种私人融资方式，其优点是：可以开辟新的公共项目资金渠道，弥补政府资金的不足，吸收更多投资者；减轻政府财政负担和国际债务，优化项目，降低成本；减少政府管理项目的负担；扩大地方政府的资金来源，引进外国的先进技术和管理，转移风险。

BOT 模式的缺点是：建造的规模比较大，技术难题多，时间长，投资高。东道国政府承担

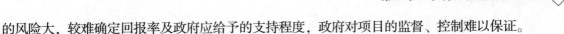

的风险大，较难确定回报率及政府应给予的支持程度，政府对项目的监督、控制难以保证。

第二节　水利工程建设程序与施工组织

一、水利工程建设程序

水利工程的建设周期长，施工场面布置复杂，投资金额巨大，对国民经济的影响不容忽视。工程建设必须遵守合理的建设程序，才能顺利地按时完成工程建设任务，并且能够节省投资。

水利工程建设程序一般分为制作项目建议书、可行性研究、初步设计、施工准备（包括投标设计）、建设实施、生产准备、竣工验收、后评价等阶段。根据国民经济总体要求，项目建议书在流域规划的基础上，提出工程开发的目标和任务，论证工程开发的必要性。可行性研究阶段，对工程进行全面勘测、设计，进行多方案比较，提出工程投资估算，对工程项目在技术上是否可行和经济上是否合理进行科学的论证和分析，提出可行性研究报告。项目评估由上级组织的专家组进行，全面评估项目的可行性和合理性。项目立项后，顺序进行初步设计、技术设计（招标设计）和技施设计，并进行主体工程的实施。工程建成后经过试运行期，即可投产运行。

二、水利工程施工组织

（一）施工方案、设备的确定

在施工工程的组织设计方案研究中，施工方案的确定和设备及劳动力组合的安排和规划是重要的内容。

1. 施工方案选择原则

在具体施工项目的方案确定时，需要遵循以下几条原则：

（1）确定施工方案时尽量选择施工总工期时间短、项目工程辅助工程量小、施工附加工程量小、施工成本低的方案。

（2）确定施工方案时尽量选择先后顺序工作之间、土建工程和机电安装之间、各项程序之间互相干扰小、协调均衡的方案。

（3）确定施工方案时要确保选择的技术先进、可靠。

（4）确定施工方案时着重考虑施工强度和施工资源等因素，保证施工设备、施工材料、劳动力等需求之间处于均衡状态。

2. 施工设备及劳动力组合选择原则

在确定劳动力组合的具体安排以及施工设备的选择上，施工单位要尽量遵循以下几条原则：

（1）施工设备选择原则

施工单位在选择和确定施工设备时要注意遵循以下原则：

①施工设备尽可能地符合施工场地条件，符合施工设计和要求，并能保证施工项目保质保量地完成。

②施工项目工程设备要具备机动、灵活、可调节的性质，并且在使用过程中能达到高效低耗的效果。

③施工单位要事先进行市场调查，以各单项工程的工程量、工程强度、施工方案等为依据，确定合适的配套设备。

④尽量选择通用性强、可以在施工项目的不同阶段和不同工程活动中反复使用的设备。

⑤应选择价格较低、容易获得零部件的设备，尽量保证设备便于维护、维修、保养。

（2）劳动力组合选择原则

施工单位在选择和确定劳动力组合时要注意遵循以下原则：

①劳动力组合要保证生产能力可以满足施工强度要求。

②施工单位需要事先进行调查研究，确保劳动力组合能满足各个单项工程的工程量和施工强度。

③在选择配套设备的基础上，要按照工作面、工作班制、施工方案等确定最合理的劳动力组合，混合劳动力工种，实现劳动力组合的最优化。

（二）主体工程施工方案

水利工程涉及多种工种，其中主体工程施工主要包括地基处理、混凝土施工、碾压式土石坝施工等。而各项主体施工还包括多项具体工程项目。下面重点研究在进行混凝土施工和碾压式土石坝施工时，施工组织设计方案的选择应遵循的原则。

1. 混凝土施工方案选择原则

混凝土施工方案选择主要包括混凝土主体施工方案选择、浇筑设备确定、模板选择、坝体选择等内容。

（1）混凝土主体施工方案选择原则

在进行混凝土主体施工方案确定时，施工单位应该注意以下几个原则：

①混凝土施工过程中，生产、运输、浇筑等环节要保证衔接的顺畅和合理。

②混凝土施工的机械化程度要符合施工项目的实际需求，保证施工项目按质按量完成，并且能在一定程度上促进工程工期和进度的加快。

③混凝土施工方案要保证施工技术先进、设备配套合理、生产效率高。

④混凝土施工方案要保证混凝土可以得到连续生产，并且在运输过程中尽可能减少中转环节，缩短运输距离，保证温控措施可控、简便。

⑤混凝土施工方案要保证混凝土在初期、中期以及后期的浇筑强度可以得到平衡的协调。

⑥混凝土施工方案要保证混凝土施工和机电安装之间存在的相互干扰尽可能少。

（2）混凝土浇筑设备选择原则

混凝土浇筑设备的选择要考虑多方面的因素，比如，混凝土浇筑程序能否适应工程强度和进度，各期混凝土浇筑部位和高程与供料线路之间能否平衡协调，等等。具体来说，在选择混凝土浇筑设备时，要注意以下几条原则：

①混凝土浇筑设备的起吊设备能对整个平面和高程上的浇筑部位形成控制。

②保持混凝土浇筑主要设备型号统一，确保设备生产效率稳定、性能良好，其配套设备能发挥主要设备的生产能力。

③混凝土浇筑设备要能在连续的工作环境中保持稳定运行，并具有较高的利用效率。

④混凝土浇筑设备在工程项目中不需要完成浇筑任务的间隙可以承担起模板、金属构件、小型设备等的吊运工作。

⑤混凝土浇筑设备不会因为压块而导致施工工期的延误。

⑥混凝土浇筑设备的生产能力要在满足一般生产的情况下，尽可能满足浇筑高峰期的生产要求。

⑦混凝土浇筑设备应该具有保证混凝土质量的保障措施。

（3）模板选择原则

在选择混凝土模板时，施工单位应当注意以下原则：

①模板的类型要符合施工工程结构物的外形轮廓，便于操作。

②模板的结构形式应该尽可能标准化、系列化，保证模板便于制作、安装、拆卸。

③在有条件的情况下，应尽量选择混凝土或钢筋混凝土模板。

（4）坝体接缝灌浆设计原则

在坝体的接缝灌浆时应注意考虑以下几个方面：

①接缝灌浆应该发生在灌浆区及以上部位达到坝体稳定温度时，在采取有效措施的基础上，混凝土的保质期应该长于四个月。

②在同一坝缝内的不同灌浆分区之间的高度应该为 10~15 m。

③要根据双曲拱坝施工期来确定封拱灌浆高程，以及浇筑层顶面间的限定高度差值。

④对空腹坝进行封顶灌浆，或受气温影响较大的坝体进行接缝灌浆时，应尽可能采用坝体相对稳定且温度较低的设备进行。

2. 碾压式土石坝施工方案选择原则

在进行碾压式土石坝施工方案选择时，要事先对工程所在地的气候、自然条件进行调查，收集相关资料，统计降水、气温等多种因素的信息，并分析它们可能对碾压式土石坝材料的影响程度。

（1）碾压式土石坝料场规划原则

在确定碾压式土石坝的料场时，应注意遵循以下原则：

①碾压式土石坝料场的料物物理学性质要符合碾压式土石坝坝体的用料要求，尽可能保证物料质地的统一。

②料场的物料应相对集中存放，总储量要保证能满足工程项目的施工要求。

③碾压式土石坝料场要保证有一定的备用料区，并保留一部分料场以供坝体合龙和抢拦洪高程用。

④以不同的坝体部位为依据，选择不同的料场进行使用，避免不必要的坝料加工。

⑤碾压式土石坝料场最好具有剥离层薄、便于开采的特点，并且应尽量选择获得坝料效率较高的料场。

⑥碾压式土石坝料场应满足采集面开阔、料场运输距离短的要求，并且周围存在足够的废料处理场。

⑦碾压式土石坝料场应尽量少地占用耕地或林场。

（2）碾压式土石坝料场供应原则

碾压式土石坝料场的供应应当遵循以下原则：

①碾压式土石坝料场的供应要满足施工项目的工程和强度需求。

②碾压式土石坝料场的供应要充分利用开挖渣料，通过高料高用、低料低用等措施保证料物的使用效率。

③尽量使用天然砂石料用作垫层、过滤和反滤，在附近没有天然砂石料的情况下，再选择人工料。

④应尽可能避免料物的堆放，如果避免不了，就将堆料场安排在坝区上坝道路上，并要保证防洪、排水等一系列措施的跟进。

⑤碾压式土石坝料场的供应尽可能减少料物和弃渣的运输量，保证料场平整，防止水土流失。

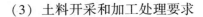

（3）土料开采和加工处理要求

在进行土料开采和加工处理时，要注意满足以下要求：

①以土层厚度、土料物理学特征、施工项目特征等为依据，确定料场的主次并进行区分开采。

②碾压式土石坝料场土料的开采加工能力应能满足坝体填筑强度的需求。

③要时刻关注碾压式土石坝料场天然含水量的高低，一旦出现过高或过低的状况，要采用一定具体措施加以调整。

④如果开采的土料物理力学特性无法满足施工设计和施工要求，那么应选择对采用人工砾质土的可能性进行分析。

⑤对施工场地、料场输送线路、表土堆存场等进行统筹规划，必要情况下还要对还耕进行规划。

（4）坝料上坝运输方式选择原则

在选择坝料上坝运输方式的过程中，要考虑运输量、开采能力、运输距离、运输费用、地形条件等多方面因素，具体来说，要遵循以下原则：

①坝料上坝运输方式要能满足施工项目填筑强度的需求。

②坝料上坝的运输在过程中不能和其他物料混掺，以免污染和降低料物的物理力学性能。

③各种坝料应尽量选用相同的上坝运输方式和运输设备。

④坝料上坝使用的临时设备应具有设施简易、便于装卸、装备工程量小的特点。

⑤坝料上坝尽量选择中转环节少、费用较低的运输方式。

（5）施工上坝道路布置原则

施工上坝道路的布置应遵循以下原则：

①施工上坝道路的各路段要能满足施工项目坝料运输强度的需求，并综合考虑各路段运输总量、使用期限、运输车辆类型和气候条件等多项因素，最终确定施工上坝的道路布置。

②施工上坝道路要能兼顾当地地形条件，保证运输过程中不出现中断的现象。

③施工上坝道路要能兼顾其他施工运输，如施工期过坝运输等，尽量和永久公路相结合。

④在限制运输坡长的情况下，施工上坝道路的最大纵坡不能大于15%。

（6）碾压式土石坝施工机械配套原则

确定碾压式土石坝施工机械的配套方案时应遵循以下原则：

①确定碾压式土石坝施工机械的配套方案要能在一定程度上保证施工机械化水平的提升。

②各种坝面作业的机械化水平应尽可能保持一致。

③碾压式土石坝施工机械的设备数量应该根据施工高峰时期的平均强度进行计算和安排，并适当留有余地。

第三节 施工组织总设计

一、施工组织总设计概述

施工组织总设计是水利工程设计文件的重要组成部分，是编制工程投资估算、总概算和招标投标文件的主要依据，是工程建设和施工管理的指导性文件。认真做好施工组织设计对正确选定坝址、坝型，枢纽布置、整体优化设计方案、合理组织工程施工、保证工程质量、缩短建设周期、降低工程造价都有十分重要的作用。

在进行施工组织总设计编制时，应依据现状、相关文件和试验成果等，具体如下：

1. 可行性研究报告及审批意见、设计任务书、上级单位对本工程建设的要求或批件。

2. 工程所在地区有关基本建设的法规或条例、地方政府对本工程建设的要求。

3. 国民经济各有关部门（铁道、交通、林业、灌溉、旅游、环保、城镇供水等）对本工程建设期间有关要求及协议。

4. 当前水利工程建设的施工装备、管理水平和技术特点。

5. 工程所在地区和河流的自然条件（地形、地质、水文、气象特征和当地建材情况等）、施工电源、水源及水质、交通、环保、旅游、防洪、灌溉、航运、过木、供水等现状和近期发展规划。

6. 当地城镇现有修配、加工能力，生活、生产物资和劳动力供应条件，居民生活、卫生习惯等。

7. 施工导流及通航过木等水工模型试验、各种原材料试验、混凝土配合比试验、重要结构模型试验、岩土物理力学试验等成果。

8. 工程有关工艺试验或生产性试验成果。

9. 勘测、设计各专业有关成果。

二、施工方案

研究主体工程施工是为了正确选择水工枢纽布置和建筑物型式，保证工程质量与施工安全，论证施工总进度的合理性和可行性，并为编制工程概算提供需求的资料。

（一）施工方案选择原则

1. 施工期短、辅助工程量及施工附加量小、施工成本低。

2. 先后作业之间、土建工程与机电安装之间、各道工序之间协调均衡，干扰较小。

3. 技术先进、可靠。

4. 施工强度和施工设备、材料、劳动力等资源需求均衡。

（二）施工设备选择及劳动力组合原则

1. 适应工地条件，符合设计和施工要求；保证工程质量；生产能力满足施工强度要求。

2. 设备性能机动、灵活、高效、能耗低、运行安全可靠。

3. 通过市场调查，应按各单项工程工作面、施工强度、施工方法进行设备配套选择，使各类设备均能充分发挥效率。

4. 通用性强，能在先后施工的工程项目中重复使用。

5. 设备购置及运行费用较低，易于获得零配件，便于维修、保养、管理、调度。

6. 在设备选择配套的基础上，应按工作面、工作班制、施工方法以混合工种结合国内平均先进水平进行劳动力优化组合设计。

（三）主体工程施工

水利工程施工涉及工种很多，其中主体工程施工包括土石方明挖、地基处理、混凝土施工、碾压式土石坝施工、地下工程施工等。下面介绍其中两项工程量较大、工期较长的主体工程施工。

1. 混凝土施工

（1）混凝土施工方案选择原则：

①混凝土生产、运输、浇筑、温控防裂等各施工环节衔接合理；

②施工机械化程度符合工程实际，保证工程质量，加快工程进度和节约工程投资；

③施工工艺先进，设备配套合理，综合生产效率高；

④能连续生产混凝土，运输过程的中转环节少、运距短，温控措施简易、可靠；

⑤初、中、后期浇筑强度协调平衡；

⑥混凝土施工与机电安装之间干扰少。

（2）混凝土浇筑程序、各期浇筑部位和高程应与供料线路、起吊设备布置和机电安装进度相协调，并符合相邻块高差及温控防裂等有关规定。各期工程形象进度应能适应截流、拦洪度汛、封孔蓄水等要求。

（3）混凝土浇筑设备选择原则：

①起吊设备能控制整个平面和高程上的浇筑部位；

②主要设备型号单一，性能良好，生产率高，配套设备能发挥主要设备的生产能力；

③在固定的工作范围内能连续工作，设备利用率高；

④浇筑间歇能承担模板、金属构件及仓面小型设备吊运等辅助工作；

⑤不压浇筑块，或不因压块而延长浇筑工期；

⑥生产能力在保证工程质量前提下满足高峰时段浇筑强度要求；

⑦混凝土宜直接起吊入仓，若用带式输送机或自卸汽车入仓卸料时，应有保证混凝土质量的可靠措施；

⑧当混凝土运距较远，可用混凝土搅拌运输车，防止混凝土出现离析或初凝，保证混凝土质量。

（4）模板选择原则：

①模板类型应适合结构物外形轮廓，有利于机械化操作和提高周转次数；

②有条件部位宜优先用混凝土或钢筋混凝土模板，并尽量多用钢模、少用木模；

③结构型式应力求标准化、系列化，便于制作、安装、拆卸和提升，条件适合时应优先选用滑模和悬臂式钢模。

（5）坝体分缝应结合水工要求确定。最大浇筑仓面尺寸在分析混凝土性能、浇筑设备能力、温控防裂措施和工期要求等因素后确定。

（6）坝体接缝灌浆应考虑：

①接缝灌浆应待灌浆区及以上冷却层混凝土达到坝体稳定温度或设计规定值后进行，在采取有效措施情况下，混凝土龄期不宜短于4个月；

②同一坝缝内灌浆分区高度10~15 m；

③应根据双曲拱坝施工期应力确定封拱灌浆高程和浇筑层顶面间的允许高差；

④对空腹坝封顶灌浆，或受气温年变化影响较大的坝体接缝灌浆，宜采用较坝体稳定温度更低的超冷温度。

（7）用平浇法浇筑混凝土时，设备生产能力应能确保混凝土初凝前将仓面覆盖完毕；当仓面面积过大，设备生产能力不能满足时，可用台阶法浇筑。

（8）大体积混凝土施工必须进行温控防裂设计，采用有效的温控防裂措施以满足温控要求。有条件时宜用系统分析方法确定各种措施的最优组合。

（9）在多雨地区雨季施工时，应掌握分析当地历年降雨资料，包括降雨强度、频度和一次降雨延续时间，并分析雨日停工对施工进度的影响和采取防雨措施的可能性与经济性。

（10）低温季节混凝土施工必要性应根据总进度及技术经济比较论证后确定。在低温季节进行混凝土施工时，应做好保温防冻措施。

2. 碾压式土石坝施工

（1）认真分析工程所在地区气象台（站）的长期观测资料。统计降水、气温、蒸发等各种气象要素不同量级出现的天数，确定对各种坝料施工影响程度。

（2）料场规划原则：

①料物物理力学性质符合坝体用料要求，质地较均一；

②贮量相对集中，料层厚，总贮量能满足坝体填筑需用量；

③有一定的备用料区，保留部分近料场作为坝体合龙和抢拦洪高程用；

④按坝体不同部位合理使用各种不同的料场，减少坝料加工；

⑤料场剥离层薄，便于开采，获得率较高；

⑥采集工作面开阔、料物运距较短，附近有足够的废料堆场；

⑦不占或少占耕地、林场。

（3）料场供应原则：

①必须满足坝体各部位施工强度要求；

②充分利用开挖渣料，做到就近取料、高料高用、低料低用，避免上下游料物交叉使用；

③垫层料、过渡层和反滤料一般宜用天然砂石料，工程附近缺乏天然砂石料或使用天然砂石料不经济时，方可采用人工料；

④减少料物堆存、倒运，必须堆存时，堆料场宜靠近坝区上坝道路，并应有防洪、排水、防料物污染、防分离和散失的措施；

⑤力求使料物及弃渣的总运输量最小。做好料场平整，防止水土流失。

（4）土料开采和加工处理：

①根据土层厚度、土料物理力学特性、施工特性和天然含水量等条件研究确定主次料场，分区开采；

②开采加工能力应能满足坝体填筑强度要求；

③若料场天然含水量偏高或偏低，应通过技术经济比较选择具体措施进行调整，增减土料含水量宜在料场进行；

④若土料物理力学特性不能满足设计和施工要求，应研究使用人工砾质土的可能性；

⑤统筹规划施工场地、出料线路和表土堆存场，必要时应做还耕规划。

（5）坝料上坝运输方式应根据运输量、开采、运输设备型号、运距和运费、地形条件，以及临建工程量等资料，通过技术经济比较后选定。并考虑以下原则：

①满足填筑强度要求；

②在运输过程中不得掺混、污染和降低料物理力学性能；

③各种坝料尽量采用相同的上坝方式和通用设备；

④临时设施简易，准备工程量小；

⑤运输的中转环节少；

⑥运输费用较低。

（6）施工上坝道路布置原则：

①各路段标准原则满足坝料运输强度要求，在认真分析各路段运输总量、使用期限、运输车型和当地气象条件等因素后确定；

②能兼顾地形条件，各期上坝道路能衔接使用，运输不致中断；

③能兼顾其他施工运输、两岸交通和施工期过坝运输，尽可能与永久公路结合；

④在限制坡长条件下，道路最大纵坡不大于15%。

（7）上料用自卸汽车运输上坝时，用进占法卸料，铺土厚度根据土料性质和压实设备性能通过现场试验或工程类比法确定，压实设备可根据土料性质、细颗粒含量和含水量等因素选择。

（8）土料施工尽可能安排在少雨季节，若在雨季或多雨地区施工，应选用适合的土料和施工方法，并采取可靠的防雨措施。

（9）寒冷地区当日平均气温低于0℃时，黏性土按低温季节施工；当日平均气温低于-10℃时，一般不宜填筑土料，否则应进行技术经济论证。

（10）面板堆石坝的面板垫层为级配良好的半透水细料，要求压实密度较高。垫层下游排水必须通畅。

（11）混凝土面板堆石坝上游坝坡用振动平碾，在坝面顺坡分级压实，分级长度一般为10~20 m；也可用夯板随坝面升高逐层夯实。压实平整后的边坡用沥青乳胶或喷混凝土固定。

（12）混凝土面板垂直缝间距应以有利滑模操作、适应混凝土供料能力、便于组织仓面作业为准，一般用高度不大的面板，坝一般不设水平缝。高面板坝由于坝体施工期度汛或初期蓄水发电需要，混凝土面板可设置水平缝分期度汛。

（13）混凝土面板浇筑宜用滑模自下而上分条进行，滑模滑行速度通过实验选定。

（14）沥青混凝土面板堆石坝的沥青混合料宜用汽车配保温吊罐运输，坝面上设喂料车、摊铺机、震动碾和牵引卷扬台车等专用设备。面板宜一期铺筑，当坝坡长大于120 m或因度汛需要，也可分两期铺筑，但两期间的水平缝应加热处理。纵向铺筑宽度一般为3~4 m。

（15）沥青混凝土心墙的铺筑层厚宜通过碾压试验确定，一般可采用20~30 cm。铺筑与两侧过渡层填筑尽量平起平压，两者离差不大于3 m。

（16）寒冷地区沥青混凝土施工不宜裸露越冬，越冬前已浇筑的沥青混凝土应采取保护措施。

（17）坝面作业规划：

①土质防渗体应与其上、下游反滤料及坝壳部分平起填筑；

②垫层料与部分坝壳料均宜平起填筑，当反滤料或垫层料施工滞后于堆后棱体时，应预留施工场地；

③混凝土面板及沥青混凝土面板宜安排在少雨季节施工，坝面上应有足够施工场地；

④各种坝料铺料方法及设备宜尽量一致，并重视接合部位填筑措施，力求减少施工辅助设施。

（18）碾压式土石坝施工机械选型配套原则：

①提高施工机械化水平；

②各种坝料坝面作业的机械化水平应协调一致；

③各种设备数量按施工高峰时段的平均强度计算，适当留有余地；

④振动碾的碾型和碾重根据料场性质、分层厚度、压实要求等条件确定。

三、施工总进度计划

编制施工总进度时，应根据国民经济发展需要，采取积极有效措施满足主管部门或业主对施工总工期提出的要求。如果确认要求工期过短或过长，施工难以实现或代价过大，应以合理工期报批。

（一）工程建设施工阶段

1. 工程筹建期

工程筹建期为工程正式开工前由业主单位负责为承包单位进场开工创造条件所需的时间。筹建工作有对外交通、施工用电、通信、征地、移民以及招标、评标、签约等。

2. 工程准备期

工程准备期为准备工程开工起至河床基坑开挖（河床式）或主体工程开工（引水式）前的工期。所做的必要准备工程一般包括场地平整、场内交通、导流工程、临时建房和施工工厂等。

3. 主体工程施工期

主体工程施工期一般为从河床基坑开挖或从引水道或厂房开工起，至第一台机组发电或工程开始受益为止的期限。

4. 工程完建期

工程完建期为自水电站第一台机组投入运行或工程开始受益起，至工程竣工止的工期。

工程施工总工期为后三项工期之和。并非所有工程的四个建设阶段均能截然分开，某些工程的相邻两个阶段工作也可交错进行。

（二）施工总进度的表示形式

根据工程不同情况分别采用以下三种形式：

1. 横道图

具有简单、直观等优点。

2. 网络图

可从大量工程项目中表示控制总工期的关键路线，便于反馈、优化。

3. 斜线图

易于体现流水作业。

（三）主体工程施工进度编制

1. 坝基开挖与地基处理工程施工进度

（1）坝基岸坡开挖一般与导流工程平行施工，并在河流截流前基本完成。平原地区的水利工程和河床式水电站如施工条件特殊，也可两岸坝基与河床坝基交叉进行开挖，但以不延长总工期为原则。

（2）基坑排水一般安排在围堰水下部分防渗设施基本完成之后、河床地基开挖前进行。对土石围堰与软质地基的基坑，应控制排水下降速度。

（3）不良地质地基处理宜安排在建筑物覆盖前完成。固结灌浆时间可与混凝土浇筑交叉作业，经过论证，也可在混凝土浇筑前进行。帷幕灌浆可在坝基面或廊道内进行，不占直线工期，并应在蓄水前完成。

（4）两岸岸坡有地质缺陷的坝基，应根据地基处理方案安排施工工期，当处理部位在坝基范围以外或地下时，可考虑与坝体浇筑（填筑）同时进行，在水库蓄水前按设计要求处理完毕。

（5）采用过水围堰导流方案时，应分析围堰过水期限及过水前后对工期带来的影响，在多泥砂河流上应考虑围堰过水后清淤所需工期。

（6）地基处理工程进度应根据地质条件、处理方案、工程量、施工程序、施工水平、设备生产能力和总进度要求等因素研究确定。对处理复杂、技术要求高、对总工期起控制作用的深覆盖层的地基处理应做深入分析，合理安排工期。

（7）根据基坑开挖面积、岩土等级、开挖方法及按工作面分配的施工设备性能、数量等分析计算坝基开挖强度及相应的工期。

2. 混凝土工程施工进度

（1）在安排混凝土工程施工进度时，应分析有效工作天数，大型工程经论证后若须加快浇筑进度，可分别在冬、雨、夏季采取确保施工质量的措施后施工。一般情况下，混凝土浇筑的月工作日数可按 25 d 计算。对控制直线工期工程的工作日数，宜将气象因素影响的停工天数从设计日历天数中扣除。

（2）混凝土的平均升高速度与坝型、浇筑块数量、浇筑块高、浇筑设备能力以及温控要求等因素有关，一般通过浇筑排块确定。

大型工程宜尽可能应用计算机模拟技术，分析坝体浇筑强度、升高速度和浇筑工期。

（3）混凝土坝施工期历年度汛高程与工程面貌按施工导流要求确定，如施工进度难于满足导流要求，则可相互调整，确保工程度汛安全。

（4）混凝土的接缝灌浆进度（包括厂坝间接缝灌浆）应满足施工期度汛与水库蓄水安全要求，并结合温控措施与二期冷却进度要求确定。

（5）混凝土坝浇筑期的月不均衡系数：①大型工程宜小于 2；②中型工程宜小于 2.3。

3. 碾压式土石坝施工进度

（1）碾压式土石坝施工进度应根据导流与安全度汛要求安排，研究坝体的拦洪方案，论证上坝强度，确保大坝按期达到设计拦洪高程。

（2）坝体填筑强度拟定原则：

①满足总工期以及各高峰期的工程形象要求，且各强度较为均衡；

②月高峰填筑量与填筑总量比例协调，一般可取 1：20～1：40；

③坝面填筑强度应与料场出料能力、运输能力协调；

④水文、气象条件对土石坝各种坝料的施工进度有不同程度的影响，须分析相应的有效施工工日，一般应按照有关规范要求结合本地区水文、气象条件参考附近已建工程综合分析确定；

⑤土石坝上升速度主要受塑性心墙（或斜墙）的上升速度控制，而心墙或斜墙的上升速度又和土料性能、有效工作日、工作面、运输与碾压设备性能以及压实参数有关，一般宜通过现场试验确定；

⑥碾压式土石坝填筑期的月不均衡系数宜小于 2.0。

4. 地下工程施工进度

地下工程施工进度受工程地质和水文地质影响较大，各单项工程施工程序互相制约，安排时应统筹兼顾开挖、支护、浇筑、灌浆、金属结构、机电安装等各个工序。

（1）地下工程一般可全年施工，具体安排施工进度时，应根据各工程项目规模、地质条件、施工方法及设备配套情况，用关键线路法确定施工程序和各洞室、各工序间的相互衔接和最优工期。

（2）地下工程月进度指标根据地质条件、施工方法、设备性能及工作面情况分析确定。

5. 金属结构及机电安装进度

（1）施工总进度中应考虑预埋件、闸门、启闭设备、引水钢管、水轮发电机组及电气设备的安装工期，妥善协调安装工程与土建工程施工的交叉衔接，并适当留有余地。

（2）对控制安装进度的土建工程（如斜井开挖、支墩浇筑、厂房吊车梁及厂房顶板、副厂房、开关站基础等）交付安装的条件与时间均应在施工进度文件中逐项研究确定。

6. 施工劳动力及主要资源供应

单位工程施工进度计划编制确定以后，根据施工图纸、工程量计算资料、施工方案、施工进度计划等有关技术资料，着手编制劳动力需要量计划，各种主要材料、构件和半成品需要量计划及各种施工机械的需要量计划。它们不仅是为了明确各种技术工人和各种技术物资的需要量，而且还是做好劳动力与物资的供应、平衡、调度、落实的依据，也是施工单位编制月、季生产作业计划的主要依据之一。它们是保证施工进度计划顺利执行的关键。

四、施工总体布置

施工总体布置是在施工期间对施工场区进行的空间组织规划。它是根据施工场区的地形地貌、枢纽布置和各项临时设施布置的要求，研究施工场地的分期、分区、分标布置方案，对施工期间所需的交通运输、施工工厂设施、仓库、房屋、动力供应、给排水管线等在平面上进行总体规划、布置，以做到尽量减小施工相互干扰，并使各项临时设施最有效地为主体工程施工服务，为施工安全、工程质量、加快施工进度提供保证。

（一）设计原则

1. 各项临时设施在平面上的布置应紧凑、合理，尽量减少施工用地，且不占或少占农田。

2. 合理布置施工场区内各项临时设施的位置，在确保场内运输方便、畅通的前提下，尽量缩短运距、减少运量，避免或减少二次搬运，以节约运输成本、提高运输效率。

3. 尽量减少一切临时设施的修建量，节约临时设施费用。为此，要充分利用原有的建筑物、运输道路、给排水系统、电力动力系统等设施为施工服务。

4. 各种生产、生活福利设施均要考虑便于工人的生产、生活。

5. 要满足安全生产、防火、环保、符合当地生产生活习惯等方面的要求。

（二）施工总体布置的方法

1. 场外运输线路的布置

（1）当场外运输主要采用公路运输方式时，场外公路的布置应结合场内仓库、加工厂的布置综合考虑。

（2）当场外运输主要采用铁路运输方式时，要考虑铁路的转弯半径和坡度的限制，确定铁路的起点和进场位置。对于拟建永久性铁路的大型工业企业工地，一般应提前修建铁路专用线，并宜从工地的一侧或两侧引入，以便更好地为施工服务而不影响工地内部的交通运输。

（3）当场外运输主要采用水路运输方式时，应充分利用原有码头的吞吐能力。如须增设码头，则卸货码头应不少于两个，码头宽度应大于 2.5 m。

2. 仓库的布置

仓库一般将某些原有建筑物和拟建的永久性房屋作为临时库房，选择在平坦开阔、交通方便的地方，采用铁路运输方式运至施工现场时，应沿铁路线布置转运仓库和中心仓库。仓库外要有一定的装卸场地，装卸时间较长的还要留出装卸货物时的停车位置，以防较长时间占用道路而影响通行。另外，仓库的布置还应考虑安全、方便等方面的要求。氧气、炸药等易燃易爆物资的仓库应布置在工地边缘、人员较少的地点；油料等易挥发、易燃物资的仓库应设置在拟建工程的下风方向。

3. 仓库物资储备量的计算

仓库物资储备量的确定原则是，既要确保工程施工连续、顺利进行，又要避免因物资大量积压而使仓库面积过大、积压资金，增加投资。

仓库物资储备量的大小通常是根据现场条件、供应条件和运输条件而定。

4. 加工厂的布置

总的布置要求是：使加工用的原材料和加工后的成品、半成品的总运输费用最小，并使加工厂有良好的生产条件，做到加工厂生产与工程施工互不干扰。

各类加工厂的具体布置要求如下：

（1）工地混凝土搅拌站：有集中布置、分散布置、集中与分散相结合布置三种方式。当运输条件较好时，以集中布置较好；当运输条件较差时，以分散布置在各使用地点并靠近井架或布置在塔吊工作范围内为宜；也可根据工地的具体情况，采用集中布置与分散布置相结合的方式。若利用城市的商品混凝土搅拌站，只要商品混凝土的供应能力和输送设备能够满足施工要求，可不设置工地搅拌站。

（2）工地混凝土预制构件厂：一般宜布置在工地边缘、铁路专用线转弯处的扇形地带或场外邻近工地处。

（3）钢筋加工厂：宜布置在接近混凝土预制构件厂或使用钢筋加工品数量较大的施工对象附近。

（4）木材加工厂：原木、锯材的堆场应靠近公路、铁路或水路等主要运输方式的沿线，锯木、成材、粗细木等加工车间和成品堆场应按生产工艺流程布置。

（5）金属结构加工厂、锻工和机修等车间：因为这些加工厂或车间之间在生产上相互联系比较密切，应尽可能布置在一起。

（6）产生有害气体和污染环境的加工厂：如沥青熬制、石灰熟化、石棉加工等加工厂，除应尽量减少毒害和污染外，还应布置在施工现场的下风方向，以便减少对现场施工人员的伤害。

5. 场内运输道路的布置

在规划施工道路中，既要考虑车辆行驶安全、运输方便、连接畅通，又要尽量减少道路的修筑费用。根据仓库、加工厂和施工对象的相互位置，研究施工物资周转运输量的大小，确定主要道路和次要道路，然后进行场内运输道路的规划。连接仓库、加工厂等的主要道路一般应按双行、循环形道路布置。循环形道路的各段尽量设计成直线段，以便提高车速。次要道路可按单行支线布置，但在路端应设置回车场地。

6. 临时生活设施的布置

临时生活设施包括行政管理用房屋、居住生活用房和文化生活福利用房。包括工地办公室、传达室、汽车库、职工宿舍、开水房、招待所、医务室、浴室、小学、图书馆和邮亭等。

工地所需的临时生活设施，应尽量利用原有的准备拆除的或拟建的永久性房屋。工地行政管理用房设置在工地入口处或中心地区；现场办公室应靠近施工地点布置；居住和文化生活福利用房，一般宜建在生活基地或附近村寨内。

7. 供水管网的布置

（1）应尽量提前修建并充分利用拟建的永久性供水管网作为工地临时供水系统，节约修建费用。在保证供水要求的前提下，新建供水管线的长度越短越好，并应适当采用胶皮管、塑料管作为支管，使其具有可移动性，以便于施工。

（2）供水管网的铺设要与场地平整规划协调一致，以防重复开挖；管网的布置要避开拟建工程和室外管沟的位置，以防二次拆迁改建。

（3）临时水塔或蓄水池应设置在地势较高处。

（4）供水管网应按防火要求布置室外消防栓。室外消防栓应靠近十字路口、工地出入

口，并沿道路布置，距路边应不大于 2 m，距建筑物的外墙应不小于 5 m；为兼顾拟建工程防火而设置的室外消防栓，与拟建工程的距离也不应大于 25 m；工地室外消防栓必须设有明显标志，消防栓周围 3 m 范围内不准堆放建筑材料、停放机械设备和搭建临时房屋等；消防栓供水干管的直径不得小于 100 mm。

8. 工地临时供电系统的布置

（1）变压器的选择与布置要求

当施工现场只须设置一台变压器时，供电线路可按枝状布置，变压器应设置在引入电源的安全区域内。

当工地较大，需要设置多台变压器时，应先用一台主降压变压器，将工地附近的 110 kV 或 35 kV 的高压电网上的电压降至 10 kV 或 6 kV，然后通过若干个分变压器将电压降至 380/220 V。主变压器与各分变压器之间采用环状连接布置；每个分变压器到该变压器负担的各用电点的线路可采用枝状布置，分变电器应设置在用电设备集中、用电量大的地方或该变压器所负担区域的中心地带，以尽量缩短供电线路的长度；低压变电器的有效供电半径一般为 400~500 m。

（2）供电线路的布置要求

①工地上的 3 kV、6 kV 或 10 kV 高压线路，可采用架空裸线，其电杆距离为 40~60 m，也可用地下电缆。户外 380/220 V 的低压线路，可采用架空裸线，与建筑物、脚手架等相近时必须采用绝缘架空线，其电杆距离为 25~40 m。分支线和引入线必须从电杆处连接，不得从两杆之间的线路上直接连接。电杆一般采用钢筋混凝土电杆，低压线路也可采用木电杆。

②配电线路宜沿道路的一侧布置，高出地面的距离一般为 4~6 m，要保持线路平直；离开建筑物的安全距离为 6 m，跨越铁路或公路时的高度应不小于 7.5 m；在任何情况下，各供电线路均不得妨碍交通运输和施工机械的进场、退场、装拆及吊装等；同时，要避开堆场、临时设施、开挖的沟槽或后期拟建工程的位置，以免二次拆迁。

③各用电点必须配备与用电设备功率相匹配的由闸刀开关、熔断保险、漏电保护器和插座等组成的配电箱，其高度与安装位置应以操作方便、安全为准；每台用电机械或设备均应分设闸刀开关和熔断器，实行单机单闸，严禁一闸多机。

④设置在室外的配电箱应有防雨措施，严防漏电、短路及触电事故的发生。

（三）施工总布置图的绘制

1. 施工总布置图的内容构成

施工总布置图一般应包括以下内容：

（1）原有地形、地物。

水利工程施工设计研究

（2）一切已建和拟建的地上及地下的永久性建筑物及其他设施。

（3）施工用的一切临时设施，主要包括：

①施工道路、铁路、港口或码头；

②料场位置及弃渣堆放点；

③混凝土拌和站、钢筋加工等各类加工厂、施工机械修配厂、汽车修配厂等；

④各种建筑材料、预制构件和加工品的堆存仓库或堆场，机械设备停放场；

⑤水源、电源、变压器、配电室、供电线路、给排水系统和动力设施；

⑥安全消防设施；

⑦行政管理及生活福利所用房屋和设施；

⑧测量放线用的永久性定位标志桩和水准点等。

2. 施工总布置图绘制的步骤与要求

（1）确定图幅的大小和绘图比例

图幅大小和绘图比例应根据工地大小及布置的内容多少来确定。图幅一般可选用 A1 图纸（841 mm×594 mm）或 A2 图纸（594 mm×420 mm），比例一般采用 1：1000 或 1：2000。

（2）绘制建筑总平面图中的有关内容

将现场测量的方格网，现场原有的并将保留的建筑物、构筑物和运输道路等其他设施按比例准确地绘制在图面上。

（3）绘制各种临时设施

根据施工平面布置要求和面积计算的结果，将所确定的施工道路、仓库堆场、施工机械停放场、搅拌站等的位置、水电管网及动力设施等的布置，按比例准确地绘制在建筑总平面图上。

（4）绘制正式的施工总布置图

在完成各项布置后，再经过分析、比较、优化、调整修改，形成施工总布置图草图，然后再按规范规定的线型、线条、图例等对草图进行加工、修饰，标上指北针、图例等，并做必要的文字说明，则成为正式的施工总布置图。

施工总体布置方案应遵循因地制宜、因时制宜、有利生产、方便生活、易于管理、安全可靠、经济合理的原则，经全面系统比较论证后选定。

（四）施工总体布置方案比较指标

1. 交通道路的主要技术指标包括工程质量、造价、运输费及运输设备需用量。

2. 各方案土石方平衡计算成果，场地平整的土石方工程量和形成时间。

·192·

3. 风、水、电系统管线的主要工程量、材料和设备等。

4. 生产、生活福利设施的建筑物面积和占地面积。

5. 有关施工征地移民的各项指标。

6. 施工工厂的土建、安装工程量。

7. 站场、码头和仓库装卸设备需要量。

8. 其他临建工程量。

（五）施工总体布置及场地选择

施工总体布置应该根据施工需要分阶段逐步形成，满足各阶段施工需要，做好前后衔接，尽量避免后阶段拆迁。初期场地平整范围按施工总体布置最终要求确定。施工总体布置应着重研究以下内容：

1. 施工临时设施项目的划分、组成、规模和布置。

2. 对外交通衔接方式、站场位置、主要交通干线及跨河设施的布置情况。

3. 可资利用场地的相对位置、高程、面积和占地赔偿。

4. 供生产、生活设施布置的场地。

5. 临建工程和永久设施的结合。

6. 前后期结合和重复利用场地的可能性。

若枢纽附近场地狭窄、施工布置困难，可采取适当利用或重复利用库区场地，布置前期施工临建工程，充分利用山坡进行小台阶式布置。提高临时房屋建筑层数和适当缩小间距。利用弃渣填平河滩或冲沟作为施工场地。

（六）施工分区规划

1. 施工总体布置分区

（1）主体工程施工区。

（2）施工工厂区。

（3）当地建材开采区。

（4）仓库、站、场、厂、码头等储运系统。

（5）机电、金属结构和大型施工机械设备安装场地。

（6）工程弃料堆放区。

（7）施工管理中心及各施工工区。

（8）生活福利区。

要求各分区间交通道路布置合理、运输方便可靠、能适应整个工程施工进度和工艺流程要求，尽量避免或减少反向运输和二次倒运。

2. 施工分区规划布置原则

（1）以混凝土建筑物为主的枢纽工程，施工区布置宜以砂、石料开采、加工，混凝土拌和浇筑系统为主；以当地材料坝为主的枢纽工程，施工区布置宜以土石料采挖、加工，堆料场和上坝运输线路为主。

（2）机电设备、金属结构安装场地宜靠近主要安装地点。

（3）施工管理中心设在主体工程、施工工厂和仓库区的适中地段；各施工区应靠近各施工对象。

（4）生活福利设施应考虑风向、日照、噪声、绿化、水源水质等因素，其生产、生活设施应有明显界限。

（5）特种材料仓库（炸药、雷管库、油库等）应根据有关安全规程的要求布置。

（6）主要施工物资仓库、站场、转运站等储运系统一般布置在场内外交通衔接处。外来物资的转运站远离工区时，应在工区按独立系统设置仓库、道路、管理及生活福利设施。

参考文献

［1］ 朱卫东，刘晓芳，孙塘根．水利工程施工与管理［M］．武汉：华中科技大学出版社，2022．

［2］ 张晓涛，高国芳，陈道宇．水利工程与施工管理应用实践［M］．长春：吉林科学技术出版社，2022．

［3］ 赵长清．现代水利施工与项目管理［M］．汕头：汕头大学出版社，2022．

［4］ 王增平．水利水电设计与实践研究［M］．北京：北京工业大学出版社，2022．

［5］ 常宏伟，王德利，袁云．水利工程管理现代化及发展战略［M］．长春：吉林科学技术出版社，2022．

［6］ 杨果林，张红日，罗吉智．陡坡高桥墩桩基稳定性分析及施工关键技术［M］．北京：中国铁道出版社，2022．

［7］ 田育功．现代水工混凝土关键技术［M］．郑州：黄河水利出版社，2022．

［8］ 曹刚，刘应雷，刘斌．现代水利工程施工与管理研究［M］．长春：吉林科学技术出版社，2021．

［9］ 赵静，盖海英，杨琳．水利工程施工与生态环境［M］．长春：吉林科学技术出版社，2021．

［10］ 谢金忠，郑星，刘桂莲．水利工程施工与水环境监督治理［M］．汕头：汕头大学出版社，2021．

［11］ 张燕明．水利工程施工与安全管理研究［M］．长春：吉林科学技术出版社，2021．

［12］ 贺国林，张飞，王飞．中小型水利工程施工监理技术指南［M］．长春：吉林科学技术出版社，2021．

［13］ 廖昌果．水利工程建设与施工优化［M］．长春：吉林科学技术出版社，2021．

［14］ 夏祖伟，王俊，油俊巧．水利工程设计［M］．长春：吉林科学技术出版社，2021．

［15］ 魏永强．现代水利工程项目管理［M］．长春：吉林科学技术出版社，2021．

［16］ 丹建军．水利工程水库治理料场优选研究与工程实践［M］．郑州：黄河水利出版社，2021．

[17] 王君，陈敏，黄维华．现代建筑施工与造价［M］．长春：吉林科学技术出版社，2021．

[18] 李登峰，李尚迪，张中印．水利水电施工与水资源利用［M］．长春：吉林科学技术出版社，2021．

[19] 李永福，吕超，边瑞明．EPC 工程总承包组织管理［M］．北京：中国建材工业出版社，2021．

[20] 谢文鹏，苗兴皓，姜旭民．水利工程施工新技术［M］．北京：中国建材工业出版社，2020．

[21] 张永昌，谢虹等．基于生态环境的水利工程施工与创新管理［M］．郑州：黄河水利出版社，2020．

[22] 赵永前．水利工程施工质量控制与安全管理［M］．郑州：黄河水利出版社，2020．

[23] 刘勇，郑鹏，王庆．水利工程与公路桥梁施工管理［M］．长春：吉林科学技术出版社，2020．

[24] 马志登．水利工程隧洞开挖施工技术［M］．北京：中国水利水电出版社，2020．

[25] 闫文涛，张海东等．水利水电工程施工与项目管理［M］．长春：吉林科学技术出版社，2020．

[26] 张子贤，王文芬．水利工程经济［M］．北京：中国水利水电出版社，2020．

[27] 唐涛．水利水电工程［M］．北京：中国建材工业出版社，2020．

[28] 刘志强，季耀波，孟健婷．水利水电建设项目环境保护与水土保持管理［M］．昆明：云南大学出版社，2020．

[29] 高喜永，段玉洁，于勉．水利工程施工技术与管理［M］．长春：吉林科学技术出版社，2019．

[30] 牛广伟．水利工程施工技术与管理实践［M］．北京：现代出版社，2019．

[31] 姬志军，邓世顺．水利工程与施工管理［M］．哈尔滨：哈尔滨地图出版社，2019．

[32] 史庆军，唐强，冯思远．水利工程施工技术与管理［M］．北京：现代出版社，2019．

[33] 陈雪艳．水利工程施工与管理以及金属结构全过程技术［M］．北京：中国大地出版社，2019．

[34] 高明强，曾政，王波．水利水电工程施工技术研究［M］．延吉：延边大学出版

社，2019.

[35] 孙玉玥，姬志军，孙剑．水利工程规划与设计［M］．长春：吉林科学技术出版社，2019.

[36] 袁俊周，郭磊，王春艳．水利水电工程与管理研究［M］．郑州：黄河水利出版社，2019.

[37] 刘景才，赵晓光，李璇．水资源开发与水利工程建设［M］．长春：吉林科学技术出版社，2019.

[38] 张云鹏，戚立强．水利工程地基处理［M］．北京：中国建材工业出版社，2019.

水利水电工程技术与管理措施探析

彭 鹏 张 庆 邢东华◎著

吉林科学技术出版社

图书在版编目（CIP）数据

水利水电工程技术与管理措施探析 / 彭鹏，张庆，
邢东华著. -- 长春 ：吉林科学技术出版社，2023.7
　ISBN 978-7-5744-0766-4

　Ⅰ．①水… Ⅱ．①彭… ②张… ③邢… Ⅲ．①水利水
电工程－工程管理 Ⅳ．①TV

中国国家版本馆 CIP 数据核字(2023)第 157211 号

水利水电工程技术与管理措施探析

著　　　　彭　鹏　张　庆　邢东华
出 版 人　宛　霞
责任编辑　张伟泽
封面设计　金熙腾达
制　　版　金熙腾达
幅面尺寸　185mm×260mm
开　　本　16
字　　数　290 千字
印　　张　12.75
印　　数　1－1500 册
版　　次　2023年7月第1版
印　　次　2024年2月第1次印刷

出　　版　吉林科学技术出版社
发　　行　吉林科学技术出版社
地　　址　长春市福祉大路5788号
邮　　编　130118
发行部电话/传真　0431-81629529 81629530 81629531
　　　　　　　　　　81629532 81629533 81629534
储运部电话　0431-86059116
编辑部电话　0431-81629518
印　　刷　三河市嵩川印刷有限公司

书　　号　ISBN 978-7-5744-0766-4
定　　价　80.00元

众所周知，水利工程的建设主要是为了能够有效控制地下水与地表水的使用，进而为人们带来众多的便捷，避免发生较严重的水灾害。在水利水电实际施工的过程中，将阀门合理地安装到河道或渠道上，使其能够有效调节水位、控制水流量，确保水利水电工程能够有效实施。相同地区的水利工程在施工的过程中是相辅相成的，同时还能够相互制约。与此同时，单项水利工程在施工的过程中要考虑相关的综合因素，各服务之间不仅有着密切联系，同时也会出现矛盾。因此，水利工程在建设前期必须从多方面考量，才能够制订合理高效的施工方案。

无论是水利水电工程，还是其他工程的建设，都需要各个部门的工作人员高效地完成自身的任务，提高整体工程的质量。然而，在水利水电工程实际施工的过程中，工作人员的综合素质存在一定的差异，部分工程为了能够在规定时间内完成施工建设，进而忽视对施工人员的管理，会严重影响水利水电工程的整体质量，故严禁为了节约成本而减少对施工人员的培训工作。在时代迅速发展的背景下，只有合理地提高施工人员的综合素质，才能够紧跟时代发展的步伐，促使水利水电工程能够高效地完工。

本书是一本研究水利水电工程技术与管理方面的书籍。本书首先从水利水电的基础技术建设展开，详细介绍了施工导流技术与截流、地基处理技术、土石坝与混凝土坝施工技术；其次叙述了水利工程机电设备安装安全技术，其中包括泵站主机泵、水电站水轮机、水电站发电机的安装技术；最后分别对水利水电工程施工组织管理、水电投资与合同管理、水利水电的建筑物运行与养护进行等内容进行详细论述。希望其能够成为一本为相关研究提供参考和借鉴的专业学术著作，供人们阅读。

由于作者水平有限，加之时间仓促，本书难免存在错误和不足之处，诚恳地希望读者批评、指正。

目　录

第一章

施工导流、截流与施工

第一节　施工导流方法

施工单位承担了施工任务后，要尽快做好各项准备工作，创造有利的施工条件，使施工工作能连续、均衡、有节奏、有计划地进行，达到按质、按量、按期完成施工任务的目的。准备工作的内容一般包括：确定施工组织机构及人员配备；对设计文件进一步了解和研究；对施工现场的补充调查和复核，进行施工测量；根据补充调查等重新掌握的情况和资料，结合施工单位的经验和技术条件，对设计中需要变更、改进的地方向建设单位和设计单位提出建议，并通过协商进行修改；根据进一步掌握的情况和资料，对投标时所拟订的施工方案、施工计划、技术措施等重新评价和深入研究，修订或重新编制指导性施工组织设计，同时进行有关的施工设计。

施工准备工作应走在施工之前，并尽可能做得深入、细致，这对保证施工的顺利进行具有决定性的作用，不可嫌其烦琐而草率从事，否则会给施工带来一些不必要的麻烦。

一、施工机构的组织和职工配备

这里所指的施工机构是指为完成施工任务负责现场指挥、管理工作的组织机构。

由于施工内容的多样性和复杂性，施工地区和施工规模的不同，机构组织必须随任务的不同而变动。确定机构组织的原则是：适合任务的需要，便于指挥，便于管理，分工明确，权责具体，有利于发扬职工的积极性、创造性和协作精神；机构力求精简，但又能圆满执行任务；要绝对避免机构臃肿，人浮于事，也要防止职责不明或多头指挥，做到指挥具体及时，事事有人负责。

这是一个比较常见的施工机构组织的例子。公司党组织负责贯彻党的方针政策，配合生产对职工进行政治思想工作，以保证施工任务的顺利完成。公司生产管理工作实行经理负责制。总工程师（或主任工程师）在经理的领导下负责全面技术工作。有时设置办公室为公司总的办事机构，执行经理命令，指挥和协调生产系统及职能部门的工作。职能部门可根据实际需要增减、合并或再细分。生产系统可按有利于生产的原则设置综合性或专业性工程队，按工程部位或区域设置工区，如南（东）岸工区、北（西）岸工区，或下部工区、上部工区等。

生产系统是直接从事生产的组织机构，要由有实际生产经验及组织管理才能的干部领导。根据工程规模的实际需要，在队长或工区主任之下可以设置计划、材料、劳资、统计、安全、质量等工作人员或小组，负责办理各项业务的具体工作。

班组是直接参加施工的劳动组织，一般不设脱产管理人员，而是根据需要由生产人员分工担任记工、领料、保管、质量检查、安全检查等工作。这些人员都是不脱产的。班组的数量及工作性质，应根据工程需要及管理需要在施工组织设计中进行研究和确定。

公司的职能部门是为直接保证生产系统完成施工任务所需而进行一系列管理工作的办事机构，它按工程施工计划及公司领导的意图和指示进行工作，必须有明确的责任、权限和分工，同时要有密切的协作。各个科室下面的小组的设置及人员配备，完全视工作需要决定，不可能定出固定不变的编制。某项工作不需要单独设科时，可以将业务合并到与之关系密切的其他科室中去。例如，有时计划工作可以与技术工作合并由一个科办理，机电工作不太多时，可与材料科合并，组成材料设备科。

党群系统是监督和保证施工任务完成的政治思想工作机构，必须重视这项工作，并充分发挥党群系统的作用。水利水电工程施工工作比较艰苦，工作流动性大，生活无规律，要有健康的身体和坚强的意志，要调动职工的积极性，圆满完成施工任务，必须进行强有力的、深入细致的政治思想工作。这些工作要依靠党、团员和工会骨干一起来做。

工程规模特别大时，可以安排几个公司共同完成，各个公司可以按工程量分段进行分工。各公司之上设立统一指挥调度单位——指挥部或总公司，以便密切协作配合。工程规模比较小，不需要由一个公司承担时，可以由公司所属工程队独立承担，但投标、签订承包合同及结算等一般仍由公司负责办理。

最后，必须特别强调调度室的重要性。调度室负责监督计划的执行，根据生产进展情况，随时进行计划平衡工作，发布调整计划的命令，它是代表经理及总工程师指挥现场生产的机构，同时也是生产现场的生产活动信息接收和发布中心。不论生产规模大小，都必须设立调度室，使它起到生产中的"二传手"作用。

二、对设计文件的进一步了解和研究

设计文件是施工工作的根本依据，虽然在招标过程中投标单位对设计文件的内容及要求曾有过了解和研究，但在中标及签约后，为了确定切实可行的施工方案和施工计划，施工前还要组织参加施工的技术人员和老工人对设计文件做进一步的了解和研究。具体内容如下：

（一）　进一步了解工程所处的地质、水文和气象资料

工程所处的地质、水文和气象资料是工程设计的主要依据，也是施工中必须了解的重要资料，它与正确选择施工方法和技术措施、合理安排施工程序和施工进度计划有着密切关系。

①地质：工程初步设计时所依据的地质钻探资料往往满足不了施工时的要求，通常需要补充钻探，最好能提供每处的钻孔柱状图，以此来了解每处的基岩埋深、岩层状态岩石性质和覆盖层土质情况。在靠近城市、港口或原有工程旧址时，还应摸清该处有无妨碍基础施工的障碍物。若发现障碍物，应在基础施工以前清除，以免在基础施工中发生意外。

②水文：对水文资料则要进一步了解一年中水位的变化情况，最低水位标高及持续时间，基础施工及可施工的水位标高及持续时间，发洪时期的洪水水位、流速和漂浮物情况。在冰冻地区，要了解河流封冻时间、融冰时间、流冰水位、冰块大小等情况。受海潮影响的河流或水域还要了解潮水的涨落时间、潮水位的变化规律和潮流等情况。

③气象：由于水利水电工程以露天作业为主，当地的气象条件直接影响着施工期间的可作业天数及恶劣气候下的防护措施，所以应对其进行认真调查。调查的内容一般包括降雨、降雪、气温、冰冻、风向、风速等变化规律及历年记录。调查工作可采取向当地气象观测预报部门了解、到实地考察或以向当地居民详细询问的方式进行。

（二）　了解设计标准、结构细节和质量要求

施工单位必须透彻了解工程的设计标准、结构细节和质量要求。只有这样才能按设计要求圆满完成施工任务。特别是对结构的形状、构造、尺寸等是否便于施工操作，要做细致了解，如果发现按设计要求进行施工在当时技术条件下确有难以克服的困难时，必须尽早提出，以便与设计单位协商解决。

（三）　详细了解设计中考虑采用的施工方法

现代水利水电工程的设计计算，大都与拟采用的施工方法密切相关。即使是同一类型的工程，采用不同的施工方法就要求采用不同的设计计算方法。施工单位应严格遵守设计要求，不可任意采用与设计安全度不同的施工方法进行施工。当然，设计文件中提出的施

工方法并非都与结构计算有关，有的施工方法仅仅是为了满足编制初步设计概算时计算人工工时、机械台班和材料数量等的需要而拟定的。对这种情况就不必完全按设计文件中提出的施工方法施工，而应在了解和研究设计文件之后，要尽可能地运用自己在以往施工中积累起来的有关经验，学习和引用其他单位的先进技术，改进或改变设计文件中原拟定的施工方法，以达到更为快速和经济的施工效果。

了解和研究设计文件中拟定的施工方法有着极为重要的意义。这样既可从中深入了解设计者的意图，又可提出进一步的改进措施，为制定施工组织设计打下良好的基础。

河床上修建水利水电工程时，为了使水工建筑物能在干地上进行施工，要用围堰围护基坑，并将河水引向预定的泄水建筑物泄向下游，这就是施工导流。

施工导流的方法大体上可分为两类：一类是全段围堰法导流（即河床外导流），另一类是分段围堰法导流（即河床内导流）。

三、全段围堰法导流

全段围堰法导流是在河床主体工程的上下游各建一道拦河围堰，使上游来水通过预先修筑的临时或永久泄水建筑物（如明渠、隧洞等）泄向下游，主体建筑物在排干的基坑中进行施工，主体工程建成或接近建成时再封堵临时泄水道。这种方法的优点是工作面大，河床内的建筑物在一次性围堰的围护下建造，如能利用水利枢纽中的永久泄水建筑物导流，可大大节约工程投资。

全段围堰法按泄水建筑物的类型不同可分为明渠导流、隧洞导流、涵管导流、渡槽导流等。

（一）明渠导流

上下游围堰一次拦断河床形成基坑，保护主体建筑物在干地上进行施工，天然河道水流经河岸或滩地上开挖的导流明渠泄向下游的导流方式称为明渠导流。

1. 明渠导流的适用条件

如坝址河床较窄，或河床覆盖层很深，分期导流困难，且具备下列条件之一者，可考虑采用明渠导流：河床一岸有较宽的台地、垭口或古河道；导流流量大，地质条件不适于开挖导流隧洞；施工期有通航、排冰、过木要求；总工期紧，不具备挖洞经验和设备。

国内外工程实践证明，在导流方案比较过程中，如明渠导流和隧洞导流均可采用，一般倾向于明渠导流，这是因为明渠开挖可采用大型设备，加快施工进度，对主体工程提前开工有利。对于施工期间河道有通航、过木和排冰要求时，明渠导流更是明显有利。

2. 导流明渠布置

导流明渠布置分在岸坡上和滩地上两种布置形式。

（1）导流明渠轴线的布置

导流明渠应布置在较宽台地、垭口或古河道一岸；渠身轴线要伸出上下游围堰外；坡脚水平距离要满足防冲要求，一般为 50～100m；明渠进出口应与上下游水流相衔接，与河道主流的交角以 30° 为宜；为保证水流畅通，明渠转弯半径应大于 5 倍渠底宽度；明渠轴线布置应尽可能缩短明渠长度和避免深挖。

（2）明渠进出口位置和高程的确定

明渠进出口力求不冲、不淤和不产生回流，可通过水力学模型试验调整进出口形状和位置，以达到这一目的；进口高程按截流设计选择，出口高程一般由下游消能控制；进出口高程和渠道水流流态应满足施工期通航、过木和排冰要求。在满足上述条件下，应尽可能抬高进出口高程，以减少水下开挖量。

（3）导流明渠断面设计

明渠断面尺寸的确定。明渠断面尺寸由设计导流流量控制，并受地形地质和允许抗冲流速影响，应按不同的明渠断面尺寸与围堰的组合，通过综合分析确定。

明渠断面形式的选择。明渠断面一般设计成梯形，渠底为坚硬的基岩时，可设计成矩形。

有时为满足截流和通航不同目的，也有设计成复式梯形断面的。

明渠糙率的确定。明渠糙率的大小直接影响着明渠的泄水能力，而影响糙率大小的因素有衬砌的材料、开挖的方法、渠底的平整度等，可根据具体情况查阅有关手册确定。对大型明渠工程，应通过模型试验选取糙率。

（4）明渠封堵

导流明渠结构布置应考虑后期封堵要求。当施工期有通航、过木和排冰任务，明渠较宽时，可在明渠内预设闸门墩，以利于后期封堵。施工期无通航、过木和排冰任务时，应于明渠通水前，将明渠坝段施工到适当高程，并设置导流底孔和坝面口，使二者联合泄流。

（二）隧洞导流

上下游围堰一次拦断河床形成基坑，保护主体建筑物在干地上进行施工，天然河道水流全部由导流隧洞宣泄的导流方式称为隧洞导流。

1. 隧洞导流适用条件

导流流量不大，坝址河床狭窄，两岸地形陡峻，如一岸或两岸地形、地质条件良好，可考虑采用隧洞导流。

2. 导流隧洞的布置

（1）导流隧洞的布置条件

导流隧洞的布置一般应满足以下条件：

①隧洞轴线沿线地质条件良好，足以保证隧洞施工和运行的安全。

②隧洞轴线宜按直线布置，如有转弯，转弯半径不小于 5 倍洞径（或洞宽），转角不宜大于 60°，弯道首尾应设直线段，长度不应小于 3~5 倍洞径（或洞宽）；进出口引渠轴线与河流主流方向夹角宜小于 30°。

③隧洞间净距、隧洞与永久建筑物间距、洞脸与洞顶围岩厚度均应满足结构和应力要求。

（2）导流隧洞的布置要求

隧洞进出口位置应保证水力学条件良好，并伸出堰外坡脚一定距离，一般距离应大于 50m，以满足围堰防冲要求。进口高程多由截流控制，出口高程由下游消能控制，洞底按需要设计成缓坡或急坡，避免成反坡。

（3）导流隧洞断面设计

隧洞断面尺寸的大小，取决于设计流量、地质和施工条件，洞径应控制在施工技术和结构安全允许的范围内。目前，国内单洞断面面积多在 200m^2 以下，单洞泄量不超过 2000~2500m^3/s。隧洞断面形式取决于地质条件、隧洞工作状况（有压或无压）及施工条件，常用断面形式有圆形、马蹄形、方圆形。圆形多用于高水头处，马蹄形多用于地质条件不良处，方圆形有利于截流和施工。国内外导流隧洞采用方圆形较多。

洞身设计中，糙率值的选择是十分重要的问题，糙率的大小直接影响着断面的大小，而衬砌与否、衬砌的材料和施工质量、开挖的方法和质量则是影响糙率大小的因素。一般混凝土衬砌糙率值为 0.014~0.017；不衬砌隧洞的糙率变化较大，光面爆破时为 0.025~0.032，一般炮眼爆破时为 0.035~0.044。设计时根据具体条件，查阅有关手册，选取设计的糙率值。对重要的导流隧洞工程，应通过水工模型试验验证其糙率的合理性。

导流隧洞设计应考虑后期封堵要求，布置封堵闸门门槽及启闭平台设施。有条件者，导流隧洞应与永久隧洞结合，以利于节省投资（如小浪底工程的三条导流隧洞后期将改建为三条孔板消能泄洪洞）。一般高水头枢纽工程，导流隧洞只可能与永久隧洞部分相结合；中低水头枢纽工程则有可能全部相结合。

（三）涵管导流

涵管导流一般在修筑土坝、堆石坝工程中采用。

涵管通常布置在河岸岩滩上，其位置在枯水位以上，这样可在枯水期不修围堰或只修小围堰而先将涵管筑好，然后再修上下游全断围堰，将河水引经涵管下泄。

涵管一般是钢筋混凝土结构。当有永久涵管可以利用或修建隧洞有困难时，采用涵管导流是合理的。在某些情况下，可在建筑物基岩中开挖沟槽，必要时予以衬砌，然后封上混凝土或钢筋混凝土顶盖，形成涵管。利用这种涵管导流往往可以获得经济可靠的效果。由于涵管的泄水能力较低，所以一般用于导流流量较小的河流上或只用来担负枯水期的导流任务。

为了防止涵管外壁与坝身防渗体之间的渗流，通常在涵管外壁每隔一定距离设置截流环，以延长渗径，降低渗透坡降，减少渗流的破坏作用。此外，必须严格控制涵管外壁防渗体的压实质量。涵管管身的温度缝或沉陷缝中的止水也必须严格对待。

四、分段围堰法导流

分段围堰法，也称分期围堰法或河床内导流，就是用围堰将建筑物分段分期围护起来进行施工的方法。所谓分段，就是从空间上将河床围护分成若干个干地施工的基坑段进行施工。所谓分期，就是从时间上将导流过程划分成阶段。导流的分期数和围堰的分段数并不一定相同，因为在同一导流分期中，建筑物可以在一段围堰内施工，也可以同时在不同段内施工。必须指出，段数分得越多，围堰工程量越大，施工也越复杂；同样，期数分得越多，工期有可能拖得越长。因此，在工程实践中，二段二期导流法采用得最多（如葛洲坝工程、三门峡工程等都采用了）。

只有在比较宽阔的通航河道上施工，在不允许断航或其他特殊情况下，才采用多段多期导流法（如三峡工程施工导流就采用了二段三期的导流法）。

分段围堰法导流一般适用于河床宽阔、流量大、施工期较长的工程，尤其适用于通航河流和冰凌严重的河流上。这种导流方法的费用较低，国内外一些大、中型水利水电工程采用较广。分段围堰法导流，前期由束窄的原河道导流，后期可利用事先修建好的泄水道导流，常见泄水道的类型有底孔、缺口等。

（一）底孔导流

利用设置在混凝土坝体中的永久底孔或临时底孔作为泄水道，是二期导流经常采用的方法。导流时让全部或部分导流流量通过底孔宣泄到下游，保证后期工程的施工。如系临时底孔，则在工程接近完工或需要蓄水时要加以封堵。采用临时底孔时，底孔的尺寸、数目和布置要通过相应的水力学计算确定。其中，底孔的尺寸在很大程度上取决于导流的任务（过水、过船、过木和过鱼），以及水工建筑物结构特点和封堵时使用闸门设备的类型。底孔的布置要满足截流、围堰工程以及本身封堵等的要求。如底坎高程布置较高，截流时落差就大，围堰也高。但封堵时的水头较低，封堵措施就容易实施。一般底孔的底坎高程应布置在枯水位之下，以保证枯水期泄水。当底孔数目较多时可把底孔布置在不同的高程，封堵时从最低高程的底孔堵起，这样可以减少封堵时所承受的水压力。

临时底孔的断面形状多采用矩形，为了改善孔周的应力状况，也可采用有圆角的矩形。按水工结构要求，孔口尺寸应尽量小，但某些工程由于导水流量较大，只好采用尺寸较大的底孔。

底孔导流的优点是：挡水建筑物上部的施工可以不受水流的干扰，有利于均衡连续施工，这对修建高坝特别有利。若坝体内设有永久底孔可以用来导流，则更为理想。底孔导流的缺点是：由于坝体内设置了临时底孔，使钢材用量增加；如果封堵质量不好，会削弱坝体的整体性，还有可能漏水；在导流过程中底孔有被漂浮物堵塞的危险；封堵时由于水头较高，安放闸门及止水等均较困难。

（二）坝体缺口导流

混凝土坝施工过程中，当汛期河水暴涨暴落，其他导流建筑物不足以宣泄全部流量时，为了不影响坝体施工进度，使坝体在涨水时仍能继续施工，可以在未建成的坝体上预留缺口，以便配合其他建筑物宣泄洪峰流量，待洪峰过后，上游水位回落，再继续修筑缺口。所留缺口的宽度和高度取决于导流设计流量、其他建筑物的泄水能力、建筑物的结构特点和施工条件。采用底坎高程不同的缺口时，为避免高低缺口单宽流量相差过大，产生高缺口向低缺口的侧向泄流，引起压力分布不均匀，要适当控制高低缺口间的高差。

在修建混凝土坝，特别是大体积混凝土坝时，这种导流方法比较简单，因此常被采用。上述两种导流方式，一般只适用于混凝土坝，特别是重力式混凝土坝枢纽。至于土石坝或非重力式混凝土坝枢纽，若采用分段围堰法导流，常与隧洞导流、明渠导流等河床外导流方式相结合。

上述两种导流方式，并不只适用于分段围堰法导流，在全段围堰法后期导流时，也常有采用；同样，隧洞导流和明渠导流，并不只适用于全段围堰法导流，在分段围堰法后期导流时，也常有应用。因此，选择一个工程的导流方式，必须因时因地制宜，绝不能机械地套用。

五、施工导流方案的选择

水利水电枢纽工程的施工，从开工到完建往往不是采用单一的导流方法，而是几种导流方法组合起来配合运用的，以取得最佳的技术经济效果。例如，三峡工程采用分期导流方式，分三期进行施工。第一期土石围堰围护右岸汊河，江水和船舶从主河槽通过；第二期围护主河槽，江水经导流明渠泄向下游；第三期修建碾压混凝土围堰拦断明渠，江水经由泄洪坝段的永久深孔和22个临时导流底孔下泄。这种不同导流时段不同导流方法的组合，通常就称为导流方案。

导流方案的选择受各种因素的影响。合理的导流方案，必须在周密地研究各种影响因素的基础上，拟订几个可能的方案，进行技术经济比较，从中选择技术经济指标优越的方案。

选择导流方案时考虑的主要因素如下：

（一）水文条件

河流的流量大小、水位变化的幅度、全年流量的变化情况、枯水期的长短、汛期洪水的延续时间、冬季的流冰及冰冻情况等，均直接影响导流方案的选择。一般来说，对于河床单宽流量大的河流，宜采用分段围堰法导流。对于水位变化幅度大的山区河流，可采用允许基坑淹没的导流方法，在一定时期内通过过水围堰和淹没基坑来宣泄洪峰流量。对于枯水期较长的河流，充分利用枯水期安排工程施工是完全必要的。但对于枯水期不长的河流，如果不利用洪水期进行施工，就会拖延工期。对于流冰的河流，应充分注意流冰的宣泄问题，以免流冰壅塞，影响泄流，造成导流建筑物失事。

（二）地形条件

坝区附近的地形条件，对导流方案的选择影响很大。对于河床宽阔的河流，尤其在施工期间有通航、过木要求的情况下，宜采用分段围堰法导流，当河床中有天然石岛或沙洲时，采用分段围堰法导流，更有利于导流围堰的布置，特别是纵向围堰的布置。例如，三峡水利枢纽的施工导流就曾利用了长江的中堡岛来布置一期纵向围堰，取得了良好的技术经济效果。在河段狭窄、两岸陡峻、山岩坚实的地区，宜采用隧洞导流。至于平原河道，河流的两岸或一岸比较平坦，或有河湾、老河道可以利用时，则宜采用明渠导流。

（三）工程地质及水文地质条件

河流两岸及河床的地质条件对导流方案的选择与导流建筑物的布置有直接影响。若河流两岸或一岸岩石坚硬、风化层薄，且有足够的抗压强度，则有利于选用隧洞导流。如果岩石的风化层厚且破碎，或有较厚的沉积滩地，则适合于采用明渠导流。由于河床的束窄，减小了过水断面的面积，使水流流速增大，这时为了河床不受过大的冲刷，避免把围堰基础淘空，应根据河床地质条件来决定河床可能束窄的程度。对于岩石河床，抗冲刷能力较强，河床允许束窄程度较大，甚至可达到88%，流速可增加到7.5m/s。但对覆盖层较厚的河床，抗冲刷能力较差，其束窄程度都不到30%，流速仅允许达到3.0m/s。此外，选择围堰形式时，基坑是否允许淹没，能否利用当地材料修筑围堰等，也都与地质条件有关。水文地质条件则对基坑排水工作和围堰形式的选择有很大关系。因此，为了更好地进行导流方案的选择，要对工程地质和水文地质勘测工作提出专门要求。

（四）水工建筑物的形式及其布置

水工建筑物的形式及其布置与导流方案相互影响，因此在决定建筑物的形式和枢纽布置时，应该同时考虑并拟订导流方案，而在选定导流方案时，又应该充分利用建筑物形式和枢纽布置方面的特点。

如果枢纽组成中有隧洞、渠道、涵管、泄水孔等永久泄水建筑物，在选择导流方案时应该尽可能加以利用。在设计永久泄水建筑物的断面尺寸并拟订其布置方案时，应该充分考虑施工导流的要求。

采用分段围堰法修建混凝土坝枢纽时，应当充分利用水电站与混凝土坝之间或混凝土坝溢流段和非溢流段之间的隔墙作为纵向围堰的一部分，以降低导流建筑物的造价。在这种情况下，对于第二期工程所修建的混凝土坝，应该核算它是否能够布置二期工程导流建筑物（底孔、预留缺口）。例如，三门峡水利枢纽溢流坝段的宽度主要就是由二期导流条件所控制的。与此同时，为了防止河床冲刷过大，还应核算河床的束窄程度，保证有足够的过水断面来宣泄施工流量。

就挡水建筑物的形式来说，土坝、土石混合坝和堆石坝的抗冲能力小，除采用特殊措施外，一般不允许从坝身过水，所以多利用坝身以外的泄水建筑物如隧洞、明渠等或坝身范围内的涵管来导流，这时，通常要求在一个枯水期内将坝身抢筑到拦洪高程以上，以免水流漫顶，发生事故。至于混凝土坝，特别是混凝土重力坝，由于抗冲能力较强，允许流速可达到25m/s，故不但可以通过底孔泄流，而且还可以通过未完建的坝身过水，使导流方案选择的灵活性大大增加。

（五）施工期间河流的综合利用

施工期间，为了满足通航、筏运、渔业、供水、灌溉或水电站运转等的要求，使导流问题的解决更加复杂。如前所述，在通航河流上，大多采用分段围堰法导流。要求河流在束窄以后，河宽仍能便于船只的通行，水深要与船只吃水深度相适应，束窄断面的最大流速一般不得超过 2.0m/s，特殊情况要与当地航运部门协商研究决定。

对于浮运木筏或散材的河流，在施工导流期间，要避免木材壅塞泄水建筑物或者堵塞束窄河床。在施工中后期，水库拦洪蓄水时，要注意满足下游供水、灌溉用水和水电站运行的要求。有时为了保证渔业的要求，还要修建临时的过鱼设施，以便鱼群能洄游。

（六）施工进度、施工方法及施工场地布置

水利水电工程的施工进度与导流方案密切相关，通常是根据导流方案才能安排控制性进度计划。在水利水电枢纽施工导流过程中，对施工进度起控制作用的关键性时段主要有导流建筑物的完工期限、截断河床水流的时间、坝体拦洪的期限、封堵临时泄水建筑物的时间以及水库蓄水发电的时间等。但各项工程的施工方法和施工进度又直接影响各时段中导流任务的合理性和可能性。例如，在混凝土坝枢纽中，采用分段围堰施工时，若导流底孔没有建成，就不能截断河床水流和全面修建第二期围堰，若坝体没有达到一定高程没有完成基础及坝体接缝灌浆以前，就不能封堵底孔和使水库蓄水等。因此，施工方法、施工进度与导流方案三者是密切相关的。

此外，导流方案的选择与施工场地的布置亦相互影响。例如，在混凝土施工中，当混凝土生产系统布置在一岸时，以采用全段围堰法导流为宜。若采用分段围堰法导流，则应以混凝土生产系统所在的一岸作为第一期工程，因为这样两岸的交通运输问题比较容易解决。

在选择导流方案时，除综合考虑以上各方面因素外，还应使主体工程尽可能及早发挥效益，简化导流程序，降低导流费用，使导流建筑物既简单易行，又适用可靠。

第二节　围堰工程

围堰是导流工程中临时的挡水建筑物，用来围护施工中的基坑，保证水工建筑物能在干地上进行施工。在导流任务结束后，如果围堰对永久建筑物的运行有妨碍或没有考虑作为永久建筑物的一部分时，应予以拆除。

水利水电工程中经常采用的围堰，按其所使用的材料，可以分为土石围堰、混凝土围堰、钢板桩格形围堰和草土围堰等。按围堰与水流方向的相对位置，可以分为横向围堰和纵向围堰。按导流期间基坑淹没条件，可以分为过水围堰和不过水围堰。过水围堰除要满足一般围堰的基本要求外，还要满足围堰顶过水的专门要求。

选择围堰型式时，必须根据当时当地的具体条件，在满足下述基本要求的原则下，通过技术经济比较加以选定：

具有足够的稳定性、防渗性、抗冲性和一定的强度；造价低，构造简单，修建、维护和拆除方便；围堰的布置应力求使水流平顺，不发生严重的水流冲刷；围堰接头和岸边连接都要安全可靠，不至于因集中渗漏等破坏作用而引起围堰失事；有必要时应设置抵抗冰凌、船舰的冲击和破坏的设施。

一、围堰的基本形式和构造

（一）土石围堰

土石围堰是水利水电工程中采用最为广泛的一种围堰形式。它是用当地材料填筑而成的围堰，不仅可以就地取材和充分利用开挖弃料做围堰填料，而且构造简单，施工方便，易于拆除，工程造价低，可以在流水中、深水中、岩基或有覆盖层的河床上修建。但其工程量较大，堰身沉陷变形也较大，如柘溪水电站的土石围堰一年中累计沉陷量最大达40.1cm，为堰高的1.75%（一般为0.8%~1.5%）。

因土石围堰断面较大，一般用横向围堰。但在宽阔河床的分期导流中，由于围堰束窄河床增加的流速不大，也可作为纵向围堰，但须注意防冲设计，以保证围堰安全。

土石围堰的设计与土石坝基本相同，但其结构在满足导流期正常运行的情况下应力求简单，便于施工。

（二）混凝土围堰

混凝土围堰的抗冲与防渗能力强，挡水水头高，底宽小，易于与永久混凝土建筑物相连接，必要时还可以过水，因此应用比较广泛。在国外，采用拱形混凝土围堰的工程较多。近年来，国内贵州省的乌江渡、湖南省凤滩等水利水电工程也采用过以拱形混凝土围堰作为横向围堰，但多数还是以重力式围堰作为纵向围堰，如我国的三门峡、丹江口、三峡工程的混凝土纵向围堰均为重力式混凝土围堰。

1. 拱形混凝土围堰

拱形混凝土围堰，一般适用于两岸陡峻、岩石坚实的山区河流，常采用隧洞及允许基坑淹没的导流方案。通常围堰的拱座是在枯水期的水面以上施工的。在围堰的基础处理方面，当河床的覆盖层较薄时须进行水下清基，若覆盖层较厚，则可灌注水泥浆防渗加固。

堰身的混凝土浇筑则要进行水下施工，因此难度较高。在拱基两侧要回填部分砂砾料以利于灌浆，形成阻水帷幕。

拱形混凝土围堰由于利用了混凝土抗压强度高的特点，与重力式围堰相比，断面较小，可节省混凝土工程量。

2. 重力式混凝土围堰

采用分段围堰法导流时，重力式混凝土围堰往往可兼做第一期和第二期纵向围堰，两侧均能挡水，还能作为永久建筑物的一部分，如隔墙、导墙等。

重力式围堰可做成普通的实心式，与非溢流重力坝类似，也可做成空心式。纵向围堰须抗御高速水流的冲刷，所以一般均修建在岩基上。为保证混凝土的施工质量，一般可将围堰布置在枯水期出露的岩滩上。如果这样还不能保证干地施工，则通常要另修土石低水围堰加以围护。重力式混凝土围堰现在有普遍采用碾压混凝土浇筑的趋势，如三峡工程三期导流横向围堰及纵向围堰均采用碾压混凝土。

（三）钢板桩格形围堰

钢板桩格形围堰是重力式挡水建筑物，由一系列彼此相接的格体构成。按照格体的平面形状，可分为圆筒形格体、扇形格体和花瓣形格体。这些形式适用于不同的挡水高度，应用较多的是圆筒形格体。钢板桩格形围堰是由许多钢板桩通过锁口互相连接而成为格形整体。钢板桩的锁口有握裹式、互握式和倒钩式三种。格体内填充透水性强的填料，如砂、砂卵石或石渣等。在向格体内进行填料时，必须保持各格体内的填料表面大致均衡上升，因高差太大会使格体变形。

钢板桩格形围堰具有坚固、抗冲、防渗、围堰断面小、便于机械化施工等优点，尤其适用于束窄度大的河床段作为纵向围堰使用。但由于需要大量的钢材，且施工技术要求高，我国目前仅应用于大型工程中。

圆筒形格体钢板桩格形围堰，一般适用的挡水高度小于 15～18m，可以建在岩基上或非岩基上，也可作为过水围堰用。圆筒形格体钢板桩格形围堰的修建由定位、打设模架支柱、模架就位、安插钢板桩、打设钢板桩、填充料渣、取出模架及其支柱和填充料渣到设计高程等工序组成。圆筒形格体钢板桩围堰一般须在流水中修筑，受水位变化和水面波动的影响较大，施工难度较大。

（四）草土围堰

草土围堰是一种以麦草、稻草、芦柴、柳枝和土为主要原料的草土混合结构，我国运用它已经有两千多年的历史。这种围堰主要用于黄河流域的渠道修堵口工程中，在青铜峡、盐锅峡、八盘峡等工程中，以及南方的黄坛口工程中均得到应用。

草土围堰施工简单、速度快、取材容易、造价低、拆除也方便，具有一定的抗冲、抗渗能力，堰体的容重较小，特别适用于软土地基。但这种围堰不能承受较大的水头，所以仅限水深不超过 6m、流速不超过 3.5m/s、使用期 2 年以内的工程。草土围堰的施工方法比较特殊，就其实质来说也是一种进占法。按其所用草料形式的不同，可以分为散草法、捆草法、埽捆法三种。按其施工条件可分为水中填筑和干地填筑两种。由于草土围堰本身的特点，水中填筑质量比干填法容易保证，这是与其他围堰不同的，实践中的草土围堰普遍采用捆草法施工。

围堰的平面布置主要包括围堰内基坑范围确定和围堰轮廓布置两个问题。

1. 围堰内基坑范围确定

围堰内基坑范围大小主要取决于主体工程的轮廓和相应的施工方法。当采用一次拦断法导流时，围堰基坑是由上下游围堰和河床两岸围成的。当采用分期导流时，围堰基坑是由纵向围堰与上下游横向围堰围成的。在上述两种情况下，上下游横向围堰的布置，都取决于主体工程的轮廓。通常基坑坡趾到主体工程轮廓的距离，不应小于 30m，以便布置排水设施、交通运输道路、堆放材料和模板等。至于基坑开挖边坡的大小，则与地质条件有关。

当纵向围堰不作为永久建筑物的一部分时，基坑坡趾到主体工程轮廓的距离，一般不小于 2m，以便布置排水导流系统和堆放模板，如果无此要求，只须留 0.4~0.6m。

实际工程的基坑形状和大小往往是不相同的。有时可以利用地形以减少围堰的高度和长度；有时为了照顾个别建筑物施工的需要，将围堰轴线布置成折线形；有时为了避开岸边较大的溪沟，也采用折线布置。为了保证基坑开挖和主体建筑物的正常施工，基坑范围应当留有一定富余。

2. 分期导流纵向围堰布置

在分期导流方式中，纵向围堰布置是施工中的关键问题，选择纵向围堰位置，实际上就是要确定适宜的河床束窄度。束窄度就是天然河流过水面积被围堰束窄的程度。

（1）地形地质条件

河心洲、浅滩、小岛、基岩露头等，都是可供布置纵向围堰的有利条件，这些部位便于施工，并有利于防冲保护。例如，三门峡工程曾巧妙地利用了河心的几个礁岛布置纵、横围堰。葛洲坝工程施工初期，也曾利用江心洲葛洲坝作为天然的纵向围堰。

（2）水工布置

尽可能利用厂坝、厂闸、闸坝等建筑物之间的隔水导墙作为纵向围堰的一部分。例如，葛洲坝工程就是利用厂闸导墙，三峡、三门峡、丹江口则利用厂坝导墙作为二期纵向围堰的一部分。

（3）河床允许束窄度

允许束窄度主要与河床地质条件和通航要求有关。对于非通航河道，如河床易冲刷，一般均允许河床产生一定程度的变形，只要能保证河岸、围堰堰体和基础免受冲刷即可。束窄流速常可允许达到3m/s左右，岩石河床允许束窄度主要视岩石的抗冲流速而定。

对于一般性河流和小型船舶，当缺乏具体研究资料时，可参考以下数据：当流速小于3.0m/s时，机动木船可以自航；当流速在3.0~3.5m/s之间，且局部水面集中落差不大于0.5m时，拖轮可自航；木材流放最大流速可考虑为3.5~4.0m/s。

（4）导流过水要求

进行一期导流布置时，不但要考虑束窄河道的过水条件，还要考虑二期截流与导流的要求。主要应考虑的问题是：一期基坑中能否布置宣泄二期导流流量的泄水建筑物，由一期转入二期施工时的截流落差是否太大。

（5）施工布局的合理性

各期基坑中的施工强度应尽量均衡。一期工程施工强度可比二期低些，但不宜相差太悬殊。如有可能，分期分段数应尽量少一些，导流布置应满足总工期的要求。

以上五个方面，仅仅是选择纵向围堰位置时应考虑的主要问题。如果天然河槽呈对称形状，没有明显有利的地形地质条件可供利用，可以通过经济比较方法选定纵向围堰的适宜位置，使一、二期总的导流费用最小。

分期导流时，上下游围堰一般不与河床中心线垂直，围堰的平面布置常呈梯形，既可使水流顺畅，同时也便于运输道路的布置和衔接。当采用一次拦断法导流时，上下游围堰不存在突出的绕流问题，为了减少工程量，围堰多与主河道垂直。

纵向围堰的平面布置形状，对于过水能力有较大影响。但是，围堰的防冲安全，通常比前者更重要。实践中常采用流线型和挑流式布置。

二、围堰的拆除

围堰是临时建筑物，导流任务完成后，应按设计要求拆除，以免影响永久建筑物的施工及运转。例如，在采用分段围堰法导流时，第一期横向围堰的拆除如果不合要求，势必会增加上下游水位差，从而增加截流工作的难度，增加截流物料的重量及数量。这类经验教训在国内外是不少的，如俄罗斯的伏尔谢水电站截流时，上下游水位差是1.88m，其中由于引渠和围堰没有拆除干净，造成的水位差就有1.73m。又如下游围堰拆除不干净，会抬高水位，影响水轮机利用水头，浙江省富春江水电站曾受此影响，降低了水轮机出力，造成了不应有的损失。

土石围堰相对来说断面较大，拆除工作一般在运行期限的最后一个汛期过后，随上游水位的下降，逐层拆除围堰的背水坡和水上部分。但必须保证依次拆除后所残留的断面能继续挡水和维持稳定，以免发生安全事故，使基坑过早淹没，影响施工。

土石围堰的拆除一般可采用挖土机或爆破开挖等方法。

钢板桩格形围堰的拆除，首先要用抓斗或吸石器将填料清除，然后用拔桩机起拔钢板桩。混凝土围堰的拆除，一般只能用爆破法炸除，但应注意，必须使主体建筑物或其他设施不受爆破危害。

第三节　截流工程

施工导流过程中，当导流泄水建筑物建成后，应抓住有利时机，迅速截断原河床水流，迫使河水经完建的导流泄水建筑物下泄，然后在河床中全面展开主体建筑物的施工，这就是截流工程。

截流过程一般为：先在河床的一侧或两侧向河床中填筑截流戗堤，逐步缩窄河床，称为进占。戗堤进占到一定程度，河床束窄，形成流速较大的泄水缺口叫龙口。为了保证龙口两侧堤端和底部的抗冲稳定，通常采取工程防护措施，如抛投大块石、铅丝笼等，这种防护堤端的工作叫裹头。封堵龙口的工作叫合龙。合龙以后，龙口段及戗堤本身仍然漏水，必须在戗堤全线设置防渗设施，这一工作叫闭气。所以，整个截流过程包括戗堤进占、龙口裹头及护底、合龙、闭气等四项工作。截流后，对戗堤进一步加高加厚，修筑成设计围堰。

由此可见，截流在施工中占有重要地位，如不能按时完成，就会延误整个建筑物施工，河槽内的主体建筑物就无法施工，甚至可能拖延工期一年，所以在施工中常将截流作为关键性工程。为了截流成功，必须充分掌握河流的水文、地形、地质等条件，掌握截流过程中水流的变化规律及其影响，做好周密的施工组织，在狭小的工作面上用较大的施工强度在较短的时间内完成截流。

一、截流的方式

截流的基本方式有立堵法与平堵法两种。

（一） 立堵法

立堵法截流是将截流材料从龙口一端向另一端或从两端向中间抛投进占，逐渐束窄龙口，直至全部拦断。

立堵法截流不须架设浮桥，准备工作比较简单，造价较低。但截流时水力条件较为不利，龙口单宽流量较大，出现的流速也较大，同时水流绕截流戗堤端部使水流产生强烈的立轴漩涡，在水流分离线附近造成紊流，易造成河床冲刷，且流速分布很不均匀，须抛投单个重量较大的截流材料。截流时由于工作前线狭窄，抛投强度受到限制。立堵法截流适用于大流量岩基或覆盖层较薄的岩基河床，对于软基河床应采取护底措施后才能使用。

立堵法截流又分为单戗、双戗和多戗立堵截流，单戗适用于截流落差不超过 3m 的情况。

（二） 平堵法

平堵法截流是沿整个龙口宽度全线抛投，抛投料堆筑体全面上升，直至露出水面。这种方法的龙口一般是部分河宽，也可以是全河宽。因此，合龙前必须在龙口架设浮桥。由于它是沿龙口全宽均匀地抛投，所以其单宽流量小，出现的流速也较小，需要的单个材料的重量也较轻，抛投强度较大，施工速度快但有碍于通航，适用于软基河床、架桥方便且对通航影响不大的河流。

（三） 综合方式

1. 立平堵

为了充分发挥平堵水力学条件好的优点，同时又降低架桥的费用，有的工程采用先立堵、后在栈桥上平堵的方式。俄罗斯布拉茨克水电站，在截流流量为 3600m³/s、最大落差为 3.5m 的条件下，先立堵进占，缩窄龙口至 100m，然后利用管柱栈桥全面平堵合龙；多瑙河上的铁门工程，经过方案比较，决定采取立平堵方式，立堵进占结合管柱栈桥平堵。立堵段首先进占，完成长度 149.5m，平堵段龙口 100m，由栈桥上抛投完成截流最终落差达 3.72m。

2. 平立堵

对于软基河床，单纯立堵易造成河床冲刷，宜采用先平抛护底、再立堵合龙的方式，平抛多利用驳船进行。我国青铜峡、丹江口、大化及葛洲坝等工程均采用此法，三峡工程在二期大江截流时也采用了该方法，取得了满意的效果。由于护底均为局部性，故这类工程本质上同属立堵法截流。截流时间应根据枢纽工程施工控制性进度计划或总进度计划决定，至于时段选择，一般应考虑以下原则，经过全面分析比较而定：尽可能在较小流量时截流，但必须全面考虑河道水文特性和截流应完成的各项控制工程量，合理使用枯水期。

对于具有通航、灌溉、供水、过木等特殊要求的河道，应全面兼顾这些要求，尽量使截流对河道综合利用的影响降低。

有冰冻河流，一般不在流冰期截流，避免截流和闭气工作复杂化。如特殊情况必须在流冰期截流，应有充分论证，并有周密的安全措施。

根据以上所述，截流时间应根据河流水文特征、气候条件、围堰施工及通航过木等因素综合分析确定。一般多选在枯水期初，流量已有显著下降的时候，严寒地区应尽量避开河道流冰及封冻期。

二、截流材料种类、尺寸和数量的确定

（一）材料种类选择

截流时采用当地的材料在我国已有悠久的历史，主要有块石、石串、装石竹笼等。此外，当截流水力条件较差时，还须采用混凝土块体。

石料容重较大，抗冲能力强，一般工程较易获得，而且通常也比较经济。因此，凡有条件者，均应优先选用石块截流。

在大中型工程截流中，混凝土块体的运用较普遍。这种人工块体制作使用方便，抗冲能力强，故为许多工程采用（如三峡工程、葛洲坝工程等）。

在中小型工程截流中，因受起重运输设备能力限制，所采用的单个石块或混凝土块体的重量不能太大。石笼（如竹笼、铅丝笼、钢筋笼）或石串，一般使用在龙口水力条件不利的条件下。大型工程中除石笼、石串外，也采用混凝土块体串。某些工程，因缺乏石料，或河床易冲刷，也可根据当地条件采用梢捆、草土等材料截流。

（二）材料尺寸的确定

采用块石和混凝土块体截流时，所需材料尺寸可通过水力计算初步确定，然后考虑该工程可能拥有的起重运输设备能力，做出最后抉择。

（三）材料数量的确定

1. 不同粒径材料数量的确定

无论是平堵截流还是立堵截流，原则上可以按合龙过程中水力参数的变化来计算相应

的材料粒径和数量。常用的方法是将合龙过程按高程（平堵）或宽度（立堵）划分成若干区段，然后按分区最大流速计算出所需材料的粒径和数量。实际上，每个区段也不是只用一种粒径材料，所以设计中均参照国内外已有工程经验来决定不同粒径材料的比例。例如，平堵截流时，最大粒径材料数量可按实际使用区段考虑，也可按最大流速出现时起，直到戗堤出水时所用材料总量的 70%~80% 考虑。立堵截流时，最大粒径材料数量，常按困难区段抛投总量的 1/3 考虑。根据国内外十几个工程的截流资料统计，特殊材料数量占合龙段总工程量的 10%~30%，一般为 15%~20%。如仅按最终合龙段统计，特殊材料所占比例约为 60%。

2. 备料量

备料量的计算，以设计戗堤体积为准，另外还得考虑各项损失。平堵截流的设计戗堤体积计算比较复杂，须按戗堤不同阶段的轮廓计算。立堵截流戗堤断面为梯形，设计戗堤体积计算比较简单。戗堤顶宽视截流施工需要而定，通常取 10~18m 者较多，可保证 2~3 辆汽车同时卸料。

备料量的多少取决于对流失量的估计。实际工程备料量与设计用量的比值多在 1.3~1.5 之间，个别工程会达到 2。例如，铁门工程达到 1.35，青铜峡采用 1.5，实际合龙后还剩下很多材料。因此，初步设计时备料系数不必取得过大，实际截流前夕，可根据水情变化适当调整。

（四）分区用料规划

在合龙过程中，必须根据龙口的流速流态变化采用相应的抛投技术和材料。这一点在截流规划时就应予以考虑。在截流中，合理地选择截流材料的尺寸或质量，对于截流的成败和截流费用的节省具有重大意义。截流材料的尺寸或质量取决于龙口的流速。

第四节 基坑排水

修建水利水电工程时，在围堰合龙闭气以后，就要排除基坑内的积水和渗水，以保持基坑处于基本干燥状态，以利于基坑开挖、地基处理及建筑物的正常施工。

基坑排水工作按排水时间及性质，一般可分为：基坑开挖前的初期排水，包括基坑积水、基坑积水排除过程中的围堰堰体与基础渗水、堰体及基坑覆盖层中的含水量以及可能出现的降水的排除；基坑开挖及建筑物施工过程中的经常性排水，包括围堰和基坑渗水、降水以及施工弃水量的排除。如按排水方法分，有明式排水和人工降低地下水位两种。

一、明式排水

（一）排水量的确定

1. 初期排水量估算

初期排水主要包括基坑积水、围堰与基坑渗水两大部分。对于降雨，因为初期排水是在围堰或截流戗堤合龙闭气后立即进行的，通常是在枯水期内，而枯水期降雨很少，所以一般可不予考虑。除积水和渗水外，有时还须考虑填方和基础中的饱和水。

初期排水渗透流量原则上可按有关公式计算。但是，初期排水时的渗流量估算往往很难符合实际。因为，此时还缺乏必要的资料。通常不单独估算渗流量，而将其与积水排除流量合并在一起，依靠经验估算初期排水总流量。

基坑积水体积可按基坑积水面积和积水水深计算，这是比较容易的。但是初期排水时间的确定就比较复杂，初期排水时间主要受基坑水位下降速度的限制，基坑水位的允许下降速度视围堰种类、地基特性和基坑内水深而定。水位下降太快，则围堰或基坑边坡中动水压力变化过大，容易引起塌坡。下降太慢，则影响基坑开挖时间。一般认为，土围堰的基坑水位下降速度应限制在 0.5~0.7m/d，木笼及板桩围堰等应小于 1.0~1.5m/d。初期排水时间，大型基坑一般限制在 5~7d，中型基坑一般限制在 3~5d。

通常，当填方和覆盖层体积不太大，在初期排水且基础覆盖层尚未开挖时，可以不必计算饱和水的排除。如需要计算，可按基坑内覆盖层总体积和孔隙率估算饱和水总水量。

按以上方法估算初期排水流量，选择抽水设备后，往往很难符合实际。在初期排水过程中，可以通过试抽法进行校核和调整，并为经常性排水计算积累一些必要资料。试抽时如果水位下降很快，则显然是所选择的排水设备容量过大，此时应关闭一部分排水设备，使水位下降速度符合设计规定。试抽时若水位不变，则显然是设备容量过小或有较大渗漏通道存在。此时，应增加排水设备容量或找出渗漏通道予以堵塞，然后再进行抽水。还有一种情况是水位降至一定深度后就不再下降，这说明此时排水流量与渗流量相等，据此可估算出要增加的设备容量。

2. 经常性排水的排水量确定

经常性排水的排水量，主要包括围堰和基坑的渗水、降雨、地基岩石冲洗及混凝土养护废水等。设计时一般考虑两种不同的组合，从中选其大者，以选择排水设备。一种组合是渗水加降雨，另一种组合是渗水加施工废水。降雨和施工废水不必组合在一起，这是因为二者不会同时出现。

3. 降雨量的确定

在基坑排水设计中，对降雨量的确定尚无统一的标准。大型工程可采用 20 年一遇 3 日降雨中最大的连续 6h 雨量，再减去估计的径流损失值（每小时 1mm），作为降雨强度。也有的工程采用日最大降雨强度，基坑内的降雨量可根据上述计算的降雨强度和基坑集雨面积求得。

4. 施工废水

施工废水主要考虑混凝土养护用水，其用水量估算，应根据气温条件和混凝土养护的要求而定。一般初估时可按每立方米混凝土每次用水 5L，每天养护 8 次计算。

5. 渗透流量计算

通常，基坑渗透总量包括围堰渗透量和基础渗透量两大部分。关于渗透量的详细计算方法，在水力学、水文地质和水工结构等书中均有介绍，详细计算时参考以上相关著作，这里就不再冗述。

（二）基坑排水布置

排水系统的布置通常应考虑两种不同情况。一种是基坑开挖过程中的排水系统布置，另一种是基坑开挖完成后修建建筑物时的排水系统布置。布置时，应尽量同时兼顾这两种情况，并且使排水系统尽可能不影响施工。

基坑开挖过程中的排水系统布置，应以不妨碍开挖和运输工作为原则。一般常将排水干沟布置在基坑中部，以利两侧出土。随基坑开挖工作的进展，逐渐加深排水干沟和支沟。通常保持干沟深度为 1~1.5m，支沟深度为 0.3~0.5m。集水井多布置在建筑物轮廓线外侧，井底应低于干沟沟底。但是，由于基坑坑底高程不一，有的工程就采用层层设截流沟、分级抽水的办法，即在不同高程上分别布置截水沟、集水井和水泵站，进行分级抽水。

建筑物施工时的排水系统，通常都布置在基坑四周。排水沟应布置在建筑物轮廓线外侧，且距离基坑边坡坡脚不少于 0.3m。排水沟的断面尺寸和底坡大小，取决于排水量的大小。一般排水沟底宽不小于 0.3m，沟深不大于 1.0m，底坡坡度不小于 0.002。在密实土层中，排水沟可以不用支撑，但在松土层中，则须用木板或麻袋装石来加固。

水经排水沟流入集水井后，利用在井边设置的水泵站，将水从集水井中抽出。集水井布置在建筑物轮廓线以外较低的地方，它与建筑物外缘的距离必须大于井的深度。井的容积至少要能保证水泵停止抽水 10~15min，井水不致漫溢。集水井可为长方形，边长为

1.5~2.0m，井底高程应低于排水沟底 1.0~2.0m。在土中挖井，其底面应铺填反滤料，在密实土中，井壁用框架支撑在松软土中，利用板桩加固。如板桩接缝漏水，尚须在井壁外设置反滤层。集水井不仅可用来集聚排水沟的水量，而且还应有澄清水的作用，因为水泵的使用年限与水中含沙量的多少有关。为了保护水泵，集水井宜偏大、偏深一些。

为防止降雨时地面径流进入基坑而增加抽水量，通常在基坑外缘边坡上挖截水沟，以拦截地面水。截水沟的断面及底坡应根据流量和土质而定，一般沟宽和沟深不小于 5m，底坡坡度不小于 0.002，基坑外地面排水系统最好与道路排水系统相结合，以便自流排水。为了降低排水费用，当基坑渗水水质符合饮用水或其他施工用水要求时，可将基坑排水与生活、施工供水相结合。丹江口工程的基坑排水就直接引入供水池，供水池上设有溢流闸门，多余的水则溢入江中。

二、人工降低地下水位

在经常性排水过程中，为了保持基坑开挖工作始终在干地进行，常常要多次降低排水沟和集水井的高程，变换水泵站的位置，影响开挖工作的正常进行。此外，在开挖细砂土、沙壤土一类地基时，随着基坑底面的下降，坑底与地下水位的高差越来越大，在地下水渗透压力的作用下，容易产生边坡脱滑、坑底隆起等事故，甚至危及邻近建筑物的安全，给开挖工作带来不良影响。

而采用人工降低地下水位，可以改变基坑内的施工条件，防止流沙现象的发生，基坑边坡可以陡些，从而可以大大减少挖方量。人工降低地下水位的基本做法是：在基坑周围钻设一些井，地下水渗入井中后，随即被抽走，使地下水位线降到开挖的基坑底面以下，一般应使地下水位降到基坑底部 0.5~1.0m。

人工降低地下水位的方法，按排水工作原理可分为管井法和井点法两种。管井法是单纯重力作用排水，适用于渗透系数为 10~250m/d 的土层；井点法还附有真空或电渗排水的作用，适用于 0.1~50m/d 的土层。

（一）管井法降低地下水位

管井法降低地下水位时，在基坑周围布置一系列管井，管井中放入水泵的吸水管，地下水在重力作用下流入井中，被水泵抽走。采用管井法降低地下水位时，须先设置管井。管井通常由下沉钢井管而成，在缺乏钢管时也可用木管或预制混凝土管代替。

井管的下部安装滤水管节（滤头），有时在井管外还须设置反滤层，地下水从滤水管进入井内，水中的泥沙则沉淀在沉淀管中。滤水管是井管的重要组成部分，其构造对井的出水量和可靠性影响很大。要求它过水能力大，进入的泥沙少，有足够的强度和耐久性。

井管埋设可采用射水法、振动射水法及钻孔法下沉。射水法下沉时，先用高压水冲土下沉套管，较深时可配合振动或锤击（振动水冲法），然后在套管中插入井管，最后在套管与井管的间隙中间填反滤层和拔套管，反滤层每填高一次便拔一次套管，逐层上拔，直至完成。

管井中抽水可应用各种抽水设备，但主要的是普通离心式水泵、潜水泵或深井水泵，分别可降低水位 3~6m、6~20m 和 20m 以上，一般采用潜水泵较多。用普通离心式水泵抽水，由于吸水高度的限制，当要求降低到地下水位较深时，要分层设置管井，分层进行排水。

在要求大幅度降低地下水位的深井中抽水时，最好采用专用的离心式深井水泵。每个深井水泵都是独立工作的，井的间距也可以加大，深井水泵一般深度大于 20m，排水效果好，需要的井数少。

（二）井点法降低地下水位

井点法和管井法不同，它把井管和水泵的吸水管合二为一，简化了井的构造。

井点法降低地下水位的设备，根据其降深能力分轻型井点（浅井点）和深井点等。其中，最常用的是轻型井点，它是由井管、集水总管、普通离心式水泵、真空泵和集水箱等设备所组成的一个排水系统。

轻型井点系统的井点管为直径 38~50mm 的无缝钢管，间距为 0.6~1.8m，最大可到3.0m。地下水从井管下端的滤水管借真空泵和水泵的抽吸作用流入管内，沿井管上升汇入集水总管，流入集水箱，由水泵排出。轻型井点系统开始工作时，先开动真空泵，排除系统内的空气，待集水井内的水面上升到一定高度后，再启动水泵排水。水泵开始抽水后，为了保持系统内的真空度，仍需要真空泵配合水泵工作。这种井点系统也叫真空井点。

井点系统排水时，地下水位的下降深度，取决于集水箱内的真空度与管路的漏气和水力损失。一般集水箱内真空度为 80kPa（400~600mmHg），相应的吸水高度为 5~8m，扣去各种损失后，地下水位的下降深度为 4~5m。

当要求地下水位降低的深度超过 4m 时，可以像管井一样分层布置井点，每层控制范围为 3~4m，但以不超过 3 层为宜。分层太多，基坑范围内管路纵横，妨碍交通，影响施工，同时也增加挖方量，而且当上层井点发生故障时，下层水泵能力有限，基坑有被淹没的可能。

真空井点抽水时，在滤水管周围形成一定的真空梯度，加速了土的排水速度，因此即使在渗透系数小到 0.1m/d 的土层中，也能进行工作。

布置井点系统时，为了充分发挥设备能力，集水总管、集水管和水泵应尽量接近天然地下水位。当需要几套设备同时工作时，各套总管之间最好接通，并安装开关，以便相互支援。

井管的安设，一般用射水法下沉。在距孔口 1.0m 范围内，应用黏土封口，以防漏气。

排水工作完成后，可利用杠杆将井管拔出。

深井点与轻型井点不同，它的每一根井管上都装有扬水器（水力扬水器或压气扬水器），因此它不受吸水高度的限制，有较大的降深能力。

深井点有喷射井点和压气扬水井点两种，喷射井点由集水池、高压水泵、输水干管和喷射井管等组成。通常一台高压水泵能为 30~35 个井点服务，其最适宜的降水位范围为 5~18m。喷射井点的排水效率不高，一般用于渗透系数为 3~50m/d、渗流量不大的场合。

压气扬水井点是用压气扬水器进行排水。排水时压缩空气由输气管送来，由喷气装置进入扬水管，于是管内容重较轻的水气混合液在管外水压力的作用下，沿扬水管上升到地面排走。为达到一定的扬水高度，就必须将扬水管沉入井中并有足够的潜没深度，使扬水管内外有足够的压力差。压气扬水井点降低地下水位最大可达 40m。

第二章

地基处理与基础工程施工技术

第一节　基本理论与清基处理

一、概述

地基处理（foundation treatment）一般是指用于改善支承建筑物的地基（土或岩石）的承载能力或改善其变形性质或渗透性质而采取的工程技术措施。

（一）处理目的

1. 提高地基土的承载力

地基剪切破坏的具体表现形式有建筑物的地基承载力不够，由于偏心荷载或侧向土压力的作用使结构失稳；由于填土或建筑物荷载，使邻近地基产生隆起；土方开挖时边坡失稳基坑开挖时坑底隆起。地基土的剪切破坏主要因为地基土的抗剪强度不足，因此，为防止剪切破坏，就要采取一定的措施提高地基土的抗剪强度。

2. 降低地基土的压缩性

地基的压缩性表现在建筑物的沉降和差异沉降大，而土的压缩性和土的压缩模量有关。因此，必须采取措施提高地基土的压缩模量，以减少地基的沉降和不均匀沉降。

3. 改善地基的透水特性

基坑开挖施工中，因土层内夹有薄层粉砂或粉土而产生管涌或流沙，这些都是因地下水在土中的运动而产生的问题。故必须采取措施使地基土降低透水性或减少其动水压力。

4. 改善地基土的动力特性

饱和松散粉细砂（包括部分粉土）在地震的作用下会发生液化，在承受交通荷载和打桩时，会使附近地基产生振动下降，这些是土的动力特性的表现。地基处理的目的就是要改善土的动力特性以提高土的抗振动性能。

5. 改善特殊土不良地基特性

对于湿陷性黄土和膨胀土，就是消除或减少黄土的湿陷性或膨胀土的胀缩性。

（二）处理分类

地基处理主要分为基础工程措施、岩土加固措施。

有的工程，不改变地基的工程性质，而只采取基础工程措施；有的工程还同时对地基的土和岩石加固，以改善其工程性质。选定适当的基础形式，不需要改变地基的工程性质就可满足要求的地基称为天然地基；反之，已进行加固后的地基称为人工地基。地基处理工程的设计和施工质量直接关系到建筑物的安全，如处理不当，往往会发生工程质量事故，且事后补救大多比较困难。因此，对地基处理要求实行严格的质量控制和验收制度，以确保工程质量。

（三）处理步骤

地基处理方案的确定可按下列步骤进行：

①搜集详细的工程质量、水文地质及地基基础的设计材料。

②根据结构类型、荷载大小及使用要求，结合地形地貌、土层结构、土质条件、地下水特征、周围环境和相邻建筑物等因素，初步选定几种可供考虑的地基处理方案。另外，在选择地基处理方案时，应同时考虑上部结构、基础和地基的共同作用；也可选用加强结构措施（如设置圈梁和沉降缝等）和处理地基相结合的方案。

③对初步选定的各种地基处理方案，分别从处理效果、材料来源及消耗、机具条件、施工进度、环境影响等方面进行认真的技术经济分析和对比，根据安全可靠、施工方便，即经济合理等原则，从而因地制宜地循着最佳的处理方法。值得注意的是，每一种处理方法都有一定的适用范围、局限性和优缺点，没有一种处理方案是万能的，必要时也可选择两种或多重地基处理方法组成的综合方案。

④对已选定的地基处理方法，应按建筑物的重要性和场地的复杂程度，可在有代表性的场地上进行相应的现场试验和试验性施工，并进行必要的测试以验算设计参数和检验处理效果。如达不到设计要求时，应查找原因、采取措施或修改设计以达到满足设计的要求为目的。

⑤地基土层的变化是复杂多变的，因此，确定地基处理方案，一定要有经验的工程技术人员参加，对重大工程的设计一定要请专家们参加。当前有一些重大的工程，由于设计

部门的缺乏经验和过分保守，往往使很多方案确定得不合理，浪费也是很严重的，必须引起有关领导的重视。

（四）综合技术

1. 地基处理前

利用软弱土层作为持力层时，可按下列规定执行：①淤泥和淤泥质土，宜利用其上覆较好土层作为持力层，当上覆土层较薄，应采取措施避免施工时对淤泥和淤泥质土扰动；②冲填土、建筑垃圾和性能稳定的工业废料，当均匀性和密实度较好时，均可利用作为持力层；③对于有机质含量较多的生活垃圾和对基础有侵蚀性的工业废料等杂填土，未经处理不宜作为持力层。局部软弱土层以及暗塘、暗沟等，可采用基础梁、换土、桩基或其他方法处理。在选择地基处理方法时，应综合考虑场地工程地质和水文地质条件、建筑物对地基要求、建筑结构类型和基础形式、周围环境条件、材料供应情况、施工条件等因素，经过技术经济指标比较分析后择优采用。

2. 地基处理设计时

地基处理设计时，应考虑上部结构，基础和地基的共同作用，必要时应采取有效措施，加强上部结构的刚度和强度，以增加建筑物对地基不均匀变形的适应能力。对已选定的地基处理方法，宜按建筑物地基基础设计等级，选择代表性场地进行相应的现场试验，并进行必要的测试，以检验设计参数和加固效果，同时为施工质量检验提供相关依据。

3. 地基处理后

经处理后的地基，当按地基承载力确定基础底面积及埋深而须对地基承载力特征值进行修正时，基础宽度的地基承载力修正系数取零，基础埋深的地基承载力修正系数取1.0；在受力范围内仍存在软弱下卧层时，应验算软弱下卧层的地基承载力。对受较大水平荷载或建造在斜坡上的建筑物或构筑物，以及钢油罐、堆料场等，地基处理后应进行地基稳定性计算。结构工程师要根据有关规范分别提供用于地基承载力验算和地基变形验算的荷载值；根据建筑物荷载差异大小、建筑物之间的联系方法、施工顺序等，按有关规范和地区经验对地基变形允许值合理提出设计要求。地基处理后，建筑物的地基变形应满足现行有关规范的要求，并在施工期间进行沉降观测，必要时尚应在使用期间继续观测，用以评价地基加固效果和作为使用维护依据。复合地基设计应满足建筑物承载力和变形要求，地基土为欠固结土、膨胀土、湿陷性黄土、可液化土等特殊土时，设计要综合考虑土体的特殊性质，选用适当的增强体和施工工艺。复合地基承载力特征值应通过现场复合地基载荷试验确定，或采用增强体的载荷试验结果和其周边土的承载力特征值结合经验确定。

二、清基处理

（一）新堤清基

①堤基处理属隐蔽工程，直接影响堤的安全。一旦发生事故，较难补救，因此，必须按设计要求认真施工，清基厚度不小于0.3m，直至清到原状土为止，清基的范围大于设计边线5m。

②根据设计要求，充分研究工程地质和水文地质资料，制定有关技术措施，对于缺少或遗漏的部分，会同设计单位补充勘探和试验。

③清理堤基及铺盖地基时，将树木、草皮、树根、乱石、坟墓以及各种建筑物等全部消除，并认真做好水井、泉眼、地道、洞穴等的处理。

④堤基表层的粉土、细砂、淤泥、腐殖土、泥炭均应按设计要求清除。

⑤工程范围内的地质勘探孔、竖井、平洞、试坑均按图逐一检查，彻底处理。

⑥清基结束，进行碾压并经联合验收合格后方可进行下一道施工工序。

（二）质量控制措施

①在施工中应积极推行全面质量管理，并加强人员培训，建立健全各级责任制，以保证施工质量达到设计标准、工程安全可靠与经济合理。

②施工人员必须对质量负责，做好质量管理工作，实行自检、互检、交接班检，并设立主要负责人领导下的专职质量检查机构。

③质检人员与施工人员都必须树立"预防为主"和"质量第一"的观点，双方密切配合，控制每一道工序的操作质量，防止发生质量事故。

④质量控制按国家和部颁的有关标准、工程的设计和施工图、技术要求以及工地制定的施工规程制度，质量检查部门对所有取样检查部位的平面位置、高程、检验结果等均应如实记录，并逐班、逐日填写质量报表，分送有关部门和负责人。质检资料必须妥善保存，防止丢失，严禁自行销毁。

⑤质量检查部门应在验收小组的领导下，参加施工期的分部验收工作，特别隐蔽工程，应详细记录工程质量情况，必要时应照相或取原状样品保存。

⑥施工过程中，对每班出现的质量问题、处理经过及遗留问题，应在现场交接班记录本上详细写明，并由值班负责人签署。针对每一个质量问题，在现场做出的决定，必须由主管技术负责人签署，作为施工质控的原始记录。

⑦发生质量事故时，施工部门应会同质检部门查清原因，提出补救措施，及时处理，并提出书面报告。

⑧试验及仪器使用建立责任制，仪器应定期检查与校正，并做如下规定：

a. 环刀每半月校核一次重量和容积，发现损坏时即停止使用。

b. 铝盒每月检查一次重量，检查时应擦洗干净并烘干。

c. 天平等衡器每班应校正一次，并随时注意其灵敏度。

（三）堤基处理质量控制

①堤基处理过程中，必须严格按设计和有关规范要求，认真进行质量控制，并应事先明确检查项目和方法。

②填筑前按有关规范对堤基进行认真检查。

（四）洒水湿润情况

①铺土厚度和碾压参数。

②碾压机具规格、重量。

③随时检查碾压情况，以判断含水量、碾重等是否适当。

④有无层间光面、剪力破坏、弹簧土、漏压或欠压土层、裂缝等。

⑤堤坡控制情况。

第二节 岩石地基灌浆

一、灌浆方法

基岩灌浆有多种方法，按照浆液流动的方式分，有纯压式灌浆和循环式灌浆；按照灌浆段施工的顺序分有自上而下灌浆和自下而上灌浆等。它们各有优缺点，各自适应不同的情况。

（一）纯压式和循环式灌浆

1. 纯压式灌浆

将浆液灌注到灌浆孔段内，不再返回的灌浆方式称为纯压式灌浆。

水利水电工程技术与管理措施探析

很显然，纯压式灌浆的浆液在灌浆孔段中是单向流动的，没有回浆管路，灌浆塞的构造也很简单，施工工效也较高，这是它的优点；它的缺点是，当长时间灌注后或岩层裂隙很小时，浆液的流速慢，容易沉淀，可能会堵塞一部分裂隙通道，解决这一问题的办法是提高浆液的稳定性，如在浆液中掺加适量的膨润土，或者使用稳定性浆液。

2. 循环式灌浆

浆液灌注到孔段内，一部分渗入岩石裂隙；一部分经回浆管路返回储浆桶，这种方法称为循环式灌浆。为了达到浆液在孔内循环的目的，要求射浆管出口接近灌浆段底部，规范规定其距离不大于50cm。

循环式灌浆时，无论何时灌浆孔段内的浆液总是保持着流动状态，因而可最大限度地减少浆液在孔内的沉淀现象，不易过早地堵塞裂隙通道，因而有利于提高灌浆质量，这是其优点；它的缺点是比纯压式灌浆施工复杂、浆液损耗量大、工效也低一些，在有的情况下，如灌注浆液较浓、注入率较大、回浆很少、灌注时间较长等，可能会发生孔内浆液凝住射浆管的事故。

在国外，纯压式灌浆采用比较普遍。我国灌浆规范规定"帷幕灌浆"方式宜采用循环式灌浆，也可采用"纯压式灌浆""浅孔固结灌浆"。各个工程应根据具体情况选用。

（二）自上而下和自下而上灌浆

1. 自上而下灌浆

自上而下灌浆法（也称下行式灌浆法）是指自上而下分段钻孔、分段安装灌浆塞进行的灌浆。在孔口封闭灌浆法推广以前，我国多数灌浆工程均采用此法。

采用自上而下灌浆法时，各灌浆段灌浆塞分别安装在其上部已灌灌浆段的底部。每一灌浆段的长度通常为5m，特殊情况下可适当缩短或加长，但最长也不宜大于10m，其他各种灌浆方法的分段要求也是如此。灌浆塞在钻孔中预定的位置上安装时，有时候由于钻孔工艺或地质条件的原因，可能达不到封闭严密的要求，在这种情况下，灌浆塞可适当上移，但不能下移。自上而下灌浆法可适用于纯压式灌浆和循环式灌浆，但通常与循环式灌浆配套采用。

2. 自下而上灌浆

自下而上灌浆法（也称上行式灌浆法）就是将钻孔一次钻到设计孔深，然后自下而上逐段安装灌浆塞进行灌浆的方法。这种方法通常与纯压式灌浆结合使用。很显然，采用自下而上灌浆法时，灌浆塞在预定的位置塞不住，其调整的方法是适当上移或下移，直至找到可以塞住的位置。如上移时就加大了灌浆段的长度，《水工建筑物水泥灌浆施工技术规

· 30 ·

范》规定，当灌浆段长度大于 10m 时，应当采取补救措施。补救的方法一般是在其旁布置检查孔，通过检查孔发现其影响程度，同时可进行补灌。

3. 综合灌浆法

综合灌浆法是在钻孔的某些段采用自上而下灌浆，另一些段采用自下而上灌浆的方法。这种方法通常在钻孔较深、地层中间夹有不良地质段的情况下采用。

4. 全孔一次灌浆

全孔一次灌浆法是指整个灌浆孔不分段一次进行的灌浆。《水工建筑物水泥灌浆施工技术规范》规定，这种方法一般在孔深不超过 6m 的浅孔灌浆时采用，也有的工程放宽到 8~10m。全孔一次灌浆法可采用纯压式灌浆，也可采用循环式灌浆。

（三）孔口封闭灌浆法

孔口封闭灌浆法是我国当前用得最多的灌浆方法，它是采用小口径钻孔，自上而下分段钻进，分段进行灌浆，但每段灌浆都在孔口封闭，并且采用循环式灌浆法。

1. 工艺流程

孔口封闭灌浆法单孔施工程序为：孔口管段钻进→裂隙冲洗兼简易压水→孔口管段灌浆→镶铸孔口管→待凝 72h→第二灌浆段钻进→裂隙冲洗兼简易压水→灌浆→下一灌浆段钻孔、压水、灌浆→……直至终孔→封孔。

2. 技术要点

孔口封闭法是成套的施工工艺，施工人员应完整地掌握其技术要点，而不能随意肢解，各取所需。

（1）钻孔孔径

孔口封闭法适宜于小口径钻孔灌浆，因此钻孔孔径宜为 $\varphi46 \sim \varphi76$mm。与 $\varphi42$mm 或 $\varphi50$mm 的钻杆（灌浆管）相配合，保持孔内浆液能较快地循环流动。

（2）孔口段灌浆

灌浆孔的第一段即孔口段是镶铸孔口管的位置，各孔的这一段应当先钻出，先进行灌浆。孔口段的孔径比灌浆孔下部的孔径宜大 2 级，通常为 76mm 或 91mm。孔口段的深度应与孔口管的长度一致。灌浆时在混凝土盖板与岩石界面处安装灌浆塞，进行循环式或纯压式灌浆，直至达到结束条件。

（3）孔口管镶铸

镶铸孔口管是孔口封闭法的必要条件和关键工序。孔口管的直径应与孔口段钻孔的直径相配合，通常采用 $\varphi73$mm 或 $\varphi89$mm。孔口管的长度应当满足深入基岩 1~2.5m 和高出地面 10cm，灌浆压力高或基岩条件差时，深入基岩应当长一些。孔口管的上端应当预先加工有螺纹，以便于安装孔口封闭器。孔口段灌浆结束后应当随即镶铸孔口管，即将孔口管下至孔底，管壁与钻孔孔壁之间填满 0.5：1 的水泥浆，导正并固定孔口管，待凝 72h。

（4）射浆管

孔口封闭法的射浆管即孔内灌浆管，也就是钻杆。射浆管必须深入灌浆孔底部，离孔底的距离不得大于 50cm，这是形成循环式灌浆的必要条件。

（5）孔口各段灌浆

孔口段及其以下 2~3 段段长划分宜短，灌浆压力递增宜快，这样做的目的一方面是为了减少抬动危险，另一方面是尽快达到最大设计压力。通常孔口三段按 2m、1m、2m 段长划分，第四段恢复到 5m 长度，并升高到设计最大压力。

（6）裂隙冲洗及简易压水

除地质条件不允许或设计另有规定外，一般孔段均合并进行裂隙冲洗和简易压水。

需要注意的是各段压水虽然都在孔口封闭，全孔受压，但在计算透水率时，试段长度只取未灌浆段的段长，已灌浆段视为不透水。

（7）活动灌浆管和观察回浆

采用孔口封闭法进行灌浆，特别是在深孔（大于 50m）、浓浆（小于 0.7：1）、高压力（大于 4MPa）、大注入率和长时间灌注的条件下必须经常活动灌浆管和十分注意观察回浆。灌浆管的活动包括转动和上下升降，每次活动的时间为 1~2min，间隔时间为 2~10min，视灌浆时的具体情况而定，回浆应经常保持在 15L/min 以上。这两条措施都是为了防止在灌浆的过程中灌浆管被凝住。

（8）不待凝

一个灌浆段灌浆结束以后，不待凝，立即进行下一段的钻孔和灌浆作业。孔口封闭灌浆法诞生以前，灌浆后的待凝大大影响灌浆工效的提高，此问题曾长期困扰灌浆工程界。孔口封闭法的实践成功地解决了这一问题，它的技术保证就是上述的灌浆结束条件。

二、灌浆压力

（一）灌浆压力的构成和计算

准确地说，灌浆压力是指灌浆时浆液作用在灌浆段中点的压力，它是灌浆泵输出压力（由压力表指示）、浆液自重压力、地下水压力和浆液流动损失压力的代数和。

浆液在灌浆管和钻孔中流动的压力损失包括沿程损失和局部损失。此项数值与管路长度、管径、孔径、糙率、接头弯头的多少与形式、浆液黏度、流动速度等有关，可以通过计算或试验得出，但由于计算比较复杂，试验也不易做得准确，且这项数值相对较小，因此为简便起见一般予以忽略。

在灌浆施工实践中，特别是现今多采用的高压灌浆施工中，由于灌浆压力很大（大于3MPa），浆柱压力、地下水压力、管路损失相对都较小，因此习惯上常常就采用表压力作为灌浆压力。

由于大多数灌浆泵都是柱塞泵或活塞泵，它们输出浆液的压力是波动的，压力表或记录仪指示的压力也是波动的，有的时候波动还很大。控制和记录灌浆压力宜以波动的中值为准。我国乌江渡和龙羊峡等工程的帷幕灌浆也曾以压力波动的峰值作为压力控制的标准。

（二）灌浆压力的控制

灌浆过程中，灌浆压力的控制主要有以下两种方法：

一次升压法。灌浆开始后，尽快将灌浆压力升到设计压力。

分级升压法。在灌浆过程中，开始使用较低的压力，随着灌浆注入率的减少，将压力分阶段逐步升高到设计值。

一次升压法适用于透水性不大、裂隙不甚发育的岩层灌浆。分级升压法适用于裂隙发育、透水率较大的地层。

灌浆压力应当根据注浆率的变化进行控制。灌浆压力和注浆率是相互关联的两个参数，在施工中应遵循这样的原则：当地层吸浆量很大、在低压下即能顺利地注入浆液时，应保持较低的压力灌注，待注浆率逐渐减小时再提高压力；当地层吸浆量较小、注浆困难时，应尽快将压力升到规定值，不要长时间在低压下灌浆。

高压灌浆应当特别注意控制灌浆压力和注入率。平缝模型试验表明，上抬力与最大灌浆压力和最大注入量成正比，而注入量与注入率有关，因此为防止上抬力过大而引起地面抬动，必须协调控制灌浆压力和注入率。

三、基岩帷幕灌浆

帷幕灌浆通常布置在靠近坝基面的上游，是应用最普遍、工艺要求较高的灌浆工程。

（一）施工的条件与施工次序

基岩帷幕灌浆通常应当在具备以下条件后实施：

①灌浆地段上覆混凝土已经浇筑了足够厚度，或灌浆隧洞已经衬砌完成。上覆混凝土的具体厚度各工程规定不一，龙羊峡水电站要求为30m；也有的工程要求为15m，应视灌浆压力的大小而定。

②同一地段的固结灌浆已经完成。

③基岩帷幕灌浆应当在水库开始蓄水以前，或蓄水位到达灌浆区孔口高程以前完成。基岩帷幕灌浆通常由一排孔、二排孔或多排孔组成。由二排孔组成的帷幕，一般应先进行下游排的钻孔和灌浆，然后再进行上游排的钻孔和灌浆；由多排孔组成的帷幕，一般应先进行边排孔的钻孔和灌浆，然后向中间排逐排加密。

单排孔组成的帷幕应按三个次序施工，各次序孔按"中插法"逐渐加密，先导孔最先施工，接着顺次施工Ⅰ、Ⅱ、Ⅲ次序孔，最后施工检查孔。由两排孔或多排孔组成的帷幕，每排可以分为两个次序施工。

原则上说，各排各序都要按照先后次序施工，也就是说应当先序排、先序孔施工完成以后，方可以开始后序排、后序孔的施工。但是，为了加快施工进度，减少窝工，灌浆规范规定，当前一序孔保持领先15m的情况下，相邻后序孔也可以随后施工。

坝体混凝土和基岩接触面的灌浆段应当先行单独灌注并待凝。

（二）帷幕灌浆孔钻孔的要求

帷幕灌浆孔钻孔的钻机最好采用回转式岩芯钻机、金刚石或硬质合金钻头。这样钻出来的孔孔型圆整，孔斜较易控制，有利于灌浆，以往，经常采用的是钢粒或铁砂钻进，但在金刚石钻头推广普及之后，除有特殊需要外，钻粒钻进一般就用得很少了。

为了提高工效，国内外已经越来越多地采用冲击钻进和冲击回转钻进。但是由于冲击钻进要将全部岩芯破碎，因此，岩粉较其他钻进方式多，故应当加强钻孔和裂隙冲洗。另外，在同样情况下冲击钻进较回转钻进的孔斜率大，这也是应当加以注意的。

在各种灌浆中帷幕灌浆孔的孔斜要求是较高的，因此应当切实注意控制孔斜和进行孔斜测量。

（三）先导孔施工

1. 先导孔的作用

一项灌浆工程在设计阶段通常难以获得最充分的地质资料，因此在施工之初，利用部分灌浆孔取得必要的补充地质资料或其他资料，用以检验和核对设计及施工参数，这些最先施工的灌浆孔就是先导孔。

先导孔的工作内容主要是获取岩芯和进行压水试验，同时要完成作为Ⅰ序孔的灌浆任务。

2. 先导孔的布置

先导孔应当在Ⅰ序孔中选取，通常 1~2 个单元工程可布置一个，或按本排灌浆孔数的 10%布置。双排孔或多排孔的帷幕先导孔应布置在最深的一排孔中并最先施工，先导孔的深度一般应比帷幕设计孔深深 5m。

设计阶段资料不足或有疑问的地段可重点布置先导孔。

但应注意，虽然先导孔具有补充勘探的性质，非不得已也不要把勘探设计阶段的任务任意或大量地转移到先导孔来完成。这是因为在施工阶段进行的先导孔施工受工期、技术和预算等条件的影响，通常不易做得很细，难以满足设计的要求。

3. 先导孔施工的方法

先导孔通常使用回转式岩芯钻机自上而下分段钻孔，采取岩芯、分段安装灌浆塞进行压水试验。压水试验的方法为三级压力五个阶段的五点法。

先导孔各孔段的灌浆宜在压水试验后接着进行。这样灌浆效果好，且施工简便，压水试验成果的准确性可满足要求。也有在全孔逐段钻孔、逐段进行压水试验直到设计深度后，再自下而上逐段安装灌浆塞进行纯压式灌浆直至孔口的。除非钻孔很浅，不允许对先导孔采取全孔一次灌浆法灌浆。

（四）浆液变换

在灌浆过程中，浆液浓度的使用一般是由稀浆开始，逐级变浓，直到达到结束标准。过早地换成浓浆，常易将细小裂隙进口堵塞，致使未能填满灌实，影响灌浆效果；灌注稀浆过多，浆液过度扩散，造成材料浪费，也不利于结石的密实性。因此，根据岩石的实际情况，恰当地控制浆液浓度的变换是保证灌浆质量的一个重要因素。一般灌浆段内的细小裂隙多时，稀浆灌注的时间应长一些；反之，如果灌浆段中的大裂隙多时，则应较快换成较浓的浆液，使灌注浓浆的历时长一些。

灌浆过程中浆液浓度的变换应遵循如下原则：

当灌浆压力保持不变，吸浆量均匀地减少时，或当吸浆量不变，压力均匀地升高时，不需要改变水灰比；

当某一级水灰比浆液的灌入量已达到某一规定值（例如 300L）以上，或灌浆时间已达到足够长（例如 30min），而灌浆压力及吸浆量均无显著改变时，可改换浓一级浆液灌注；

当其注入率大于 30L/min 时，可根据具体情况越级变浓。

改变水灰比后，如灌浆压力突增或吸浆率锐减，应立即查明原因。

每一种比级的浆液累计吸浆量达到多少时才允许变换一级，这个数值要根据地质条件和工程具体情况而定，一般情况下可采用300L，原则是尽量使最优水灰比的浆液多灌入一些（最优水灰比通过灌浆试验得出）。

对于"无显著改变"的理解可以量化为，某一级浓度的浆液在灌注了一定数量之后，其注入率仍大于初始注入率的70%，就属于"无显著改变"。

固结灌浆的浆液比级与变换原则可参照帷幕灌浆。

近些年来，欧洲兴起了一种采用稳定浆液灌浆的方法，只使用一种水灰比的浆液，不进行浆液变换。

（五）抬动观测

1. 抬动观测的作用

在一些重要的工程部位进行灌浆，特别是高压灌浆时，有时要求进行抬动观测。抬动观测有两个作用：

①了解灌浆区域地面变形的情况，以便分析判断这种变形对工程的影响；

②通过实时监测，及时调整灌浆施工参数，防止上部构筑物或地基发生抬动变形。

2. 抬动观测的方法

常用的抬动观测方法有：

（1）精密水准测量

即在灌浆范围内埋设测桩或建立其他测量标志，在灌浆前和灌浆后使用精密水准仪测量测桩或标点的高程，对照计算地面升高的数值，必要时也可在灌浆施工的中期进行加测。这种方法主要用来测量累计抬动值。

（2）测微计观测

建立抬动观测装置，安装百分表、千分表或位移传感器进行监测。浅孔固结灌浆的抬动观测装置的埋置深度应大于灌浆孔深度，深孔灌浆抬动观测装置的深度一般不应小于20m。这种方法用来监测每一个灌浆段在灌浆过程中的抬动值变化情况，指导操作人员实时控制灌浆压力，防止发生抬动或抬动值超过限值。

这种抬动观测在压水和灌浆过程中应连续进行，时间间隔可为5~10min，但当抬动速率较快时，时间间隔应当缩小至1~2min。

根据观测的目的要求可以选用其中的一种观测方法，但在灌浆试验时或对抬动敏感地带，应当同时采用上述两种方法进行观测。

（六）灌浆结束条件

灌浆结束条件对于灌浆施工十分重要，它对灌浆工程的质量、工效和成本都有较大影响。

帷幕灌浆采用自上而下分段灌浆法时，在规定压力下，当注入率大于 0.4L/min 时，继续灌注 60min；或不大于 1L/min 时，继续灌注 90min，灌浆可以结束。

采用自下而上分段灌浆法时，继续灌注的时间可相应地减少为 30min 和 60min，灌浆可以结束。

当采用孔口封闭灌浆法时，灌浆应同时满足两个条件：在设计压力下，注入率不大于 1L/min，延续灌注时间不少于 90min；灌浆全过程中，在设计压力下的灌浆时间不少于 120min，方可结束。

采用自上而下分段灌浆法时，灌浆段在最大设计压力下，注入率不大于 1L/min 后，继续灌注 60min，可结束灌浆；采用自下而上分段灌浆法时，在该灌浆段最大设计压力下，注入率不大于 1L/min 后，继续灌注 30min，可结束灌浆。

当采用孔口封闭灌浆法时，在该灌浆段最大设计压力下，注入率不大于 1L/min，继续灌注 60~90min，可结束灌浆。

我国的大多数工程采用了上述结束条件。少数工程，主要是利用外资的工程采用的灌浆结束条件不大相同，如二滩工程规定：灌浆应灌到孔中不显著吸浆为止。不显著吸浆的含义是指灌浆段长 3~6m 或其他规定长度的孔段，在设计最大压力下每 10min 吸浆不大于 10L，在压力降到允许最大压力的 75% 时，10min 内吸浆为 0。小浪底工程规定：进行帷幕灌浆时，在设计压力下，灌浆段吸浆率小于 1L/min，继续灌注 30min 后可以结束；采用自下而上分段灌浆时，继续灌注的时间缩短为 15min。

（七）封孔

各灌浆孔、测试孔（检查孔）完成灌浆或测试检查任务后，均应很好地将孔回填封堵密实。

1. 导管注浆法

全孔灌浆完毕后，将导管（胶管、铁管或钻杆）下入到钻孔底部，用灌浆泵向导管内泵入水灰比为 0.5 的水泥浆。水泥浆自孔底逐渐上升，将孔内余浆或积水顶出孔外。在泵入浆液过程中，随着水泥浆在孔内上升，可将导管徐徐上提，但应注意务使导管底口始终保持在浆面以下。工程有专门要求时，也可注入砂浆。这种封孔方法适用于浅孔和灌浆后孔口没有涌水的钻孔。

值得注意的是切忌不用导管，径直向孔口注入浆液。那样因为孔内的水或稀浆不能被置换出来，会在钻孔中留下通道。

2. 全孔灌浆法

全孔灌浆完毕后，先采用导管注浆法将孔内余浆置换成为水灰比为 0.5 的浓浆，而后将灌浆塞塞在孔口，继续使用这种浆液进行纯压式灌浆封孔。封孔灌浆的压力可根据工程具体情况确定，采用尽可能大的压力，一般不要小于 1MPa。当采用孔口封闭法灌浆时，可使用最大灌浆压力，灌浆持续时间不应小于 1h。经验表明，当采用这种方法封孔时，孔内水泥浆液结石密度都可达到 2.0g/cm³ 以上，抗压强度 20MPa 以上，孔口无渗水。

当采用自下而上灌浆法，一孔灌浆结束后，通常全孔已经充满凝固或半凝固状态的浓稠浆体，在这种情况下可直接在孔口段进行封孔灌浆。

3. 分段灌浆封孔法

全孔灌浆完毕后，自下而上分段进行纯压式灌浆封孔，分段长度 20~30m，使用浆液水灰比为 0.5，灌浆压力为相应深度的最大灌浆压力，持续时间一般为 30min，孔口段为 1h。这种方法适用于采用自上而下分段灌浆、孔深较大和封孔较为困难的情况。

4. 其他注意事项

①当进行封孔灌浆时出现较大的注入量（如大于 1L/min）时，应按正常灌浆过程进行灌浆，直至达到要求的结束条件，如封孔前孔口仍有涌水或渗水，则应当适当延长封孔灌浆持续时间，或采取闭浆措施。

②采用上述方法封孔，待孔内水泥浆液凝固后，灌浆孔上部空余部分，大于 3m 时，应继续采用导管注浆法进行封孔；小于 3m 时，可使用干硬性水泥砂浆人工封填捣实，孔口压抹齐平。

③封孔的浆液材料通常情况下采用纯水泥浆，当灌浆后孔口仍有细微渗水时，封孔水泥浆和砂浆中宜加入膨胀剂。

四、岩溶地层灌浆

自从乌江渡水电站建设成功以来，我国已在岩溶地层修建了越来越多的高坝，积累了较多的施工经验。岩溶地层的灌浆与非岩溶地层的灌浆，除一般工艺基本相同外，还有一些重要的特点。

（一）岩溶地层灌浆的特点

与非岩溶地层的灌浆相比较，岩溶地层灌浆有如下一些特点：

①地质条件复杂，灌浆前常常不可能将施工区的地质情况勘探得十分详尽，因而在施工过程中往往会发现各种地质异常，设计和施工就要及时变更调整。

②施工技术较为复杂。施工、勘探、试验三者并行的特点更突出，要求施工人员有丰富的经验。

③灌浆工程量通常较大，水泥注入量很大，工程费用较高。这些量在施工完成以前常常不可能预计得很准，因此必须留有余地。

（二）岩溶地层灌浆的技术要点

①充分利用勘探孔、先导孔和灌浆孔的资料对岩溶成因、发育规律、分布情况、岩溶类型以及大型溶洞的规模尺寸了解清楚，只有情况明，方能措施对。

②对已经揭露的溶洞，尽量清除充填物，回填混凝土，也可以回填毛石、块石或碎石，并做回填灌浆和固结灌浆。湖南江址水库帷幕灌浆发现厅堂式大溶洞，通过在地面钻大口径孔灌注混凝土；我国云南五里冲水库在施工过程中发现特大溶洞群，为此在帷幕轴线上开挖残留岩体，清除充填物，浇筑了一道长 59m、高 100.4m、厚 2~2.5m 的地下混凝土防渗墙。

③恰当地使用灌浆压力。在渗透通道畅通，注入率很大的孔段应避免使用高压力，防止浆液流失过多；但当注入率降低到相当小以后，则必须尽早升高到设计最大灌浆压力。

④对于岩溶帷幕灌浆，一般不需要进行裂隙冲洗。实践和理论研究表明，溶洞充填物质通过高压灌浆的挤压密实，具有良好的渗透稳定性，它和周围岩体完全可以构成防渗帷幕的一部分。

（三）大渗漏通道的灌浆

岩溶地区经常有大的裂隙通道，灌浆时如不采取措施，浆液会流失很多，造成浪费。下列措施有助于限制浆液过多流失：

①增加浆液浓度直至最浓级，降低灌浆压力，限制注入率。乌江渡帷幕灌浆规定注灰量大于 10 吨以后实行限流灌注。

②当浓浆、限流尚无效果，可采取限量和间歇灌注措施。乌江渡帷幕灌浆规定总注灰量超过 20 吨以后，可改为间歇灌浆，每灌入 5 吨水泥间歇一次，间歇时间为 4~6h。

③在水泥浆中掺入速凝剂，如水玻璃、氯化钙等。

为了节约灌浆材料，当发现裂隙通道很大时，视情况可以改灌水泥砂浆、黏土水泥浆、粉煤灰水泥浆等。

（四）大型溶洞的灌浆

溶洞的充填情况不同，采取的措施也不尽相同。

1. 无充填或半充填溶洞的灌浆

对于没有充填满的溶洞，一般说来必须将它灌注充满。施工的目标是如何采用相对廉价的材料和便捷的措施。

①创造条件，例如利用已有钻孔或扩孔，或专门钻孔，向溶洞中灌筑流态混凝土，也可以先填入级配骨料，再灌入水泥砂浆或水泥浆。钻孔孔径不宜小于150mm，混凝土骨料最大粒径不得大于40mm，坍落度为18~22cm。级配骨料的最大粒径也不得大于40mm，直至不能继续灌入为止。

②在上述工作的基础上，扫孔灌注水泥砂浆、粉煤灰水泥浆或水泥黏土浆等，达到设计灌浆压力而后改灌普通水泥浆液，直至达到规定的结束条件。

许多工程都采用过这样的方法。

2. 充填型溶洞的灌浆

有许多溶洞洞内充满了砾、砂、淤泥等，灌浆的任务主要是将这些松散软弱物质相对地固结起来，或在其间形成一道帷幕。在这样的溶洞中灌浆就相当于在覆盖层中灌浆一样，常会遇到钻进成孔的困难。

①采用循环钻灌法，缩短段长，泥浆固壁成孔，高压灌浆。
②穿过溶洞充填物，进行高压旋喷灌浆处理。

第三节　砂砾石地层灌浆

并不是所有的软土地基都适合灌浆，砂砾石的可灌性是指砂砾石地层能否接受灌浆材料灌入的一种特性，砂砾石地基的可灌性灌浆材料的细度、灌浆的压力和灌浆工艺等因素。

砂砾石地基是比较松散的地层，其空隙率大，渗透性强、孔壁易坍塌等。因而在灌浆施工中，为保证灌浆质量和施工的进行，还要采取一些特殊的施工工艺措施。

一、灌浆材料

砂砾石地基灌浆，多用于修筑防渗帷幕，很少用于加固地基，一般多采用水泥黏土浆。有时为了改善浆液的性能，可掺少量的膨润土和其他外加剂。

砂砾石地基经灌浆后，一般要求帷幕幕体内的渗透系数能够降低到 $10 \sim 10 \text{cm/s}$ 以下；浆液结石 28d 的强度能够达到 $0.4 \sim 0.5 \text{MPa}$。

水泥黏土浆的稳定性和可灌性指标，均优于水泥浆；其缺点是析水能力低，排水固结时间长，浆液结石强度不高，黏结力较低，抗渗和抗冲能力较差等。

要求黏土遇水以后，能迅速崩解分散，吸水膨胀，并具有一定的稳定性和黏结力。

浆液配比，视帷幕的设计要求而定，一般配比（重量比）为水泥：黏土 $= 1 : 2 \sim 1 : 4$，浆液的稠度为水干料 $= 6 : 1 \sim 1 : 1$。

有关灌浆材料的选用，浆液配比的确定以及浆液稠度的分级等问题，均须根据砂砾石层特性和灌浆要求，通过室内外的试验来确定。

砂砾石层中的灌浆孔都是铅直向的钻孔，除打管灌浆法外，其造孔方式主要有冲击钻进和回转钻进两大类；就使用的冲洗液来分，则有清水冲洗钻进和泥浆固壁钻进两种。

二、打管灌浆

灌浆管由厚壁的无缝钢管、花管和锥形体管头所组成，用吊锤夯击或振动沉管的方法，打入到砂砾石受灌地层设计深度，打孔和灌浆在工序上紧密结合。每段灌浆前，用压力水通过水管进行冲洗，把土砂等杂质冲出管外或压入地层中去，使射浆孔畅通，直至回水澄清。可采用自流式或压力灌浆，自下而上，分段拔管分段灌浆，直到结束。

此法设备简单，操作方便，一般适用于深度较浅，结构松散，孔隙率大，无大孤石的砂砾石层，多用于临时性工程或对防渗性能要求不高的帷幕。

三、套管灌浆

施工程序是：边钻孔边下护壁套管（或随打入护壁套管，随冲淘管内砂砾石），直到套管下到设计深度。然后将钻孔冲洗干净，下入灌浆管，再起拔套管至第一灌浆段顶部，安好阻塞器，然后注浆。如此自下而上，逐段提升灌浆管和套管，逐段灌浆，直至结束。也可自上而下，分段钻孔灌浆，缺点是施工控制较为困难。

采用这种方法灌浆，由于有套管护壁，不会产生塌孔埋钻事故；但压力灌浆时，浆液容易沿着套管外壁向上流动，甚至产生表面冒浆，还会胶结套筒造成起拔困难，甚至拔不出。

四、循环灌浆

循环灌浆，实质上是一种自上而下，钻一段、灌一段，无须待凝，钻孔与灌浆循环进行的一种施工方法。钻孔时用黏土浆或最稀一级水泥粘土浆固壁。钻灌段的长度，视孔壁稳定情况和砂砾石渗漏大小而定，一般为 1~2m，逐段下降，直到设计深度。这种方法灌浆，没有阻塞器，而是采用孔口管顶端的。

五、埋管法

①在孔位处先挖一个深 1~1.5m，半径大于 0.5m 的坑。由干钻向下钻进至砂砾石层 1~1.5m，把加工好的孔口管下入孔内，孔口管下端 1~1.5m 加工成花管，孔口管管径要与钻孔孔径相适应，上端应高出地面 20cm 左右。在浅坑底部设止浆环，防止灌浆时浆液沿管壁向上蹿冒，浅坑用混凝土回填（或黏、壤土分层夯实），待凝固后，通过花管灌注纯水泥浆，以便固结孔口管的下部，并形成密实的防止冒浆的盖板。

②打管法钻机钻孔，孔口管插入钻孔用吊锤打至预定位置，然后再向下钻深 30~50cm，并清除孔内废渣，灌注水泥浆。

六、预埋花管灌浆

在钻孔内预先下入带有射浆孔的灌浆花管，管外与孔壁的环形空间注入填料，后在灌浆管内用双层阻塞器（阻塞器之间为灌浆管的出浆孔）进行分段灌浆，其施工程序是：

①钻孔及护壁常使用回转钻机钻孔至设计深度，接着下套管护壁或用泥浆固壁。

②清孔钻孔结束后，立即清除孔底残留的石渣，将原固壁泥浆更换为新鲜泥浆。

③下花管和下填料若套管护壁时，先下花管后下填料（若泥浆固壁时，则先下填料后下花管）。花管直径为 75~110mm，沿管长每隔 0.3~0.5cm 环向钻一排（4 个）孔径为 10mm 的射浆孔。射浆孔外面用弹性良好的橡胶圈箍紧，橡胶圈厚度为 1.5~2mm，宽度 10~15cm。花管底部要封闭严密、牢固。安设花管要垂直对中，不能偏在套管（或孔壁）的一侧。

用泵灌注花管与套管（或孔壁）之间环形空间的填料，边下填料，边起拔套管，连续浇注，直到全孔填满将套管拔出为止。填料配比为水泥：黏土 =1:2~1:3；水：干料 = 1:1~3:1；浆体密度 1.35~1.36t/m³；黏度 25s；结石强度 R=0.1~0.2MPa，R<0.5~0.6MPa。

七、开环

孔壁填料待凝 5~15d，达到一定强度后，可进行开环。在花管中下入双层阻塞器，灌浆管的出浆孔要对准花管上准备灌浆的射浆孔，然后用清水或稀浆逐渐升压至开环为止。

压开花管上的橡皮圈，压裂填料，形成通路，称为开环，为浆液进入砂砾石层创造条件。

八、灌浆

开环以后，继续用清水或稀浆灌注 5~10min，再开始灌浆。花管的每一排射浆孔就是一个灌浆段，灌完一段，移动阻塞器使其出浆孔对准另一排射浆孔，进行另一灌浆段的开环和灌浆。

由于双层阻塞器的构造特点，可以在任一灌浆段进行开环灌浆，必要时还可重复灌浆，比较机动灵活。灌浆段长度一般为 0.3~0.5m，不易发生串浆、冒浆现象，灌浆质量比较均匀，质量较有保证。国内外比较重要的砂砾石层灌浆多采用此法，其缺点是有时有不开环的现象，且花管被填料胶结后，不能起拔回收，耗用钢材较多，工艺复杂，成本较高。

前三种灌浆方法的灌浆结束后，应立即封孔，以防坍孔冒浆；预埋花管法则可在帷幕检查后集中进行封孔，但要孔口加盖进行保护。砂砾石地基灌浆，应根据各工程的具体条件和灌浆应达到的要求，通过灌浆试验，提出需要掌握的控制标准，用以指导灌浆施工。

九、高压喷射注浆法

近年来，高压喷射注浆技术作为一个日趋成熟的地基基础处理方法，已被广泛应用于砂、土质地层的河道、堤坝、工业民用建筑基础防渗和地基加固中。但在砂砾石地层的应用因其成孔困难、成墙效果不理想等原因，并未被广泛采用。由水电十一局承建的九甸峡水电站厂房工程砂砾石围堰截渗应用了高压旋喷灌浆，取得了成功，现对之进行总结，形成本施工法。

砂砾石层主要由细砂及砂卵石等粗颗粒组成，其透水性较强，透水率较大，对于该类型地层防渗，一般采用帷幕灌浆处理，但帷幕灌浆施工速度慢，投资大，防渗效果并不十分明显。采用高压旋喷灌浆进行防渗处理可达到帷幕灌浆处理所达不到的效果。但高压喷射灌浆存在其不可回避的弊端，一是砂砾石地层成孔过程中的塌孔问题，二是地层中的孤石能否有效被水泥浆包裹问题。

本工法从九甸峡水电站厂房基础防渗中总结出来。为了解决高压旋喷防渗墙处理方案在砂砾石层中的可施工性，在常规施工方法的基础上采取了有效改进措施。针对砂砾石地层成孔难、易塌孔、钻进速度慢等技术难题，采取了大扭矩风动回转式液压钻机跟管钻进，PVC套管护壁成孔方法。这种钻孔方法与传统泥浆、水泥浆护壁钻孔方法相比，具有成孔快、不塌孔、工艺简单等优点。针对注浆过程中的孤石能否有效被水泥浆包裹及水泥浆与砂砾石充分搅拌问题，在注浆施工方法上选用高压水孔内切割，风动搅拌，水泥固结的三管法。在参数选择上尽量选择大水压，加大高压水对地层冲击、切割力度；在遇有孤石时，采取在孤石上、下50cm加大喷嘴旋转速度、慢速提升的办法，充分将孤石用水泥浆包住，从而使固结后的柱体达到连续完整的目的。工程所取得的成功经验值得类似工程借鉴和使用。

（一）适用范围

高压喷射注浆法防渗和加固技术主要适用于砂类土、黏性土、黄土和淤泥等软弱土层，本工法主要介绍其在砂砾石中的应用。

（二）工艺原理

高压喷射注浆是利用钻机成孔后，由高压喷射注浆台车（简称高喷台车）把前端带有喷嘴的注浆管置入砂砾石层预定深度后，以 30～40Mpa 压力把浆液或水从喷嘴中喷射出来，形成喷射流切割破坏砂砾石层，使原砂砾石层被破坏并与高压喷射进来的水泥浆按一定的比例和质量大小，有规律地重新排列组合，浆液凝固后，便在砂砾石层中形成一个柱状固结体，无数个柱状固结体的连接便形成一道屏蔽幕墙。

因从喷嘴中喷射出来的浆液或水能量很大，能够置换部分碎石土颗粒，使浆液进入碎石土中，从而起到加固地基和防渗的作用。

（三）质量要求

在施工过程中，应着重对钻孔和灌浆两道工序进行控制以及对防渗墙质量进行检查，主要有以下几方面：

1. 钻孔

要经常检查钻孔孔位有无偏差，及时予以纠正。检查孔斜，一般要求钻孔孔斜小于0.5%～1.5%的孔深。

检测喷浆管的旋转和提升速度，以设计要求为准或通常将旋转速度控制在 5～20r/min，提升速度为 5～20cm/min。

当因拆卸钻杆或其他原因暂停喷射时，再喷射时应使新旧固结体搭接 10cm 以上，防止断桩。

2. 灌浆

要检查灌浆浆液的比重和流动度指标以及灌浆压力和流量等指标，并及时进行调整，使其满足要求。利用灌浆自动记录仪记录灌浆过程，随时核算灌入浆液总量是否满足要求。要及时观察和检测冒浆，在高喷施工过程中，往往有一定数量的土粒随着一部分浆液冒出地面，通过对冒浆现象的观察，及时了解地层的变化情况、喷射灌浆效果以及各项施工参数是否合理，以便适时做出适当调整。

3. 防渗墙质量检验

对高喷防渗墙固结体的质量检验可采用开挖检查、钻取岩芯、压（注）水试验等多种方法来进行。检验主要内容为：固结体的整体性和均匀性；固结体的几何特性，包括有效直径、深度和偏斜度；固结体的水力学特性，包括渗透系数和水力坡降等。

质量检验一般在高喷工作结束后四周进行，根据检验结果采取适当措施以确保达到预期要求。对防渗墙应进行渗透试验，一般做法为：在高喷固结体适当部位钻孔（取芯），然后在孔内进行压水或注水试验，判断其抗渗透能力。

（四）安全措施

①施工前对风、水、浆、电及施工顺序进行详细规划，保证作业面规范整齐。

②加强施工人员安全教育，建立各种设备操作规程。

③设置醒目的安全标志，人员上下机架要系安全带。

④电动机械设备应设置安全防护设施和安全保护措施。

⑤施工前必须检查防水电缆是否完好，防止电伤人。

⑥施工时，做好废浆排放工作；工程结束时，要做到工完料净场地清。

第四节　工程防渗施工

一、混凝土防渗墙施工

（一）施工准备

①安排工程技术人员勘查现场，进一步了解实施本工程的目的、设计标准、技术要求，按设计文件及图纸要求进行测量放样工作。

②针对槽孔式防渗墙工程的要求，编制详细的专项施工方案，用于指导施工。

③按施工技术要求平整、清理场地，准备好堆料场，联系好原材料供应厂商。

④确定好设备进场道路，施工设备运输进场、安装。

（二）施工现场布置

1. 施工用电

槽孔式防渗墙使用与本标段同一电力供应系统，电力系统可以满足防渗墙施工的需要。

2. 施工用水

施工用水使用与本标段同一供水系统。

3. 施工道路

槽孔式防渗墙工程施工时，上坝道路已修好，延伸至工程地的施工道路已修好，待土石坝填筑至工程地高程时，可直接与上坝公路相连，防渗墙所使用的机械设备、原材料等可以直接运至施工场地。

（三）导墙施工

导墙施工是防渗墙施工的关键环节，其主要作用为成槽导向、控制标高、槽段定位、防止槽口坍塌及承重，根据选用的机械形式和现场布置，导墙断面形式采用钢筋砼倒"L"型断面。

导槽里侧净宽度0.8m，导墙混凝土强度等级为C20，导墙施工时，导墙壁轴线放样必须准确，误差不大于10mm，导墙壁施工平直，内墙墙面平整度偏差不大于3mm，垂直度不大于0.5%，导墙顶面平整度为5mm。导墙顶面宜略高于施工地面100~150mm，每个槽段内的导墙上至少应设有一个溢浆孔。导墙基底与土面密贴，为防止导墙变形，导墙两内侧拆模后，每隔1.5m布设一道木撑，混凝土未达到70%强度，严禁重型机械在导墙附近行走。

（四）槽孔式混凝土防渗墙施工

1. 主要施工方法

①采用膨润土或优质黏土泥浆护壁；

②"泵吸反循环法"置换泥浆清孔；

③混凝土搅拌站拌和混凝土；

④混凝土运输车输送混凝土；

⑤泥浆下直升导管法浇筑混凝土；

⑥采用"预设工字钢法"进行Ⅰ、Ⅱ期槽段连接；

⑦自制灌浆平台进行混凝土浇筑。

在施工前，先进行混凝土和泥浆的配合比及其性能试验，报送监理审查批准后实施。

2. 槽段划分

单元槽段长度的划分根据设计图纸要求确定，工程槽段划分为：一期槽孔长6.0m，共6段；二期槽孔长6.0m，共6段（均为标准段）。

（五）成槽工艺

根据地质结构情况，单元槽段成槽用抓斗成槽机进行挖槽，成槽机上有垂直最小显示装置，当偏差大于1/300时，则进行纠偏工作，纠偏可采取两种方法：一种是将槽段用砂土回填，再利用槽壁机挖槽，二是根据成槽机上垂直度的显示装置，特别偏差大于1/300开始位置，逐步向下抓或空挖修整槽壁的倾斜。一般成槽垂直精度可达1/500～1/300。抓斗工作宽度2.8m，一个标准槽段要三幅抓才能完成，当抓斗至弱风化岩岩层时，改用冲击钻钻孔，直至达到设计位置。

抓斗每抓一次，应根据垂线观察抓斗的垂直及位置情况，然后下斗直到土面，若土质较硬则提起抓斗约80cm，冲击数次抓土，起斗时应缓慢，在斗出泥浆面时应即时回灌泥浆，保证一定液面。抓取的泥土用自卸汽车运输至指定地方，不得就地卸土，待泥土较干时再采用挖沟机装上自卸汽车外运，冲孔的返浆沉积泥渣用泥浆车外运，不影响文明施工。

（六）岩面鉴定与终孔验收

①基岩面要按下列方法确定：

a. 依照防渗墙中心线地质剖面图，当孔深接近预计基岩面时，即应开始取样，然后根据岩样的性质确定基岩面；

b. 对照邻孔基岩面高程，并参考钻进情况确定基岩面；

c. 当上述方法难以确定基岩面，或对基岩面发生怀疑时，应采用岩芯钻机取岩样，加以确定和验证。

②终孔后，由监理工程师同施工单位质检人员进行孔形、孔深检测验收，确保孔形、孔斜、孔深符合设计要求。

③基岩岩样是槽孔嵌入基岩的主要依据，必须真实可靠，并按顺序、深度、位置编号、填好标签，装箱，妥善保管。

二、深层搅拌法水泥土防渗墙

深层搅拌法水泥土防渗墙是利用钻搅设备将地基土水泥等固化剂搅拌均匀，使地基土固化剂之间产生一系列物理化学反应，硬凝成具有整体性、水稳定性和一定强度的水泥土，深层搅拌法包括单头搅、双头搅、多头搅。水泥土防渗墙是深层搅拌法加固地基技术作为防渗方面的应用，这几年在堤防垂直防渗中得到大量应用，特别是为了适应和推广这一技术，已研究出适应这一技术的专用设备——多头小直径深层搅拌截渗桩机。深搅法的特点是施工设备市场占有量大、施工速度快、造价低等，特别是采用多头搅形成薄型水泥土截渗墙，工效更高。此种工法成墙工效一般为 45~200m²/台班，工程单价约 70~130 元/m²，影响造价的主要因素是墙体厚度、深度和地质情况。

深搅法处理深度一般不超过 20m，比较适用于粉细以下的细颗粒地层，该技术形成的水泥土均匀性和底部的连续性在施工中应加以重视。

第三章

土石坝与施工

第一节 土的工程性质与土石方开挖

一、土的工程性质

在进行土石方开挖及确定挖运组织时，须根据各种土石的工程性质、具体指标来选择施工方法及施工机具，并确定工料消耗和劳动定额。对土石方工程施工影响较大的因素有土的施工分级与性质。

土的工程性质对土方工程的施工方法及工程进度影响很大。主要的工程性质有密度、含水量、渗透性、可松性等。

（一）土的工程性质指标

1. 密度

土壤密度，就是单位体积土壤的质量。土壤保持其天然组织、结构和含水量时的密度称为自然密度。单位体积湿土的质量称为湿密度。单位体积干土的质量称为干密度。它是体现黏性土密实程度的指标，常用它来控制压实的质量。

2. 含水量

土的含水量表示土壤空隙中含水的程度，常用土壤中水的质量与干土质量的百分比表示。含水量的大小直接影响黏性土的压实质量。

3. 可松性

自然状态下的土经开挖后因变松散而使体积增大，这种性质称为土的可松性。土的可松性用可松性系数表示。

4. 自然倾斜角

自然堆积土壤的表面与水平面间所形成的角度，称为土的自然倾斜角。挖方与填方边坡的大小，与土壤的自然倾斜角有关。确定土体开挖边坡和填土边坡时应慎重考虑，重要的土方开挖，应通过专门的设计和计算确定稳定边坡。

（二）土的颗粒分类

根据颗粒级配，土可分为碎石类土、砂土和黏性土。按沉积年代，黏性土又可分为老黏性土、一般黏性土和新近沉积黏性土。按照颗粒大小，土又可分为块石、碎石、砂粒等。

（三）土的松实关系

当自然状态的土挖松后，再经过人工或机械的碾压、振动，土可被压实。例如，在填筑拦河坝时，从土区取 $1m^2$ 的自然方，经过挖松运至坝体进行碾压后的实体方，就小于原 $1m^2$ 的自然方，这种性质叫作土的可缩性。

在土方工程施工中，经常有三种土方的名称，即自然方、松方、实体方。它们之间有着密切关系。

（四）土的体积关系

土体在自然状态下由土粒（矿物颗粒）、水和气体三相组成。当自然土体松动后，气体体积（即孔隙）增大，若土粒数量不变，原自然土体积小于松动后的土体积；当经过碾压或振动后，气体被排出，则压实后的土体积小于自然土体积。

在土方工程施工中，设计工程量为压实后的实体方，取料场的储量是自然方。在计算压实工程的备料量和运输量时，应该将二者之间的关系考虑进去，并考虑施工过程中技术处理，要求以及其他不可避免的各种损耗。

二、土石方开挖

开挖和运输是土方工程施工的两项主要过程，承担这两项过程施工的机械是各类挖掘机械、挖运组合机械和运输机械。

（一）挖掘机械

挖掘机械的作用主要是完成挖掘工作，并将所挖土料卸在机身附近或装入运输工具中。挖掘机械按工作机构可分为单斗式和多斗式两类。

1. 单斗式挖掘机

（1）单斗式挖掘机的类型

单斗式挖掘机由工作装置、行驶装置和动力装置等组成。工作装置有正向铲、反向铲、索铲和抓铲等。工作装置可用钢索或液压操作。行驶装置一般为履带式或轮胎式。动力装置可分为内燃机拖动、电力拖动和复合式拖动等几种类型。

一是正向铲挖掘机。该种挖掘机，由推压和提升完成挖掘，开挖断面是弧形，最适用于挖停机面以上的土方，也能挖停机面以下的浅层土方。由于稳定性好，铲土能力大，可以挖各种土料及软岩、岩渣进行装车。它的特点是循环式开挖，由挖掘、回转、卸土、返回构成一个工作循环，生产率的大小取决于铲斗大小和循环时间的长短。正向铲的斗容从 $0.5m^3$ 至几十立方米，工程中常用 $1 \sim 4m^3$。基坑土方开挖常采用正面开挖，土料场及渠道土方开挖常用侧面开挖，还要考虑与运输工具的配合问题。

正向铲挖掘机施工时，应注意以下几点：为了操作安全，使用时应将最大挖掘高度、挖掘半径值减少 $5\% \sim 10\%$；在挖掘黏土时，工作面高度宜小于最大挖土半径时的挖掘高度，以防止出现土体倒悬现象；为了发挥挖掘机的生产效率，工作面高度应不低于挖掘一次即可装满铲斗的高度。

挖掘机的工作面称为掌子面，正向铲挖掘机主要用于停机面以上的掌子面开挖。根据掌子面布置的不同，正向铲挖掘机有不同的作业方式。

正向挖土，侧向卸土：挖掘机沿前进方向挖土，运输工具停在它的侧面装土（可停在停机面或高于停机面上）。这种挖掘运输方式在挖掘机卸土时，动臂回转角度很小，卸料时间较短，挖运效率较高，施工中应尽量布置成这种施工方式。

正向挖土，后方卸土：挖掘机沿前进方向挖土，运输工具停在它的后面装土。卸土时挖掘机动臂回转角度大，运输车辆须倒退对位，运输不方便，生产效率低。适用于开挖深度大、施工场地狭小的场合。

二是反向铲挖掘机。反向铲挖掘机为液压操作方式时，适用于停机面以下土方开挖。挖土时后退向下，强制切土，挖掘力比正向铲挖掘机小，主要用于小型基坑、沟渠、基槽和管沟开挖。反向铲挖土时，可用自卸汽车配合运土，也可直接弃土于坑槽附近。由于稳定性及铲土能力均比正向铲差，只用来挖 Ⅰ ~ Ⅱ 级土，硬土要先进行预松。反向铲的斗容有 $0.5m^3$、$1.0m^3$、$1.6m^3$ 几种，目前最大斗容已超过 $3m^3$。

反向铲挖掘机工作方式分为以下两种：

沟端开挖。挖掘机停在基坑端部，后退挖土，汽车停在两侧装土；沟侧开挖。挖掘停在基坑的一侧移动挖土，可用汽车配合运土，也可将土卸于弃土堆。由于挖掘机与挖土方向垂直，挖掘机稳定性较差，而且挖土的深度和宽度均较小，故这种开挖方法只是在无法采用沟端开挖或不需要将弃土运走时采用。

三是索铲挖掘机。索铲挖掘机的铲斗用钢索控制，利用臂杆回转将铲斗抛至较远距离，回拉牵引索，靠铲斗自重下切装满铲斗，然后回转装车或卸土。由于挖掘半径、卸土半径、卸土高度较大，最适用于水下土砂及含水量大的土方开挖，在大型渠道、基坑及水下砂卵石开挖中应用广泛。开挖方式有沟端开挖和沟侧开挖两种。当开挖宽度和卸土半径较小时，用沟端开挖；当开挖宽度大，卸土距离远时，用沟侧开挖。

四是抓铲挖掘机。抓铲挖掘机靠铲斗自由下落中斗瓣分开切入土中，抓取土料合瓣后提升，回转卸土。其适用于挖掘窄深型基坑或沉井中的水下淤泥，也可用于散粒材料装卸，在桥墩等柱坑开挖中应用较多。

（2）单斗式挖掘机生产率计算

施工机械的生产率是指它在一定时间内和一定条件下，能够完成的工程量。生产率可分为理论生产率、技术生产率和实用生产率。实用生产率是考虑了在生产中各种不可避免的停歇时间（如加燃料、换班、中间休息等）之后，所能达到的实际生产率。

可以看出，要想提高挖掘机的实用生产率，必须提高单位时间的循环次数和所装容量。为此可采取下述措施：加长中间斗齿长度，以减小铲土阻力，从而减少铲土时间；合并回转、升起、降落的操纵过程，采用卸土转角小的装车或卸土方式，以缩短循环时间；挖松散土料时，可更换大铲斗；加强机械的保养维修，保证机械正常运转；合理布置工作面，做好场地准备工作，使工作时间得以充分利用；保证有足够的运输工具并合理地组织好运输路线，使挖掘机能不断进行工作。

2. 多斗式挖掘机

多斗式挖掘机是一种连续作业式挖掘机械，按构造不同，可分为链斗式和斗轮式两类。链斗式是由传动机械带动，固定在传动链条上的土斗进行挖掘的，多用于挖掘河滩及水下砂砾料；斗轮式是用固定在转动轮上的土斗进行挖掘的，多用于挖掘陆地上的土料。

（1）链斗式采砂船

水利水电工程中常用的国产采砂船有 $120m^3/h$ 和 $250m^3/h$ 两种，采砂船是无自航能力的砂砾石采掘机械。当远距离移动时，须靠拖轮拖带；近距离移动时（如开采时移动），可借助船上的绞车和钢丝绳移动。其配合的运输工具一般采用轨距为 1435mm 和 762mm 的机车牵引矿斗车（河滩开采）或与砂驳船（河床水下开采）配合使用。

（2）斗轮式挖掘机

斗轮式挖掘机的斗轮装在可仰俯的斗轮臂上，斗轮上装有 7~8 个铲斗，当斗轮转动时，即可挖土，铲斗转到最高位置时，斗内土料借助自重卸到受料皮带机上，并卸入运输工具或直接卸到料堆上。斗轮式挖掘机的主要特点是斗轮转速较快，连续作业，因而生产率高。此外，斗轮臂倾角可以改变，且可回转 360°，因而开挖范围大，可适应不同形状工作面的要求。

（二）挖运组合机械

挖运组合机械是指由一种机械同时完成开挖、运输、卸土任务，有推土机、铲运机及装载机。

1. 推土机

推土机在水利水电工程施工中应用很广，可用于平整场地、开挖基坑、推平填方、堆积土料、回填沟槽等。推土机的运距不宜超过 60~100m，挖深不宜大于 1.5~2.0m，填高不宜大于 2~3m。

推土机按安装方式可分为固定式和万能式两种，按操纵机构可分为索式及液压式两种，按行驶机构可分为轮胎式和履带式两种。

固定式推土机的推土器仅能升降，而万能式不仅能升降，还可在三个方向调整角度。固定式结构简单，应用广泛。索式推土机的推土器升降是利用卷扬机和钢索滑轮组进行的，升降速度较快，操作较方便，缺点是推土器不能强制切土，推硬土有困难。液压式推土机升降是利用液压装置来进行控制的，因而可以强制切土，但提升高度和速度不如索式。由于液压式推土机具有重量轻、构造简单、操作容易、震动小、噪声低等特点，应用较为广泛。推土机的开行方式基本上是穿梭式的。为了提高推土机的生产率，应力求减少推土器两侧的散失土料，一般可采用槽行开挖、下坡推土、分段铲土、集中推运及多机并列推土等方法。

2. 铲运机

铲运机是一种能铲土、运土和填土的综合性土方工程机械。它一次能铲运几立方米到几十立方米的土方，经济运距达几百米。铲运机能开挖黏性土和砂卵石，多用于平整场地、开采土料、修筑渠道和路基以及软基开挖等。

铲运机按操纵系统分为索式和液压式两种，按牵引方式分为拖行式和自行式两种，按卸土方式分为自由卸土、强制卸土和半强制卸土三种。

3. 装载机

装载机是一种工作效率高、用途广泛的工程机械，它不仅可对堆积的松散物料进行装、运、卸作业，还可以对岩石、硬土进行轻度的铲掘工作，并能用于清理、刮平场地及牵引作业。如更换工作装置，还可完成堆土、挖土、松土、起重以及装载棒状物料等工作，因此被广泛应用。

装载机按行走装置可分为轮胎式和履带式两种，按卸载方式可分为前卸式、后卸式和回转式三种，按铲斗的额定重量可分为小型（<1t）、轻型（1~3t）、中型（4~8t）、重型（>10t）四种。

（三）运输机械

水利工程施工中，运输机械有无轨运输、有轨运输和皮带机运输等。

1. 无轨运输

在我国水利水电工程施工中，汽车运输因其操纵灵活、机动性大，能适应各种复杂的地形，已成为最广泛采用的运输工具。

土方运输一般采用自卸汽车。目前常用的车型有上海、黄河、解放、斯太尔和卡特等。随着施工机械化水平的不断提高，工程规模越来越大，国内外都倾向于采用大吨位重型和超重型自卸汽车，其载重量可达 60~100t 以上。

对于车型的选择方面，自卸汽车车厢容量，应与装车机械斗容相匹配。一般自卸汽车容量为挖装机械斗容的 3~5 倍较适合。汽车容量太大，其生产率就会降低，反之挖装机械生产率降低。

对于施工道路，要求质量优良。加强经常性养护，可提高汽车运输能力和延长汽车使用年限；汽车道路的路面应按工程需要而定，一般多为泥结碎石路面，运输量及强度大的可采用混凝土路面。对于运输线路的布置，一般是双线式和环形式，应依据施工条件、地形条件等具体情况确定，但必须满足运输量的要求。

2. 有轨运输

铁路运输的线路布置方式，有单线式、单线带岔道式、双线式和环形式四种。线路布置及车型应根据工程量的大小、运输强度、运距远近以及当地地形条件来选定。需要指出的是，随着大吨位汽车的发展和机械化水平的提高，目前国内水电工程一般多采用无轨运输方式，仅在一些有特殊条件限制的情况下才考虑采用有轨运输（如小断面隧洞开挖运输）。若选用有轨运输，为确保施工安全，工人只许推车不许拉车，两车前后应保持一定的距离。当为坡度小于 0.5% 的下坡道时，不得小于 10m；当为坡度大于 0.5% 的下坡道或车速大于 3m/s 时，不得小于 30m。每一个工人在平直的轨道上只能推运重车一辆。

3. 皮带机运输

皮带机是一种连续式运输设备，适用于地形复杂、坡度较大，通过地形较狭窄和跨越深沟等情况，特别适用于运输大量的粒状材料。

按能否移动，皮带机可分为固定式和移动式两种。固定式皮带机，没有行走装置，多用于运距长而路线固定的情况。移动式皮带机则有行走装置，一般长 5~15m，移动方便，适用于需要经常移动的短距离运输。按承托带条的托辊分，有水平和槽形两种形式，一般常用槽形。皮带宽度有 300mm、400mm、500mm、650mm、800mm、1000mm、1200mm、1400mm、1600mm 等几种。其运行速度一般为 1~2.5m/s。

第二节　土料压实

一、影响土料压实的因素

土料压实的程度主要取决于机具能量（压实功）、碾压遍数、铺土的厚度和土料的含水量等。

土料是由土粒、水和空气三相体组成的。通常固相的土粒和液相的水是不会被压缩的，土料压实就是将被水包围的细土颗粒挤压填充到粗土粒间的孔隙中去，从而排走空气，使土料的孔隙率减小，密实度提高。一般来说，碾压遍数越多，则土料越密实，当碾压到接近土料的极限密度时，再进行碾压，那时，起的作用就不明显了。

在同一碾压条件下，土的含水量对碾压质量有直接影响。当土具有一定含水量时，水的润滑作用使土颗粒间的摩擦阻力减小，从而使土易于压实。但当含水量超过某一限度时，土中的孔隙全由水来填充而呈饱和状态，反而使土难以压实。

二、土料压实方法、压实机械及其选择

（一）压实方法

土料的物理力学性能不同，压实时要克服的压实阻力也不同。黏性土的压实主要是克服土体内的凝聚力，非黏性土的压实主要是克服颗粒间的摩擦力。压实机械作用于土体上的外力有静压碾压、振动碾压和夯击三种。

静压碾压：作用在土体上的外荷不随时间而变化。振动碾压：作用在土体上的外力随时间做周期性的变化。夯击：作用在土体上的外力是瞬间冲击力，其大小随时间而变化。

（二）压实机械

在碾压式的小型土坝施工中，常用的碾压机具有平碾、肋形碾，也有用重型履带式拖拉机作为碾压机具使用的。碾压机具主要是靠沿土面滚动时碾磙本身的重量，在短时间内对土体产生静荷重作用，使土粒互相移动而达到密实。

1. 平碾

平碾的钢铁空心滚筒侧面设有加载孔，加载大小根据设计要求而定。平碾碾压质量差、效率低，较少采用。

2. 肋形碾

肋形碾一般采用钢筋混凝土预制。肋形碾单位面积压力较平碾大，压实效果比平碾好，用于黏性土的碾压。

3. 羊脚碾

羊脚碾的碾压滚筒表面设有交错排列的羊脚。钢铁空心滚筒侧面设有加载孔，加载大小根据设计要求而定。

羊脚碾的羊脚插入土中，不仅使羊脚底部的土体受到压实，而且使其侧向土体受到挤压，从而达到均匀压实的效果。碾筒滚动时，表层土体被翻松，有利于上下层间结合。但对于非黏性土，由于插入土体中的羊脚使无黏性颗粒产生向上和侧向的移动，由此会降低压实效果，所以羊脚碾不适用于非黏性土的压实。

羊脚碾压实有两种方式：圈转套压和进退错距。后种方式压实效果较好。羊脚碾的碾压遍数，可按土层表面都被羊脚压过一遍即可达到压实要求考虑。

4. 气胎碾

气胎碾是一种拖式碾压机械，分单轴和双轴两种。单轴气胎碾主要由装载荷载的金属车厢和装在轴上的4~6个充气轮胎组成。碾压时，在金属车厢内加载同时将气胎充气至设计压力。为避免气胎损坏，停工时用千斤顶将金属车厢顶起，并把胎内的气放出一些。

气胎碾在压实土料时，充气轮胎随土体的变形而发生变形。开始时，土体很松，轮胎的变形小，土体的压缩变形大。随着土体压实密度的增大，气胎的变形也相应增大，气胎与土体的接触面积也增大，这样始终能保持较均匀的压实效果。另外，还可通过调整气胎内压，来控制作用于土体上的最大应力，使其不致超过土料的极限抗压强度。增加轮胎上的荷重后，由于轮胎的变形调节，压实面积也相应增加，所以平均压实应力的变化并不大。因此，气胎的荷重可以增加到很大的数值。对于平碾和羊脚碾，由于碾碳是刚性的，不能适应土壤的变形，荷载过大就会使碾碳的接触应力超过土壤的极限抗压强度，而使土壤结构遭到破坏。

气胎碾既适宜于压实黏性土，又适宜于压实非黏性土，适用条件好，压实效率高，是一种十分有效的压实机械。

5. 振动碾

振动碾是一种振动和碾压相结合的压实机械。它是由柴油机带动与机身相连的轴旋转，使装在轴上的偏心块产生旋转，迫使碾碳产生高频振动。振动功能以压力波的形式传递到土体内。非黏性土料在振动作用下，内摩擦力迅速降低，同时由于颗粒不均匀，振动过程中粗颗粒质量大、惯性力大，细颗粒质量小、惯性力小。粗细颗粒由于惯性力的差异而产生相对移动，细颗粒因此填入粗颗粒间的空隙，使土体密实。而对于黏性土，由于土粒比较均匀，在振动作用下，不能取得像非黏性土那样的压实效果。

6. 蛙夯

夯击机械是利用冲击作用来压实土方的，具有单位压力大、作用时间短的特点，既可用来压实黏性土，也可用来压实非黏性土。蛙夯由电动机带动偏心块旋转，在离心力的作用下带动夯头上下跳动而夯击土层。夯击作业时各夯之间要套压。一般用于施工场地狭窄、碾压机械难以施工的部位。

以上碾压机械碾压实土料的方法有两种：圈转套压法和进退错距法。

（1）圈转套压法

碾压机械从填方一侧开始，转弯后沿压实区域中心线另一侧返回，逐圈错距，以螺旋形线路移动进行压实。这种方法适用于碾压工作面大，多台碾具同时碾压的情况，生产效率高。但转弯处重复碾压过多，容易引起超压剪切破坏，转角处易漏压，难以保证工程质量。

（2）进退错距法

碾压机械沿直线错距进行往复碾压。这种方法操作简单，容易控制碾压参数，便于组织分段流水作业，漏压重压少，有利于保证压实质量。此法适用于工作面狭窄的情况。

由于振动作用，振动碾的压实影响深度比一般碾压机械大 1~3 倍，可达 1m 以上。它的碾压面积比振动夯、振动器压实面积大，生产率高。振动碾压实效果好，从而使非黏性土料的相对密实度大为提高，坝体的沉陷量大幅度降低，稳定性明显增强，使土工建筑物的抗震性能大为改善。故抗震规范明确规定，对有防震要求的土工建筑物必须用振动碾压实。振动碾结构简单，制作方便，成本低廉，生产率高，是压实非黏性土石料的高效压实机械。

（三）压实机械的选择

选择压实机械主要考虑如下原则：

①适应筑坝材料的特性。黏性土应优先选用气胎碾、羊脚碾；砾质土宜用气胎碾、夯板；堆石与含有特大粒径的砂卵石宜用振动碾。

②应与土料含水量、原状土的结构状态和设计压实标准相适应。对含水量高于最优含水量1%~2%的土料，宜用气胎碾压实；当重黏土的含水量低于最优含水量，原状土天然密度高并接近设计标准时，宜用重型羊脚碾、夯板；当含水量很高且要求压实标准较低时，黏性土也可选用轻型的肋形碾、平碾。

③应与施工强度大小、工作面宽窄和施工季节相适应。气胎碾、振动碾适用于生产要求强度高和抢时间的雨季作业；夯击机械宜用于坝体与岸坡或刚性建筑物的接触带、边角和沟槽等狭窄地带。冬季作业则选择大功率、高效能的机械。

④应与施工单位现有机械设备情况和习用某种设备的经验相适应。

三、压实参数的选择及现场压实试验

坝面的铺土压实，除应根据土料的性质正确地选择压实机具外，还应合理确定黏性土料的含水量、铺土厚度、压实遍数等各项压实参数，以便使坝体既达到要求的密度，而同时消耗的压实功能又最少。由于影响土石料压实的因素很复杂，目前还不能通过理论计算或由实验室确定各项压实参数，因此宜通过现场压实试验进行选择。现场压实试验应在坝体填筑以前，即在土石料和压实机具已经确定的情况下进行。

（一）压实标准

土石坝的压实标准是根据设计要求通过试验提出来的。对于黏性土，在施工现场是以干密度作为压实指标来控制填方质量的。对于非黏性土则以土料的相对密度来控制。由于在施工现场用相对密度来进行施工质量控制不方便，因此往往将相对密度换算成干密度，以作为现场控制质量的依据。

（二）压实参数的选择

当初步选定压实机具类型后，即可通过现场碾压试验进一步确定为达到设计要求的各项压实参数。对于黏性土，主要是确定含水量、铺土厚度和压实遍数。对于非黏性土，一般多加水可压实，所以主要是确定铺土厚度和压实遍数。

（三）碾压试验

根据设计要求和参考已建工程资料，可以初步确定压实参数，并进行现场碾压试验。

要求试验场地地面密实，地势平坦开阔，可以选在建筑物附近或在建筑物的不重要部位。

（四）碾压试验成果整理分析

根据上述碾压试验成果，进行综合整理分析，以确定满足设计干密度要求的最合理碾压参数，步骤如下：

①根据干密度测定成果表，绘制不同铺土厚度、不同压实遍数土料含水量和干密度的关系曲线。

②查出最大干密度对应的最优含水量，填入最大干密度与最优含水量汇总表。

③根据表绘制出铺土厚度、压实遍数和最优含水量，最大干密度的关系曲线。

对于非黏性土料的压实试验，也可用上述类似的方法进行，但因含水量的影响较小，可以不做考虑。根据试验成果，按不同铺土厚度绘制干密度（或相对密度）与压实遍数的关系曲线，然后根据设计干密度（或相对密度）即可由曲线查得在某种铺土厚度情况下所需的压实遍数，再选择其中压实工作量最小的，即仍以单位压实遍数的压实厚度最大者为经济值，取其铺土厚度和压实遍数作为施工的依据。

选定经济压实厚度和压实遍数后，应首先核对是否满足压实标准的含水量要求，然后将选定的含水量控制范围与天然含水量比较，看是否便于施工控制，否则可适当改变含水量和其他参数。有时对同一种土料采用两种压实机具、两种压实遍数是最经济合理的。

第三节　碾压式土石坝施工

碾压式土石坝施工，包括准备作业（如基坑排水、三通一平及修建临时用房等）、基本作业（如土石料开挖、装运、铺卸，压实等）以及为基本作业提供保证条件的辅助作业（如清除料场的覆盖层、清除杂物、坝面排水、刨毛及加水等）和保证建筑物安全运行而进行的附加作业（如修整坝坡、铺砌块石、种植草皮等）。

一、坝基与岸坡处理

坝基与岸坡处理工程为隐蔽工程，必须按设计要求并遵循有关规定认真施工。

清理坝基、岸坡和铺盖地基时，应将树木、草皮、树根、乱石、坟墓以及各种建筑物等全部清除，并认真做好水井、泉眼、地道、洞穴等处理。坝基和岸坡表层的粉土、细砂、淤泥、腐殖土、泥炭等均应按设计要求和有关规定清除。对于风化岩石、坡积物、残积物、滑坡体等，应按设计要求和有关规定处理。

坝基岸坡的开挖清理工作，宜自上而下一次完成。对于高坝可分阶段进行。凡坝基和岸坡易风化、易崩解的岩石和土层，开挖后不能及时回填者，应留保护层，或喷水泥砂浆或喷混凝土保护。防渗体、反滤层和均质坝体与岩石岸坡接合，必须采用斜面连接，不得有台阶、急剧变坡及反坡。对于局部凹坑、反坡以及不平顺岩面，可用混凝土填平补齐，使其达到设计坡度。

防渗体或均质坝体与岸坡接合，岸坡应削成斜坡，不得有台阶、急剧变坡及反坡。岩石开挖清理坡度不陡于 $1:0.75$，土坡不陡于 $1:1.15$。防渗体部位的坝基、岸坡岩面开挖，应采用预裂、光面等控制爆破法，使开挖面基本平顺。必要时可预留保护层，在开始填筑前清除。人工铺盖的地基按设计要求清理，表面应平整压实。砂砾石地基上，必须按设计要求做好反滤过渡层。坝基中软黏土、湿陷性黄土、软弱夹层、中细砂层、膨胀土、岩溶构造等，应按设计要求进行处理。天然黏性土岸坡的开挖坡度，应符合设计规定。

对于河床基础，当覆盖层较浅时，一般采用截水墙（槽）处理。截水墙（槽）施工受地下水的影响较大，因此必须注意解决不同施工深度的排水问题，特别注意防止软弱地基的边坡受地下水影响引起塌坡。对于施工区内的裂隙水或泉眼，在回填前必须认真处理。

土石坝用料量很大，在坝型选择阶段应对土石料场全面调查，在施工前还应结合施工组织设计，对料场做进一步勘探、规划和选择。料场的规划包括空间、时间、质与量等方面的全面规划。

空间规划，是指对料场的空间位置、高程进行恰当选择，合理布置。土石料场应尽可能靠近大坝，并有利于重车下坡。用料时，原则上低料低用、高料高用，以减少垂直运输。最近的料场一般也应在坝体轮廓线以外 300m 以上，以免影响主体工程的防渗和安全。坝的上下游、左右岸最好都有料场，以利于各个方向同时向大坝供料，保证坝体均衡上升。料场的位置还应利于排除地表水和地下水，对土石料场也应考虑与重要建筑物和居民点保持足够的防爆、防震安全距离。

时间规划，是指料场的选择要考虑施工强度、季节和坝前水位的变化。在用料规划上力求做到近料和上游易淹的料场先用，远料和下游不易淹的料场后用；含水量高的料场旱季用，含水量低的料场雨季用。上坝强度高时充分利用运距近，开采条件好的料场，上坝强度低时用运距远的料场，以平衡运输任务。在料场使用计划中，还应保留一部分近料场，供合龙段填筑和拦洪度汛施工高峰时使用。

料场质与量的规划，是指对料场的质量和储量进行合理规划。料场的质与量是决定料场取舍的前提。在选择和规划使用料场时，应对料场的地质成因、产状、埋深、储量及各种物理力学性能指标进行全面勘探和试验，选用料场应满足坝体设计施工的质量要求。

料场规划时还应考虑主要料场和备用料场。主要料场，是指质量好、储量大、运距近的料场，且可常年开采；备用料场一般设在淹没区范围以外，以便当主要料场被淹没或因库水位抬高而导致土料过湿或其他原因不能使用时使用备用料场，保证坝体填筑的正常进行。主要料场总储量应为设计总强度的 1.5～2.0 倍，备用料场的储量应为主要料场的20%～30%。

此外，为了降低工程成本，提高经济效益，还应尽量充分利用开挖料作为大坝填筑材料。当开挖时间与上坝填筑时间不相吻合时，则应考虑安排必要的堆料场加以储备。

二、土石料挖运组织

（一）综合机械化施工的基本原则

土石坝施工，工程量很大，为了降低劳动强度，保证工程质量，有必要采用综合机械化施工。组织综合机械化施工的原则如下：

1. 确保主要机械发挥作用

主要机械是指在机械化生产线中起主导作用的机械。充分发挥它的生产效率，有利于加快施工进度，降低工程成本。如土方工程机械化施工过程中，施工机械组合为挖掘机、自卸汽车、推土机、振动碾。挖掘机为主要机械，其他为配套机械，挖掘机如出现故障或工效降低，会导致停产或施工强度下降。

2. 根据机械工作特点进行配套组合

连续式开挖机械和连续式运输机械配合，循环式开挖机械和循环式运输机械配合，形成连续生产线。否则，要增加中间过渡设备。

3. 充分发挥配套机械作用

选择配套机械，确定配套机械的型号、规格和数量时，其生产能力要略大于主要机械的生产能力，以保证主要机械的生产能力。

4. 便于机械使用、维修管理

选择配套机械时，尽量选择一机多能型，减少衔接环节。同一种机械力求型号统一，便于维修管理。

5. 合理布置、加强保养、提高工效

严格执行机械保养制度，使机械处于最佳状态，合理布置工作面和运输道路。

目前，一般在中小型的工程中，多数不能实现综合机械化施工，而采用半机械化施工，在配合时也应根据上述原则结合现场具体情况，合理组织施工。

（二）挖运方案及其选择

①人工开挖，马车、拖拉机、翻斗车运土上坝。人工挖土装车，马车运输，距离不宜大于 1km；拖拉机、翻斗车运土上坝，适宜运距为 2~4km，坡度不宜大于 0.5%~1.5%。

②挖掘机挖土装车，自卸汽车运输上坝。正向铲开挖、装车，自卸汽车运输直接上坝，通常运距小于 10km。自卸汽车可运各种坝料，运输能力高，设备通用性强，能直接铺料，转弯半径小，爬坡能力较强，机动灵活，使用管理方便，设备易于获得。目前，国内外土石施工普遍采用自卸汽车。

③在施工布置上，正向铲一般采用立面开挖，汽车运输道路可布置成循环路线，装料时采用侧向掌子面，即汽车鱼贯式的装料与行驶。这种布置形式可避免汽车的倒车时间和挖掘机的回转时间，生产率高，能充分发挥正向铲与汽车的效率。

④挖掘机挖土装车，胶带机运输上坝。胶带机的爬坡能力强、架设简易，运输费用较低，运输能力也较大，适宜运距小于 10km。胶带机可直接从料场运输上坝；也可与自卸汽车配合，做长距离运输，在坝前经漏斗卸入汽车转运上坝；或与有轨机车配合，用胶带机转运上坝做短距离运输。

⑤斗轮式挖掘机挖土装车，胶带机运输上坝。该方案具有连续生产，挖运强度高，管理方便等优点。陕西石头河水库土石坝施工采用该挖运方案。

⑥采砂船挖土装车，机车运输，转胶带机上坝。在国内一些大中型水电工程施工中，广泛采用采砂船开采水下的砂石料，配合有轨机车运输。当料场集中，运输量大，运距大于 10km 时，可用有轨机车进行水平运输。有轨机车的临建工程量大，设备投资较高，对线路坡度和转弯半径要求也较高，不能直接上坝，在坝脚经卸料装置转胶带机运土上坝。

总之，在选择开挖运输方案时，应根据工程量大小、土料上坝强度、料场位置与储量、土质分布、机械供应条件等综合因素，进行技术上和经济上的分析，之后确定经济合理的挖运方案。

（三）挖运强度与设备

分期施工的土石坝，应根据坝体分期施工的填筑强度和开挖强度来确定相应的机械设备容量。

为了充分发挥自卸汽车的运输能效，应根据挖掘机械的斗容选择具有适宜容量的汽车型号。挖掘机装满一车斗数的合理范围应为 3~5 斗，通常要求装满一车的时间不超过 3.5~4min，卸车时间不超过 2min。

三、坝面作业与施工质量控制

（一）坝面作业施工组织

坝面作业包括铺土、平土、洒水或晾晒（控制含水量）、压实、刨毛（平碾碾压），修整边坡、修筑反滤层和排水体及护坡、质量检查等工序。坝体土方填筑的特点是：作业面狭窄，工种多，工序多，机具多，施工干扰大。若施工组织不当，将产生干扰，造成窝工，影响工程进度和施工质量。为了避免施工干扰，充分发挥各不同工序施工机械的生产效率，一般采用流水作业法组织坝面施工。

采用流水作业法组织施工时，首先根据施工工序将坝面划分成几个施工段，然后组织各工种的专业队依次进入所划分的施工段施工。对同一施工段而言，各专业队按工序依次连续进行施工；对各专业队，则不停地轮流在各个施工段完成本专业的施工工作。施工队作业专业化，有利于工人技术的熟练和提高，同时在施工过程中也保持了人、地、机具等施工资源的充分利用，避免了施工干扰和窝工。各施工段面积的大小取决于各施工期土料上坝的强度。

（二）坝面填筑施工要求

1. 基本要求

铺料宜沿坝轴线方向进行，铺料应及时，严格控制铺土厚度，不得超厚。防渗体土料应用进占法卸料，汽车不应在已压实土料面上行驶。砾质土、风化料、掺和土可视具体情况选择铺料方式。汽车穿越防渗体路口段时，应经常更换位置，每隔 40~60m 宜设专用道口，不同填筑层路口段应交错布置，对路口段超压土体应予以处理。防渗体分段碾压时，相邻两段交接带碾迹应彼此搭接，垂直碾压方向搭接带宽度应不小于 0.3~0.5m，顺碾压方向搭接带宽度应为 1~1.5m。平土要求厚度均匀，以保证压实质量，对于自卸汽车或皮带机上坝，由于卸料集中，多采用推土机或平土机平土。斜墙坝铺筑时应向上游倾斜 1%~2% 的坡度，对均质坝、心墙坝，应使坝面中部凸起，向上下游倾斜 1%~2% 的坡度，以便排除雨水。铺填时土料要平整，以免雨后积水，影响施工。

2. 心墙、斜墙、反滤料施工

心墙施工中，应注意使心墙与砂壳平衡上升。心墙上升快，易干裂影响质量；砂壳上升太快，则会造成施工困难。因此，要求在心墙填筑中应保持同上下游反滤料及部分坝壳平起，骑缝碾压。为保证土料与反滤料层次分明，可采用土砂平起法施工。根据土料与反滤料填筑先后顺序的不同，又分为先土后砂法和先砂后土法。

先砂后土法。即先铺反滤料，后铺土料。当反滤料宽度较小 3m 时，铺一层反滤料，填二层土料，碾压反滤料并骑缝压实与土料的结合带。因先填砂层与心墙填土收坡方向相反，为减少土砂交错宽度，碧口、黑河等坝在铺第二层土料前，采用人工将砂层沿设计线补齐。对于高坝，反滤层宽度较大，机械铺设方便，反滤料铺层厚度与土料相同，平起铺料和碾压。如小浪底斜心墙，下游侧设两级反滤料，一级（20~0.1mm）宽 6m，二级（60~5mm）宽 4m，上游侧设一级反滤料（60~0.1mm）宽 4m。先砂后土法由于土料填筑有侧限，施工方便，工程较多采用。

先土后砂法。即先铺土料，后铺反滤料，齐平碾压。由于土料压实时，表面高于反滤料，土料的卸、铺、平、压都是在无侧限的条件下进行的，很容易形成超坡。采用羊脚碾压实时，要预留 30~50cm 松土边，避免土料被羊脚碾插入反滤层内。当连续晴天时，土料上升较快，应注意防止土体干裂。

对于塑性斜墙坝施工，则宜待坝壳修筑到一定高程甚至达到设计高程后，再行填筑斜墙土料，以便使坝壳有较大的沉陷，避免因坝壳沉陷不均匀而造成斜墙裂缝现象。斜墙应留有余量（0.3~0.5m），以便削坡，已筑好的斜墙应立即在其上游面铺好保护层防止干裂，保护层应随斜墙增高而增高，其相差高度不大于 1~2m。

（三）接缝处理

土石坝的防渗体要与地基、岸坡及周围其他建筑物的边界相接；由于施工导流、施工分期、分段分层填筑等要求，还必须设置纵向横向的接坡、接缝。这些结合部位是施工中的薄弱环节，质量控制应采取如下措施：

1. 土料与坝基结合面处理

一般用薄层轻碾的方法施工，不允许用重碾或重型夯，以免破坏基础，造成渗漏。黏性土地基：将表层土含水量调至施工含水量上限范围，用与防渗体土料相同的碾压参数压实，然后刨毛 3~5cm，再铺土压实。非黏性土地基：先洒水压实地基，再铺第一层土料，含水量为施工含水量的上限，采用轻型机械压实岩石地基。先把局部不平的岩石修理平整、清洗干净，封闭岩基表面节理、裂隙。若岩石面干燥可适当洒水，边涂刷浓泥浆、边铺土、边夯实。填土含水率大于最优含水率 1%~3%，用轻型碾压实，适当降低干密度。待厚度在 0.5~1.0m 以上时方可用选定的压实机具和碾压参数正常压实。

2. 土料与岸坡及混凝土建筑物结合面处理

填土前，先将结合面的污物冲洗干净，清除松动岩石，在结合面上洒水湿润，涂刷一层浓黏土浆，厚约 5mm，以提高固结强度，防止产生渗透，搭接处采用黏土，小型机具压实。防渗体与岸坡结合带碾压，搭接宽度不小于 lm，搭接范围内或边角处，不得使用羊脚碾等重型机械。

3. 坝身纵横接缝处理

土石坝施工中，坝体接坡具有高差较大，停歇时间长，要求坡身稳定的特点。一般情况下，土料填筑力争平起施工，斜墙、心墙不允许设纵向接缝。防渗体及均质坝的横向接坡不应陡于 1:3，高差不超过 15m。均质坝接坡宜采用斜坡和平台相间的形式，坡度和平台宽度应满足稳定要求，平台高差不大于 15m。接坡面可采用推土机自上而下削坡。坝体分层施工临时设置的接缝，通常控制在铺土厚度的 1~2 倍以内。接缝在不同的高程要错缝。

渗体的铺筑作业应连续进行，如因故停工，表面必须洒水湿润，控制含水量。

四、土石坝的季节性施工措施

（一）负温下填筑

我国北方的广大地区，每年都有较长的负温季节。为了争取更多的作业时间，要根据不同的负温条件，采取相应措施，进行负温下填筑。负温下填筑可分为露天法施工和暖棚法施工两种方法，暖棚法施工所需器材多，一般只是气温过低时，在小范围内进行。露天施工要求压实时土料温度必须在 -1℃ 以上。当日最低气温在 -10℃ 以下，或在 0℃ 以下且风速大于 10m/s 时，应停工；黏性土料的含水率不应大于塑限的 90%，粒径小于 5mm 的细砂砾料的含水率应小于 4%；填土中严禁带有冰雪、冻块；土、砂、砂砾料与堆石不得加水；防渗体不得受冻。施工可采取如下措施：

1. 防冻措施

降低土料含水量，或采用含水量低的土料上坝；挖取深层正温土料，加大施工强度，薄层铺筑，增大压实功能，快速施工，争取受冻前压实结束。

2. 保温措施

加覆盖物保温，如树叶、干草、草袋、塑料布等；设保温冰层，即在土料面上修土埂放水冻冰，将冰层下的水放走，形成冰盖，冰盖下的空气夹层可起到保温作用；在土料表面进行翻松等。

（二）雨季施工

雨季施工最主要的问题是土料含水量的变化对施工带来的不利影响。雨季施工应采取以下有效措施：

①加强雨季水文气象预报，提前做好防雨准备，把握好雨后复工时机；

②充分利用晴天加强土料储备，并安排心墙和两侧反滤料与部分顶壳料的筑高，以便在雨天继续填筑坝壳料，保持坝面稳定上升。来雨前用光面碾快速压实松土，防止雨水渗入；

③铺料时，心墙向两侧、斜墙向下游铺成2%的坡度，以利排水；

④做好坝面防雨保护，如设防雨棚，覆盖苫布、油布等；

⑤做好料场周围的排水系统，控制土料含水量。

第四节 面板堆石坝施工

一、堆石坝材料、质量要求及坝体分区

（一）堆石坝材料、质量要求

根据施工组织设计，查明各料场的储量和质量，如果利用施工中挖方的石料，要按料场要求增做试验。一、二级高坝坝料室内试验项目应包括坝料的颗粒级配、相对密度、抗剪强度和压缩模量，以及垫层料、砂砾料、软岩料的渗透和渗透变形试验。100m以上的坝，应测定坝料的应力应变参数。

高坝垫层料要求有良好的级配，最大粒径为80~100mm，粒径小于5mm的颗粒含量为30%~50%，粒径小于0.075mm的颗粒含量不宜超过8%，中低坝可适当降低要求。压实后应具有内部渗透稳定性、低压缩性、高抗剪强度，并具有良好的施工特性。用天然砂

砾料做垫层料时，要求级配连续、内部结构稳定、压实后渗透系数为 1/1000 ~ 1/10 000cm/s。寒冷地区，垫层的颗粒级配要满足排水性要求。垫层料可采用人工砂石料、砂砾石料，或两者的掺料。

过渡料要求级配连续，最大粒径不宜超过 300mm，可用人工细石料、经筛分加工的天然砂砾料等。压实后的过渡料要压缩性小、抗剪强度高、排水性好。

主堆石料可用坝基开采的硬岩堆石料，也可采用砂砾石料，但坝体分区应满足规范要求。硬岩堆石料要求压实后应有良好的颗粒级配，最大粒径不超过压实层厚度，粒径小于 5mm 颗粒含量不宜超过 20%，粒径小于 0.075mm 的颗粒含量不宜超过 5%。在开采之前，应进行专门的爆破试验。砂砾石料中粒径小于 0.075mm 的颗粒含量超过 5% 时，宜用在坝内干燥区。

软岩堆石料压实后应具有较低的压缩性和一定的抗剪强度，可用于下游堆石区下游水位以上的干燥区，如用于主堆石区须经专门论证和设计。

（二）坝体分区

堆石坝坝体应根据石料来源及对坝料的强度、渗透性、压缩性、施工方便和经济合理性等要求进行分区。在岩基上用硬岩堆石料填筑的坝体从上游到下游分为垫层区、过渡区、主堆石区、下游堆石区；在周边缝下游应设置特殊垫层区；设计中可结合枢纽建筑物开挖石料和近坝可用料源增加其他分区。我国天然砂砾石比较丰富，对碾压砂砾石坝体的材料分区根据需要调整垫层区的水平宽度应由坝高、地形、施工工艺和经济性比较确定。当用汽车直接卸料、推土机推平方法施工时，垫层区不宜小于 3m，有专门的铺料设备时，垫层区宽度可减少，并相应增大过渡区的面积，主堆石区用硬岩时，到垫层区之间应设过渡区，为方便施工，其宽度不应小于 3m。

二、坝体施工

（一）坝体填筑工艺

坝体填筑原则上应在坝基、两岸岸坡处理验收以及相应部位的趾板混凝土浇筑完成后进行。由于施工工序及投入工程和机械设备较多，为提高工作效率，避免相互干扰，确保安全，坝料填筑作业应按流水作业法组织施工。坝体填筑的工艺流程为测量放样、卸料、摊铺、洒水、压实、质检。坝体填筑尽量做到平起，均衡上升。垫层料、过渡料区之间必须平起上升，垫层料、过渡料与主堆石料区之间的填筑面高差不得超过一层。各区填筑的层厚、碾压遍数及加水量等严格按碾压试验确定的施工参数执行。

堆石区的填筑料采用进占法填筑，卸料堆之间保留 60cm 间隙，采用推土机平仓，超径石应尽量在料场解小。坝料填筑宜加水碾压，碾压时采用错距法顺坝轴线方向进行，低速行驶（1.5~2km/h），碾压按坝料的分区分段进行，各碾压段之间的搭接不少于 1.0m。在岸坡边缘靠山坡处，大块石易集中，故岸坡周边选用石料粒径较小且级配良好的过渡料填筑，同时周边部位先于同层堆石料铺筑。碾压时滚筒尽量靠近岸坡，沿上下游方向行驶，仍碾压不到之处用手扶式小型振动碾或液压振动夯加强碾压。

垫层料、过渡料卸料铺料时，避免分离，两者交界处避免大石集中，超径石应予剔除。填筑时自卸汽车将料直接卸入工作面，后退法卸料，碾压时顺坝轴线行驶，用推土机推平，人工辅助平整，铺层厚度等按规定的施工参数执行。垫层料的铺填顺序必须先填筑主堆石区，再填过渡层区，最后填筑垫层区。

下游护坡宜与坝体填筑平起施工，护坡石宜选取大块石，机械整坡、堆码，或人工干砌，块石间嵌合要牢固。

（二）垫层区上游坡面施工

垫层区上游坡面传统施工方法：在垫层料填筑时，向上游侧超出设计边线 30~40cm，先分层碾压。填筑一定高度后，由反铲挖掘机削坡，并预留 5~8cm 高出设计线，为了保证碾压质量和设计尺寸，要反复进行斜坡碾压和修整，工作量很大。为保护新形成的坡面，常采用的形式有碾压水泥砂浆（珊溪坝）、喷乳化沥青（天生桥一级、洪家渡）、喷射混凝土（西北口坝）等。这种传统施工工艺技术成熟，易于掌握，但工序多，费工费时，坡面垫层料的填筑密实度难以保证。

坡面整修、斜坡碾压等工序，施工简单易行，施工质量易于控制，降低劳动强度，避免垫层料的浪费，效率较高。挤压边墙技术在国内应用时间较短，施工工艺还有待进一步完善。黄河公伯峡面板堆石坝工程所使用的挤压机的施工速度为 40~60m/h，平均速度为 44m/h，挤压混凝土密实度为 2.0~2.2t/m²。

（三）质量控制

1. 料场质量控制

在规定的料区范围内开采，料场的草皮、树根、覆盖层及风化层已清除干净；堆石料开采加工方法符合规定要求；堆石料级配、含泥量、物理力学性质符合设计要求，不合格料则不允许上坝。

2．坝体填筑的质量控制

堆石材料、施工机械符合要求。负温下施工时，坝基已压实的砂砾石无冻结现象，填筑面上的冰雪已清除干净。坝面压实后，应对压实参数和孔隙率进行控制，以碾压参数为主。铺料厚度、压实遍数、加水量等应符合要求，铺料误差不宜超过层厚的10%，坝面保持平整。

垫层料、过渡料和堆石料压实干密度的检测方法，宜采用挖坑灌水法，或辅以表面波压实密度仪法。施工中可用压实计实施控制，垫层料可用核子密度计法。垫层料试坑直径应不小于最大粒径的4倍，过渡料试坑直径应不小于最大粒径的3~4倍，堆石料试坑直径为最大粒径的2~3倍，试坑直径最大不超过2m。以上三种料的试坑深度均为碾实层厚度。此外填筑质量检测还可采用K30法，即直接检测填筑土的力学性质参数K30。将K30法用于坝体填筑质量检测，可以减少挖坑取样的数量，快捷、准确地进行坝体填筑质量的检测。在公伯峡面板堆石坝施工中开展了对K30法的试验研究。

三、钢筋混凝土面板分块和浇筑

（一）钢筋混凝土面板的分块

混凝土防渗面板包括趾板（面板底座）和面板两部分。防渗面板应满足强度、抗渗、抗侵蚀、抗冻要求。趾板设伸缩缝，面板设垂直伸缩缝、周边伸缩缝等永久缝和临时水平施工缝。垂直伸缩缝从底到顶布置，中部受压区，分缝间距一般为12~18m，两侧受拉区按6~9m布置。受拉区设两道止水，受压区在底侧设一道止水，水平施工缝不设止水，但竖向钢筋必须相连。

（二）防渗面板混凝土浇筑与质量

面板施工在趾板施工完毕后进行。面板一般采用滑模施工，由下而上连续浇筑。面板浇筑可以一期进行，也可以分期进行，须根据坝高、施工总计划而定。对于中低坝，面板宜一期浇筑；对于高坝，面板可一期或分期施工。为便于流水作业，提高施工强度，面板混凝土均采用跳仓施工。当坝高不大于70m时，面板在堆石体填筑全部结束后施工，这主要考虑避免堆石体沉陷和位移对面板产生的不利影响。高于70m的堆石坝，应考虑须拦洪度汛，提前蓄水，面板宜分二期或三期浇筑，分期接缝应按施工缝处理。面板钢筋采用现场绑扎或焊接，也可用预制网片现场拼接。混凝土浇筑中，布料要均匀，每层铺料250~300cm。止水片周围要人工布料，防止分离。振捣混凝土时，要垂直插入，至下层混凝土内 5cm，止水片周围用小振捣器仔细振捣。振动过程中，防止振捣器触及滑模、钢筋、止水片。脱模后的混凝土要及时修整和压面。

四、沥青混凝土面板施工

沥青混凝土由于抗渗性好，适应变形能力强，工程量小，施工速度快，正在广泛用于土石坝的防渗体中。开设沥青混凝土面板所用沥青主要根据工程地点的气候条件选择，我国目前多采用道路沥青。粗骨料选用碱性碎石，其最大粒径一般为 15~25mm；细骨料可选碱性岩石加工的人工砂、天然砂或两者的混合。骨料要求坚硬、洁净、耐久，按满足 5d 以上施工需要量储存。填料种类有石棉、消石灰、水泥、橡胶、塑料等，其掺量由试验确定。

沥青混凝土面板一般采用碾压法施工。施工中对温度要严加控制，其标准根据材料性质、施工地区和施工季节，由试验确定。在日平均气温高于 5℃ 和日降雨量小于 5mm 时方可施工，日气温虽然在 5~15℃，但风速大于 4 级也不能施工。

沥青混凝土面板施工是在坡面上进行的，施工难度较大，所以尽量采用机械化流水作业。首先进行修整和压实坡面，然后铺设垫层，垫层料应分层压实，并对坡面进行修整，使坡度、平整度和密实度等符合设计要求，在垫层面上喷涂一层乳化沥青或稀释沥青。沥青混凝土面板多采用一级铺筑。当坝坡较长或因拦洪度汛须设置临时断面时，可采用二级或二级以上铺筑。一级斜坡长度铺筑通常不超过 120~150m，当采用多级铺筑时，临时断面应根据牵引设计的布置及运输车辆交通的要求，一般不小于 15m。沥青混合料的铺筑方向多采用沿最大坡度方向分成若干条幅，自下而上依次铺筑。防渗层一般采用多层铺筑，各区段条幅宽度间上下层接缝必须相互错开，水平接缝的错距应大于 1m，顺坡纵缝的错距一般为条幅宽度的 1/3~2/3。先用小型振动碾进行初压，再用大型振动碾二次碾压，上行振压，下行静压。施工接缝及碾压带间，应重叠碾压 10~15cm。压实温度应高于 110℃。二次碾压温度应高于 80℃。防渗层的施工缝是面板的薄弱环节，尽量加大条幅摊铺宽度和长度，减少纵向和横向施工缝。防渗层的施工缝以采用斜面平接为宜，斜面坡度一般为 45°。整平胶结层的施工缝可不做处理。但上下层的层面必须干燥，间隔不超过 48h。防渗层层间应喷涂一薄层稀沥青或热沥青，用喷洒法施工或橡胶刮板涂刷。

五、其他坝型施工

（一）抛填式堆石坝

抛填式堆石坝施工一般先建栈桥，将石块从栈桥上距填筑面 10~30m 的高处抛掷下来，靠石块的自重将石料冲实，同时用高压水枪冲射，把细颗粒碎石充填到石块间的孔隙中。采用抛填式填筑成的堆石体孔隙率较大，所以在承受水压力后变形大，石块尖角容易被压裂和剪裂，抗剪强度较低，在发生地震时沉降量更大。随着重型碾压机械的出现，目前此种坝型已很少采用。

（二）定向爆破堆石坝

定向爆破堆石坝是在河谷两岸或一岸对岩体进行定向爆破，将石块抛掷到河谷坝址，从而堆筑起大部分坝体。然后修整坝坡，并在抛填堆石体上加高碾压堆石体，直至坝顶。最后在上游坝坡堆筑反滤层、斜墙防渗体、保护层和护坡等。采用这种方法筑坝，一次爆破可得石方数万、数十万甚至上百万立方米，爆破抛射出的石块下落时以高速填入堆石体，紧密度较大，孔隙率可在28%以下，从而可节约大量人力、物力和财力。但爆破对山体的破坏作用较大，使岩体内的裂缝加宽，有时可形成绕坝渗流通道，并可使隧洞、溢洪道周围的地质条件以及岸坡的稳定条件恶化。因此，这种坝型主要适用于山高、坡陡、窄河谷、交通运输条件极为不便以及地质条件良好的中小型工程。

第四章

混凝土坝与施工

第一节　砂石骨料生产系统

　　砂石骨料在混凝土中起骨架作用，每立方米混凝土需 $1.3 \sim 1.5 m^3$（松散体积）的砂石骨料，所以骨料质量的好坏直接影响混凝土强度、水泥用量和温度要求，从而影响大坝的质量和造价。

　　砂石骨料生产系统主要由采料场、骨料加工厂、堆料场和内部运输系统等组成，其任务是及时供应混凝土拌和所需要的质量合格、数量充分、成本低廉的粗细骨料。骨料生产系统设计的主要内容有勘探和选择料场，确定料源、开采和运输方法；选择骨料加工厂位置，确定其生产能力和工艺流程；进行骨料堆存设计和质量控制等。

一、骨料料场规划

　　砂石骨料的主要原料来源于天然砂砾石料场（包括陆地料场、河滩料场和河床料场）、岩石料场和工程弃渣。

　　骨料料场规划应根据料场的分布、开采条件，可利用料的质量、储量、天然级配、加工要求、弃料多少、运输方式、运距远近、生产成本等因素综合考虑。

　　（一）搞好砂石料场规划应遵循的原则

　　①首先要了解砂石料的需求，流域（或地区）的近期规划、料源的状况，以确定是建立流域或地区的砂石生产基地还是工程专用的砂石系统。

　　②应充分考虑自然景观、珍稀动植物、文物古迹保护方面的要求，将料场开采后的景观、植被恢复（或美化改造）列入规划之中，应重视料源剥离和弃渣的堆存，避免水土流失，还应采取恢复环境的措施。在进行经济比较时应计入这方面的投资。当在河滩开采

时，还应对河道冲淤、航道影响进行论证。

③满足水工混凝土对骨料的各项质量要求，其储量力求满足各设计级配的需要，并有必要的富余量。初查精度的勘探储量，一般不少于设计需要量的 3 倍，详查精度的勘探储量，一般不少于设计需要量的 2 倍。

④选用的料场，特别是主要料场，应场地开阔、高程适宜、储量大、质量好、开采季节长，主辅料场应能兼顾洪枯季节互为备用的要求。

⑤选择可采率高，天然级配与设计级配较为接近，用人工骨料调整级配数量少的料场。任何工程都应充分考虑利用工程弃渣的可能性和合理性。

⑥料场附近有足够的回车和堆料场地，且占用农田少，不拆迁或少拆迁现有生活、生产设施。

⑦选择开采准备工作量小，施工简便的料场。

如以上要求难以同时满足，在优质、经济、就近取材的原则下，可分别选择天然骨料、人工骨料，或两者相互补充。当工程附近有质量合格、储量满足工程需要、开采条件合适且不构成环保和河道水运交通影响的天然砂石料时，宜优先采用天然料场。若天然料运距太远，成本太高，这时才可以考虑采用人工骨料方案。组合骨料时，则须确定天然骨料和人工骨料的最佳搭配方案。通常对天然料场中的超径石，往往通过加工补充短缺级配，形成生产系统的闭路循环，这是减少弃料，降低成本的好办法。

随着大型、高效、耐用的骨料加工机械的发展，以及管理水平的提高，人工骨料的成本接近甚至低于天然骨料，并且级配可按需调整，质量稳定，管理相对集中，受自然因素影响小，有利于均衡生产，可减少设备用量，减少堆料场地，并且可利用有效开挖料。因此，采用人工骨料的工程越来越多。

有碱活性的骨料会引起混凝土的过量膨胀，一般应避免使用。当采用低碱水泥或掺粉煤灰时，碱骨料反应就会受到抑制，经试验证明对混凝土不致产生有害影响时，也可选用。当主体工程开挖渣料数量较多，且质量符合要求时，应尽量予以利用。它不仅可降低人工骨料成本，还可节省运渣费用，减少堆渣用地和环境污染。

(二) 毛料开采最大的确定

1. 天然砂砾料开采量的确定

毛料开采量取决于混凝土中各种粒径的骨料需要量和天然砂砾料中各种粒径骨料的含量。通常按不同粒径组所求的开采总量各不相同，取其中的最大开采量作为理论开采总量。在实际施工中，大石含量通常过多，而中小石含量不足，若按中小石需要量开采，大石将过剩。为此，实际施工中选择的开采量往往介于最大值与最小值之间，于是有些粒径组就会短缺，另一些粒径组则会有弃料。此时，可采取如下措施：

①调整混凝土的设计配合比，在许可范围内减少短缺粒径的需用量；

②设置破碎机，将富余大骨料加工，补充短缺粒径；

③改进生产工艺，减少短缺粒径组的损失；

④以人工骨料补充短缺粒径。

2. 采石场开采量的确定

当采用人工骨料时，采石场开采量主要取决于混凝土骨料需要量及块石开采成品获得率。

若有有效开挖石料可供利用，应将利用部分扣除，以确定实际开采石料量。

（三）开采方法

1. 水下开采天然砂砾料

从河床或河滩开挖天然砂砾料宜用索铲挖掘机和采砂船，采砂船应用中应注意：选择大型采砂船时应考虑设备进场、撤退及下一工程衔接使用的可能性；选择合理开采水位，研究开采顺序和作业路线，尽可能创造静水和低流速开采条件，减少细砂与骨料的流失量。

2. 陆上开采天然砂砾料

陆上开采天然砂砾料所用设备和生产工艺与一般土石方开挖工程相同，主要使用挖掘机。

至于运输方式则随料场条件而异，有的采用标准轨矿车或窄轨矿车，有的则采用自卸汽车。

3. 碎石开采

采石场的开采可用洞室爆破和深孔爆破。洞室爆破比深孔爆破原岩破碎平均粒度大，超径量多，二次爆破量大，因而挖掘机生产率下降，粗碎负荷加重。洞室巷道施工条件差、劳动强度大。当深孔爆破的台阶尚未形成时，用洞室爆破进行削帮、揭顶并提供初期用料。深孔爆破，尤其是深孔微差挤压爆破应作为采石场的主要爆破方法。进行爆破设计时要注意开采石块的最大粒度与挖装、破碎设备相适应。

二、骨料加工

骨料加工厂的生产能力应满足混凝土浇筑的需要。混凝土浇筑强度是不均衡的，就其高峰值来说，又有高峰月浇筑强度和高峰时段月平均浇筑强度之分。若按高峰月浇筑强度考虑，系统设备过多，不经济；若按高峰时段月平均浇筑强度计算，则应考虑堆料场的调节作用。

实际生产中，还可以按骨料需要量累计曲线确定生产能力。先根据混凝土浇筑计划绘出骨料需要量累计曲线，然后绘出骨料生产量累计曲线。生产量累计曲线始终位于需要量累计曲线的上方。它们之间的垂直距离，即为骨料成品料堆的储存量。此储量应不超过成品料堆的最大容量，但又不能小于最小安全储量。此外，生产量累计曲线的起点和终点，应比需要量累计曲线提前一定时间。一般起点提前时间为 10~15d，终点也应相应提前具体时间由施工计划定。

生产量累计曲线的各段斜率，代表加工厂各时段的生产强度。其中，斜率最大值即为加工厂的生产能力，斜率最大时段即为骨料加工的高峰期。

三、骨料的储存

（一）骨料堆场的任务和种类

为了解决骨料生产与需求之间的不平衡，应设置骨料堆场。骨料储存分毛料堆存、半成品料堆存和成品料堆存三种形式。毛料堆存用于解决骨料开采与加工之间的不平衡；半成品料（经过预筛分的砂石混合料）堆存用于解决骨料加工各工序之间的不平衡；成品料堆存用于保证混凝土连续生产的用料要求，并起到降低和稳定骨料含水量（特别是砂料脱水），降低或稳定骨料温度的作用。

砂石料总储量的多少取决于生产强度和管理水平。通常按高峰时段月平均值的 50%~80% 考虑，汛期、冰冻期停采时须按停采期骨料需要量外加 20% 裕度校核。

成品料仓各级骨料的堆存，必须设置可靠的隔墙，以防止骨料混级。隔墙高度按骨料自然休止角（34°~37°）确定，并超高 0.8m 以上。成品堆场容量，也应满足砂石料自然脱水的要求。

（二）骨料堆场的形式

1. 台阶式

利用地形的高差，将料仓布置在进料线路下方，由汽车或铁路矿车直接卸料。料仓底部设有出料廊道（又称地弄），砂石料通过卸料弧形阀门卸在皮带机上运出。

为了扩大堆料容积，可用推土机集料或散料。这种料仓设备简单，但须有合适的地形条件。

2. 栈桥式

在平地上架设栈桥，栈桥顶部安装有皮带机，经卸料小车向两侧卸料。料堆呈棱柱体，由廊道内的皮带机出料。这种堆料的方式，可以增大堆料高度（可达 9~15m），减少料堆占地面积。但骨料跌落高度大，易造成分离，而且料堆自卸容积（位于骨料自然休止角斜线中间的容积）小。

3. 堆料机堆料

堆料机是可以沿轨道移动，有悬臂扩大堆料范围的专用机械。动臂可以旋转和仰俯（变幅范围为±16°），能适应堆料位置和堆料高度的变化，避免骨料跌落过高。为了增大堆料高度，常将其轨道安装在土堤顶部，出料廊道则设于路堤两侧。

（三）骨料堆存中的质量控制

骨料堆存的主要质量要求是防止骨料发生破碎、分离，或是含水量变化，使骨料保持洁净等方面。为了保证骨料质量，应采取相应措施使其在允许范围内。

为防止粗骨料破碎和分离，应尽量减少转运次数。卸料时，粒径大于 40mm 骨料的自由落差大于 3m 时，应设置缓降设施。同时，皮带机接头处高差应控制在 5m 以内，并在用于衔接的溜槽内衬以橡皮，以减轻石料冲击造成的破碎。堆料时，要避免形成大的斜坡。

取料时应在同一料堆选 2~3 个不同取料点同时取料，以使同一级骨料粒径均匀。

储料仓除有足够的容积外，还应维持不小于 6m 的堆料厚度。要重视细骨料脱水，并保持洁净。细骨料仓的数量和容积应满足细骨料脱水的要求。一般情况下，细骨料仓的数量应不少于 3 个，即 1 个仓堆料，1~2 个仓脱水，1 个仓使用，并互相轮换。细骨料仓的堆料容积应满足混凝土浇筑高峰期 10d 以上的需要，粗骨料仓的活容积应满足混凝土浇筑高峰期 3d 以上的需要，拌和系统粗细骨料的堆存活容积应满足 3d 的需要量。细骨料的含水率应保持稳定，人工砂饱和面干的含水率不宜超过 6%。自然脱水情况下，应达到其稳定含水量，一般需 5~6d。

设计料仓时，料仓的位置和高程应选择在洪水位之上，周围应有良好的排水、排污设施，地下廊道内应布置集水井、排水沟和冲洗皮带机污泥的水管。各级骨料仓之间应设置隔墙等有效措施，严禁混料，并应避免泥土和其他杂物混入骨料中。

第二节　混凝土生产与运输浇筑

一、混凝土生产系统

（一）混凝土生产系统的设置与布置

混凝土制备系统是为混凝土工程服务的主要生产系统。它包括混凝土拌和楼，各种原材料的储存、运输设施，混凝土拌和物运送设施，还有制冷、供热、加冰、风冷（或水冷）等许多配套设施。对它们进行合理的布置，充分发挥制备系统的效率，对于提高混凝土工程的质量和快速经济施工有着重要意义。混凝土生产系统的设置与布置中应注意以下主要问题：

1. 合理设置混凝土生产系统

根据工程规模、施工组织的不同，水利水电工程可集中设置一个混凝土生产系统，也可分散设置混凝土生产系统。分散设置的生产能力须按分区混凝土高峰浇筑强度设计，其总和大于工程总的高峰浇筑强度。根据一些工程统计，集中设置与分散设置比较，规模约小15%，人员少25%~30%。但在下列情况下宜采用分散设置：

①水工建筑物分散或高程悬殊，浇筑强度过大，集中布置会使运距过远；

②两岸混凝土运输线不能沟通；

③砂石料场分散，集中布置则骨料运输不便或不经济；

④当在流量宽阔的河段上，采用分期导流、分期施工方式时，一般按施工阶段分期设置混凝土生产系统；

有些建设单位将相对独立的水工建筑物单独招标，并在招标文件中要求中标单位规划建设相应混凝土生产系统时，可按不同标段设置。

2. 拌和楼尽量靠近浇筑地点

拌和楼应尽可能靠近坝体。混凝土生产系统到坝址的距离一般在500m左右。经论证，混凝土生产系统使用时间与永久性建筑物施工、运行时间错开时，也可占用永久建筑物场地，但在使用时间重合时，应特别注意它们是否有干扰。

3. 妥善利用地形

混凝土生产系统应布置在地形比较平缓的开阔处，其位置和高程要满足混凝土运输和浇筑施工方案要求。混凝土生产系统主要建筑物地面高程应高出当地 20 年一遇的洪水位；拌和楼、水泥罐、制冷楼、堆料场地等多属于高层或重载建筑物，对于地基要求较高。新安江工程混凝土系统场地狭窄，由于充分利用从 40～110m 高程间 70m 的自然高差，所以可分成四个台阶进行紧凑布置，从而使工程量较类似规模的系统小得多。

4. 各个建筑物布置原则

各个建筑物布置紧凑，制冷、供热、水泥及粉煤灰等设施均宜靠近拌和楼；原材料进料方向与混凝土出料方向要错开；每座拌和楼有独立要出料线，使车辆进出互不干扰；出料能力应能满足多品种、多强度等级混凝土的发运，以保证拌和楼不间断地生产；铁路线优先采用循环岔道方式；尽头线布置只能适应拌和楼生产能力较低的情况。

5. 输送距离要求

骨料供应点至拌和楼的输送距离宜在 300m 以内。混凝土运输距离应按混凝土出机到入仓的运输时间不超过 60min 计算，夏季不超过 30min。

6. 混合上料、二次筛分

下列情况下，可考虑采用混合上料，拌和楼顶二次筛分：

①堆料场距拌和楼较远，骨料分级轮换供料不能满足生产需要；

②拌和楼采用连续风冷骨料，因料仓容量不足，不能维持冷却区必要的料层厚度；

③采用喷淋法冷却骨料，胶带机运行速度降低，以致轮换供料不能满足要求。

（二）混凝土生产系统的组成

通常混凝土生产系统由拌和楼（站）、骨料储运设施、胶凝材料储运设施、外加剂车间冲洗筛分车间、预冷热车间、空气站、实验室及其他辅助车间等组成。

拌和楼是混凝土生产系统的主要部分，也是影响混凝土生产系统的关键设备。一般根据混凝土质量要求、浇筑强度、混凝土骨料最大粒径、混凝土品种和混凝土运输等要求选择拌和楼。

1. 拌和楼形式的选择

拌和楼按结构布置可分为直立式、二阶式、移动式三种形式，按搅拌机配置可分为自落式、强制式及涡流式等形式。

（1）直立式拌和楼

直立式混凝土拌和楼将骨料、胶凝材料、料仓、称量、拌和、混凝土出料等各工艺环节由上而下垂直布置在一座楼内，物料只做一次提升。其适用于混凝土工程量大，使用周期长，施工场地狭小的水利水电工程。直立式混凝土拌和楼是集中布置的混凝土工厂，常按工艺流程分层布置，分为进料层、储料层、配料层、拌和层及出料层，共五层。其中，配料层是全楼的控制中心，设有主操纵台。

骨料和水泥用皮带机和提升机分别送到储料层的分格仓内，料仓有 5~6 格装骨料，有 2~3 格装水泥和掺合料。每格料仓装有配料斗和自动秤，称好的各种材料汇入骨料斗内，再用回转式给料器送入待料的拌和机内，拌和用水则由自动量水器量好后，直接注入拌和机。拌好的混凝土卸入储料层的料斗，待运输车辆就位后，开启气动弧门出料。各层设备可由电子传动系统操作。

（2）二阶式拌和楼

二阶式混凝土拌和楼将直立式拌和楼分成两大部分。一部分是骨料进料、料仓储存及称量，另一部分是胶凝材料、拌和、混凝土出料控制等。两部分中间用皮带机连接，一般布置在同一高程上，也可以利用地形高差布置在两个高程上。这种结构布置形式的拌和楼安装拆迁方便，机动灵活。小浪底工程混凝土生产系统 4000L 拌和楼采用的就是这种形式。

（3）移动式拌和楼

移动式拌和楼一般用于小型水利水电工程，混凝土骨料粒径是在 80mm 以下的混凝土。

2. 拌和设备容量的确定

混凝土生产系统的生产能力一般根据施工组织安排的高峰月混凝土浇筑强度，计算混凝土生产系统的小时生产能力。

计算小时生产能力，应按设计浇筑安排的最大仓面面积、混凝土初凝时间、浇筑层厚度、浇筑方法等条件，校核所选拌和楼的小时生产能力，以及与拌和楼配备的辅助设备的生产能力等是否满足相应要求。

二、混凝土运输浇筑方案

混凝土供料运输和入仓运输的组合形式，称为混凝土运输浇筑方案。它是坝体混凝土施工中的一个关键性环节，必须根据工程规模和施工条件合理选择。

（一）常用运输浇筑方案

1. 自卸汽车-履带式起重机运输浇筑方案

混凝土由自卸汽车卸入卧罐，再由履带式起重机吊运入仓。这种方案机动灵活，适用于工地狭窄的地形。履带式起重机多由挖掘机改装而成，自卸汽车在工地使用较多，所以能及早投产使用，充分发挥机械的利用率。但履带式起重机在负荷下不能变幅，兼受工作面与供料线路的影响，常须随工作面而移动机身，控制高度不大。适用于岸边溢洪道、护坦、厂房基础、低坝等混凝土工程。

2. 起重机-栈桥运输浇筑方案

采用门机和塔机吊运混凝土浇筑方案，常在平行于坝轴线的方向架设栈桥，并在栈桥上安设门、塔机。混凝土水平运输车辆常与门、塔机共用一个栈桥桥面，以便于向门、塔机供料。

施工栈桥是临时性建筑物，一般由桥墩、梁跨结构和桥面系统三部分组成，桥上行驶起重机（门机或塔机）、运输车辆（机车或汽车）。

设置栈桥的目的有两个：一是为了扩大起重机的控制范围，增加浇筑高度；二是为起重机和混凝土运输提供开行线路，使之与浇筑工作面分开，避免相互干扰。

门、塔机的选择，应与建筑物结构尺寸、混凝土拌和及供料能力相协调。合理选择栈桥的位置和高程，尽量减少门、塔机拆迁次数，是采用门、塔机时应当重点考虑的问题。门、塔机的布置形式主要有下面几种：

（1）坝外布置

当坝体宽度较小时，可将门、塔机布置在坝外（上游或下游或上、下游）。它与坝体的距离以不碰坝体和满足门、塔机安全运转为原则。门、塔机轨道铺设在混凝土埂子上，仅在低凹部位修建低栈桥。

（2）坝内独栈桥布置

将门、塔机栈桥布置在坝底宽的1/2处，栈桥高度视坝高、门（塔）机类型和混凝土拌和厂出料高程选定。

（3）坝内多栈桥布置

坝底较宽的高坝，或有坝后式厂房的工程，须在坝内布置多道栈桥。栈桥要"翻高"，门、塔机随之向上拆迁。

（4）主辅栈桥布置

在坝内布置起重机栈桥，在坝外布置运输混凝土的机车栈桥。这种布置取决于混凝土拌和厂供料高程和坝区地形等因素。

（5）门、塔机布置

门、塔机设置在已浇筑的坝体上，随着坝体上升分次倒换位置而升高。这种方式施工简单，我国许多混凝土坝都采用过。不过，门（塔）机活动范围受限制、拆装频繁，如果安排不周就会影响施工进度。有的工程根据坝体断面形式、施工道路、工程进度等具体条件，合理安排门（塔）机位置，并组织安装力量加快拆装速度，可以取得加快施工速度的效果。

起重机-栈桥方案的优点是布置比较灵活，控制范围大，运输强度高。而且门、塔机为定形设备，机械性能稳定，可多次拆装使用，因此它是厂房混凝土施工最常见的方案。这种方案的缺点是：修建栈桥和安装起重机要占用一段工期，往往影响主体工程施工，而且栈桥下部形成浇筑死区（称为栈桥压仓），须用溜管、溜槽等辅助运输设备方能浇筑，或待栈桥拆除后浇筑。此外，坝内栈桥在施工初期难以形成；坝外低栈桥控制范围有限，且易受导流方式的影响和汛期洪水的威胁。

3. 缆机运输浇筑方案

缆机运输浇筑方案，尤其适用于高山峡谷地区的混凝土高坝。采用缆机与选用其他起重机不同，不是先选定设备再进行施工布置，而是按工程的具体条件先进行施工布置，然后委托厂家设计制造，待设计方案确定后，再对施工布置进行适当修改完善，采用缆机浇筑混凝土控制范围大，生产效率高，不受导流、度汛和基坑过水的影响。提前安装缆机还可协助截流、基坑开挖等工作。采用缆机的主要缺点是塔架和设备的土建安装工程量大，设备的设计制造周期长，初期投资比较大。

缆机的类型很多，有辐射式、平移式、固定式、摆动式和轨索式等，最常用的是前两种。

一个工程往往要布置多台缆机才能满足要求，在这种情况下布置时要仔细考虑，避免相互干扰。

（1）平移式缆机

几台缆机布置在同一轨道上，为了能使两台缆机同时浇筑一个仓位，可采取以下两种布置方法：

同高程塔架错开布置，错开的位置按塔架具体尺寸决定。为了安全操作，一般主索之间的距离不宜小于7~10m。

高低平台错开布置。即在不同高程的平台上错开布置塔架。有的工程为了使高低平台的缆机能互为备用，就会布置成穿越式。这时要注意两层之间应有足够的距离，上层缆机满载时的吊罐底部与下层缆机的牵引索之间，应有安全距离。我国某工程采用穿越式布置，两层之间的距离不符合上述要求，就发生了下层缆索将上层小车拉翻、主钩掉入河中的事故。

（2）辐射式缆机

当两台缆机共用一个固定塔架时，移动塔可布置在同一高程，也可布置在不同高程。

（3）平移式和辐射式混合布置

根据工程的具体情况，可采用平移式与辐射式混合布置，两者也可形成穿越式。缆机布置的一般原则为：尽量缩小缆机跨度和塔架高度；控制范围尽量覆盖所有坝块；缆机平台工程量尽量小，双层缆机布置要使低缆浇筑范围不低于初期发电水位；供料平台要平直且尽量少压或不压坝块。

采用缆机方案，应尽量全部覆盖枢纽建筑物，满足高峰期浇筑量。共 3 台 20t 辐射式缆机，跨度为 420m，主塔高为 40~60m，副塔高为 15~20m。其中，有一台缆机应布置得较低，主要担任厂房运输浇筑任务。

缆机方案布置，有时由于地形地质条件限制，或者为了节约缆机平台工程量和设备投资，往往缩短缆机跨度和塔架高度，甚至将缆机平台降至坝顶高程。这时，就需要其他运输设备配合施工，还可以采用缆机和门、塔机结合施工的方案。

4. 皮带机运输混凝土

采用皮带机运输方案，常用自卸汽车运料到浇筑地点，卸入转料储料斗后，再经皮带机转运入仓，每次浇筑的高度约为 10m，适用于基础部位的混凝土运输浇筑，如水闸底板、护坦等。

（二）混凝土运输浇筑方案的选择

混凝土运输浇筑方案对工程进度、质量、工程造价将产生直接影响，须综合各方面的因素，经过技术经济比较后进行选定。在方案选择时，一般要考虑下列因素：枢纽布置、水工建筑物类型、结构和尺寸，特别是坝的高度；工程规模、工程量和按总进度拟定的施工阶段控制性浇筑进度、强度及温度控制要求；施工现场的地形、地质条件和水文特点；导流方式及分期和防洪度汛措施；混凝土拌和楼（站）的布置和生产能力；起重机具的性能和施工队伍的技术水平、熟练程度及设备状况。

上述各种因素互相依存、互相制约。因此，必须结合工程实际，拟订出几个可行方案进行全面的技术经济比较，最后选定技术上先进、经济上合理、设备供应现实的方案。可按下列不同情况确定：

高度较大的建筑物。其工程规模和混凝土浇筑强度较大，混凝土垂直运输占主要地位。常以门、塔机、栈桥、缆机、专用皮带机为主要方案。以履带式起重机及其他较小机械设备为辅助措施。在较宽河谷上的高坝施工，常采用缆机与门、塔机（或塔带机）相结合的混凝土运输浇筑方案。

高度较低的建筑物。如低坝、水闸、船闸、厂房、护坦及各种导墙等。可选用门机、塔机履带式起重机、皮带机等作为主要方案。

工作面狭窄部位。如隧洞衬砌、导流底孔封堵、厂房二期混凝土部分回填等，可选择混凝土泵、溜管、溜槽、皮带机等运输浇筑方案。

混凝土运输方案选择的基本步骤如下：

①根据建筑物的类型、规模、布置和施工条件，拟订出各种可能的方案；

②初步分析后，选择几个主要方案；

③根据总进度要求，对主要方案进行各种主要机械设备选型和需要数量的计算，进行布置，并论证实现总进度的可能性；

④对主要方案进行技术经济分析，综合方案的主要优缺点；

⑤最后选定技术上先进、经济上合理及设备供应现实的方案。

混凝土运输浇筑方案的选择通常应考虑如下原则：

①运输效率高，成本低，运输次数少，不易分离，容易保证质量；

②起重设备能够控制整个建筑物的浇筑部位；

③主要设备型号单一，性能优良，配套设备能使主要设备的生产能力充分发挥；

④在保证工程质量的前提下能满足高峰浇筑强度的要求；

⑤除满足混凝土浇筑外，还能最大限度地承担模板、钢筋、金属结构及仓面的小型机具的吊运工作；

⑥在工作范围内，设备利用率高，不压浇筑块，或不因压块而延误浇筑工期。

（三）起重机数量的确定

起重机的数量，取决于混凝土最高月浇筑强度和所选起重机的浇筑能力。

起重机数量确定后，再结合工程结构的特点、外形尺寸、地形地质等条件进行布置，并从施工方法上论证实现总进度的可能性。必须指出，大中型工程各施工阶段的浇筑部位和浇筑强度差别较大，因此应分施工阶段进行设备选择和布置，并注意各阶段的衔接。

第三节　混凝土的温度控制和分缝分块

一、混凝土温度控制

（一）温度应力与温度裂缝

大体积混凝土的温度应力，是由于变形受到约束而产生的。其包括基础混凝土在降温过程中受基岩或老混凝土的约束；由非线性温度场引起各单元体之间变形不一致的内部约束；以及在气温骤降情况下，表层混凝土的急剧收缩变形，受内部热胀混凝土的约束等。由于混凝土的抗拉强度远低于抗压强度，在温度压应力的作用下不致破坏的混凝土，当受到温度拉应力作用时，常因抗拉强度不足而产生裂缝。随着约束情况的不同，大体积混凝土温度裂缝有如下两种：

1. 表面裂缝

混凝土浇筑后，其内部由于水化热升温，体积膨胀，如受到岩石或老混凝土约束，在初期将产生较小的压应力，当后期出现较小的降温时，即可将压应力抵消。而当混凝土温度继续下降时，混凝土块内将出现较大的拉应力，但混凝土的强度和弹性模量会随龄期而增长，只要对基础块混凝土进行适当的温度控制即可防止开裂。但最危险的情况是遇寒潮，气温骤降，表层降温收缩。由于内胀外缩，在混凝土内部产生压应力，表层产生拉应力。假设混凝土内处于内外温度平均值的点应力为零，那么高于平均值的点承受为压应力，低于平均值的点承受为拉应力。

当表层温度拉应力超过混凝土的允许抗拉强度时，会形成表面裂缝，其深度不超过30cm。这种裂缝多发生在浇筑块侧壁，方向不定，短而浅，数量较多。随着混凝土内部温度下降，外部气温回升，就会有重新闭合的可能。

2. 贯穿裂缝和深层裂缝

变形和约束是产生应力的两个必要条件。由于混凝土浇筑温度过高，加上混凝土的水化热升温，形成混凝土的最高温度，当降到施工期的最低温度或降到水库运行期的稳定温度时，即产生基础温差，由这种均匀降温产生混凝土裂缝，这种裂缝是混凝土的变形受外界约束而发生的，所以它整个端面均匀受拉应力，一旦发生，就形成贯穿性裂缝。由温度变化引起温度变形是普遍存在的，有无温度应力出现的关键在于有无约束。人们不仅把基岩视为刚性基础，也把已凝固、弹性模量较大的下部老混凝土视为刚性基础。这种基础对新浇不久的混凝土产生温度变形所施加的约束作用，称为基础约束。

这种约束在混凝土升温膨胀期引起压应力，在降温收缩时引起拉应力。当此拉应力超过混凝土的极限抗拉强度时，就会产生裂缝，称为基础约束裂缝。由于这种裂缝自基础面向上开展，严重时可能贯穿整个坝段，故又称为贯穿裂缝。此种裂缝宽度随气温变化很敏感，表面宽度沿延伸方向的变化也是很明显的。此外，裂缝由接近基岩部位到顶端，是逐渐尖灭的。切割的深度可达 3~5m 以上，故又称为深层裂缝。裂缝的宽度可达 1~3m，且多垂直基面向上延伸，既可能平行纵缝贯穿，也可能沿流向贯穿。

（二）　大体积混凝土温度控制的任务

大体积混凝土温度控制的首要任务是通过控制混凝土的拌和温度来控制混凝土的入仓温度；再通过一期冷却来降低混凝土内部的水化热温升，从而降低混凝土内部的最高温升，使温差降低到允许范围。

其次，大体积混凝土温控的另一任务是通过二期冷却，使坝体温度从最高温度降到接近稳定温度，以便在达到灌浆温度后及时进行纵缝灌浆。

（三）　大体积混凝土温度控制标准

温度控制标准实质上就是将大体积混凝土内部和基础之间的温差控制在基础约束应力小于混凝土允许抗拉强度以内。

实践证明，控制混凝土的极限拉伸值，对于防止大体积混凝土产生裂缝具有同等重要的意义。设计部门对施工单位提出基础温差控制标准的同时，也提出了混凝土允许的极限拉伸值的限制。

此外，当下层混凝土龄期超过 28d 成为老混凝土时，其上层混凝土浇筑应控制上下层温差，要求上下层温差值不大于 15~20℃。要满足以上要求，在施工中一般通过限制上层块体覆盖下层块体的间歇时间来实现。过长的间歇时间是使上下层块体温差超标的重要原因之一。确定灌浆温度是温控的又一标准。由于坝体内部混凝土的稳定温度随具体部位而异，一般情况下，灌浆温度并不恰好等于稳定温度。通常在确定灌浆温度时，将坝体断面的稳定温度场进行分区，对灌浆温度进行分区处理，各区的灌浆温度取各区稳定温度的平均值。但对某些特殊部位，例如底孔周围、空腹坝的空腹顶部，灌浆后可能出现自然超冷，灌浆温度宜低于稳定温度。在严寒地区，经论证，灌浆温度可高于稳定温度的一定值。

（四）　混凝土的温度控制措施

温度控制的具体措施常从混凝土的减热和散热两方面着手。所谓减热就是减少混凝土内部的发热量，如降低混凝土的拌和出机温度，以降低入仓浇筑温度，降低混凝土的水化热温升，以降低混凝土可能达到的最高温度。所谓散热就是采取各种散热措施，如增加混凝土的散热面，在混凝土温升期采取人工冷却降低其最高温升，当到达最高温度后，采取人工冷却措施，缩短降温冷却期，将混凝土块内的温度尽快地降到灌浆温度，以便进行接缝灌浆。

降低混凝土水化热温升，减少每立方米混凝土的水泥用量，根据坝体的应力场对坝体进行分区，对于不同分区采用不同强度等级的混凝土；采用低流态或无坍落度干硬性贫混凝土；改善骨料级配，选取最优级配，减少砂率，优化配合比设计，采取综合措施，以减少每立方米水泥用量；掺用混合材料，粉煤灰等掺合料的用量可达水泥用量的25%~40%；采用高效减水剂，高效减水剂不仅能节约水泥用量约20%，使28d龄期混凝土的发热量减少25%~30%，且能提高混凝土早期强度和极限拉伸值。

1. 采用低发热量的水泥

在满足混凝土各项设计指标的前提下，应采用水化热低的水泥，多用中热硅酸盐水泥和低热硅酸盐水泥，但低热硅酸盐水泥，因早期强度低、成本高，已逐步被淘汰。近年已开始生产低热微膨胀水泥，它不仅水化热低，且有微膨胀作用，对降温收缩还可以起到补偿作用，能够减小收缩引起的拉应力，有利于防止裂缝的发生。

2. 降低混凝土的入仓温度，合理安排浇筑时间

在施工组织上安排春、秋季多浇，夏季早晚浇、中午不浇，这是最经济有效的降低入仓温度的措施。

3. 加冰或加冷水拌和混凝土

混凝土拌和时，将部分拌和水改为冰屑，利用冰的低温和冰融解时吸收潜热的作用。实践证明混凝土拌和水温降低1℃，可使混凝土出机口温度降低0.2℃左右。这样，可最大限度地将混凝土温度降低约20℃。但相关规范规定加冰量应不大于拌和用水量的80%。加冰拌和，冰与拌和材料会直接作用，这样冷量利用率高，降温效果显著。但加冰后，混凝土拌和时间要适当延长，相应会影响生产能力。若采用冰水拌和或地下低温水拌和，则可避免这一弊端。

4. 降低骨料温度

①成品料仓骨料的堆料高度不宜低于6m，并应有足够的储备。

②搭盖凉棚，用喷雾机喷雾降温（沙子除外），水温2~5℃，可使骨料温度降低2~3℃。

③通过地弄取料，防止骨料运输过程中温度回升，运输设备均应有防晒隔热措施。

④水冷。使粗骨料浸入循环冷却水中30~45min，或在通入拌和楼料仓的皮带机廊道、地弄或隧洞中装设喷洒冷却水的水管。喷洒冷却水皮带段的长度，由降温要求和皮带机运行速度而定。

⑤风冷。可在拌和楼料仓下部通入冷风，冷风经粗料的空隙，由风管返回制冷厂再冷。新近引进的附壁式冷风机制冷，冷却效果更好。细骨料难以采用风冷，若用风冷，由

于细骨料的空隙小，所以效果不显著。

⑥真空气化冷却。利用真空气化吸热原理，将放入密闭容器的骨料，利用真空装置抽气并保持真空状态约30min，使骨料气化降温冷却。

5. 加速混凝土散热

①采用自然散热冷却降温。采用低块薄层浇筑，并适当延长散热时间，即适当增长间歇时间。基础混凝土和老混凝土约束部位浇筑层厚以1~2m为宜，上下层浇筑间歇时间宜为5~10d。在高温季节已采用预冷措施时，则应采用厚块浇筑，缩短间歇时间，防止因气温过高而热量倒流，以保持预冷效果。

②预埋水管通水冷却。在混凝土内预埋蛇形冷却水管，通循环冷水进行降温冷却。在国内以往的工程中，多采用直径约为2.54cm的黑铁管进行通水冷却，该种水管施工经验较多，施工方法成熟，水管导热性能好，但水管要在工地附属加工厂进行加工制作，制作安装均不方便，且费时较多。此外，接头渗漏或堵管时有发生，材料及制作费用也较高，目前应用较多的是塑料水管。塑料软管充气埋入混凝土内，待混凝土初凝后再放气拔出，清洗后以备重复利用。冷却水管布置，平面上呈蛇形，断面上呈梅花形，也可布置成棋盘形。蛇形管弯头由硬质材料制作，当塑料软管放气拔出后，弯头仍留于混凝土内。

一期通水冷却目的在于削减温升高峰，减小最大温差，防止贯穿裂缝发生。一期通水冷却通常在混凝土浇后几小时便开始，持续时间一般为15~20d。混凝土温度与水温之差不宜超过25℃，通水流速以0.6m/s为宜，水流方向应每24h调换1次，每天降温不宜超过1℃，达到预定降温值方可停止。

二期通水冷却可以充分利用一期冷却系统。二期冷却时间一般为两个月左右，水温与混凝土内部温度之差，不应超过20日，降温不超过1℃。通常二期冷却应保证至少有10~15℃的降温，使接缝张开度有0.5mm，以满足接缝灌浆对灌缝宽度的要求。冷却用水尽量利用低温地下水和库内低温水，只有当采用天然水不合要求时，才辅以人工冷却水。通水冷却应自下而上分区进行，通水方向可以24h调换一次，以使坝体均匀降温。通水的进出口一般设于廊道内、坝面上、宽缝坝的宽缝中或空腹坝的空腹中。

（五）冷却水管分层排列

在高温季节施工时，应根据具体情况，采取下列措施，以减少混凝土的温度回升：缩短混凝土的运输及卸料时间，入仓后及时进行平仓振捣，加快覆盖速度，缩短混凝土的曝晒时间；混凝土运输工具有隔热遮阳措施；宜采用喷雾等方法降低仓面气温；混凝土浇筑宜安排在早晚、夜间及利用阴天进行；当浇筑块尺寸较大时，可采用台阶式浇筑法，浇筑块厚度小于 1.5m；混凝土平仓振捣后，采用隔热材料及时覆盖。

（六）特殊部位的温度控制措施

①对岩基深度超过 3m 的塘、槽回填混凝土，应采用分层浇筑或通水冷却等温控措施，控制混凝土最高温度，将回填混凝土温度降低到设计要求的温度后，再继续浇筑上部混凝土。

②预留槽必须在两侧老混凝土温度达到设计规定后，才能回填混凝土。回填混凝土应在有利季节进行或采用低温混凝土施工。

③并缝块浇筑前，下部混凝土温度应达到设计要求。并缝块混凝土浇筑，除必须控制浇筑温度外，还可采用薄层、短间歇均匀上升的施工方法，并应安排在有利季节进行。必要时，采用初期通水冷却或其他措施。

④孔洞封堵的混凝土宜采用综合温控措施，以满足设计要求。

⑤基础部分混凝土，应在有利季节进行浇筑。如需要在高温季节浇筑，必须经过论证，并采取有效的温度控制措施，经批准后再进行。

二、混凝土坝的分缝与分块

为控制坝体施工期混凝土坝温度应力，并适应施工机械设备的浇筑能力，要用垂直于坝轴线的横缝和平行于现轴线的纵缝以及水平缝，将坝体划分为许多浇筑块进行浇筑。浇筑块的划分，应考虑结构受力特征、土建施工和设备埋件安装的方便。

（一）纵缝分块

纵缝分块是用平行于坝轴线的铅直缝把坝段分为若干柱状体，所以又称为柱状分块。沿纵缝方向存在着剪应力，而灌浆形成的接缝面的抗剪强度较低，须设置键槽以增强缝面抗剪能力。键槽的两个斜面应尽可能分别与坝体的两组主应力相垂直，从而使两个斜面上的剪应力接近于零。键槽的形式有两种：不等边直角三角形和不等边梯形。为了施工方便，各条纵缝的键槽往往做成统一的形式。

为了便于键槽模板安装并使先浇块拆模后不形成易受损的突出尖角，三角形键槽模板总是安装在先浇块的铅直模板的内侧面上，直角的对边是铅直的。为了使键槽面与主应力垂直，若上游块先浇，则应使键槽直角的短边在上、长边在下。反之，下游块先浇，则应长边在上、短边在下。施工中应注意这种键槽长短边随浇筑顺序而变的关系。

在施工中由于各种原因常出现相邻块高差。混凝土浇筑后会发生冷却收缩和压缩沉降导致的变形。键槽面挤压可能引起两种恶果：一是接缝灌浆时浆路不通，影响灌浆质量；二是键槽被剪断。所以，相邻块的高差要做适当控制。高差控制多少，除与坝块温度及分缝间距等有关外，还与先浇块键槽下斜边的坡度密切相关。当长边在下，坡度较陡时，对避免挤压有利；当短边在下，坡度较缓时，容易形成挤压。所以，有些工程施工时，把相邻块高差区分为正高差和反高差两种。上游块先浇（键槽长边在下）形成的高差称为正高差，一般按 10~12m 控制。下游块先浇（键槽短边在下）形成的高差称为反高差，从严控制为 5~6m。

采用纵缝分块时，分缝间距越大，块体水平断面越大，纵缝数目和缝的总面积越小接缝灌浆及模板作业工作量越少，但温度控制要求越严。如何处理它们之间的关系，要视具体条件而定。从混凝土坝施工发展趋势看，明显地朝着尽量减少纵缝数目，直至取消纵缝进行通仓浇筑的方向发展。

（二）斜缝分块

斜缝分块是大致沿两组主应力之一的轨迹面设置斜缝，缝是向上游或下游倾斜的。斜缝分块的主要优点是缝面上的剪应力很小，使坝体能保持较好的整体性。按理说，斜缝可以不进行接缝灌浆。如柘溪大头坝倾向上游的斜缝只做了键槽、加插筋和凿毛处理；但也有灌浆的，如桓仁大头坝的斜缝。

斜缝不能直通到坝的上游面，以避免库水渗入缝内。在斜缝终止处应采取并缝措施，如布置骑缝钢筋或设置并缝廊道，以免因应力集中导致斜缝沿缝端向上发展。

斜缝分块同样要注意均匀上升和控制相邻块高差。高差过大则两块温差过大，容易在后浇块上出现温度裂缝。

斜缝分块的主要缺点是坝块浇筑的先后顺序受到限制，如倾向上游的斜缝就必须是上游块先浇、下游块后浇，不如纵缝分块那样灵活。

（三）错缝分块

错缝分块，是用沿高度错开的纵缝进行分块，又叫砌砖法。浇筑块不大（通常块长20m 左右，块高 1.5~4m），对浇筑设备及温控的要求相应较低。因纵缝不贯通，也不需要接缝灌浆。然而施工时各块相互干扰，影响施工速度；浇筑块之间相互约束，容易产生温度裂缝，尤其容易使原来错开的纵缝变为相互贯通。

（四）通仓浇筑

通仓浇筑不设纵缝，一个坝段只有一个仓。由于不设纵缝，纵缝模板、纵缝灌浆系统以及为达到灌浆温度而设置的坝体冷却设施都可以取消，因而是一个先进的分缝分块方式。

由于浇筑块尺寸大，对于浇筑设备的性能，尤其对于温度控制的水平提出了更高的要求。

上述四种分块方法，以纵缝法最为普遍，中低坝可采用错缝法或不灌浆的斜缝，如采用通仓浇筑，应有专门论证和全面的温控设计。

第四节　碾压混凝土施工

碾压混凝土是一种用土石坝碾压机具进行压实施工的干硬性混凝土，碾压混凝土具有水泥用量少、粉煤灰掺量高、可在仓面连续浇筑上升、上升速度快、施工工序简单、造价低等特点，但对其施工工艺要求较严格。

一、碾压混凝土原材料及配合比

（一）胶凝材料

碾压混凝土一般采用硅酸盐水泥、中热硅酸盐水泥、普通硅酸盐水泥等，胶凝材料用量一般为 $120 \sim 160 kg/m^3$，且大体积建筑物内部碾压混凝土的胶凝材料用量不宜低于 $130 kg/m^3$。

（二）骨料

与常态混凝土一样，可采用天然骨料或人工骨料，骨料最大粒径一般为 80mm。迎水面用碾压混凝土自身作为防渗体时，一般在一定宽度范围内采用二级配碾压混凝土。碾压混凝土砂率一般比常态混凝土高，取值为 32% 左右。其对砂的含水率的控制要求比常态混凝土严格，砂的含水量不稳定时，碾压混凝土施工层面易出现局部集中泌水的现象。

（三）外加剂

夏天施工一般应掺用缓凝型减水剂，以推迟凝结时间，利于层面结合；有抗冻要求时应掺用引气剂，增强碾压混凝土抗冻性，其掺量比普通混凝土高得多。

（四）掺合料

掺合料多用Ⅰ、Ⅱ级粉煤灰及其他活性掺合料。粉煤灰掺量应通过试验确定，一般为50%～70%，当掺量超过65%时，应做专门试验论证。

（五）水胶比

水胶比应根据设计提出的混凝土强度、拉伸变形、绝热温升和抗冻性要求确定，其值一般为0.50～0.70。

（六）对碾压混凝土的要求

①混凝土质量均匀，施工过程中粗骨料不易发生分离。

②工作度适当，拌和物较易碾压密实，混凝土密度较大。

③拌和物初凝时间较长，易于保证碾压混凝土施工层面的良好黏结，层面物理力学性能好。

④混凝土的力学强度、抗渗性能等满足设计要求，具有较高的拉伸应变能力。

⑤对于外部碾压混凝土，要求具有适应建筑物环境条件的耐久性。

⑥碾压混凝土配合比经现场试验后调整确定。

碾压混凝土一般可用强制式或自落式搅拌机拌和，也可采用连续式搅拌机拌和，其拌和时间一般比常态混凝土延长30s左右，故而生产碾压混凝土时拌和楼生产率比常态混凝土低10%左右。碾压混凝土运输一般采用自卸汽车、皮带机、真空溜槽等方式，也有采用坝头斜坡道转运混凝土的。选取运输机具时，应注意防止或减少碾压混凝土骨料分离。

二、碾压混凝土浇筑施工工艺

（一）模板施工

规则表面采用组合钢模板，不规则表面一般采用木模板或散装钢模板。为便于碾压混凝土压实，模板一般用悬臂模板，也可用水平拉条固定。对于连续浇筑上升的坝体，应特别注意水平拉条的牢固性。廊道等孔洞宜采用混凝土预制模板。碾压混凝土坝下游面为方便碾压混凝土施工，可做成台阶，并可用混凝土预制模板形成。

（二）平仓及碾压

碾压混凝土宜采用大仓面薄层连续铺筑，铺筑方法宜采用平层通仓法，碾压混凝土铺筑层应按固定方向逐条带摊铺，铺料条带宽根据施工强度确定，一般为 4~12m，铺料厚度为 35cm，压实后为 30cm，铺料后常用平仓机或平履带的大型推土机平仓。为解决一次摊铺产生骨料分离的问题，可采用二次摊铺，即先摊铺下半层，然后在其上卸料，最后摊铺成 35cm 的层厚。采用二次摊铺，料堆之间及周边集中的骨料经平仓机反复推刮后，能有效分散，再辅以人工分散处理，可改善自卸汽车铺料引起的骨料分离问题。当压实厚度较大时，也可分 2~3 次铺筑。

一条带平仓完成后立即开始碾压，振动碾一般选用自重大于 10t 的大型双滚筒自行式振动碾，作业时行走速度为 1~1.5km/h，碾压遍数通过现场试碾确定，一般为无振 2 遍加有振 6~8 遍。碾压条带间搭接宽度为 10~20cm，端头部位搭接宽度宜为 100cm 左右。条带从铺筑到碾压完成控制在 2h 左右。边角部位采用小型振动碾压实。碾压作业完成后，用核子密度仪检测其密度，达到设计要求后进行下一层碾压作业；若未达到设计要求，立即重碾，直到满足设计要求为止。模板周边无法碾压部位一般可加注与碾压混凝土相同水灰比的水泥浓浆后，用插入式振捣器振捣密实。仓面碾压混凝土的值控制在 5~10，并尽可能地加快混凝土的运输速度，缩短仓面作业时间，做到在下一层混凝土初凝前铺筑完上一层碾压混凝土。

当采用"金包银法"施工时，周边常态混凝土与内部碾压混凝土结合面尤其要注意做好接头质量。

（三）造缝

碾压混凝土一般采取几个坝段形成的大仓面通仓连续浇筑上升，坝段之间的横缝，一般可采取切缝机切缝（缝内填设金属片或其他材料）、埋设隔板或设置诱导孔等方法形成。切缝机切缝时，可采取"先切后碾"或"先碾后切"的方式，成缝面积不少于设计缝面的 60%。埋设隔板造缝时，相邻隔板间隔不大于 10cm，隔板高度应比压实厚度低 3~5cm。设置诱导孔造缝是待碾压混凝土浇筑完一个升程后，沿分缝线用手风钻造诱导孔，成孔后孔内应填塞干燥沙子，以免上层施工时混凝土填塞诱导孔。

（四）层、缝面处理

施工过程中因故中止或其他原因造成层面间歇的，视层面间歇时间的长短采用不同的处理方法。对于层面间歇时间超过直接铺筑允许时间的，应先在层面上铺一层垫层拌和物后，然后继续进行下一层碾压混凝土摊铺、碾压作业；间隔时间超过加垫层铺筑允许时间的层面即为冷缝。

垫层拌和物可使用与碾压混凝土相适应的灰浆、砂浆或小骨料混凝土。其中，砂浆的摊铺厚度为 1.0~1.5cm，碾压混凝土摊铺前，砂浆铺设随碾压混凝土铺料进行，不得超前以保证在砂浆初凝前完成碾压混凝土的铺筑。

施工缝及冷缝必须进行缝面处理，缝面处理可用刷毛、冲毛等方法清除混凝土表面的浮浆及松动骨料。层面处理完成并清洗干净，经验收合格后，先铺垫层拌和物，然后立即铺筑下一层混凝土继续施工。

（五）常态混凝土及变态混凝土施工

坝内常态混凝土宜与主体碾压混凝土同步进行浇筑。变态混凝土是在碾压混凝土拌和物的底部和中部铺洒同水灰比的水泥粉煤灰净浆，采用插入式振捣器将其振捣密实。灰浆应按规定用量在变态范围或距岩面或模板 30~50cm 范围内铺洒。相邻区域混凝土碾压时与变态区域搭接宽度应大于 20cm。

（六）碾压混凝土的养护

施工过程中，碾压混凝土的仓面应保持湿润。施工间歇期间，碾压混凝土终凝后即应开始洒水养护。对水平施工缝和冷缝，洒水养护应持续至下一层碾压混凝土开始铺筑为止；对永久暴露面，有温控要求的碾压混凝土，应根据温控设计采取相应的防护措施，低温季节应有专门的防护措施。

三、碾压混凝土温度控制

（一）分缝分块

碾压混凝土施工一般采用通仓薄层连续浇筑，对于仓面很大而施工机械生产率不能满足层面间歇期要求时，对整个仓面分设几个浇筑区进行施工。为适应碾压混凝土施工的特点，碾压混凝土坝或围堰不设纵缝，横缝间距一般也比常态混凝土间距大，采用立模、切缝或在表面设置诱导孔。对于碾压混凝土围堰或小型碾压混凝土坝，也有不设横缝的通仓施工，例如隔河岩上游横向围堰及岩滩上下游横向围堰均未设横缝。对于大中型碾压混凝土坝如不设横缝，难免会出现裂缝，比如美国早期修建的几座未设横缝的大中型碾压混凝土坝均出现了较大裂缝，因此不得不进行修补。

（二）碾压混凝土温度计算

由于碾压混凝土采用通仓薄层连续浇筑上升，混凝土内部最高温度一般采用差分法或有限元法进行仿真计算。计算时每一碾压层内竖直方向设置三层计算点，水平方向则根据计算机容量设置不同数量计算点。碾压混凝土因胶凝材料用量少，且掺加大量粉煤灰，其水化热温升一般较低，冬季及春秋季施工时期内部最高温度比常态混凝土低。

（三）冷却水管埋设

碾压混凝土一般采取通仓浇筑，且为保证层间胶结质量，一般安排在低温季节浇筑，不需要进行初、中、后期通水冷却，从而不需要埋设冷却水管。但对于设有横缝且须进行接缝灌浆，或气温较高，混凝土最高温度不能满足要求时，也可埋设水管进行初、中、后期通水冷却。三峡工程在碾压混凝土纵向围堰及纵堰坝身段下部碾压混凝土中，均埋设了冷却水管。施工时冷却水管一般布设在混凝土缝面上，水管间距为 2m，开始采用挖槽埋设，此法费工、费时，效果亦不佳。之后改在施工缝面上直接铺设，用钢筋或铁丝固定间距，开仓时用砂浆包裹，推土机入仓时先用混凝土做垫层，避免履带压坏水管。一般在收仓后 24h 开始进行初期通水冷却，通水流量为 18~20L/min，通水时间不少于 7d，一般可降低混凝土最高温度 3~5℃。

（四）温控措施

碾压混凝土主要温控措施同常态混凝土一致。但铺筑季节受较大限制，高温季节表面水分散发影响层间胶结质量，一般要求在低温季节浇筑。

第五章

机电设备安装安全技术

第一节　安装的基本规定

水利水电建设施工中，机电设备安装的不安全因素较多，并且在这一环节中，操作者不仅在十分复杂、危险的场所进行作业，也必然会在操作过程中接触到各种储存、生产和供给能量的设施、设备，易造成高处坠落、触电、物体打击、坍塌、起重伤害、机械伤害等安全生产事故。为提高水利水电工程机电设备安装安全水平，必须对机电设备安装进行安全生产全过程控制，保障人的安全健康和设备安全。

一、机电设备安装的安全管理要求

①参建各方应设置安全生产管理机构，按规定配备安全生产管理人员，明确各岗位安全生产职责，建立安全生产责任制。

②参建各方应制定安全生产规章制度，施工单位应制定操作规程。

③项目负责人和安全生产管理人员应具备机电设备安装相应的安全知识和管理能力。应对从业人员进行安全生产教育和培训，未经安全生产教育和培训合格的从业人员不得上岗。特种作业人员必须按国家有关规定经专门的安全作业培训，取得相应资格证书，持证上岗。

④应按有关规定提取、使用安全生产费用。

⑤参建各方应为从业人员配备合格的安全防护用品和用具，并定期检验或更换。从业人员在施工作业区域内，应正确使用安全防护用品和用具。

⑥施工前，应编制机电设备安全事故专项应急预案和现场应急处置方案，配备应急物资，组织相关人员进行应急培训。应定期开展应急预案演练。

⑦工程施工现场危险场所、危险部位应设置明显的符合国家标准的安全警示标志、标

牌，告知危险的种类、后果及应急措施等，并定期维护。

⑧现场办公区、生活区应与作业区分开设置，并保持安全距离，施工现场、生产区、生活区、办公区应按规定配备满足要求且有效的消防设施和器材。

⑨施工前，应全面检查施工现场、机具设备及安全防护设施等，施工条件应符合安全要求。两个以上施工单位在同一施工现场作业，应签订安全协议并由专人负责监督。

⑩危险性较大的单项工程的施工应编制安全专项施工方案，对于超过一定规模的危险性较大的单项工程，应组织专家对安全专项施工方案进行论证。

⑪施工前必须进行安全技术交底，按施工方案组织施工。

二、机电设备安装现场安全防护要求

①施工生产区域应根据工作及工艺要求实行封闭管理。主要进出口处应设有明显的施工警示标志、安全生产和文明施工规定、禁令牌，与施工无关的人员、设备、材料不得进入封闭作业区。

②应结合现场安装部位交面及施工计划，遵循合理使用场地、有利施工、便于管理等基本原则，实行区域定置化管理。

③现场存放设备、材料的场地应平整坚固，设备、材料存放应整齐有序，宜采用活动式栏杆等方式进行隔离，应保证周围通道畅通，且人行通道不应小于1m。

④现场的施工设施，应符合防洪、防火、防强风、防雷击、防砸、防坍塌以及职业健康等安全要求。

⑤现场的排水系统应布置合理，沟、管、网排水应畅通，不得影响道路交通。

⑥安装现场对预留进入孔、排水孔、吊物孔、放空阀等洞（孔）、坑、沟应加防护栏杆或盖板封闭，并悬挂警示标志。

⑦高处施工通道、作业平台应铺满，并绑扎牢固；临空面应设置高度不低于1.2m的安全防护栏杆，应设置高度不低于0.2m的挡脚板。

⑧施工现场脚手架和作业平台搭设应制订专项方案，经审批后方可实施。脚手架和作业平台搭设完成后，应经验收合格后再使用，并悬挂标示牌。脚手架、平台拆除时，应在拆除坠落范围的外侧设有安全围栏与醒目的安全警示标志，现场应设专人监护。

⑨在电梯井、电缆井等井道口（内）安装作业，应根据作业面积情况，在其下方井道内设置可靠的水平刚性平台或安全网做隔离防护层。

⑩施工现场的工具房、休息室、临时工棚等应采用活动板式结构，便于移动、拆除，材料、尺寸、颜色应符合现场安全设施标准化要求。

⑪危险作业场所应按规定设置警戒区、事故报警装置、紧急疏散通道，并悬挂警示标志。

三、机电设备安装施工工具

（一）电动工具

①使用前，应检查电动工具外观是否完好、无污物。

②检查电动工具绝缘是否良好，电源引线及插头应无破损伤痕。

③检查电动工具零部件应无松动，带电体应清洁、干燥。

④检查电动工具转动轮、转动片应完好、结实、紧固，转动体与非转动体之间应有间隙，无卡阻现象。

⑤手持式电动工具安全使用应符合下列规定：

a. 在一般场所，应选用Ⅱ类电动工具，当使用Ⅰ类电动工具时，应采取装设漏电保护器、安全隔离变压器等安全保护措施。

b. 在潮湿环境或电阻率偏低的作业场应使用Ⅱ类或Ⅲ类电动工具。如使用Ⅰ类电动工具应装设额定漏电电流不大于30mA、动作时间不大于0.1s的漏电保护器。

c. 在狭窄场所，如锅炉、金属容器、管道内等应使用Ⅲ类电动工具。如使用Ⅱ类电动工具应装设动作电流不大于15mA、动作时间不大于0.1s的漏电保护器。

⑥在管道内或通风不良部位使用打磨电动工具时，应布置专用通风设备，并指派专人监护作业。

⑦电动工具使用中有过热现象，应停止作业。

⑧使用角磨机、砂轮机时，应戴防护眼镜，应将火星朝向无人无设备的一边。

⑨使用电动砂轮机应符合下列规定：

a. 砂轮机首次启动时，应点启动，检查电机旋转方向是否正确，工作时旋转方向不应对着设备及通道。

b. 使用砂轮机应先启动，达到正常转速后，再接触工作。

c. 工作托架应安装牢固，托架平台应平整，防护罩应安装完好，应及时调整托架和砂轮外围间隙，间隙不宜大于5mm。

d. 作业人员应戴防护眼镜，站在砂轮机的侧面，且用力不应过猛。

e. 大型或重量达到5kg以上的物件，不得在固定砂轮机磨削，砂轮片形状不圆、有裂纹或磨损接近固定夹板时，应及时更换。

⑩使用砂轮切割机应符合下列规定：

a. 砂轮切割机应放置平稳，坚固件应无松动。

b. 电机及其操作回路绝缘应良好，电机应空转检查转向正确后方可装砂轮机片。

c. 磨切工件应使用夹具夹牢放稳，严禁手拿工件打磨、切割。

d. 砂轮片接触工件应缓慢，用力不得过猛。

e. 砂轮片应符合该机的规格以及质量要求。

（二）螺栓拉伸器

①使用前，应检查各部零件和密封是否良好。

②气压胶管应完好，接头应牢固密封。

③油管应采用无缝钢管或专用高压软管，接头应焊牢和密封。若发现有渗油现象，应及时更换。

④油泵放置应稳固，升压应缓慢。在升压过程中应认真观察螺栓伸长值，油泵压力不得超压。

⑤拉伸器应放平，不得歪斜。活塞应压到底。在升压过程中，应观察活塞行程，严禁超过工作行程。

⑥被紧固的螺栓，连续拉伸次数不得超过四次。

⑦工作人员不得站在拉伸器上方，应选择安全位置。

⑧拉伸器工作完毕，应先降压排油至零，再拆除拉伸工具螺栓。

（三）起吊工具

①厂内起吊机应集中保管，并健全检查、试验、保养、更新制度，不符合安全要求的工具不得使用。

②钢丝绳使用应符合下列规定：

a. 起吊用钢丝绳应定期检查，不得超负荷使用，当钢丝绳径向磨损、断丝、腐蚀造成直径变小、松股、打结、绳芯外露、整股断裂以及其他损坏达到规定报废标准的应立即报废。

b. 钢丝绳绳套（又称吊头、八股头）索扣编插，在单根吊索中，每一端索扣的插编部分的最小长度不得小于钢丝绳公称直径的15倍，并不小于300mm。手工插编操作对每一股应至少穿插5次，而且5次中至少有3次应整股穿插。机械操作应3股穿插4次，另外3股穿插5次而成。

c. 吊装时应根据重物尺寸及重量大小选择合适的钢丝绳，并进行校核计算。

③手拉葫芦使用应符合下列规定：

a. 手拉葫芦使用前应进行检查，检查吊钩、链条、轴是否变形损坏；拴挂手拉葫芦时应牢靠，所吊物的重量不得超过葫芦标定安全承载能力。

b. 操作室应先慢慢起升，待受力确认可靠后方可继续工作。拉链人数应根据葫芦起重能力大小决定：起重能力小于 50kN 时，拉链人数宜为 1 人；起重能力不小于 50kN 时，拉链人数宜为 2 人；不得随意增加拉链人数。如遇拉不动时，应检查是否有损坏。

c. 已吊装重物须停留稍长时，应将手拉链拴在起重链上。

④卷扬机使用应符合下列规定：

a. 使用前应检查卷扬机锚固装置是够牢固，检查离合器、制动器是否灵敏、可靠，检查电气设备绝缘是否良好，接地接零应完好正确。

b. 钢丝绳在卷筒上应排列整齐，放出时，卷筒上至少应保留三圈。

c. 工作中应注意监视运转情况，如发现电压下降、触点冒火、温度过高、响声不正常或制动不灵、钢丝绳发生抖动等情况，应立即停车检修。

d. 不得将钢丝绳与带电电线接触，应防止钢丝绳扭结。

⑤千斤顶的使用应符合下列规定：

a. 使用前应检查千斤顶各部件是否完好，丝杆和螺母磨损超过 20% 时应报废，机壳和底座有裂缝时严禁使用。液压千斤顶的活塞、阀门应完好无损。

b. 千斤顶不得加长摇柄长度和超负荷使用。

c. 千斤顶顶升工件的最大行程不应超过该产品规定值（当套筒出现红色警戒线时，表示已升至额定高度），或丝杆、或活塞总高度的四分之三。

d. 操作时，千斤顶应放在坚实的基础上，用枕木支垫千斤顶时应与载荷作用线对正，不得歪斜。必要时底部和顶部可同时加垫木防滑。应先将重物稍稍顶起，检查无异常现象，再继续顶升。

e. 使用油压千斤顶时，应检查副油箱油位线，如须添加应加入干净无杂质液压油。顶升前应检查换向阀开关是否到位。

f. 使用油压千斤顶时，工作人员不得站在保险塞对面，重物顶升后，应用木方将其垫实。

g. 用两台及多台千斤顶合抬一重物时，应符合下列规定：

一是尽量选用同一规格、型号的千斤顶。应考虑动载情况下的不均载系数，按总负荷留 20% 备用容量，并事先检查和试验所用千斤顶，确认合格后方可投入使用。

二是顶升作业时，应受力均匀，顶点布置应合理，力矩应对称，顶升速度尽可能同步，设专人指挥和监护，使重物平行上升，发现上升不一致时，及时调整重物水平。一般宜采用分离式液压千斤顶，它由一个油泵同时向几个千斤顶供油，可避免受力不均。

h. 高处使用千斤顶时，应用绳索系牢，操作人员严禁在千斤顶两侧或下方。

i. 顶升重物时，应掌握重物重心，防止倾倒。重物顶起应采取保护措施，随起随垫，保证安全。

j. 大型油压千斤顶的油泵站工作时，使用前应检查和试运行合格。

四、焊接与切割

焊接与切割是施工现场应用较为广泛的金属加工方法。焊接是借助于原子的结合，把两个分离的物体连接成为一个整体的过程，目前应用最多的是金属焊接。切割是利用压力或高温的作用断开物体的连接，把板材或型材等切割成所需形状和尺寸的坯料或工件的过程，它在人们的生产、生活中有着极为重要的作用。

（一）分类

1. 焊接

按照焊接过程中金属所处的状态不同，金属焊接可分为熔焊、压力焊和钎焊三种类型。

（1）熔焊

熔焊，又称为熔化焊，即是利用局部加热的方法将连接处的金属加热至熔化状态而完成的一种焊接方法。

熔焊的关键是要有一个热量集中的局部加热源，在加热的条件下，增强了金属原子的活性，促进原子间的相互扩散，当被焊接金属加热至熔化状态形成液态熔池时，原子之间可以充分扩散和紧密接触，当冷却凝固后，即形成牢固的焊接接头。常见的气焊、电弧焊、电渣焊、气体保护焊、等离子弧焊等均属于熔化焊的范畴。

（2）压力焊

压力焊，即是在焊接时施加一定的压力，从而完成焊接的一种方法。

压力焊有两种基本形式，一是将被焊金属接触部分加热至塑性状态或局部熔化状态，然后施加一定压力，以使金属原子间相互结合并形成牢固的焊接接头，如锻焊、接触焊、摩擦焊和气压焊等即属于这种类型；二是不进行加热，仅在被焊金属接触面上施加足够大的压力，借助于压力所引起的塑性变形，以使原子间相互接近而获得牢固的压挤接头，这种压力焊的方法有冷压焊、爆炸焊等。

施工现场常用的压力焊主要是电阻焊，即是利用电流通过焊件及接触处产生的电阻热作为热源，将焊件局部加热至塑性或熔化状态，然后在压力下形成焊接接头的一种焊接方法。电阻焊具有生产率高、焊件变形小、作业人员劳动条件好、不需要添加焊接材料、易于自动化等特点，但其设备较一般熔化焊复杂，耗电量也很大，适用的接头形式与可焊工件的厚度（或断面）受到限制。

（3）钎焊

钎焊，即是利用熔点比焊接金属低的钎料作填充金属，通过加热将钎料熔化，把处于固态的工件连接到一起的一种焊接方法。焊接时，被焊金属处于固体状态，工件无须受到压力的作用，只须适当加热，依靠液态金属与固态金属之间的原子扩散而形成牢固的焊接接头。

钎焊是一种古老的金属永久连接工艺，但由于钎焊的金属结合机理与熔焊和压力焊不同，并具有一些特殊性能，所以在现代焊接技术中仍占有一定的地位，常见的钎焊方法有烙铁钎焊、火焰钎焊和感应钎焊等多种。

2. 切割

金属的切割方法很多，分为冷切割和热切割。

①冷切割包括锯切割、线切割、超高压水切割等，冷切割能够保持现有的材料特性。

②热切割是利用集中热源使材料分离的一种方法。根据热源的产生情况不同，可分为火焰切割、等离子弧切割、电弧切割和激光切割等，氧气–乙炔切割是建筑施工现场常用的火焰切割方法。

（二）焊接和切割的基本安全规定

①凡从事焊接与气割的工作人员，应熟知本标准及有关安全知识，并经过专业培训考核取得操作证，持证上岗。

②从事焊接与气割的工作人员应严格遵守各项规章制度，作业时不应擅离职守，进入岗位应按规定穿戴劳动防护用品。

③焊接和气割的场所，应设有消防设施，并保证其处于完好状态。焊工应熟练掌握其使用方法，能够正确使用。

④凡有液体压力、气体压力及带电的设备和容器、管道，无可靠安全保障措施禁止焊割。

⑤对贮存过易燃易爆及有毒容器、管道进行焊接与切割时，要将易燃物和有毒气体放

尽，用水冲洗干净，打开全部管道窗、孔，保持良好通风，方可进行焊接和切割，容器外要有专人监护，定时轮换休息。密封的容器、管道不应焊割。

⑥禁止在油漆未干的结构和其他物体上进行焊接和切割。禁止在混凝土地面上直接进行切割。

⑦严禁在贮存易燃易爆的液体、气体、车辆、容器等的库区内从事焊割作业。

⑧在距焊接作业点火源 10m 以内，在高空作业下方和火星所涉及范围内，应彻底清除有机灰尘、木材木屑、棉纱棉布、汽油、油漆等易燃物品。如有不能撤离的易燃物品，应采取可靠的安全措施隔绝火星与易燃物接触。对填有可燃物的隔层，在未拆除前不应施焊。

⑨焊接大件须有人辅助时，动作应协调一致，工件应放平垫稳。

⑩在金属容器内进行工作时应有专人监护，要保证容器内通风良好，并应设置防尘设施。

⑪在潮湿地方、金属容器和箱型结构内作业，焊工应穿干燥的工作服和绝缘胶鞋，身体不应与被焊接件接触，脚下应垫绝缘垫。

⑫在金属容器中进行气焊和气割工作时，焊割炬应在容器外点火调试，并严禁使用漏燃气的焊割炬、管、带，以防止逸出的可燃混合气遇明火爆炸。

⑬严禁将行灯变压器及焊机调压器带入金属容器内。

⑭焊接和气割的工作场所光线应保持充足。工作行灯电压不应超过 36V，在金属容器或潮湿地点工作行灯电压不应超过 12V。

⑮风力超过 5 级时禁止在露天进行焊接或气割。风力 5 级以下、3 级以上时应搭设挡风屏，以防止火星飞溅引起火灾。

⑯离地面 1.5m 以上进行工作应设置脚手架或专用作业平台，并应设有 1m 高防护栏杆，脚下所用垫物要牢固可靠。

⑰工作结束后应拉下焊机闸刀，切断电源。对于气割（气焊）作业则应解除氧气、乙炔瓶（乙炔发生器）的工作状态。要仔细检查工作场地周围，确认无火源后方可离开现场。

⑱使用风动工具时，先检查风管接头是否牢固，选用的工具是否完好无损。

⑲禁止通过使用管道、设备、容器、钢轨、脚手架、钢丝绳等作为临时接地线（接零线）的通路。

⑳高空焊割作业时，还应遵守下列规定：

a. 高空焊割作业须设监护人，焊接电源开关应设在监护人近旁。

b. 焊割作业坠落点场面上，至少 10m 以内不应存放可燃或易燃易爆物品。

c. 高空焊割作业人员应戴好符合规定的安全帽，应使用符合标准规定的防火安全带，安全带应高挂低用，固定可靠。

d. 露天下雪、下雨或有 5 级大风时严禁高处焊接作业。

（三）焊接场地与设备的安全规定

1. 焊接场地

①焊接与气割场地应通风良好（包括自然通风或机械通风），应采取措施避免作业人员直接呼吸到焊接操作所产生的烟气流。

②焊接或气割场地应无火灾隐患。若须在禁火区内焊接、气割时，应办理动火审批手续，并落实安全措施后方可进行作业。

③在室内或露天场地进行焊接及碳弧气刨工作，必要时应在周围设挡光屏，防止弧光伤眼。

④焊接场所应经常清扫，焊条和焊条头不应到处乱扔，应设置焊条保温筒和焊条头回收箱，焊把线应收放整齐。

2. 焊接设备

①电弧焊电源应有独立而容量足够的安全控制系统，如熔断器或自动断电装置、漏电保护装置等。控制装置应能可靠地切断设备最大额定电流。

②电弧焊电源熔断器应单独设置，严禁两台或以上的电焊机共用一组熔断器，熔断丝应根据焊机工作的最大电流来选定，严禁使用其他金属丝代替。

③焊接设备应设置在固定或移动式的工作台上，电弧焊机的金属机壳应有可靠的独立的保护接地或保护接零装置。焊机的结构应牢固和便于维修，各个接线点和连接件应连接牢靠且接触良好，不应出现松动或松脱现象。

④电弧焊机所有带电的外露部分应有完好的隔离防护装置。焊机的接线桩、极板和接线端应有防护罩。

⑤焊把线应采用绝缘良好的橡皮软导线，其长度不应超过 50m。

⑥焊接设备使用的空气开关、磁力启动器及熔断器等电气元件应装在木制开关板或绝缘性能良好的操作台上，严禁直接装在金属板上。

⑦露天工作的焊机应设置在干燥和通风的场所，其下方应防潮且高于周围地面，上方应设棚遮盖和有防砸措施。

（四）现场施工常用焊接和切割方式

1. 电弧焊

电弧焊即是利用焊材与焊件之间的电弧热量熔化金属之后进行的连接。电弧焊不仅可以焊接各种碳素钢、低合金结构钢、不锈钢、铸铁以及部分高合金钢，还能焊接多种有色金属，如铝、铜、镍及其合金，是一种应用最为广泛的焊接方法。

电弧焊安全注意事项：

①从事焊接工作时，应使用镶有滤光镜片的手柄式或头戴式面罩。清除焊渣、飞溅物时，应戴平光镜，并避免对着有人的方向敲打。

②电焊时所使用的凳子应用木板或其他绝缘材料制作。

③露天作业遇下雨时，应采取防雨措施，不应冒雨作业。

④在推入或拉开电源闸刀时，应戴干燥手套，另一只手不应按在焊机外壳上，推拉闸刀的瞬间面部不应正对闸刀。

⑤在金属容器、管道内焊接时，应采取通风除烟尘措施，其内部温度不应超过40℃，否则应实行轮换作业，或采取其他对人体的保护措施。

⑥在坑井或深沟内焊接时，应首先检查有无集聚的可燃气体或一氧化碳气体，如有应排除并保持通风良好。必要时应采取通风除尘措施。

⑦电焊钳应完好无损，不应使用有缺陷的焊钳；更换焊条时，应戴干燥的帆布手套。

⑧工作时禁止将焊把线缠在、搭在身上或踏在脚下，当电焊机处于工作状态时，不应触摸导电部分。

⑨身体出汗或其他原因造成衣服潮湿时，不应靠在带电的焊件上施焊。

2. 埋弧焊

埋弧焊（含埋弧堆焊及电渣堆焊等）是一种电弧在焊剂层下燃烧进行焊接的方法。其固有的焊接质量稳定、焊接生产率高、无弧光及烟尘很少等优点，使其成为压力容器、管段制造、箱型梁柱等重要钢结构制作中的主要焊接方法。

埋弧焊安全注意事项：

①操作自动焊半自动焊埋弧焊的焊工，应穿绝缘鞋和戴皮手套或线手套。

②埋弧焊会产生一定数量的有害气体，在通风不良的场所或构件内工作，应有通风设备。

③开机前应检查焊机的各部分导线连接是否良好、绝缘性能是否可靠、焊接设备是否可靠接地、控制箱的外壳和接线板上的外罩是否完好，埋弧焊用电缆是否满足焊机额定焊

接电流的要求，发现问题应修理好后方可使用。

④在调整送丝机构及焊机工作时，手不应触及送丝机构的滚轮。

⑤焊接过程中应保持焊剂连续覆盖，注意防止焊剂突然供不上而造成焊剂突然中断，露出电弧光辐射损害眼睛。

⑥焊接转胎及其他辅助设备或装置的机械传动部分，应加装防护罩。在转胎上施焊的焊件应压紧卡牢，防止松脱掉下砸伤人。

⑦埋弧焊机发生电气故障时应由电工进行修理，不熟悉焊机性能的人不应随便拆卸。

⑧罐装、清扫、回收焊剂应采取防尘措施，防止吸入粉尘。

3. 二氧化碳保护焊

二氧化碳保护焊是以二氧化碳作为保护系统的一种电弧焊方法，它能用可熔化的细丝焊接汽车上的薄钢板构件、焊补铸铁类壳体零件以及堆焊曲轴等，具有成本低、生产效率高、质量好、易于掌握等特点。

二氧化碳保护焊安全注意事项：

①凡从事二氧化碳气体保护焊的工作人员应严格遵守本章基本规定和本章焊条电弧焊的规定。

②焊机不应在漏水、漏气的情况下运行。

③二氧化碳在高温电弧的作用下，可能分解产生一氧化碳有害气体，工作场所应通风良好。

④二氧化碳气体保护焊焊接时飞溅大，弧光辐射强烈，工作人员应穿白色工作服，戴皮手套和防护面罩。

⑤装有二氧化碳的气瓶不应在阳光下曝晒或接近高温物体，以免引起瓶内压力增大而发生爆炸。

⑥二氧化碳气体预热器的电源应采用36V电压，工作结束时应将电源切断。

4. 气焊与切割

气焊和切割是利用助燃气体与可燃气体混合燃烧所释放出的热量作为热源进行金属材料的焊接或切割，是金属材料热加工常用的工艺方法之一。气焊与气割技术在现代工业生产中具有极其重要的地位，用途很广。

气焊，是利用助燃气体与可燃气体的混合气体燃烧火焰作为热源将两个工件的接头部分熔化，并熔入填充金属，熔池凝固后使之成为一个牢固整体的一种熔化焊接方法。

气割，是利用气体火焰的热能将工件切割处预热到一定温度后，喷出高速切割氧流，使材料燃烧并放出热量实现切割的方法。气割的实质是被切割材料在纯氧中燃烧的过程，不是熔化过程。

（1）常见易燃与助燃气体

气焊、气割作业所适用的气体可分为助燃气体和可燃气体。常用的助燃气体为氧气，可燃气体为乙炔。

①氧气

a. 在常温和标准大气压下，氧气是一种无色、无味、无毒的活泼性助燃气体，是一种强氧化剂。空气中含氧20.9%，气焊与气割作业用的一级纯氧纯度为99.2%，二级纯氧纯度为98.5%。增加氧的纯度和压力会使氧化反应显著加剧，金属的燃点随着氧气压力的增高而降低。

b. 压缩气态氧与矿物油、油脂类接触，会发生氧化反应，产生大量的热，在常温下会发生自燃。氧气几乎能与所有的可燃气体和可燃蒸汽形成爆炸性混合气，而且具有很宽的爆炸极限范围。

②乙炔

常温常压下，乙炔（C_2H_2）是一种无色的不饱和碳氢化合物，其结构简式为$CH\equiv CH$，具有较高的键能。纯乙炔在空气中的燃烧温度可达到2100℃左右，在氧气中燃烧时可达到3600℃。乙炔的化学性质很活泼，能起加成、氧化、聚合及金属取代等反应。此外，乙炔的自燃点仅为305℃，容易受热自燃。

（2）常用气瓶的构造

气瓶是指在正常环境条件下（-40~60℃）可重复进行充气使用的，公称工作压力为1.0~30mPa（表压），公称容积为0.4~1000L，盛装永久气体、液化气体或溶解气体的移动式压力容器。

①氧气瓶。氧气瓶是一种储存、运输高压氧气的高压容器，由瓶体、瓶箍、瓶阀、瓶帽、防震圈等组成。施工现场常用氧气瓶的容积为40L，在14.7mPa的压力下，可以贮存6m³的氧气。

②乙炔瓶。乙炔瓶是一种贮存和运输乙炔用的焊接钢瓶，其主要部分是用优质碳素钢或低合金钢轧制而成的圆柱形无缝瓶体。但它既不同于压缩气瓶，也不同于液化气瓶，其外形与氧气瓶相似，但比氧气瓶略短、直径略粗，由瓶体、瓶帽、填料、易熔塞和瓶阀等组成。

（3）气焊与切割安全注意事项

氧气、乙炔瓶的使用注意事项：

①气瓶应放置在通风良好的场所，不应靠近热源和电气设备，与其他易燃易爆物品或

火源的距离一般不应小于 10m（高处作业时是与垂直地面处的平行距离）。使用过程中，乙炔瓶应放置在通风良好的场所，与氧气瓶的距离不应少于 5m。

②露天使用氧气、乙炔气时，冬季应防止冻结，夏季应防止阳光直接曝晒。氧气、乙炔气瓶阀冬季冻结时，可用热水或水蒸气加热解冻，严禁用火焰烘烤和用钢材一类器具猛击，更不应猛拧减压表的调节螺丝，以防氧气、乙炔气大量冲出而造成事故。

③氧气瓶严禁沾染油脂，检查气瓶口是否有漏气时可用肥皂水涂在瓶口上试验，严禁用烟头或明火试验。

④氧气、乙炔气瓶如果漏气应立即搬到室外，并远离火源。搬动时手不可接触气瓶嘴。

⑤开氧气、乙炔气阀时，工作人员应站在阀门连接的侧面，并缓慢开放，不应面对减压表，以防发生意外事故。使用完毕后应立即将瓶嘴的保护罩旋紧。

⑥氧气瓶中的氧气不允许全部用完，至少应留有 0.1～0.2mPa 的剩余压力，乙炔瓶内气体也不应用尽，应保持 0.05mPa 的余压。

⑦乙炔瓶在使用、运输和储存时，环境温度不宜超过 40℃；超过时应采取有效的降温措施。

⑧乙炔瓶应保持直立放置，使用时要注意固定，并应有防止倾倒的措施，严禁卧放使用。卧放的气瓶竖起来后须待 20min 后方可输气。

⑨工作地点不固定且移动较频繁时，应装在专用小车上；同时使用乙炔瓶和氧气瓶时，应保持一定安全距离。

⑩严禁铜、银、汞等及其制品与乙炔产生接触，应使用铜合金器具时含铜量应低于 70%。

回火防止器的注意事项：

①应采用干式回火防止器。

②回火防止器应垂直放置，其工作压力应与使用压力相适应。

③干式回火防止器的阻火元件应经常清洗以保持气路畅通；多次回火后，应更换阻火元件。

④一个回火防止器应只供一把割炬或焊炬使用，不应合用。当一个乙炔发生器向多个割炬或焊炬供气时，除应装总的回火防止器外，每个工作岗位都须安装岗位式回火防止器。

⑤禁止使用无水封、漏气的、逆止阀失灵的回火防止器。

⑥回火防止器应经常清除污物防止堵塞，以免失去安全作用。

⑦回火器上的防爆膜（胶皮或铝合金片）被回火气体冲破后，应按原规格更换，严禁用其他非标准材料代替。

减压器（氧气表、乙炔表）的安全注意事项：

①严禁使用不完整或损坏的减压器。冬季减压器易冻结，应采用热水或蒸汽解冻，严禁用火烤，每只减压器只准用于一种气体。

②减压器内，氧气乙炔瓶嘴中不应有灰尘、水分或油脂，打开瓶阀时，不应站在减压阀方向，以免被气体或减压器脱扣而冲击伤人。

③工作完毕后应先将减压器的调整顶针拧松直至弹簧分开为止，再关氧气乙炔瓶阀，放尽管中余气后方可取下减压器。

④当氧气、乙炔管、减压器自动燃烧或减压器出现故障，应迅速将氧气瓶的气阀关闭，然后再关乙炔气瓶的气阀。

使用橡胶软管的安全注意事项：

①氧气胶管为红色，严禁将氧气管接在焊、割炬的乙炔气进口上使用。

②胶管长度每根不应小于 10m，以 15~20m 为宜。

③胶管的连接处应用卡子或铁丝扎紧，铁丝的丝头应绑牢在工具嘴头方向，以防止被气体崩脱而伤人。

④工作时胶管不应沾染油脂或触及高温金属和导电线。

⑤禁止将重物压在胶管上。不应将胶管横跨铁路或公路，如须跨越应有安全保护措施。胶管内有积水时，在未吹尽之前不应使用。

⑥胶管如有鼓包、裂纹、漏气现象，不应采用贴补或包缠的办法处理，应切除或更新。

⑦若发现胶管接头脱落或着火时，应迅速关闭供气阀，不应用手弯折胶管等待处理。

⑧严禁将使用中的橡胶软管缠在身上，以防发生意外起火引起烧伤。

焊割炬的使用安全注意事项：

①工作前应检查焊、割枪各连接处的严密性及其嘴子有无堵塞现象，禁止用纯铜丝（紫铜）清理嘴孔。

②焊、割枪点火前应检查其喷射能力，是否漏气，同时检查焊嘴和割嘴是否畅通；无喷射能力不应使用，应及时修理。

③不应使用小焊枪焊接厚的金属，也不应使用小嘴子割枪切割较厚的金属。

④严禁在氧气和乙炔阀门同时开启时用手或其他物体堵住焊、割枪嘴子的出气口，以防止氧气倒流入乙炔管或气瓶而引起爆炸。

⑤焊、割枪的内外部及送气管内均不允许沾染油脂，以防止氧气遇到油类燃烧爆炸。

⑥焊、割枪严禁对人点火，严禁将燃烧着的焊炬随意摆放，用毕及时熄灭火焰。

⑦焊炬熄火时应先关闭乙炔阀，后关氧气阀；割炬则应先关高压氧气阀，后关乙炔阀和氧气阀以免回火。

⑧焊、割炬点火时须先开氧气，再开乙炔，点燃后再调节火焰；遇不能点燃而出现爆声时应立即关闭阀门并进行检查和通畅嘴子后再点，严禁强行硬点以防爆炸；焊、割时间过久，枪嘴发烫出现连续爆炸声并有停火现象时，应立即关闭乙炔再关氧气，将枪嘴浸冷水疏通后再点燃工作，作业完毕熄火后应将枪吊挂或侧放，禁止将枪嘴对着地面摆放，以免引起阻塞而再用时发生回火爆炸。

⑨阀门不灵活、关闭不严或手柄破损的一律不应使用。

⑩工作人员应戴有色眼镜，以防飞溅火花灼伤眼睛。

五、廊道、洞室及有限空间作业

1. 廊道及洞室内安全作业的注意事项

①进入人员不得少于两人，并应配备通信和备用便携式照明器具。

②作业前应检查周边孔洞的盖板、安全防护栏杆，盖板和护栏应安全牢固。

③运输作业时，应规划便于人员通行的安全通道或采取其他保障人员安全逃生的措施。岔道处应设置交通安全警示标志。

④地下洞室内存在塌方等安全隐患的部位，应及时处理，并悬挂安全警示标志，无关人员不得入内。

⑤施工廊道应视其作业环境情况，设置安全可靠的通风、除尘、排水等设施，运行人员应坚守岗位。

2. 在有限空间作业的安全注意事项

①严格实行作业审批制度，不得擅自进入有限空间作业。

②"先通风、再检测、后作业"，通风、检测不合格不得作业。

③配备个人防中毒窒息的防护装备，设置安全警示标志，无防护监护措施不得作业。

④对作业人员进行安全教育培训，教育培训不合格不得上岗作业。

⑤制定应急措施，现场配备应急装备，不得盲目施救。

六、起重运输作业安全技术

①机电设备安装中的起重吊装、运输作业施工前应编制专项施工方案和安全技术措

施，按程序要求经审批后实施，对于超过一定规模的危险性较大的单项工程，应组织专家对专项方案进行论证。专项方案实施前，应组织进行安全技术交底，并组织专门人员监护实施。

②工作前，认真检查所需的一切工具设备，均应良好。

③起重工应熟悉、正确运用并及时发出各种规定的手势、旗语等信号。多人工作时，应指定一人负责指挥。

④工作前，应根据物件的重量、体积、形状、种类选用适宜的方法。运输大件应符合交通规则规定，配备指挥车，并事先规定前后车辆的联络信号，还应悬挂明显标志（白天宜插红旗，晚上宜悬红灯）。

⑤各种物件正式起吊前，应先试吊，确认可靠后方可正式起吊。

⑥使用三脚架起吊时，绑扎应牢固，杆距应相等，杆脚固定应牢靠，不宜斜吊。

⑦使用滚杠运输时，其两端不宜超出物件底面过长，摆滚杠的人不应站在重物倾斜方向一侧，不应戴手套，应用手指插在滚杠筒内操作。

⑧拖运物件的钢丝绳穿越道路时，应挂明显警示标志。

⑨起吊前，应先清理起吊地点及运行通道上的障碍物，通知无关人员避让，作业人员应选择恰当的位置及随物护送的路线。

⑩吊运时应保持物件重心平稳。如发现捆绑松动，或吊装工具发生异常情况，应立即停车进行检查。

⑪翻转大件应先放好旧轮胎或木板等垫物，翻转时应采取措施防止冲击，工作人员应站在重物倾斜方向的反面。

⑫对表面涂油的重物，应将捆绑处油污清理干净，以防起吊过程中钢丝绳滑动。

⑬起吊重物前，应将其活动附件拆下或固定牢靠，以防因其活动引起重物重心变化或滑落伤人。重物上的杂物应清扫干净。

⑭吊运装有液体的容器时，钢丝绳应绑扎牢固，不应有滑动的可能性。容器重心应在吊点的正下方，以防吊运途中容器倾倒。

⑮吊运成批零星小件时，应装箱整体吊运。

⑯吊运长形等大件时，应计算出其重心位置，起吊时应在长、大部件的端部系绳索拉紧。

⑰大件起吊运输和吊运危险的物品时，应制定专项安全技术措施，按规定要求审批后，方能施工。

⑱大件吊运过程中，重物上严禁站人，重物下面严禁有人停留或穿行。若起重指挥人

员需要在重物上指挥时，应在重物停稳后站上去，并应选择在安全部位和采取必要的安全措施。

⑲设备或构件在起吊过程中，应保持其平稳，避免产生歪斜；吊钩上使用的绳索，不应滑动，以保证设备或构件的完好无缺。

⑳起吊拆箱后的设备或构件时，应对其油漆表面采取防护措施，不应使漆皮擦伤或脱落。

㉑大型设备的吊运，宜采取解体分部件的吊运方法，边起吊、边组装，其绳索的捆绑应符合设备组装的要求。

㉒在起吊过程中，绳索与设备或构件的棱角接触部分，均应加垫麻布、橡胶及木块等非金属材料，以保护绳索不受损伤。

㉓两台起重机抬一台重物时，应遵守下列规定：

a. 根据起重机的额定荷载，计算好每台起重机的吊点位置，最好采用平衡梁抬吊。

b. 每台起重机所分配的荷载不应超过其额定荷载的75%~80%。

c. 应有专人统一指挥，指挥者应站在两台起重机司机都可以看见的位置。

d. 重物应保持水平，钢丝绳应保持铅直受力均衡。

e. 具备经有关部门批准的安全技术措施。

七、机电设备安装作业人员安全要求

（一）作业人员上岗规定

①上岗前应经安全教育培训并考试合格，熟悉业务，掌握本岗位操作技能。

②身体体检合格，无职业禁忌。

③遵守劳动纪律，服从安全员和现场管理人员的指挥和监督，坚守岗位，不酒后上岗。

④严格执行岗位操作规程。

⑤特种作业人员必须持有效的特种作业操作证，配备相应的安全防护用具。

（二）作业人员安全防护规定

①正确穿戴个人安全防护用品。

②正确使用防护装置和防护设施，对各种防护装置、防护设施和安全警示标志灯不得任意拆除和随意挪动。

③遵守岗位责任制和交接班制度，并熟知本工种的安全技术操作规程。多工种联合作业时，应遵守相关工种的安全技术规程。

④夜间作业时，应保证良好照明，每个施工部位应至少安排两人以上工作，不得单人独立作业。检查密封构件或设备内部时，应使用安全行灯或手动照明。

⑤作业前，应认真检查所使用的设备、工器具等，不得使用不符合安全要求的设备和工器具。若发现事故隐患应立即进行整改或向现场管理人员、安全人员报告。

⑥施工现场行走应注意安全，严禁攀越脚手架、电气盘柜、通风管道等危险部位。

第二节 泵站主机泵安装的安全技术

随着我国社会经济发展水平不断提升，水利建设事业也逐渐进入关键阶段，水利建设项目在水力发电、供应灌溉水等方面发挥着重要作用。水利建设项目作为一项综合性特征显著的工程项目，其建设以及使用过程中对设备要求相对较高，而泵站机电设备作为水利工程关键组成部分，其安装以及检修工作重要性更强，为切实保障水利工程平稳运行，为我国社会经济发展提供必要保障，水利泵站机电设备安装及检修成为技术领域内重点研究课题之一。

一、水利泵站机电设备重要意义

在当前我国发展进入新阶段背景下，水利工程在调蓄供水、农业灌溉等方面的作用越发显著，这也使得水利工程地位逐渐提升。作为水利工程重要组成部分，水利泵站运行平稳性直接对水利工程应用成效造成影响。从实际发展角度分析，我国水利部门对泵站机电设备安装检修工作的重视程度较高，其实际工作中积极利用政策手段，严格规范泵站机电设备安装检修工作流程，在长期实践中我国泵站机电设备运维工作积累丰富经验并取得较高成效。随着水利工程运行强度不断提升，其提高了对机电系统的操作状态和工作状态的需求，对提高系统的运行能力、提高系统的综合性能，是目前泵房维护工作的重要课题。根据目前国内水泵厂的机电装备使用现状，发现目前水泵机组的安装技术水平低、检修要求落实不力等问题较为突出，导致水泵站的电气设备长期处于失控失稳状态，严重影响泵站机电设备运行效率提升，更为严重的情况下会产生不可恢复的安全事故。由于其社会效益和经济效益很难达到协调一致，很难适应高质量、高节奏的经济发展，由此，积极推动泵站机电设备安装及检修技术创新，最大限度地提升其工作成效具有重要现实意义。

二、水泵部件拆装检查

①利用起重机械将水泵吊放至拆装现场，应对水泵进行拆装检查及必要的清洗。设备清扫时，应根据设备特点选择合适的清扫方法和保护措施，防止损坏设备。

②拆装现场搭设的临时设施应满足防风、防雨、防尘及消防要求；施工现场应保持清洁并有足够的照明及相应的安全防护设施。

③主泵零件结合面的浮锈、油污及所涂保护层应清理消除。使用脱漆剂等清扫设备时，作业人员应戴口罩、防护眼镜和防护手套，严防溅落在皮肤和眼睛上；清扫现场应进行隔离，15m 范围内不得动火（及打磨）作业；清扫现场应配备足够数量的灭火器。

④组合分瓣大件时，应先将一瓣调平垫稳，支点不得少于 3 点。组合第二瓣时，应防止碰撞，工作人员手脚严禁伸入组合面，应对称拧紧组合螺栓，位置均匀对称分布且只数不得少于 4 个，设备垫稳后，方可松开吊钩。

⑤设备翻身时，设备下方应设置方木或软质垫层予以保护。翻身时，钢丝绳与设备棱角接触的位置应垫保护材料，且应设置警戒区，设备下方严禁有人行走或逗留。翻身副钩起吊能力不低设备本身重量的 1.2 倍。

⑥安装设备、工器具和施工材料应堆放整齐，场地应保持清洁，通道畅通，应"工完、料净、场清"，做到文明生产。

三、水泵固定、转动部分安装

①水泵机组安装时，应先安装固定部分、后安装转动部分。各部件在安装过程中，应严格遵守安装安全技术措施要求。

②水泵固定部分安装前，应对施工现场的杂物及积水进行清理，并设机坑排水设施，检查合格后方可安装。

③施工现场应配备足够的照明，配电盘应设置漏电和过电流保护装置。潮湿部位应使用不大于 24V 的照明设备，泵壳内应使用不大于 12V 的照明设备，不得将行灯变压器带入泵壳内使用。

④水泵固定部件安装前，应预先在底部进水池内安装钢支撑架，钢支撑架的强度应能满足全部承载件重量的 2 倍，将轮毂、中心叶轮依次吊放在支撑架上，并做好稳固措施。

⑤水泵层标高、中心等位置性标记的标示应清晰、牢靠，且进行有效防护。

⑥伸缩节、进水锥管、底座安装时，应保证充足照明，千斤顶、拉伸器等应固定牢靠。

⑦吊装水泵主轴时，应采取防止主轴起吊时发生旋转措施，在主轴下法兰处垫设方木加以防护，人员撤离至安全位置。

⑧在泵主轴吊装接近填料函法兰口处，在法兰四周应采用合适的橡胶板或纸质板条导向防护，并保证四周间隙均匀。

⑨连接主轴和叶轮时，应有专人指挥。楔紧螺栓连接时应使用配套的力矩扳手或专用工具。叶轮运位时，楔子应对称、均匀楔紧。确认支撑平稳后，方可松去吊钩。在四周设置防护栏，并悬挂警示标志。

四、水泵主轴和电机主轴连接

①吊装时，应对起重机械和专用吊具进行全面检查，制动系统应重新进行调整试验，应有专人指挥，指挥人员和操作人员应配备专用通信设备。

②当电机主轴完成试吊并提升到一定高度后，可清扫电机主轴法兰和水泵主轴等部位，如用扁铲或平光机打磨时，应戴防护眼镜。采用电焊、气焊作业时应及时清除化学溶剂、抹布等易燃物后再进行作业，并有专人监护。

③电机主轴应缓慢穿过定子和下机架中心，定子周围应采用合适的导向橡胶板或纸质板条导向防护，保证四周间隙均匀。站在定子上方的人员应选择合适的站立位置，不得踩踏定子绕组。

④联轴采用锤击法紧回螺栓时，扳手应紧靠，与螺母配合尺寸应一致。锤击人员与扶扳手的人员成错开角度。高处作业时，应搭设牢固的工作平台，扳手及工器具应用绳索系住。

五、定子、转子吊装

（一）定子安装

①起吊定子时，应对桥机及轨道进行检查、维护和保养。

②起吊平衡梁与定子组装时，连接螺栓应用专用扳手紧固。

③应核对定子吊装方位，清除障碍物，检查、测量吊钩的提升高度是否满足起吊要求。

④起重指挥、操作人员及其他相关人员应明确分工，各司其职。吊运中，噪声较大的施工应暂停作业。

⑤定子安装调整时，应在对称、均布的八个方向各放置一个千斤顶，配以钢支撑进行

定子径向调整，严禁超负荷使用千斤顶，同时应检测定子局部变形。

（二）转子吊装

1. 转子吊装准备工作

①吊装前，应对起重机械和吊具进行全面检查，制动系统应重新进行调整试验。采用两台桥机吊装时，应制订专项吊装方案，进行并车试验，并保证起吊电源可靠。

②吊装前，应制订安全技术措施和应急预案，并进行安全技术交底，指定专人统一指挥。

③转子吊装前，应计算好起吊高度，制定好起吊路线，并应清理路线内妨碍吊装的障碍物。

④吊具安装完成后，应经过认真检查、确认连接正确到位无误后，方可进行吊装。

⑤吊转子使用的导向橡胶或纸质板条、对讲机等有关工器具应准备就绪。

2. 转子吊装的步骤

①应缓慢起升转子，原位进行 3 次起落试验，检查桥机主钩制动情况，必要时进行调整。

②当转子完成试吊提升到一定的高度后，可清扫法兰、制动环等转子底部各部位，用扁铲或砂轮机打磨时，应戴防护眼镜。

③当转子吊装定子时，应缓慢下降，硬度计定子上方周围派人手持导向橡胶板或纸质板条插入定子、转子空气间隙中，并不停上下抽动，预防定子、转子碰撞挤伤。定子上方宜采用专用工作平台，供人员站立，不得踩踏定子绕组。

④应利用起重机械配合进行转子下法兰与下端轴上法兰对正调整。采用锤击法紧固螺栓时，扳手应紧靠，与螺母配合尺寸应一致。锤击人员与扶扳手的人员成错开角度。高处作业时，应搭设牢固的工作平台，扳手应用绳索系住。

⑤吊装过程中严禁将手伸入组合面之间。

六、电机、水泵机组清扫、检查、喷漆

（一）电机设备

①设备清扫时，应根据设备特点，选择合适的清扫工具及清洗溶剂。

②安装场地应满足设备清扫组装时的防雨、防尘及消防等要求，清扫现场应配备足量的通风设施和消防器材。

（二）水泵机组

①清扫水泵壳体和电机时，应做好空气压缩机开机前的准备工作，保证各连接部位紧固，各部位阀门应开闭灵活，安全防护装置应齐全可靠。

②清扫、喷漆时，作业人员应佩戴口罩或防毒面具。

③工作场地应配备充足的消防器材。施工场地应通风良好，必要时设置通风设施加强通风。

④喷漆时 15m 范围内严禁有明火作业。

⑤所用的溶剂、油漆取用后，容器应及时盖严。油漆、汽油、酒精、香蕉水等以及其他易燃有毒材料，应分别设储藏室密封存放，专人保管，严禁烟火。

⑥工作结束后，应整理工器具，将工作场地散落的危险物品清理干净。

第三节　水电站水轮机安装的安全技术

一、水轮机的清扫与组合

①清扫设备时，应根据设备的特点，选择合适的清扫工具和清洗溶剂。

②在露天场所清扫组装设备，应搭设临时工棚。工棚应满足设备清扫组装时的防雨、防尘及消防要求。

③组合分瓣大件时，应先将一瓣调平垫稳，支点不得少于三点。组合第二瓣时，应防止碰撞，工作人员手脚严禁伸入组合面，应对称拧紧组合螺栓，位置均匀对称分布且只数不得少于四个，设备垫稳后，方可松开吊钩。

④设备翻身时，设备下方应设置方木或软质垫层予以保护。翻身时，钢丝绳与设备棱角接触的位置应垫保护材料，且应设置警戒区，设备下方严禁有人行走或逗留。翻身副钩起吊能力不低于设备本身重量的 1.2 倍。

⑤采用锤击法紧固螺栓时，扳手应紧靠，与螺母配合尺寸应一致。锤击人员与扶扳手的人员成错开角度。高处作业时，应搭设牢固的工作平台，扳手应用绳索系住。

⑥用加热法紧固组合螺栓时，作业人员应戴防护手套，防止烫伤。直接用加热棒加热螺栓时，工件应做好接地保护，加热所用的电源应配备漏电保护开关，作业人员应穿绝缘鞋、佩戴绝缘手套。

⑦进入转轮体内或轴孔内等封闭空间清扫时，不应单独作业，且连续作业时间不宜过长，应配备符合要求的通风设备和个人防护用品，转轮体内或轴孔内存在可燃气体及粉尘时，应使用防爆器具，并设专人监护。

⑧用液压拉伸工具紧固组合螺栓时，操作前应检查液压泵、高压软管及接头是否完好。升压应缓慢，如发现渗漏，应立即停止作业，操作人员应避开喷射方向。升压过程中，严防活塞超过工作行程；操作人员应站在安全位置，严禁将头和手伸到拉伸器上方。

⑨有力矩要求的螺栓连接时，应使用有配套的力矩扳手或专用工具进行连接，不得使用呆扳手或配以加长杆的方法进行拧紧。

⑩应定期对起吊设备的吊钩、钢丝绳、限位器进行检查，确定系统是否可靠，班前班后应做好设备常规检查、设备运行记录和交班记录，使用过程中应经常保养，避免碰撞。

二、埋件安装

（一）尾水管安装

①安装尾水管前，应对施工现场的杂物、积水进行清理排除，并设置机轮机坑排水设施。

②潮湿部位应使用不大于24V照明设备和灯具，尾水管衬内应使用不大于12V的照明设备和灯具，不应将行灯变压器带入尾管内使用。

③在安装部位应设置必要的人行通道、工作平台和爬梯，爬梯应设扶手，通道及工作临边应设置护栏和安全网等设施。

④在尾水管内作业时，使用电焊机、角磨机等电气设备时，应对设备电缆（线）进行检查，不得有破损现象。电缆（线）应悬挂布置，不得随意拖曳，避免损坏电缆（线）造成漏电。

⑤拆除平台、爬梯等设施时，应采取可靠的防倾覆、防坠落安全措施。

⑥尾水管内支撑拆除应符合下列规定：

a. 拆除前，除拆除工作所用的跳板外，其他可燃材料应全部清除出去，并确保尾水管内通风良好。

b. 内支撑拆除前应制订拆除方案，并进行安全技术交底。

c. 内支撑拆除应从上向下逐层拆除。

d. 爬梯应固定牢固，并设有护笼。

e. 内支撑平台应采用防火材料，并配有消防器材，平台上不得存放拆除的内支撑。

以尾水管内支撑作为安全平台时，应对内支撑的安全强度进行验算，并对内支撑焊缝进行检查。

f. 不得将拆除的内支撑直接丢入尾水管下部。

g. 内支撑吊出前，应对绳索绑扎情况进行检查；吊出机坑时，施工人员应及时撤离。

⑦尾水管防腐涂漆应符合下列规定：

a. 尾水管里衬防腐涂擦时，应使用不大于 12V 的照明设备和灯具。

b. 尾水管里衬防腐涂漆时，现场严禁有明火作业。

c. 防腐涂漆现场应布置足够的消防设施。

d. 涂漆工作平台及脚手架应经联合验收，并悬挂验收合格证书方可拉入使用。

e. 防腐施工时，施工人员应配备防毒面具及其他防护用具，现场应设置通风及除尘等设施。

（二）座环与蜗壳安装

①施工部位应按相关规定架设牢固的工作平台和脚手架。

②使用电动工具对分瓣座环焊接坡口进行打磨处理时，应遵循有关安全操作规程要求。

③采用双机抬吊或土法等非常规手段吊装座环时，应编制起重专项方案。专项方案应按程序经审批后实施。

④安装蜗壳时，焊在蜗壳环节上的吊环位置应合适，吊环应采用双面焊接且强度满足起吊要求。蜗壳各环节就位后，应用临时拉紧工具固定，下部用千斤顶支牢，然后方可松去吊钩。蜗壳挂装时，当班应按要求完成加固工作。

⑤蜗壳各焊缝的压板等调整工具，应焊接牢固。

⑥在蜗壳内进行防腐、环氧灌浆或打磨作业时，应配备照明、防火、防毒、通风及除尘等设施。

⑦埋件焊缝探伤时，应采取必要的安全防护措施。探伤作业应设置警戒线和警示标志，进行射线探伤时，作业部位周围施工人员应撤离。

⑧埋件须在现场机加工时，应遵守机加工设备的相关安全规程。

三、导水机构安装

①机坑清扫、测定和导水机构预装时，机坑内应搭设牢固的工作平台。

②导叶吊装时，作业人员注意力应集中，严禁站在固定导叶与活动导叶之间，防止

挤伤。

③吊装顶盖等大件前，组合面应清扫干净、磨平高点，吊至安装位置 0.4~0.5m 处，再次检查清扫安装面，此时吊物应停稳，桥机司机和起重人员应坚守岗位。

④在蜗壳内工作时，应随身携带便携式照明设备。

⑤导叶工作高度超过 2m 时，研磨立面间隙和安装导叶密封应在牢固的工作平台上进行。

⑥水轮机室和蜗壳内的通道应保持畅通，不得将吊物作为交通通道或排水通道。

⑦采用电镀或刷镀对工件缺陷进行处理时，作业人员应做好安全防护。采用金属喷涂法处理工件缺陷时，应做好防护，防止高温灼伤。

四、转轮安装

（一）转浆式转轮组装规定

①使用制造厂提供的专用工具安装部件时，应首先了解其使用方法，并检查有无缺陷和损坏情况。

②转轮各部件装配时，吊点应选择合适，吊装应平稳，速度应缓慢均匀。作业人员应服从统一指挥。

③装配叶片传动机构时，每吊装一件都应临时固定牢靠。

④用桥机紧固螺栓时，应事先计算出紧固力矩，选好匹配的钢丝绳和卡扣。紧固过程中，应设置有效的监控手段，扳手与钢丝绳夹角宜为 75°~105°。导向滑轮位置应合适，并应采取防止扳手滑出或钢丝绳绷出的措施。

⑤使用电加热器紧固螺栓时，应事先检查加热器与加热装置绝缘是否良好。作业人员应戴绝缘手套，并遵守操作规程。

⑥砂轮机翻身时，应做好钢丝绳的防护工作，防止钢丝绳损伤。

（二）混流式转轮组装规定

①分瓣转轮组装时，应预先将支墩调平固定。卡栓烘烤时应派专人对烘箱温度进行监测，卡栓安装时应佩戴防护手套。

②混流式分瓣转轮刚度试验时，力源应安全可靠，支承块焊接应牢固，工作人员应站在安全位置，服从统一指挥。

③在专用临时棚内焊接分瓣转轮时，应有专门的通风排烟消防措施。当连续焊接超过

8h 时，作业人员应轮流休息。

④进行静平衡实验时，应在转轮下方设置方木垫或钢支墩。焊接转轮配重块时，应将平衡球与平衡板脱离或连接专用接地线。

（三）转轮吊装规定

①轴流式机组安装时，转轮室内应清理干净。混流式机组安装时，应在基础环下搭设工作平台，直到充水前拆除，平台应将锥管完全封闭。

②轴流式转轮吊入机坑后，如须用悬吊工具悬挂转轮，悬挂应可靠，并经检查验收后，方可继续施工。

③贯流式转轮操作油管安装好后进行动作试验时，转轮室内应派专人监护。

④大型水轮机转轮在机坑内调整，宜采用桥机辅助和专用工具进行调整的方法，应避免强制顶靠或锤击造成设备的损伤，甚至损坏。

⑤在机坑内进行主轴水平度、垂直度测量时，在主轴法兰上的人员应系安全带。

⑥进入主轴内进行清扫、焊接、设备安装等作业，应设置通风、照明、消防等设施，焊接应设专用接地线。

⑦转轮吊装时机坑及转轮室应有充足安全照明。

⑧转轮室工作人员应不少于三人，并配备便携式照明器具，不得一人单独工作。

五、水导轴承与主轴密封安装

①零部件存放及安装地点，应有充足照明，并配备必要的电压不大于 36V 的安全行灯。

②水导轴承油槽做煤油渗漏试验时，应有防漏、防火的安全措施，不得将任何火种带入工作场所，机坑内不得进行电焊或电气试验。

③轴瓦吊装方法应稳妥可靠，单块瓦重 40kg 以上应采用手拉葫芦等机械方法吊运。

④导轴承油槽上端盖安装完成后，应对密封间隙进行防护。

⑤在水轮机转动部分进行电焊作业时，应安装专用接地线，以保证转动部分处于良好的接地状态。

⑥密封装置安装应排除作业部位的积水、油污及杂物。与其他工作上下交叉作业时，中间应设防护板。

⑦使用手拉葫芦安装导轴承或密封装置时，手拉葫芦应固定牢靠，部件绑扎应牢靠，吊装应平稳，工作人员应服从统一指挥。

六、接力器安装

①现场分解接力器或安装、拆装有弹簧预压力的零件时，应防止弹簧突然弹出伤人；拆装活塞涨圈时，应使用专用工具。

②接力器安装时，吊装应平衡，不得碰撞。

③油压试验应符合下列规定：

a. 接力器应支垫稳固；试压区域应设置警戒线。

b. 应使用校验合格的压力表，管路应完好，接头、法兰连接应牢固、无渗漏。

c. 使用电动油泵加压时，应装设经相关检测单位检验合格的安全阀，以防止油压过高。

d. 操作时应分级缓慢升压，停泵稳压后方可进行检查。

e. 遇有缺陷须拆卸处理时，应将油压降到零并排油后进行。补焊处理时，应有专人监护。

f. 工作人员不得站在堵板、法兰、焊口、丝扣处对面，或在其附近停留。

g. 试验场地应配置消防器材，试验区不得进行动火及打磨作业。

④进入回油箱及压油罐内清扫时，应采取充足的供氧、通风措施，施工照明应采用12V 低压照明灯具。

⑤调速器调试阶段，应成立专门的指挥领导小组，负责协调统一。导水机构动作时，相关部位应停止其他一切工作，人员撤离，并设专人监护。

⑥调速器无水调试完成后，应投入机械锁定，关闭系统主供油阀，并悬挂"禁止操作，有人工作"标志牌。

⑦调速器有水调试应按厂家相关安全规定进行，并服从机组启动试运行委员会统一指挥。

七、进水阀及筒形阀安装

（一）蝴蝶阀和球阀安装规定

①组装蝴蝶阀活门用的方木支墩应牢靠，并相互连成整体。

②蝴蝶阀和球阀平压阀、排气阀等操作阀门安装前应进行密封试验。试验时阀门应支承牢固。

③真空破坏阀进行压力检查时，应固定好弹簧，防止弹簧弹出伤人。操作过程中应防

止手或杂物进入密封面之间。

④伸缩节安装时，钢管与活动法兰之间配合间隙应保持均匀，密封压环应均匀、对称压紧。

⑤蝴蝶阀和球阀动作试验前，应检查铜管内和活门附近有无障碍物及人员。试验时应在进入门处挂"禁止入内"警示标志，并设专人监护。

⑥进入蝴蝶阀和球阀、钢管内检查或工作时应关闭油源，投入机械锁锭，并挂上"有人工作，禁止操作"警示标志，并设人监护。

⑦进水阀有水调试应按厂家相关安全规定进行，并服从机组启动试运行委员会统一指挥。

（二）筒形阀安装规定

①筒体组装时，组装支墩应与基础固定牢靠。

②筒体组装后，应对其水平及圆度进行检查。当圆度超差时，应按设计要求进行处理，不宜采用火焰校正。

③接力器清扫检查时，应做好人员、设备安全防护，零部件组装前应对清扫好的精密部件进行防尘保护。

④活塞杆与筒体连接后应进行垂直度测量，须在活塞杆底部加设垫片时，垫片应进行可靠固定。

⑤机坑内工作部位应设置防护栏及防护网，并布置充足的安全照明。

⑥导向板等部件打磨时，操作人员应戴防护镜，使用电气设备应做好触电防护措施。

⑦筒形阀在无水动作试验前，应对筒形阀及其导向板等进行彻底清扫，保持通信畅通。监测人员严禁将头、手伸入筒体下方。

⑧动作试验过程中，如筒阀出现卡阻或抖动，应立即停止试验，查明原因，消除问题。

⑨筒形阀无水调试完毕，在蜗壳内进行导水机构安装工作前，应将筒形阀置全开位置，安装机械锁定螺栓，撤除系统油压，关闭筒形阀系统主供油阀并悬挂"禁止操作，有人工作"标志牌。

⑩筒形阀有水调试期间每次调试工作完成后，应将筒形阀关闭，并切换至"切除"控制方式，挂"禁止操作"的安全标志。

第四节　水电站发电机安装的安全技术

一、发电机设备清扫与检查

①设备清扫时，应根据设备特点，选择合适的清扫工具及清扫液，防止损坏设备。

②清扫连续作业时间不宜过长，应配备符合要求的通风设备和个人防护用品，密封空间内存在可燃气体和粉尘时，应使用防爆器具，设专人监护。

③清扫现场应配备足量的消防器材。

④露天场所清扫设备，应搭设临时工棚，工棚应满足防雨、防尘及消防等要求。

二、基础埋设

①在发电机机坑内工作，应符合高处作业的有关安全技术规定。

②下部风洞盖板、下机架及风闸基础埋设时，应架设脚手架、工作平台及安全防护栏杆，并应与水轮机室有隔离防护措施，不得将工具、混凝土渣等杂物掉入水轮机室。

③向机坑中传送材料或工具时，应用绳子或吊篮传送，不得抛掷传送。

④上层排水不得影响水轮机设备和工作。

⑤在机坑中进行电焊、气割作业时，应有防火措施，作业前应检查水轮机室及以下是否有汽油、抹布和其他易燃物，并在水轮机室设专人监护。作业完成后应检查水轮机室有无高温残留物，监护人员应彻底检查作业面下层，确认无隐患后，方可撤离。

⑥修凿混凝土时，作业人员应戴防护眼镜，手锤、钢钎应拿牢，不得戴手套工作，并应做好周围设备的防护工作。

三、定子组装及安装

（一）分瓣定子组装规定

①定子基础清扫及测定时，应制定防止落物或坠落的措施，遵守机坑作业安全技术要求。

②定子在安装间进行组装时，组装场地应整洁干净。临时支墩应平稳牢固，调整用楔子板应有 2/3 的接触面。测圆架的中心基础板应埋设牢靠。

③定子在机坑内组装时，机坑外围应设置安全栏杆和警示标志，栏杆高度应满足安全要求。

④机坑内工作平台应牢固，孔洞应封堵，并设置安全网和警示标志。使用测圆架调整定子中心和圆度时，测圆架的基础应有足够的刚度，并与工作平台分开设置，工作平台应有可靠的梯子和栏杆。

⑤分瓣定子起吊前应确保起吊工具安全可靠，钢丝绳无断丝、磨损，吊运应有专人负责和专人指挥。

⑥分瓣定子组合，第一瓣定子就位时，应临时固定牢靠，经检查确认垫稳后，方可松开吊钩。此后应每吊一瓣定子与前一瓣定子组合成整体，组合螺栓全部套上，均匀地拧紧1/3以上的螺栓，并支垫稳妥后，方可松开吊钩，直到组合成整体。

⑦定子组合时，作业人员的手严禁伸进组合面之间。上下定子应设置爬梯，不得踩踏线圈。紧固组合螺栓时，应有可靠的工作平台和栏杆。

⑧对定子机座组合缝进行打磨时，作业人员应戴防护镜和口罩。

⑨在定子的任何部位施焊或气割时，应遵守焊接安全操作规程并派专人监护，严防火灾。

（二）定子安装和调整规定

①定子吊装应编制专项安全技术措施及应急预案，并成立专门的组织机构。
②定子吊装前应对桥机进行全面检查，逐项确认，应确保桥机电源正常可靠。
③定子吊装时，应由专人负责统一指挥；定子起吊前应检查桥机起升制动器。
④定子安装调整时，测量中心的求心器装置应装在发电机层。测量人员在机坑内的工作平台，应有一定的刚度要求，且应有上下梯子、走道及栏杆等。
⑤定子在机坑调整工程中，应在孔洞部位搭设安全网，高处作业人员必须系安全带。

四、转子组装

转子支架组装和焊接应符合下列规定：
①转子支架组焊场地应通风良好，配备灭火器材。
②中心体、轮臂或圆盘支架焊缝坡口打磨时，操作人员应佩戴口罩、防护镜等防护用品。
③轮臂或圆盘支架挂装时，中心体应先调平并支撑平稳牢固。轮臂或圆盘支架对称挂装，垫、放稳后，应穿入四个以上螺栓，并初步拧紧后方可松去吊钩。

④作业人员上下转子支架应设置爬梯。

⑤在专用临时棚内焊接转子支架时，应有专门的通风排烟及消防措施。

⑥轮臂连接或圆盘组装时，轮臂或圆盘支架的扇形体与中心体应连接可靠并垫平稳后，方可松开吊钩。

⑦转子焊接时，应设置专用引弧板，引弧部位材质应与母材相同。不应在工件上引弧。焊接完成后，应割除引弧板并对焊接接口部位进行打磨。

⑧对焊缝进行探伤检查时，应设置警戒线和警示标志。

⑨转子喷漆前应对转子进行彻底清扫，转子上不得有任何灰尘、油污或金属颗粒。对非喷漆部位应进行防护。

⑩涂料存放场、喷漆场地应通风良好，并配备相应的灭火器材。设置明显的防火安全警示标志，喷漆场地应隔离。

五、机组整体清扫、喷漆

①转子、定子喷漆前应用干燥无油的压缩空气将定子上下通风沟槽内清扫干净。油漆不得堵塞定子、转子通风槽或减小通风槽的截面积。

②喷漆时应戴口罩或防毒面具。

③工作场地应配有灭火器材等消防器材，并保持通风良好，必要时应设置通风设施加强通风。

④喷漆时附近严禁有明火作业。

⑤工作时照明应装防爆灯，开关的带电部分不得裸露。

⑥所用的溶剂、油漆取用后应将容器及时盖严。油漆、汽油、酒精、香蕉水等以及其他易燃有毒材料，应分别密封存放，由专人保管，附近不得有明火作业。

⑦剩余的油漆应分类收集，密闭存放，妥善处理。

⑧工作结束后，应整理工器具，将工作场地及储藏室清理干净，如发现遗留或散落的危险易燃品，应及时清除干净。

第六章

水利水电工程施工组织设计与项目管理

第一节　水利水电施工组织设计

一、水利水电施工组织设计理论

（一）方案设计的方式

工程在投入使用前要达到的相关标准，因此要想保证设计方案的质量，则须采取科学的设计方式，以免给水利水电工程施工带来诸多不便。在方案设计过程中要注意以下几个方面的问题。

1. 具体化设计工作

由于自然环境和工程区域环境的不同，工程方案的设计必须按照实际条件具体进行，设计方案不能按照照搬方式或随意选择，要根据工程的实际情况进行设计，如建筑物的形式、布置、方案等，须结合施工条件而决定是否需要调整。在坝址选择中，要根据工程位置的具体情况综合考虑，有的坝型、枢纽布置须根据地理位置的差异综合性综合选择，不能仅仅注重资金投入。如对长距离输水渠道，在渠道的形式、断面尺寸的选择上一般要根据不同的地理条件而定，也要顾及当地的材料资源、经济发展状况等因素，对设计的重点、难点加以控制。

2. 设计过程须结合材料

设计人员收集真实可靠的资料是保证方案切实可行的基础，设计方案必须参与多个环节的分析、辨别。如在建筑物尺寸选定过程中，应结合具体的功能需要，给作业人员提供真实的资料；布置过程应与施工标准相符合，形状和尺寸的把握要使用计算机模拟仿真运行，这样能保证工程在投入施工后万无一失。还有在建筑物设置或施工方案制订过程中，应该采取多个方面的论证，对每项施工操作都要理解相应的目的，如设置调压井过程中须要弄清设置调压井的作用等。

(二) 设计方案对比要注意的原则问题

面对多个参选的设计方案，在对比过程中应该从一个客观的角度去分析评比，这样才能保证最后的方案符合水利水电工程的要求，在保证使用质量的过程中发挥更大的使用价值，确保水利水电工程投入使用后发挥理想的作用。在对比过程中须坚持评比时的最优原则和按照一定的标准进行的标准原则等。

(三) 设计质量必须达到的高度

水利水电工程是一项复杂的工程，其涉及的内容有许多细微方面需要协调和强化，这就要求设计师在设计时能够保证设计质量，制订科学的设计方案。设计须达到的要求包括两方面：与不同时期的施工相结合，针对每个施工环节的难度加以控制；不同的施工内容，在质量控制上要保持高度一致。在方案比选上应注意最佳的施工方案，掌握设计的深度。

(四) 施工组织设计的三个阶段

1. 规划阶段的施工组织设计

规划阶段的施工组织设计主要是研究所选建站地点的施工条件，论证其可行性和合理性。在可行性研究阶段，就要根据规划阶段的论证，结合国家及地方的要求，从技术上和经济上进行综合比较。提出的可行性研究报告是国家中长期建设项目安排计划的主要依据。国家将根据建设地点、建设规模、建设进度和建设投资编制和下达设计任务书。

2. 初步设计阶段的施工组织设计

不仅要落实对外交通的方式，还要确定其线路布置。与此同时，对施工现场的总体布置、工程的总进度、主体工程的施工顺序和施工方法、当地建材料源、砂石料系统、混凝土系统、制冷系统、风水电通信、各种临建房屋及生活福利设施等，都要进行合理性、科学性、先进性和经济性论证。在论证的基础上确定其施工设备、主要建筑材料用量、能源和劳动力的需要量，为国家安排建设项目和贷款计划提供依据。经审查批准的初步设计是筹集资金、与有关部门签订协作合同及协议的依据。

3. 施工规划阶段的施工组织设计

施工规划阶段的施工组织设计主要是在批准的初步设计的基础上，复核和落实初步设计阶段所做的施工组织设计，检验其是否贯彻了国家的方针政策论证和落实有关工程的分标、总价或单价承包的原则，为建设单位和主管单位筹集资金，为贷款机构安排贷款计划提供依据。施工规划中的一些原则和部分内容是编写招标文件和标底的基础，是评标的依据，也是项目施工的技术依据。

（五）施工进度计划的制订

施工进度计划是从工程建设的施工准备起始到竣工为止的整个施工期内，所有组成建筑物的各个单项工程修建的施工程序、施工速度及技术供应等相互关系，通过综合协调平衡后显示出总体规划的时间与强度指标。目前，进度计划表示形式有横线图、斜线图及网络图。在施工进度计划研究中，着重要解决如下内容：

1. 合理划分施工程序

对水利水电工程建设中影响施工程序较大的时段，要进行恰当划分。如截流、度汛封堵、拦洪及蓄水期等要进行分析，恰当安排，得到合理划分。

2. 施工机械化水平

施工机械化水平应解决适应工程所处自然条件和建筑物特性的施工机械装备。施工机械装备（包括施工条件能否允许或充分利用已有设备在内）程序，会影响施工强度，最终将直接影响施工速度和工程的进展。

3. 关键施工期控制

从水利水电工程建筑实践中得知，一般当河道截流起始时及其后的第一个枯水季内的工程施工期，对工程进度计划常起控制效用。因此在安排进度计划时，必须对截流前的导流建筑物和截流后第一个枯水季的坝体施工（包括截流、基坑排水、基础处理及坝体填筑）的施工方法进行充分论证，以利于达到合理安全度汛的目的。

4. 经济投资效应

水利工程项目多、工种复杂、工程量巨大、施工期长、远离城镇、投资巨大等，都给进度计划安排带来许多困难。特别是在市场经济状况下，变化因素增多，进度计划与资财投入的时间价值关系更为密切，影响程度加大，要使进度计划能充分利用资财，以达到最佳的经济效应。

总而言之，水利是国民经济的基础设施和基础产业，水利发展直接关系到国民经济效益和社会效益。为了使水利水电工程各个方案设计合理，所进行的设计应尽量优化组合施工的实际情况而决定；设计应有针对性和依据。

二、水利水电工程施工组织设计对工程造价的重要意义

随着水利事业的快速发展，水利建设以及水电安装的项目数量也越来越多，施工组织设计是一个十分重要的环节。在水利水电施工组织的设计阶段应该要遵循科学、可持续发展的原则，要建立科学的组织体系，对水利施工过程进行科学、合理的管理，有助于对水利水电工程的建设进行有效的控制和管理，对施工组织进行协调以及动态控制。施工组织设计对于水利水电工程造价而言，具有十分重要的影响。第一，施工组织设计是水利水电工程造价控制的依据，在进行造价控制的时候，必须根据工程的具体情况而定，施工组织设计是对整个工程进行梳理之后得到的一个科学的规划，因此可以作为造价控制的基础。第二，施工组织设计中采用新技术是控制工程造价的重要手段。水利水电工程的施工量十分巨大，不仅需要人力、物力，还需要巨大的财力支持。在施工组织设计过程中，可以通过一些新技术和新设备的应用，降低成本，加快工程进度，提高生产力，同时还能有效降低工程造价。所以，在施工组织设计过程中应该根据实际情况加强对新技术的应用。第三，施工组织设计的编制质量是确定合理工程造价的关键。在进行施工组织设计的时候，就会根据工程的情况进行认真的论证分析，从经济、技术等角度着手得到一个优化的施工方案，因此施工组织设计将成为工程造价是否确定的关键。

三、施工组织设计方案的确定及确定工程造价合理性的措施

（一）施工组织设计方案的确定

水利水电工程施工组织设计是工程造价的关键因素，必须认真落实并贯彻国家所制定的各项方针、政策，按照实事求是、因地制宜等原则，并进行实地考察，全面分析，从而提出切实可行的施工组织设计方案，具体表现为以下几点：

①实地考察。施工组织设计人员要进入施工现场进行实地考察，获取准确、基础的施工数据及资料，以便为以后的方案设计奠定良好的基础。

②熟悉内容。熟悉施工建设内容，设计多个施工方案，通过和现场勘察数据、资料的对比，选择较为合理、有效的施工设计方案。

③合理规划施工现场、安排施工进度。同时，还应及时将新兴设备、技术等应用其中，从而更好地促进水利水电工程建设，节省资金。

（二）确定工程造价合理性的措施

①处理好水利水电工程质量、施工期、施工工艺的关系。

水利水电工程建设过程中，应根据企业的实际情况，在能力范围内借助先进设备、技术等施工，通过自身施工水平提高水利水电工程质量，以便真正实现投资少、收益高，从而降低整个水利水电工程的造价。

②准确掌握施工资料。水利水电工程预算过程中，对基础施工材料的单价进行掌握是十分重要的，因为通过对该单价的掌握，可对整个工程造价进行预算。水利水电工程施工中，还应严格控制采购方案，这样既能够确保工程进度，又能降低施工成本。

水利水电工程施工组织设计和工程造价关系密切，水利水电工程作为建设产品，其价格由造价反映，而造价又必须依靠施工组织设计配合完成，因此正确处理两者之间的关系，是提高工程质量和经济效益的前提条件。这就需要工程造价人员既要提高自身的造价水平，又要懂得施工基础，并在此基础上提出较为合理的工程造价，为施工方案的设计提供可靠依据，同时，又能为促进水利水电建设工程的快速发展贡献力量。

第二节　水利水电施工项目与成本管理

一、加强水利水电施工项目管理

（一）水利水电工程施工项目管理的基本特点

水利水电工程施工项目管理主要具有以下四方面的基本特点：

1. 水利水电工程施工项目的管理者通常是水电建筑施工企业

建设单位和设计单位不进行严格的施工项目管理。一般来讲，水利水电工程施工企业也不委托专业咨询公司进行管理。建设单位或监理单位进行的管理所牵扯的施工阶段管理看作建设项目管理，严格上不能作为水利水电施工项目管理。部分单位的监理单位把水利水电施工企业看成监督对象，这与施工项目管理有关，但还不能算作施工项目管理。

2. 水利水电工程施工项目的管理对象是水利水电项目

水利水电工程施工项目管理的周期通常包括工程投标、签订合同、施工准备等几个阶段。这几个阶段连续进行，水利水电工程施工项目的特点给项目管理带来困难。水利水电工程施工项目管理的主要特殊性是管理与工程任务并存；因而项目管理是在特殊的项目市场上，对特殊的项目进行特殊的产品交易活动的管理，它的复杂性和困难性都是其他项目管理活动所不能比拟的。

3. 水利水电工程施工项目管理要求动态管理

水利水电工程施工项目要按施工程序进行。从始至终，要经过较长时间，负责水利水电施工项目管理随着时间的延迟带来了施工内容的变化，因而也要管理内容发生变化。施工前、地基施工、结构施工等管理的内容差异较大。因此，管理者必须对此进行有针对性的动态管理，并使资源最优配合，以提高水利水电施工效率和施工综合效益。

4. 水利水电工程施工项目管理要对任务进行分工

根据水利水电工程施工项目的生产活动的广泛性，参与施工的人员流动较大，须采取特殊工程部形式，协调工作量很大；部分项目施工还在露天进行，工期长；施工活动涉及复杂的人际等关系，故水利水电施工项目管理中的组织协调工作最为困难，必须通过强化组织协调的办法确保施工整体顺利进行。具体强化方法可以是选择合适项目经理等控制体系。

（二）项目安全管理落实

1. 项目现场施工前保障人员素质

强调选好现场各级人员，并落实各级人员的安全责任制，贯彻"谁主管、谁负责"的原则，建立各级人员安全保证体系和各级人员安全监督体系，每一级必须尽到责任做好安全管理工作。每级人员要逐级负责，确保项目施工现场全员接受到应有的安全工作规程、规定、制度和各工序相应的安全知识、项目安全措施和职业安全健康管理体系、环境保护知识的教育与培训。

2. 项目现场施工要合理控制管理风险

在项目施工现场管理要深入开展违规活动，认真治理各项项目的违规活动，总结分析违章现象，查找违章根源，任何施工人员进入施工现场，一切的行为准则都要按有关的制度措施办事，任何人不得违章指挥、违章作业。在这期间，现场负责人一定要敏捷果断，使一切的工作行为都在自己的有效控制之下。同时，加强监督工作，对于重要的项目工程，要落实专人监管。

加强项目施工现场突发事件应急管理工作，事先按规范要求编制应急现场处置方案，要求项目现场施工人员要有提高处理突发事件应变的能力。在生产和施工过程中，有时不可能按照原先制订的计划进行，这其中必定会发生意外情况，不能让这些偶然因素干扰正常施工，更不能让这些情况给安全带来威胁。

3. 项目施工过程要防止生产事故

项目施工过程中工作量在逐步减少，但是在安全管理上一点都不能放松。要求在作业过程中"防事故"，要善于做好和完善过程中的安全管理工作，把握好整个施工过程，这样才能真正做到安全管理工作善始善终。如以变电施工为例，要切实做好扩建、技改工程重大危险施工项目清单，要求在作业过程要按照施工环节列出相应的重大危险施工项目，对下一阶段的安全风险进行分析预判，分级落实管控措施，全过程监控到位。作业过程中对自备、分包单位或租赁机械在内的所有大型施工机械，严格要求执行相关操作规程，建立项目施工机械及各类器具的动态管理制度。特别要对分包单位施工机械严格检查把关，加强对施工机械设备的强制性保养、维护，确保工况良好。

同时较为重要的是，作为项目现场负责人，必须头脑冷静，做到"临尾"不乱，对每一项工作仍然要注意分工上的合理性、施工上的安全性、任务上的计划性；合理安排人员工作，合理安排作息时间，做到有张有弛，有劳有逸，均衡施工。

4. 水利水电工程施工项目管理的内容研究

水利水电工程施工工程项目管理的性质决定了在施工项目管理的整体过程中，为了达到最优的项目管理效益，在进行具体活动中，要加强管理工作。需要指出的是，水利水电工程施工项目管理的主体是项目经理部，管理的客体是每个具体的施工任务过程。水利水电施工项目管理的内容包括以下九个方面：

①建立水利水电工程施工项目管理部。由水利水电建筑施工企业管理层选择合格的项目经理，同时配备相应的具体决策机构，根据水利水电项目要求，赋予相应的政策管理权限，保障项目部协调工作的有效进行。

②编制水利水电工程施工项目管理规划。水利水电施工项目管理规划主要是对项目管理各个步骤进行预测和决策，做出相应安排的项目文件。通常水利水电施工项目管理规划的内容主要有：对整个项目进行工程项目细节分解，逐步形成施工对象分解体系，更加确定每个阶段的控制目标；然后逐步建立水利水电施工项目的日常管理任务，制定相应的水电施工日常项目管理工作信息流程图；编写水利水电施工管理整体规划，保障重要管理工作有序进行。

③进行水利水电工程施工项目的目标控制。实现各项目标是项目管理的关键目的。所以要坚持以控制论原理和理论为指导，对项目全过程进行有效控制。通常水利水电施工项目的控制目标有日常进度控制目标、工程质量控制目标等。不过在水利水电施工项目目标的控制过程中，通常会受到各种因素的干扰，各种风险因素也会随时发生，所以还要组织有效协调和风险管理，对水利水电施工项目目标进行动态实时控制。

④对水利水电工程施工项目生产要素进行动态管理。施工项目生产要素是项目目标得以实现的保证。生产要素主要包括人力资源、材料、施工设备、项目资金和施工技术等。

生产要素管理的内容还包括：分析各项要素的特点；按照原则、方法对施工项目生产要素进行配置，并对配置状况进行相关评价。

⑤对水利水电工程施工项目的组织协调。组织协调工作是为上述目标控制服务的，内容有人际协调、组织协调、供求关系协调和约束关系协调等。这些协调工作存在于水利水电工程施工项目部内、项目管理组织与其外部相关人事之间。

⑥对水利水电工程施工项目的合同管理。合同管理则是以实现合同最终目标的最大化效益为目标的管理活动。所以必须建立相对应的完善的合同管理体系，并将合同管理融入水利水电施工项目整个过程。

⑦对水利水电工程施工项目实现信息管理。当前水利水电施工阶段的项目阶段主要包含大量的信息，需要在大量信息中提取有用信息，合理进行选择提取，然后对其进行合理规划，有序进行。同时，在提取信息的过程中可以依靠相关的电子设备，如微型计算机等辅助设备。

⑧对水利水电工程施工项目管理总结。从现代管理的循环原理来看，管理的总结阶段是对项目管理的整个流程进行梳理、整理，吸取前期的项目管理经验，合理安排下一个阶段的学习提升，又是进行新管理的相关信息的来源。

⑨施工过程中的后勤管理。

a. 安全教育。随着我国经济水平的持续发展，人民的生活水平也跟着水涨船高，曾经那些安全意识淡薄的建筑业从业人员的安全意识也在逐年增加，在施工过程中对安全性的要求也越来越高。作为项目经理，在项目施工过程中必须把"安全第一"作为项目的建设之本，树立"预防为主，安全生产"的主体思想。项目部要以项目经理为首建立安全生产督导机构，建立健全安全生产的各项规章制度和奖惩措施。坚持每周一次安全生产教育，并和所有施工人员签订《安全生产责任书》，并参加"安全施工，人人参与"等活动。

b. 后勤保障。水利水电项目大部分远离市区和城镇，这给施工人员的生活和就医带来了巨大的不便。作为项目部门，要根据施工人员食物需求量大、受伤率高等特点，成立专门的后勤服务部门，开办伙食团、医务室、小卖部等服务部门，并统一采购新鲜、合格的食品以及正宗的药品。在生活方面，伙食团要确保施工人员一天三顿有热饭吃、有热水喝；食堂采购人员所采购的食物必须新鲜且营养。在医疗方面，医务室的医生必须有职业资格和良好的职业道德。

c. 施工环境的管理。水利水电工程的施工环境异常复杂。恶劣的环境对我国水利水电建设的进度和质量都有较大的影响，甚至是破坏，其中暴雨、洪水、大雪等季节性环境都将影响施工工程的质量。要建设高质量的工程项目，项目部应该和当地气象部门取得联系，或者收看当地的天气预报，及时了解当地的气候变化情况，从而及时采取有效的方法，合理安排施工队进行高质量的施工作业。

水利水电施工企业对项目的管理，是一项十分复杂而又艰巨的工作，因为在项目施工过程中，不但工程量巨大，施工人员众多，而且未知因素也比比皆是。所以，水利水电施工企业在对项目的管理过程中，要采用先进的理念和现代化的技术，协调和控制好施工过程中各种要素的运用，使工程建设高质量、高标准地完成。

二、水利水电施工项目成本管理

（一）水利水电施工项目的成本特征

水利水电施工项目，是指施工承包企业按照与项目开发企业签订的施工承包合同，组建施工项目部，完成合同规定的水利水电工程项目。项目特点为：投资规模大，建设工期长，建设环境复杂等。与制造加工业及工业与民用建筑行业相比，施工成本有着显著的特征。

1. 施工成本的独特性

没有任何两个水利水电项目是大致相同的，没有任何两个水利水电施工项目的成本分布是大致相同的。因此，不可能像制造业那样设计出一套普遍适用而又行之有效的成本管理系统以及配套的高效管理手段。

2. 成本项目十分繁杂

一个综合性水利水电工程，如果投资在10~20亿元之间，一般会分10~15个施工合同段实施。投资超过亿元的合同段，一般有200~500个施工项目。

3. 成本项目实施的区域较大

与民用建筑施工相比，单个水利水电工程项目的实施区域非常之大。仅仅施工区域内的施工道路，就少则有数千米，多则有十几千米。这使得成本统计的工作量十分巨大。

4. 施工项目之间的成本交叉现象十分普遍

为更加合理地使用施工资源，与制造企业相比，资源在不同的施工子项目之间的交叉使用十分普遍。在施工项目中，施工机械往往参与很多项目；每个劳动力往往承担多个工种的工作；材料经常在各施工子项目之间流动，给成本统计技术带来非常大的挑战。

5. 施工成本项目多变

在水利水电项目的实施过程中，要接受地质、水文、气象等多种严重不确定因素的挑战，往往要对原设计方案进行适当调整，以适应不断发现的新情况。对成本控制而言，就要求成本管理系统有足够的弹性，能够及时进行调整，始终保持与施工生产控制体系的同一性。

6. 成本控制标准的不确定性

与制造业不同，就单一的水利水电施工子项目而言，它不是在一个标准的环境中，在标准的条件下，按照标准的作业流程，完成标准的动作；而是在一个变化的环境中，在不同的条件下，按照不完全标准的作业流程，完成施工任务。这就给成本控制标准的合理性和适用性带来了非常高的要求。

（二）水利水电施工项目的成本管理

1. 掌握工程信息，做好工程投标工作

工程投标是成本控制的重要前期工作。工程要中标，首先要掌握准确的工程信息，了解项目业主的机构职责、队伍状况、资质信誉等基本情况；掌握工程项目的性质，弄清工程投资渠道和融资情况；掌握工程项目的主要内容。明确这些工程信息后，综合分析决定是否参加该工程招标投标。一旦决定参加工程的招标投标，施工企业招标投标中心就要根据招标文件的规定和业主的要求，准确计算工程量，了解当地所有的材料价格、设备价格，分析在正常情况下完成该工程所需的人力、材料、设备、水、电、安装、机械费、管理费、税金等所有的成本，在此基础上，根据企业自身的利润，创优良工程还是合格工程的工程奖惩等综合因素，做出合理报价、编出标书，做好投标工作。

2. 搞好成本预测，确定成本控制目标

成本预测是成本计划的基础，为编制科学、合理的成本控制目标提供了依据。因此，成本预测对提高成本计划的科学性、降低成本和提高经济收益，具有重要作用。加强成本控制，要抓成本预测。成本预测的内容主要是使用科学的方法，结合中标价，根据各项目的施工条件、机械设备、人员素质等对项目的成本目标进行预测。第一，测算所需用工，确定工程项目采用的人工费单价。第二，测算所需材料及费用，重点对主材、地材、辅材、其他材料费进行逐项分析，核定材料的供应地点、购买价、运输方式及装卸费等。第三，测算使用机械及费用。投标施工中的机械设备的型号、数量一般是采用定额中的施工方法套算出来的，与工地实际施工有一定差异，工作效率也有不同，因此要测算实际发生的机械使用费，同时，还得计算可能发生的机械租赁费及新购置的机械设备费的摊销费，对主要机械核定台班产量定额。第四，测算间接费用。间接费占总成本的 $15\% \sim 20\%$，主要包括企业管理人员的工资、办公费、工具用具使用费、财务费用等。通过对这些主要费用的预测，初步确定工、料、机等费用的控制标准，确定工期，完成管理费的目标控制。

所以说，成本预测是成本控制的基础。

3. 寻找有效途径，切实控制工程成本

降低项目成本的方法有多种，概括起来可以从组织、技术、经济、合同管理等几个方面采取措施控制。

（1）采取组织措施控制工程成本

要明确项目经理部的机构设置与人员配备，明确管理单位、项目经理部、公司或施工队之间职权关系的划分。项目经理部是企业法人指定项目经理做他的代表人管理项目的工作班子，项目建成后即行解体，所以它不是经济实体，应对管理单位整体利益负责任。项目部各成员要在保证质量的前提下，严格执行项目成本分析标准，确保正常情况下不超过成本支出。如果遇到不可预见的情况，超成本较大时，应及时报施工企业成本控制中心核实，找出原因。如属工程量追加，则积极协调业主、监理、设计搞好签证追加。如属材料价格上涨，则由成本控制中心报请施工企业承担差价部分。

（2）采取技术措施控制工程成本

要充分发挥技术人员的主观能动性，对标书中主要技术方案做必要的技术经济论证，以寻求较为经济可靠的方案，从而降低工程成本，包括采用新材料、新技术、新工艺节约能耗，提高机械化操作等。

（3）采取经济措施控制工程成本

人工费一般占全部工程费用的10%左右，作为施工企业要制定切实可行的劳动定额。要从用工数量上加以控制，有针对性地减少或缩短某些工序的工日消耗。力争做到实际结账不突破定额单价的同时，提高工效，提高劳动生产率。还要加强工资的计划管理，提高出勤率和工时利用率，尤其要减少非生产用工和辅助用工，保证人工费不突破预算。

第三节　水利水电项目施工管理的现场与质量管理

一、水利水电项目施工管理的现场管理

（一）水利水电工程施工管理过程中存在的主要问题

1. 施工人员本身的质量意识比较差

对于水利水电工程项目而言，质量永远是最重要的，一旦出现质量方面的问题，那么

其功能便很难真正发挥出来。而想要真正提高工程的质量，最为重要的便是对施工人员进行质量意识的培养。现在我国很多水利水电施工单位施工人员的质量意识比较差，这也直接导致了豆腐渣工程的出现，对工程的质量造成了严重影响，而出现这种情况的原因在于施工人员疏忽大意，没有真正将质量放在首要位置，没有根据相关的规定来开展施工。由此能够发现，施工人员质量意识比较差，会直接影响水利工程的施工管理水平。

2. 管理人员的素质比较差

在水利水电工程施工的时候，管理人员的素质也会直接影响水利工程的施工管理水平。在进行水利水电工程施工的时候，很多管理人员本身缺乏技术素养，在管理的时候没有很好地控制好成本、质量以及进度，并且也比较欠缺现场技术和经验，管理水平没有真正得到提高，这对水利工程施工更好地进行是非常不利的。

3. 前期准备工作存在不足

在进行水利水电工程施工的时候，前期准备是非常重要的，若是能够很好地做好前期准备工作，也能够很好地提高管理水平。但是就目前而言，在进行前期调研的时候，碰到的问题非常多，为了能够在规定的工期内完成任务，往往会忽略这些问题，施工的质量无法得到真正保障。

（二）提高现场质量管理措施

1. 提高人员安全方面的意识

水利水电工程本身非常复杂，能够对其质量造成影响的因素也比较多。在进行工程建设的时候，人才是主体，并且设备、材料都是通过人来操作的，所以，安全意识会直接影响工程建设。所以，在进行工程建设的时候，必须将质量观念、安全意识放在重要位置，在日常宣传教育的过程中，应该重视质量观念和安全意识的宣传，帮助各方人员提高安全意识和质量观念，并树立安全责任意识。这样在平时的工作中，才能够对自己的行为很好地进行约束，真正做到标准化作业，提高工程质量。

2. 明确责任分工，并进行质量管理责任制度的强化

水利水电工程的正常进行是需要不同单位之间进行配合的，只有对管理人员本身的职责和职权进行明确，对义务进行明确，并将责任划分清楚，才能够保证工程每个环节都控制得非常有效。所以，应该进行质量管理责任制度的建立，并将责任落实到每一个人，真正把好质量关。

（1）项目法人

在工程建设的时候，项目法人应该根据合同来进行资金的筹措，进行建设单位关系的

协调，参与到工程项目质量管控中去，进行项目工程的组织，将社会中介机构的作用真正发挥出来，做好从项目筹划到工程验收的整个过程的管理。

（2）质量监督部门

在工程建设中，质量监督部门本身便是比较特殊的，必须根据国家的规范、技术标准来对整个过程进行宏观的监督，相关的监督人员在监督的时候应该给施工足够的支持，并做好质量管理方面的工作。

（3）设计单位

设计单位在设计之前必须对工程项目的自然环境、人文环境进行考察，并进行最佳方案的设计，找到工程施工过程中存在的问题，并采取措施进行问题的解决。最后，设计单位还应该参与到工程验收中去。

（4）施工单位

在水利水电工程中，施工单位必须根据需要进行质量保障体系的建立，并进行质量管理机制的推行，做好自检工作。组织施工人员根据设计好的方案，在满足技术要求的情况下进行施工，确保工程能够很好地满足实际需要。

（5）监理单位

在施工单位施工过程中，监理单位应该根据要求来监控和督导整个施工过程，验收和检查工程项目，在保证项目法人实际利益的同时，还应该对施工单位的利益进行协调和维护。

3. 做好管理工作，提高施工人员的实际素质

在施工过程中，工程本身比较复杂，并且意外事故也经常出现，施工人员必须做好现场管理工作。这便要求企业重视施工队伍技能培训，做好安全教育，不断提高工人本身的安全理念，降低事故发生的概率。

对于国家和人民而言，水利水电工程都是非常重要的，所以在施工的时候，必须找到其中存在的问题，并根据实际需要进行问题的改进，树立质量意识，提高整个工程的质量，将其作用更好地发挥出来。

二、水利水电施工项目质量安全管理

（一）水利水电工程质量管理的特征

1. 质量管理对象的动态性

外界的环境是水利水电施工质量的重要影响因素之一，因此外界环境的变化会使水利

水电工程的质量管理产生较大的波动，这也就致使其管理对象具有一定的动态性。同时，水利水电工程行业的技术标准和相关的法律法规还不够健全，并且我国很多地方政府对其建设投资不够，例如一些农村等经济比较落后的地区，由于这些地区的水利水电工程融资方式较少，这样就使得它的质量管理具有较强的动态性。

2. 质量管理目标的综合性

在水利水电工程的建设过程之中，美观、经济适用、安全有效是其应着重考虑的关键问题，因为其对水利水电工程施工的质量有着严格的控制作用。同时，由于它的项目普遍具有施工量大、工作环境恶劣和技术水平高等特点，因而对水利水电工程进行更加先进的质量管理很有必要。综上所述，必须对水利水电工程的设计质量管理进行综合考虑，以便能有效提升它的管理水平。

3. 质量管理行为的专业化

在水利水电工程施工过程之中，一定要严格按照相关规定进行施工，同时对质量管理要更加科学、专业，只有这样才能够保证水利水电工程施工过程的质量管理效率。由于它是一种基础产业的建设，所以更加要求配置专业化的质量管理人员，提高其质量管理水平。

（二）水电工程项目施工安全管理的策略

1. 做好安全管理工作

对水利工程的安全管理必须从一开始就着手进行，即承包商一接手就建立严格的安全生产管理工作制度，从而实现其安全生产管理工作的合理化和规范化；同时尽量帮助其对相关制度进行完善；建立安全生产和劳动防护制度。对于重大施工项目，承包商所制定的施工措施和安全措施必须报工程师审批之后才可以具体实施。

2. 加强对安全施工的教育宣传工作

在宣传工作中，除要加强施工人员的安全意识培训外，还要对施工单位的有关领导、经营者、安全管理人员进行相应的安全意识培训和教育，以达到参与水利工程的所有人员都具备良好的安全知识和安全意识及应对安全事故的处理能力。另外，还要定期对施工人员进行安全知识考核，以促进其真正将安全放在第一位。

3. 坚持对承包商的施工工程进行检查

开展预防性安全防控措施，对水利工程的管理机构、管理人员、管理外部条件以及对其全体人员进行安全培训等情况进行检查。同时，对安全措施做不到位的单位及个人，安全管理人员要对其予以严重警告，对于更加严重的情况，管理人员要对其进行相应的处罚。

4. 严格控制安全隐患

安全问题是企业所有工作必须非常重视的问题，安全隐患是企业生产工作中的定时炸弹，必须将其排除在外。事故隐患是生产过程中的大忌，长时间积累会带来严重的后果，不仅给企业带来重大的经济损失，还会给施工人员带来生命安全方面的威胁。因此，需要严格防范生产过程中的安全隐患，首先须其领导认识到安全隐患的危险性与防止隐患存在的必要性，才能在具体工作中思考相应的解决措施。其次，除领导需要认识到安全隐患的危险性外，还需要其工作人员也具有该认识。做到人人提高警惕，时时谨慎操作，在施工过程中，始终保持一种高度认真的戒备心理，将安全隐患消除在萌芽之中。

（三）加强水利水电工程施工质量控制的对策

1. 加强施工材料的控制

在水利水电工程施工中，对施工材料、配件等均有着一定的质量要求，在使用的时候，要进行质量检验，保证其质量合格。对没有经过检验的材料与配件不予使用；检验不合格的材料与配件也不得使用，要运离现场，进行一定的处理。如果监理单位对材料、配件质量存在着一定的异议，可以要求承包人重新检验，在必要的时候，监理单位可以进行一定的平行检验。当监理单位发现承包商没有按照相关规定进行材料与配件检验的时候，可以自行进行检验。由此可以看出，在水利水电工程施工中，一定要加强材料与配件质量的检验，保证其质量合格，这样才可以确保工程的整体施工质量符合设计标准。

2. 强化施工质量管理控制

在工程施工中，一定要重视施工质量管理控制工作的开展。其主要做法如下：一是，尽可能健全施工质量管理体系，根据事前、事中、事后的步骤进行质量控制，确保质量管理体系的全面落实，进而保证施工质量。二是，建立与完善法制建设，提高施工法治意识，保证施工的法制性。三是，在施工过程中，一定要禁止偷工减料的行为，严格按照施工设计图纸进行施工，明确施工规范，保证施工的顺利完成。同时，加强对有关施工人员的考核，保证其持证上岗。四是，在水利水电工程施工中，一定要加强对材料、设备、环境等方面的管理，强调各种因素之间的协调发展。同时，在施工中，一定要加强动态管理，保证施工质量符合设计要求。五是，强化对施工技术的复核，反复核对施工核心技术，防止出现施工质量问题。保证施工质量达标。

3. 强化监控方法，开展技术培训

强化对施工材料、机械设备质量的监控，开展相应的检验工作，保证其质量符合施工

标准。在施工过程中，一定要加强对施工工序质量的监控，对关键工序与重点部位的施工质量进行严格监控，保证工程施工质量符合设计标准。同时，一定要对施工人员的操作规范性进行监控，在保证施工顺利完成的同时确保施工质量。此外，一定要加强对施工人员开展技术培训工作，保证施工人员具备足够的专业知识与业务技术能力，进而充分发挥自身作用，促进施工质量的有效控制。所以，水利水电工程企业一定要定期开展培训工作，构建相应的考核体系，保证施工人员具备相应的技术水平，实现工程建设的预期目标。

现阶段我国水利水电工程在质量管理方面仍然存在问题，作为一名水利水电工程工作者，在平时的工作中要注意结合水利水电工程项目的特点，采取合理有效的技术方法来解决遇到的质量问题，在保证质量的同时，也不可忽视加强水利水电工程安全施工管理工作，这样才能保证我国水利水电工程长久稳定地发展。

三、水利水电施工新型项目质量管理理念应用

社会经济的发展需要水利水电工程的建设，水利水电工程的建设需要更加完善的管理体系。不难看出，良好的管理体系能促进水利水电工程更高水平的建设，带动水利水电行业更快更好地发展，同时也拉动其他行业的发展。因此，我们要学习和总结国内外水利水电工程建设的经验，以便指导我国水利水电工程管理体系的完善，促进我国水利水电行业的稳定快速发展。

（一）严格控制原材料的选用

对于施工建设的原材料选用，要在施工前期严把原材料的来源，细致审查原材料的各项指标、数据和资料，并要求供货方出示相关的质量检测证明，确保无质量问题后，再应用于施工建设。管理者不能只考虑施工工期，而忽视了施工质量。此外，还要改善施工建设中机械设备的性能，定期维修、检查，及时更换陈旧的机器，确保施工机器性能良好，从而保证施工进度。对于新引进的机械，要进行专业化的性能测试，保证其符合工程的质量管理体系，并通过技术部门的认定后再投入使用。

（二）加强技术监管，提高施工质量

水利水电工程的建设不仅需要质量较好的原材料，更需要娴熟的技术支撑。因此，要加强施工技术管理，提高施工人员的综合素质，完善施工工艺设施，严把施工后期堤基、堤身和堤面的质量关，彻底清理堤基，保持堤面平整。此外，还应加大对堤身的碾压力度和压实度，确保堤身不出现空隙、不松散。对于相关技术设备，要加大资金的投入力度，

及时更新机器，避免因设备或技术不足而影响工期，并保证施工工艺和技术设备的完整性。

（三）完善法律法规体系，加大执法力度

在水利水电工程完工时，相关监督、监管部门要全面检查工程的整个过程，对于质量不达标的项目，要及时通知施工单位整改，从而完善质量管理体系。管理人员在工程监管中，要提高自己的专业水平和综合素质，在质量管理模式中自觉遵循法律法规和规范程序，从而规范化、标准化每个员工的行为准则。要坚决抵制不符合施工质量要求的行为，强化监督执法力度，从源头上防范风险，从而提高工程质量。

（四）施工技术的质量控制

①高喷灌浆的施工质量控制。原材料的质量控制：进入施工现场的水泥必须经过检验合格才能使用，要放置在干燥的环境下保存。技术参数的控制：定期检查先导孔、浆压、风压、水压以及浆液的质量，特别是浆液的密度要在检测合格后再使用。浆液的存放时间也应该特别注意。施工过程中的质量控制：高喷灌浆前要检查桩位浆液的比重、钻孔的偏斜率、下管的深度，喷灌的高程是否在标准的范围内也是要检查的项目。

②狠抓回填的施工质量控制。定好桩位是施工前要进行的，用竹签做好标记，还要对桩位进行必要的复查，减少误差，孔斜率控制合理。完工后，为了检查抗渗透效果还要进行注水试验，以便渗透系数符合标准。

③帷幕灌浆的施工质量控制。预防灌浆中断：输浆管材要在标准的范围内，定期检查堵塞情况。避免出现漏浆现象的控制措施：利用回旋式的孔口封闭器，灌浆施工时可以经常活动或转动灌浆管，重点关注回浆的浓度与回浆量，且控制在一定范围内。

④隧道施工的质量控制。施工中重点做好检查工作，以便杜绝塌方的发生。

（五）施工人员的质量控制

对施工管理制度积极执行到位才能发挥其应有的作用。施工人员的专业技术水平、工作状态、思想意识和工程质量有着密切关系，应严格控制施工人员的质量。施工人员必须拥有上岗资格证，还要定期进行培训，培养施工人员的责任意识。

（六）施工安全的监督

在水利水电工程的具体施工中，应该强化施工安全的投入成本，采购一批质量合格、

性能齐全的安全防护设备。另外，还要按期进行安全宣传教育方面的活动，以期加强施工人员的安全意识。同时，在施工条件非常危险的地域应该设置专门的警示装置和标志牌，在进行一些危险系数较大的施工活动时，应该配置相关的安全防护设备，这可以在很大程度上避免不必要的安全事故的出现。

　　水利水电工程项目是关系到国家发展的重点项目，同时它对广大群众的生活也有着非常关键的影响。要想使项目发挥实际意义就要做好建设品质的保障工作。通过上文的分析可以得知当前影响建设品质的一些要素和问题，这样就要将存在的不利点消除，从而确保建设工作的顺利开展。

第七章
水利水电投资控制与水利水电合同管理

第一节　水利水电投资控制

一、水利水电投资控制概述

(一) 影响水利水电工程建设经济效益的原因总论

对于水利水电工程建设来说，获得良好的经济收益也是有一定制约因素的。比如，一些新建工程由于匆忙上阵，在投资决策阶段并不能很好地对工程标准进行有效的估计。所以在工程建设过程中，常常会导致投资金额不足，从而出现资金缺口。与此同时，由于资金紧缺，造成工程建设无法顺利地施工，延误了竣工日期。这样一来，投资方与承包方自然而然就背负上了这一沉重的包袱。

对于水利水电工程建设来说，设计环节尤为重要，此外，设计对工程建造的造价也起着决定性的作用。基于此，我们应重视设计这一环节，做好初步设计、技术设计、施工图设计等阶段的工作。但从目前来看，水利水电工程建设并没有对设计工作加以重视和监督，大部分水利水电工程都没有实行限额的设计，对经济上的合理性也不够重视，而是过分重视技术上的可行性。尤其是一部分设计人员，他们没有很强的经济意识，在设计过程中也比较偏向于保守。例如，他们在考虑到工程的安全性系数时，常常采用加大梁柱截面，增加钢筋含量的办法，这就造成了资金不必要的浪费。

一些承包方在水利水电工程施工过程中，由于过分追求利润的最大化，从而想出一些投机取巧的办法，对工程价款或多报或虚报。从监理方来看，其对工程项目的质量、工期的重视相对比较高，但是对造价的控制方面相对来说还比较薄弱，这就在一定程度上影响了预期的工程造价。

（二）有效控制水利水电投资的方略

水利水电工程投资控制，贯穿在整个系统工程的各个环节，其中包括投资决策、设计、承发包、施工、竣工等各个阶段。所以作为投资方必须加强管理，对人力、物力、财力要合理利用，力争把工程造价控制在预期投资限额之内，以保证获得比较好的经济效益及社会效益。

1. 项目投资决策环节对工程造价的控制

对于水利水电工程来说，投资决策环节是控制工程投资的一个重要环节。造价工程师要以技术及经济这两个方面为依据，对所拟建项目的建设方案进行综合评价。此外，还要在优化建设方案的基础上，对投资进行高质量的估算。可以说，在工程建设的过程中，投资估算是预控制项目总投资的有效依据。所以必须加大对投资估算审查工作力度，使其能完整、准确、公平地对投资进行估算。

2. 项目设计环节对工程造价的控制

设计环节是水利水电工程建设的重要环节，设计的优化性及经济性，对工程造价的控制和管理有其重要性，它可以有效降低或控制工程的投资。那么如何针对设计这一环节对投资加以控制呢？主要有以下几个措施：

首先，要对设计概算加以审查，如果发现设计概算已超出批准的投资估算，就应该及时找出设计中出现的问题，并想办法对设计进行修改，从而对概算进行有效的调整，使其更科学、更经济、更合理。那么如何解决问题呢？这就要求提出切实可行的措施，将设计收费与工程设计成本节约结合起来，推行一系列的设计奖惩制度，此外，还要对兼顾节约成本的设计者予以分成奖励，以此来鼓励设计者积极地寻求既节约成本又保证质量的设计方案。

其次，在设计及设计监理的招标过程中，还要引入竞争机制，对多家企业所提出方案，采取择优的态度，力争选出最佳的设计方案，使建筑结构及布局更趋于安全、实用、美观、经济合理等性能。与此同时，在技术设计与施工图设计方面，也要引入竞争机制，从而使每个设计阶段均符合投资预算标准。在设计过程中，设计监理也发挥了很大的作用，通过对设计单位的监督，避免了设计者的保守状态，并有效控制了设计概算。

最后，在设计过程中，要实行行之有效的限额设计，并尽可能对投资进行控制。设计人员在初步设计阶段要对设计原则、各项经济指标、方案的比选有所掌握。切实将设计造价控制在限额之内，而施工图设计也应遵照预期的设计进行，并对工程量的投资加以控制。此外，设计人员积极投身于设计过程中的同时，还要加强自身的经济意识，充分做好对工程造价控制的工作。

3. 招标、投标环节对工程造价的控制

水利水电工程招标、投标定价程序，是一种以合同价格为建设工程价格的定价方式，这种定价方式要求必须严格审定、衡量投标者的报价，这决定了水利水电工程招标工作是否能达到预期的标准，同时，也是有效控制工程造价的关键性因素。而在这一环节中，工程建设方必须了解投标者投标报价的计算方式，必要时也要对施工单位进行实地考察。对于项目的合理低价，建设方应牢记心中，以免投标单位的投机专营。在签订合同的过程中，一定要谨慎落笔，避免"一失笔成千古恨"。

4. 施工环节对工程造价的控制

在工程施工环节中，工程投资最受影响，可以说，在这一环节中，投资浪费的可能性最大。因此，在工程施工阶段，建设方不仅要加强对合同、工程结算的管理，还要加强对施工现场的管理，从而避免这种投资浪费的现象。

工程量变更是工程建设中常会出现的问题，一方面是因为设计审查工作不周，另一方面可能是由于自然及社会原因。工程量变更对项目投资有一定的影响，它会使项目投资超出预期的投资限额，从而造成不必要的资金浪费。所以，这就要求建设方对此加大控制力度。

5. 竣工环节对工程造价的控制

水利水电工程建设的经济效益可以通过竣工结算反映出来。此外，通过竣工结算，也可以得知建设工程的实际造价及投资结果。而要对投资控制工作的有效程度进行考核，就要通过竣工决算及与概算、预算的对比加以分析，吸取教训，总结经验，积累资料，从而提高水利水电建设工程的投资效益。认真的态度是各个领域工作者必有的素质，在水利水电工程建设中，无论是设计者还是建设者都要在保证工程质量的基础上，兼顾对工程造价的有效控制，从而减少或避免资金不必要的浪费，最大限度地提高工程建设资金的投资效益。

二、政府投资水利项目的全过程投资控制

随着经济社会持续、快速、健康发展，特别是近年来国家投资拉动内需政策的实施，政府投资项目逐年增加。近年来全国各地积极响应中央一号文件的精神，实施或即将开展一大批水利工程基础设施的建设，资金的投入亦会相当巨大，然而如何使政府所投入的水利建设资金充分发挥效益，做到不浪费呢？这就需要对拟建水利工程进行全过程投资的控制。

（一）项目建议书、可行性研究阶段

1. 设计要求和投资规模的确定

如果项目建议书能通过或已立项，那么就顺利进入可行性研究阶段。该阶段不仅要论证项目是否可行，也要进一步分析项目的必要性，更关键的是项目整体的方案在满足功能的条件下如何做到最优。该阶段的投资规模就是估算，估算造价虽然允许有20%的偏差，但不能凭空去估算，更不能简单地按计划目标直接定规模。估算要结合项目设计方案，参考类似已建或在建的工程造价指标来估算。例如，宏观上可以采用关键指标控制：堤防工程按照长度确定、水闸按照净宽确定、排站按照装机容量确定等；更细化的可以按照分项工程指标来确定：如土方挖填、石方挖填、混凝土浇筑量、钢筋重量、桩基础工程量等。本阶段的估算造价尽量不要漏项，充分考虑水利工程可能发生的费用，特别是临时工程，如导流、围堰甚至进场道路等。估算规模不能过分偏大，同时也要避免不足，以免后期设计突破规模，造成政府投资资金紧张和被动。

2. 工程案例

××市××镇某河道改造工程项目建议书阶段经政府批准的投资规模为600万元，而可行性研究阶段的估算达到1800万元，造价翻了两番，因此必须通过追加投资或者优化设计来解决。

（二）初步设计阶段

1. 限额初步设计

项目通过可行性研究后随即展开初步设计，初步设计打造工程雏形，起到决定性作用。要求必须在上阶段通过的规模（建设规模和投资规模）下进行限额设计，不能擅自改变主要设计方案，若确实要改变，则须上报主管部门审批通过。

在实际工作中也有一些建设单位忽视了可行性研究，将方案比选放在该阶段进行，但要求比选的方案内容做到更全面、更详细、更有说服力，选取最优方案。建议在该阶段组织召开专家评审会，把关初步设计图纸涉及的结构形式、选材、概算造价等项目。

初步设计阶段对应的图纸已经能对主体结构计量，进而确定设计概算，对于还不能满足计量要求的部分，要参考类似结构，结合造价经验进行估计。一般情况下，该部分的造价不占主要方面，另外概算造价允许在10%的偏差范围内变动，计价时可以按规定考虑图纸工程量的扩大系数。

2. 工程案例

某市生态园某排渠改造初步设计报告提供了三种比选方案,设计单位最后选取了最保守、造价最高的方案,送财政投资部门审核后,要求对提供的比选方案做进一步论证。最后参建各方经过充分优化,普遍使用既满足安全、造价又低的方案,为政府节省投资1000多万元。

(三)施工图设计阶段、招标投标阶段

1. 施工图设计

施工图设计阶段主要是进一步细化初步设计图纸,不允许存在模糊不清的地方,做到每个细部都有尺寸和大样图,以满足施工要求,建议将关键的施工控制措施列明在施工图上。施工图设计一样要求在概算范围内限额设计,做到不超概算,同时政府部门要严格控制超概算现象。此阶段的预算要求做到精细,允许误差要控制在5%以内。

2. 编制最高报价应注意的问题

施工图设计阶段与招标投标阶段紧密衔接,实际工作中,根据施工图编制的预算往往用来招标,以前称为标底,自清单法实施以来,预算文件公布给全体投标人,并称为最高报价(最高限价)。此时,最高报价预算不仅仅要按照施工图纸计量和计价,更要结合招标文件有关内容来编制。招标文件中影响预算造价的主要是建设单位或者实地环境,例如排站工程,建设单位通常会要求施工单位采用品质较好的水泵或电机,并在招标文件中列举出三种以上品牌供选(前提是所列品牌价位不相上下),最高报价也要采用列举品牌相应的价格来编制。又比如,招标文件要求投标单位踏勘现场,将可能发生的拆除工程或临时用地等列入报价文件中,同理,最高报价的编制也一样要考虑上述费用。

最高报价预算和工程量清单的项目特征描述将直接影响投标单位的报价,因此工程量清单要真实、全面、准确地描写所包含的施工内容,做到不错、不漏、不虚、无歧义,能有效避免结算阶段产生不必要的争议。

3. 招标文件和合同文件的重要条款

施工图阶段的投资控制不仅仅是依靠编制精准的预算,合同条款的把关显得尤为重要。从招标文件的事先告知,到合同文件的有效订立,特别是水利工程施工的特殊性、地理条件的复杂性、水文气候的多变性,都可能是造成施工过程中工程造价不受控制的因素。因此,除预算文件要按照设计要求的施工方案和可能发生的措施费用编制外,招标文件和合同文件的内容中更要明确如何处理上述情形可能造成的追加造价。

虽然目前多数地方是实行总价合同,施工单位包图纸包清单,但按照公布最高报价和

工程量清单的方式招标投标，大多数投标单位没有复核所公布最高报价预算和工程量清单的准确性。一旦当最高报价和招标清单存在漏项漏量时，施工单位很可能在结算阶段针对漏项漏量的部分提出索赔。因此，在招标投标阶段一定要约定漏项漏量应做何处理。建议规定影响到合同价的百分之几的可以定义为重大漏项或重大漏量，对于重大漏项、重大漏量增加的造价，甲乙双方各承担相应的比例等，具体约定须由水利主管部门依据相关法律法规制定相关条款文件，报政府部门同意。

第二节　水利水电工程不同阶段的合同管理

一、水利水电工程施工的合同管理

（一）水利水电工程施工合同管理的概念

合同管理是建设工程项目的重要内容之一。水利水电工程施工合同管理是指各级工商行政管理机关、水行政主管部门以及工程各参与方，包括发包人（建设单位）、监理单位、勘察设计单位、施工单位、材料设备供应单位等，依据合同、法律法规、规章制度、技术标准等，对合同关系进行组织、指导、协调及监督，保护合同当事人的合法权益，处理施工合同纠纷，防止违约行为，保障合同按约定履行实现合同目标的一系列活动。既包括各级工商行政管理机关、水行政主管部门对水利工程合同进行宏观管理，也包括合同当事人对合同进行微观管理。

（二）合同管理的作用

施工合同作为约束发包方和承包方权利和义务的依据，合同管理的作用主要体现在以下几个方面：一是促使施工合同的双方在相互平等、诚信的基础上依法签订切实可行的合同；二是有利于合同双方在合同执行过程中进行相互监督，以确保合同顺利实施；三是合同中明确规定了双方具体的权利与义务，通过合同管理确保合同双方严格执行；四是通过合同管理，增强合同双方履行合同的自觉性，调动建设各方的积极性，使合同双方自觉遵守法律规定，共同维护当事人双方的合法权益。

在水利水电工程项目建设过程中，在整个建设过程中的每一个阶段都贯穿了合同管理工作，合同管理是项目管理的核心，作为其他管理工作的指南，对整个工程建设的实施起总控与总保证的作用。

（三）合同管理的特点

1. 工程建设合同管理持续时间长

合同的形成是一个渐进的过程，合同的履行是一个持续的过程，因此合同管理必然在项目生命周期内长时间连续地、不间断地进行，它不仅包括施工期，还包括招标投标和合同谈判以及保修期，所以一般至少1~2年，长的可达5年或更长的时间。

2. 合同管理对工程经济效益的影响很大

由于工程项目规模大，合同价格高，合同管理对经济效益影响很大。据统计，对于正常的工程，合同管理成功和失误对经济效益产生的影响之差能达到工程造价的20%。

3. 合同管理必须实行动态管理

由于合同的形成和履行是一个逐步磨合的过程，特别是在合同履行过程中内外的干扰事件多，合同变更也较多，合同实施必须按变化的情况不断调整，这就要求合同管理必须是动态的。在合同实施过程中，合同控制和合同变更管理显得极为重要。

4. 合同管理影响因素多，风险大

现代工程项目的复杂性，使合同关系越来越复杂、合同条件越来越复杂、合同的权利和义务的定义异常复杂、合同实施过程愈加复杂，要完整地履行一个合同，必须完成几百个甚至几千个相关的合同事件。另外，工程实施时间长、涉及面广，合同管理受外界环境的影响大，并且许多因素难以预测，不能控制，都会妨碍合同的正常实施，造成经济损失。因此，影响合同管理的因素既存在于项目本身的微观环境，也存在于项目的外部宏观环境；既涉及合同的当事人双方，往往也牵扯到第三方。大量、复杂的因素的存在，使合同管理极为复杂、烦琐，也充满风险。在合同形成和执行过程中，合同风险管理至为重要。

（四）加强合同管理的建议

1. 增强合同风险防范意识，依法进行合同管理

在工程承包施工中，没有风险的合同是绝对没有的，水利水电施工工程更为甚之。过去，水利水电施工企业在合同谈判和签订中，由于合同风险防范意识不强，而对合同条款分析、审核不严，掉入一些合同陷阱，给企业造成了难以挽回的损失，为此必须增强合同风险防范意识。

目前，我国建设行业法律法规越来越完备，尤其是《中华人民共和国招标投标法》

《中华人民共和国合同法》的颁布实施，对工程招标及合同管理提出了具体要求，各行各业也根据国家法律制定了有关条例。因此，合同当事人在签订合同时应当认真阅读有关法律法规，并对所签合同的标的、计量标准、质量要求、价款支付方式、合同履行期限、地点、违约责任以及合同条文的释疑等内容做出明确具体的解释，防止出现歧义，增强合同的严密性和可操作性。

2. 增强合同履约过程控制意识，督促合同双方自觉履行合同

合同一旦正式签订，双方就要全面地、实际地履行合同规定的条款。这不仅是合同履行的基本原则，也是当事人双方全面地、实际地履行合同中约定的义务。在合同执行过程中，承包商正确地全面履行义务，关键是要认真组织实施。

水利工程涉及勘测设计、工程建设、咨询等方方面面，合同种类繁多、数量较大，建立合理清晰的合同管理台账尤为重要。由计划合同处建立以合同编号为核心的管理台账，通过台账可以随时掌握某工程合同的执行情况，还可以随时掌握整个工程的概算执行情况，为工程控制提供实时资料。

在合同执行过程中，主管部门及建设单位应定期检查合同执行情况，并建立完善的合同检查考核制度。对合同执行过程中出现的偏差问题，认真进行分析、纠正，对随意违反合同条款的行为要认真查处，使合同管理步入正规化、规范化管理渠道，防止因合同违规而造成不良后果。

3. 选择好的监理队伍是做好合同管理的重要保证

监理工程师是联系建设方和承包方的重要纽带，在合同管理中起着举足轻重的作用。高素质的监理工程师能够公平、诚信地处理合同执行过程中遇到的实际问题，对工程项目实施有较好的预见性，给工程建设创造一个宽松良好的环境，可以确保工程建设顺利实施。

二、水利水电工程招标投标阶段合同管理

（一）合同管理的重要性

1. 国际一体化的要求

我国已加入 WTO，许多建设企业已走向国际承包市场，国外建设承包商也纷纷进入中国承包市场，如小浪底水利枢纽工程等。严格的合同管理是国际工程惯例，是国际一体化的要求。我国承包企业在许多工程中的失误都是合同管理失误造成的。合同管理是我国水利水电建设工程项目管理的薄弱环节，也是我国水利水电承包企业的致命弱点。特别是

一些海外工程，由于其不可预见因素多，风险大，加强合同管理是企业营利的重要前提。

2. 市场经济的需要

我国已全面实行项目法人责任制、招标投标制、建设监理制，建设市场已越来越规范，合同管理已成为项目施工不可缺少的程序。当前，水利水电工程承包市场竞争越来越激烈，利润逐渐减少，合同管理风险增大，条件苛刻；合同管理是争取经济效益的最佳途径，承包商如果没有强有力的合同管理能力，将很难取得工程盈利。可以说，合同管理工作薄弱的施工企业，将会被市场淘汰。

（二）承包商参加竞标的目的

承包商参加竞标的目的：摆脱困境，维持企业正常运转；竞争压力，寻求高额利润；占领地域，保持先入优势；开拓新领域，减少单一风险；平衡发展，打造知名品牌。

1. 投标前工作

投标前工作：承包商通过承包市场调查，大量收集招标工程信息；招标工程信息的分析和选择；参加资格预审；购买招标文件。

2. 承包商编标和投标

为了既能取得工程，又能赢得利润，在编标和投标过程中，承包商必须做好如下几个方面的工作：

①全面分析和正确理解招标文件。招标文件所确定的招标条件和方式、合同条件、工程范围和工程的各种技术文件是承包商报价的依据，也是双方商谈的基础。所以承包商必须全面分析和正确理解招标文件，弄清楚业主的意图和要求。对招标文件理解不透、不全面甚至错误，发现了问题也不进行答疑，自以为是地理解合同，会造成许多重大失误。

②全面的工程环境调查。工程环境包括工程项目所在地，以及工程的具体环境。工程环境对工程的实施方案、合同工期和费用有着直接影响，并且也是工程风险的主要根源。不同的地方，工程环境千差万别，投标前承包商必须深入了解项目所在地的工程环境，不然会使项目在实施阶段困难重重。

③编制和确定施工方案和进度计划。施工方案一般应包括的内容如下：施工总体布置和场地总平面布置；施工总进度和单项（单位）工程进度；选择和确定各类工程的主要施工方法；主要施工机械、设备数量及配置；劳动力数量、来源及分批进场时间安排；估算主要的和大宗的建筑材料的需用量、来源，以及分批进场时间安排。自采砂石和自制构配件的生产工艺、设备说明；大宗材料和大型设备的运输方式；现场水电需用量、来源，以及供水、供电设施；临时设施数量和标准；某些特殊条件下保证正常施工的措施，项目安

全措施；质量保证措施。

④工程预算分析。一般来说，工程预算分析可以得到以下的结果：人工、材料、机械的预算单价；工程量清单中所列各分项工程的直接费总成本和单位成本；工地管理费各分项费用额和总额；总部管理费；工程预算总成本；在确定利润和不可预见风险费后，得出的工程总报价和工程量清单中所列的各分项工程报价。

⑤制定投标策略并做出报价。一般而言，投标策略的内容主要有：以信取胜。即依靠企业长期形成的良好社会信誉，技术和管理上的优势，优良的工程质量和服务措施，合理的价格和工期等因素争取中标；以快取胜，即通过采取有效措施缩短施工工期，并能保证进度计划的合理性和可行性，从而使招标工程早投产、早收益，以吸引业主；以廉取胜，即在投标策略确定后，就可以采用一些报价技巧，这些报价技巧是指在投标报价中采用一定的手段或技巧并且业主可以接受，而中标后又能获得更多的利润。

3. 招标文件

按照招标文件的要求填写投标书，并准备相应的附件，在投标截止期前送达业主。投标书作为合同的一部分，它是承包商提交的最重要的文件。投标书通常包括：投标书及其附录；工程量清单及其报价单；投标保函；与报价有关的技术文件，如施工总进度计划、主要施工机械表、材料表及报价、项目组织机构表、主要工程施工方案、总平面布置等。参加工程投标，在承包合同的形成过程中，还应该特别注意以下事项：经济担保（或保函）的办理手续，如投标保证书、履约保证书以及预付款保证书；保险的办理手续，如工程保险、第三方责任险、施工机械损坏险，人身意外险、货物运输险等；代理费，在国际上投标后能否中标，除靠施工企业自身的实力（技术、财力、设备、管理、信誉等）和标价的优势外，还得物色好得力的代理人去活动争取，一旦中标就得付标价2%~4%的代理费。不得任意修改投标文件中原有的工程量清单和投标书的格式；计算数字要正确无误；所有投标文件应装订美观大方；递标不宜太早，一般在招标文件规定的截止日期前一两天内密封送交指定地点。

(三)　管理工作

①通过招标投标形成合同是工程承包合同的特点，又是承包商的业务承接方式。在招标投标过程中承包商处于十分艰难的不利境地。具体体现在以下几个方面：业主采用招标委托工程，形成了工程的买方市场，有时有多达几十家承包商竞争一个工程，而最终却只能有一家中标，由于竞争十分激烈，业主总是掌握主动权；业主或委托的招标公司起草招标文件，常常会有十分苛刻的招标条件和合同条件，而且不容许承包商修改这些条件。标

书中一般会规定，如果不完全响应这些条件，则投标做废标处理；尽管合同风险很大，由于承包市场竞争激烈，承包商为了中标，有时会不惜竞相提出优惠条件，压低报价，以提高报价竞争力。

②由于中标的可能性通常很小，在投标期间承包商不可能花很多时间和精力去做详细的环境调查和现场勘察，否则如不中标损失太大，因为业主不会补偿不中标单位的损失。因此，这必然影响投标人的精度，有可能投标价格和项目实际建设成本会出现成倍的差异。

③对于国际工程，通常招标条件和合同条件会采用国际通行的、相对比较公平的FID-IC合同条件，或者根据本国情况做少许修改。

④合同管理在这个阶段的基本任务。在招标投标阶段涉及合同管理的工作主要有三类：投标以及合同签订的高层决策工作，例如投标方向的选择、投标策略的制定、合同谈判战略的确定、合同签订的最后决策等；合同谈判工作，承包商应选择最熟悉合同，最有合同管理和合同谈判方面知识、经验和能力的人作为主谈者进行合同谈判；招标文件及合同条件的审查分析工作。合同管理在承包合同形成过程中，在报价和合同谈判中起着重要作用。为配合承包商制定正确的报价策略，配合合同谈判，要认真对待如下几项工作：进行招标文件分析和合同文本审查；进行合同风险分析；为工程预算、报价、合同谈判和合同签订提供决策的信息、建议、意见，甚至警告，对合同修改进行法律方面的审查。

水利水电工程施工合同管理关系到工程建设的成效，合同管理的重点应该是对"管理者"的管理，归根结底是对人的管理，因此提高合同管理者的综合素质，是搞好施工合同管理的最基本、最关键的举措之一。监理工程师是联系建设方和承包方的重要纽带，在合同管理中起着举足轻重的作用，高素质的监理工程师能够公平、诚信地处理合同执行过程中遇到的实际问题，对工程项目实施有较好的预见性，能给工程建设创造一个宽松良好的环境，可以确保工程建设顺利实施。

第三节　水利水电施工合同的风险管理

一、工程索赔

（一）工程索赔的内涵

所谓工程索赔，就是工程承包当事人由于另一方没有按照合同要求而导致当事人因为承担风险而遭受了损失，并向违反合同的一方提出索赔来弥补损失的一种维护自身利益的行为。实际上，索赔是双向的，需要双方的参与。一般情况下，我们所说的索赔是指工程的承包人在施工过程中，由于外界原因而对工程预期的时间、费用等造成一定影响，进而要求补偿损失的一种要求，表明了一种权利责任关系。

导致工程索赔的因素很多，所以按照不同的标准，可以将工程索赔分为不同的类别。例如，如果以工程合同的索赔依据为分类标准，可以将工程索赔分为两类，即合同中规定的索赔和合同中未标明的索赔；如果以工程索赔的目的为分类标准，可以将工程索赔分为工期索赔和费用索赔；如果以工程索赔事件的性质为分类标准，可以将工程索赔分为工程变更索赔、加速索赔和意外索赔等。

在工程建设的过程中，意外时有发生，而且意外的形式更是多种多样，所以这些事件是不是属于索赔范畴还很难确定，因为有时索赔事件的发生会引起变更。例如，工程设计需要减少或者增加工程量，就会对原有合同规定的工期产生影响。即使增加或减少的工程量也按照合同上的规定而进行支付，工程的承包者也可以提出延长或者缩短工期，也就意味着产生了工程索赔。还有，如果发生上面列举的事件，若是要求工程工期不发生变化，那么承包者可以因为增加的工程投入而提出弥补成本损失。再如，工程设计的变化会导致工程量的变化，所以承包者就会因为工期、利润、设备成本增加等原因而提出索赔问题，而索赔问题往往都伴随着风险，因此在进行工程索赔时应对风险进行分析。

（二）引起工程索赔的原因

工程索赔的原因主要包括两类：外界因素和自身因素。其中，外界因素主要是由自然因素和政治因素引起的，例如一些不可抗力因素，暴风、洪水、地震和战争等；而自身因素则是指由工程引起的因素，例如工程图纸设计的精确度，工程量的变化，双方违反合同中规定的双方应该承担的义务和责任，业主在施工过程中提出新的要求，工程建设需要的搬迁，工程进度未按照工期完成，工程质量不符合标准以及其他的违反合同事件。

二、水利水电工程施工合同的索赔管理

合同双方在水利水电工程施工合同管理的各个阶段都要时刻注意着索赔的风险，特别是综合性的风险，为了有效地降低风险程度，降低工程索赔的发生，可以在工程合同的索赔管理中采取以下措施：

第一，时时关注工程质量，根除由工程质量所带来的索赔。工程量的变更能够反映出工程量的质量，因此在进行工程设计时要严格谨慎，这也是对工程设计的变更量进行控制

的有效手段。由于时间问题会影响工程的勘察，设计人员也以此为依据进行工程设计，将会给工程的设计质量造成重大影响。如果时间紧迫，会影响工程设计的严密性，各方面之间也会缺乏协调，所以在设计时也会出现误差，对设计的反复修改会增加工程量和工程投资成本，以至于无法按照合同所规定的工期竣工，进而出现工程索赔。

遇到这种情况，可以采取以下措施解决该问题：首先对工程设计进行招标，中标后双方签署合同，确认双方的义务和责任；其次，为工程勘察提供充足的时间，以免因为时间紧迫而影响勘察结果；再次，选取最佳设计方案，并优化工程建设的管理；最后，工程业主与设计人员签订合同后提供设计图，并安排工程建设、制定各种制度和管理方法。

通过招标的方式选取设计单位，可以设计出最佳的设计方案，同时设计单位会预算出合理的报价，并且具有素质高、技术高的设计人员，可以大大降低工程量的修改和变更。同时，为了促进设计人员的积极性，可以在一定程度上给予他们适当的压力和奖励，在奖惩合理的环境中，提高他们的工作效率，对水利水电工程的施工质量、工期和成本节约都具有重大意义。

第二，编制好招标文件。由于工程索赔的依据就是业主与中标单位签订的招标文件，因此为了保证工程质量，要仔细审查招标文件的内容，尤其是招标价格、商务条款等。特别是对工程量大的工程来说，例如水利水电工程，建设承包不可能仅仅一家，业主会选择多家来完成工程建设，就会将合同细化为几个标段进行招标，因此要对标段的划分进行科学的选择，以使各个标段的招标和建设不会出现干扰的现象，同时也不会因为不同标段的材料供应出现税率浮动现象。

当遇到这种情况的时候，首先，可以给招标文件的编制人员一个合理的时间，同时合同的条款要符合合同的规定，并将编制后的合同给专家审核，确保合同无误；其次，对标段进行科学、合理的划分，保证它们之间的相对独立性；最后，保证产品的各个工序由一个统一的建设者来完成。

第三，通过保险的方式来降低风险给工程带来的损失。在合同中规定了合同签订者各自的权利和义务，同时也明确了双方预期的风险，特别是在工程施工过程中所遇到的不可抗力的因素，都是人为不可避免的，这些风险给工程带来的损失都是无法预测的。所以为了有效降低风险损失，可以根据合同的规定给工程投险，通过这种方式将风险给工程带来的损失，以及可能发生的工程索赔转移给保险公司。

水利水电工程施工合同的索赔是不可避免的，只能科学地进行索赔管理，有效降低工程索赔的发生，并及时采取措施来降低索赔损失，对工程风险进行预测，有效控制风险，进而达到减少风险损失的目的。

三、增强合同风险防范意识

在工程承包施工中，没有风险的合同是绝对没有的，水利水电施工工程尤为甚之。过去，水利水电施工企业在合同谈判和签订中，由于合同风险防范意识不强，而对合同条款分析、审核不严，掉入一些合同陷阱，给企业造成了难以挽回的损失。为此，必须增强合同风险防范意识，从以下两个方面去防范合同风险。

（一）合同签订风险

①认真分析合同条款，看合同条款中有没有潜在风险，有没有对自己不利的提法和约束性条件，对变更、索赔条款是否公平合理等，凡存在这些方面的问题，应向对方充分阐明自己的理由，力争修改合同草案。

②要注意对方转嫁的风险，对风险的界定要有超前意识，充分考虑在施工中可能发生的风险，并提出风险承担的责任。合同风险防范，在于化解自己承担的风险，转移自己承担的部分风险，控制对方有意转嫁的风险，回避不应由自己承担的风险。

（二）合同履约风险

水利水电工程由于具有投资大、工期长、对自然环境的依赖度大、地质情况复杂等特点，在合同履约过程中，往往会由于自然环境、地质情况的改变而引发设计变更，以及由于业主的原因而引起项目或者工程量的增加和减少，还有就是国家逐渐加大了对相关建设项目的审计力度等，这些都将给水利水电施工企业带来一定的风险，主要包括工期风险、安全风险、成本风险、审计风险等。为此，要求施工企业在施工过程中，充分利用各级管理人员的职能管理作用，多层次、多角度、多方向地集思广益，以科学的态度和方法去开展风险管理活动，采取各种积极有效的风险防范措施，有针对性地去解决履约过程中出现的相关重大问题，化解、缓解、转移、规避以上风险。

四、增强全员的合同管理意识

在施工过程中，只有加强合同管理，增强全员的合同管理意识，才会成功和达到预期的目的。为此，可以从以下几方面去加强合同管理：

①要使合同成为保护企业利益的有力武器，就必须签订一份成功的合同。否则，无论与业主、监理工程师的相互关系处理得怎样融洽，无论要求多么合情合理，只要是合同条款未明确规定的，都会遭到业主、监理的拒绝。

②强化合同管理，建立以合同管理为核心的管理机制，理顺各方关系，形成有机运行体系。在项目施工中，注重强化合同管理意识，认真研究、理解、运用合同条款，收集和整理各种施工原始资料及数据，做好索赔工作。

③注重项目实施阶段合同的交底。合同是当事人正确履行义务、保护自身合法利益的依据，因此水利水电施工企业项目部全体成员必须首先熟悉合同的全部内容，并对合同条款有一个统一的理解和认识，以避免不了解或对合同理解不一致带来工作上的失误。由于项目部成员知识结构和水平的差异，加之合同条款繁多，合同语言难以理解，因此很难保证每个成员都能够吃透整个合同的内容和合同关系，这样势必影响其在遇到实际问题时进行处理的有效性和正确性，影响合同的全面顺利实施。因此，在合同签订后，水利水电施工企业合同管理人员应熟悉合同中的各种合同文件及相关文件和资料的主要内容，明确工程中的风险、重点或关键性问题。

五、增强合同履约过程的控制意识

(一) 抓好合同台账管理工作

合同台账管理，是合同管理中一项重要工作。搞好合同台账管理，既是合同履行的依据，又是合同履行的记录，对合同管理的实施和评价有着十分重要的意义。

(二) 抓好履约检查环节

履约检查，是事前或事中发现问题和疏漏的唯一办法。只有在合同履约过程中定期检查，才能及时发现问题，制定防范风险的对策，从而将风险损失程度降到最小，将收益做到最大。为此，合同管理人员必须经常深入现场对合同履约和管理情况进行有针对性的检查，通过检查反映出合同履约中的一般性问题，显示出妨碍合同履行的重大问题，以及产生争议或出现纠纷的现象或隐患等，提出解决的办法或提出解决的请求，通过整改使合同顺利履约得到落实。

(三) 抓好分包合同的管理

①抓好分包合同管理的资质审核关，只有分包单位相关资质有效且符合施工要求，才能进行各种分包合同的签订。

②分包合同必须以工程合同为依据，满足工程合同的要求，有关工期、质量、安全、履约保证金、民工工资保证金等必须在分包合同中进行落实。

③要充分考虑工程的实际情况，划清合同界面，明确双方的权利和义务，避免责任不清，影响工程的顺利进行。

④狠抓分包合同的履行。对分包的施工单价、购销单价、费用标准及结算方法等，建立较为完善的管理标准。

⑤严把分包合同的结算关。以分包合同为基础，会同有关施工生产、技术质量、材料设备、经营管理等部门进行会签，尤其对无定额及换算定额项目，要做好发包方对材料单价或项目造价的确认工作，对分包结算的工作量，实行三级复核制度，层层把关。

（四）抓好变更和索赔工作

索赔是合同管理的继续，是项目施工过程中不可避免的，是承包商与业主之间承担工程风险比例的合理再分配，更能体现合同的公平合理性。工程变更和索赔是项目合同管理的一项重要工作，贯穿于合同履行的全过程，有严格的程序规定和时效要求，需要详细完整的证明资料，而且与项目管理的其他方面有密切联系，涉及技术、施工、质量、安全、环保、水保、材料设备供应、合同管理、公共关系等各个方面。为此必须提高变更和索赔的预见性、计划性，加强变更和索赔的系统性、规范性、及时性，提高项目经理部各单位工作人员的变更和索赔意识，增强变更和索赔工作责任感和工作积极性，明确各单位的变更和索赔职责，把工作落实到施工的全过程。

①必须成立变更和索赔组织机构，明确职责范围。

②要注重变更和索赔基础工作，做好原始记录，保管好原始签证资料。资料的整理与归档都应分类登记，原始资料应做到及时、系统、连续记载，做到不遗漏，实行统一编号、统一装订、统一归档的档案化管理，做到查询、使用方便快捷。

③变更和索赔的理由应以国家颁布的法律、法规和政策，以及合同和业主下发的相关管理办法为准，以施工过程中的实际情况和设计人、监理人的通知为依据，做到变更和索赔理由符合客观实际、充分可靠。

④必须按变更和索赔时限、程序去开展工作。变更和索赔事件发生后的时效内，必须进行索赔事件立项工作，书面阐述变更和索赔原因，列举变更和索赔证据，提出变更和索赔意向，进行相关费用计算，编制索赔报告，最后进行谈判。

⑤制定变更和索赔奖励处罚制度，对在变更和索赔工作中表现突出的部门和工作人员给予奖励，对未履行变更和索赔工作职责的有关部门和人员，进行通报批评或其他处罚。

六、提高合同管理人员的素质

一切管理工作的实施都是以人为本的，施工合同管理没有合同管理人员和全员的参与、主动配合就无从谈起，合同管理人员能动性的发挥和素质的高低极大地制约着合同管理的绩效。如何将两者有效结合起来，最大限度地发挥人的主观能动性，降低企业成本，使企业利益最大化，是施工项目合同管理中摆在我们面前的重要课题。过去，一部分合同管理人员综合素质低，缺乏必要的理论知识、实践经验和管理能力，管理知识、技术水平未达到应有的要求，是制约合同管理水平提高的重要因素，加之企业对项目合同管理重视不够，致使项目合同管理处于低水平状态。为此，首先要求项目经理要有较高的综合素质，他不但应有较高的政治素质、领导素质、身体素质，还应具备一定的专业素质和实践经验，要高度重视、熟悉并了解合同条款和执行情况，要能够把握索赔时机。其次，合同管理人员应积极参与合同管理体系，从投标报价开始直到合同终止的全过程对项目进行预测、计划、分析、核算和控制，建成施工项目合同管理的一整套网络体系，进行全过程管理。

合同管理的好坏直接体现一个企业管理水平的高低，对企业今后的生存和发展至关重要。水利水电施工企业面对当前的实际情况，只有不断增强合同风险防范意识、全员合同管理意识、合同履约过程控制意识，提高合同管理人员的素质，才是提高合同管理水平、降低施工项目成本、取得最大效益的有效途径。

第八章
水利水电建筑物的运行与养护

第一节　水电站建筑物的管理

一、水电站建筑物的维护和运行管理

（一）水电站建筑物维护和运行管理的任务

水电站建筑物维护、运行管理的中心任务是保证指令性任务的完成，做到安全、优质、经济、可靠地生产，提高发电效益。具体包括以下几方面：

①保证按照调度中心下达的电力生产计划全面完成生产任务，保证电能质量。

②合理利用水力资源，充分发挥国民经济各部门的综合效益。

③精心操作，严密监视，努力提高设备利用率，降低各项消耗。

④正确处理各种障碍、事故，尽可能避免和减少事故造成的损失。

（二）维护与运行管理的工作内容

水电站水工建筑物维护、运行管理的主要内容主要体现在制度建立、计划编制与执行几个方面。

1. 建立健全规章制度

①应建立以厂长（经理）全面负责，各部门、各单位、各车间、各班组分别负责的生产技术责任制，并强调执行、督促、检查落实，以保证安全可靠地生产。

②根据上级主管部门颁布的有关规程制度及设计资料、观测资料和其他工程的运行维护经验，结合本企业的具体情况，编制水工建筑物的运行维护规程细则，包括水务管理规程、水工观测规程、水工机械运行检修规程、水工作业安全规程。

③各运行管理人员要认真执行规程操作，确保各水工建筑物的稳定、坚固、耐久、安全。

2. 编制生产运行计划

①根据国家指令性计划，结合本企业的具体情况，编制发电供电计划。

②制定技术经济指标，如发电量、供电量、设备利用小时和耗水率。

③编制各水工建筑物的观测、维护、检修和机电设备的维护、检修计划，以及技术改造计划，不断提高和完善设备的技术水平和完好率。

3. 安全生产管理者执行计划

①对水工建筑物进行维护检修及技术改造时应采用必要的安全保护措施，以确保水工建筑物及水电站厂房机械设备的安全运行。

②定期进行安全和经济活动分析，检查各项计划指标的完成情况。

（三）水电站建筑物的维护及运行管理

水电站建筑物的维护及运行管理应根据维护运行规程明确水工建筑物与附属设备的观测项目及要求，进行观测和检查工作，并做好记录整理和分析。对检查发现的问题按照养护维修安全规程进行有计划的养护维修管理。

1. 水电站建筑物的检查观测

（1）观测网点的设置

①各主要水工建筑物的中心线，例如隧洞、渠道、压力管道等建筑物的始点、终点及压力管道的镇墩处均应设置可靠的标点。

②在各主要部位，例如坝上游的适当部位、进水口附近、尾水渠、船闸上下游等处均应设置水位标尺。

（2）水电站建筑物的主要检查观测

水电站建筑物的主要观测项目有进水口、渠道、隧洞、压力管道、尾水渠的淤积情况及冲沙设施的效能；水库水位、水温、库区漏水、塌岸及水电厂尾水位的变化情况；严寒地区的水库以及与建筑物相邻水域的冰冻现象；流冰与冻层对建筑物的影响等。

水电站建筑物的主要检查项目有检查引水混凝土建筑物有无剥落、溶蚀、冲刷等现象外，还要检查护坦、海漫、衬砌等的磨损、冲刷、脱落和沉陷等现象；压力钢管、各种金属结构和操作设备有无锈蚀、变形、损坏及操作失灵情况；进水口拦污栅有无被污物阻塞等情况。

2. 引水建筑物的养护修理

引水建筑物的作用是将集中了水头的水量送入水轮机，由水能转换为机械能，再由发电机将机械能转换为电能，有时引水建筑物本身也起到一定的集中水头的作用。搞好引水建筑物的维护和运行管理，对出现的缺陷进行及时合理的修补，是保证水电站安全可靠生产的重要组成部分。

（1）压力钢管的检查

为了保证工程的正常运行和人员设施安全，压力钢管运行时应经常进行以下几个项目的检查：①明管支座的检查；②明管伸缩节入孔的检查；③通气孔的检查；④运行保护设备的检查；⑤钢管锈蚀、磨损、焊缝的检查；⑥观测设备的检查；⑦排水设施情况的检查。

对上述各项目的检查可采取目测与仪器测试相结合的方法，针对不同项目可以进行定期或经常性的检查。

（2）压力钢管的养护

根据钢管道的运行标准，主要做好以下几个方面的养护工作：①对各种形式的支座构件应保持清洁，有足够的润滑脂；②滚动形式摇摆型支座的防护罩保持密封，不得有水、灰尘等进入罩内；③钢管内外壁以及支承环、加劲环和其他附属设备等的防腐保护层应保持良好状态，如产生锈蚀应根据周围环境的温度、湿度和接触介质情况，按金属结构防腐蚀的有关方法进行处理；④当气温下降到0℃以下时，要防止管内结冰；⑤发电管道需要临时停机时，一般不宜将钢管泄空以免重新充水时因温差过大而产生超应力；⑥伸缩节有渗水时冬季要注意保温；⑦为预防钢管发生爆管事故而设置的各种排水设备和其他装置，应进行经常养护，保证完好。

（3）压力钢管的修理

钢管通常出现的病害缺陷有：①钢管道在受到外压和管内产生负压时，容易出现弹性稳定而发生皱曲破坏，出现鼓包和鱼脊形变形；②露天式明管由于材料和结构形式不当及受温度变化影响，其管壁、焊缝等易发生脆性破坏；③钢管裂缝变形；④受水流、泥沙作用发生空蚀及磨损；⑤支座超限位移。

钢管病害的预防和修理的主要方法如下：

①结构补强。管壁一旦发生裂缝就应立即停止使用，进行补焊；管壁出现小鼓包和鱼脊形变形时，可采用顶压复原，并在钢管外设加劲环加强；如鼓包面积较大或整段钢管被压缩皱曲时，应割除已损坏段，重新设计的钢管应增设加劲环或更换较厚钢板。露天明管的脆性破坏发展速度很快，其管壁、焊缝及有关构件可能会出现断面呈晶粒均匀的平面并与构件表面垂直的破坏，此时应立即在钢管外壁加设钢箍，将在尖锐缺口处或外形突变的

构件改变为弧形过渡形式；一些间断的焊缝应加焊为连续焊缝，质量较差的焊缝要铲除重焊。

②空蚀与磨蚀破坏防治。防治空蚀的措施主要是控制管壁平整度和掺气。磨蚀破坏的防治主要是减少磨蚀介质的来源，坝前一定要消除上游导流段内的块石、围堰材料和消力池内的砂石，铁件、混凝土块等残余杂物；对于无压引水式水电站，可在进水口上游渠段设置沉沙池并定期清理，在压力前池内设置拦污栅，以减少进入管内的沙石量。当管壁发生气蚀和磨蚀时，应及时进行修理，方法与闸门气蚀磨蚀的处理方法相同。

③预防钢管振动破坏。可采取减振措施，最简单的方法是加设钢箍，调整加劲环距离，增设小支墩，以改变钢管的自振频率，降低钢管的振幅。如振源是由于涌浪或空化产生，可适当增加补气。引水发电钢管应尽量避免水轮机在振动较大的负荷下运转，尾水管内发生涡流时要充分补气消除振动。

钢管道的附属设备有伸缩缝、支墩、排水排气阀、进入孔等。当法兰盘式伸缩节的水封盘根老化及磨损而引起漏水时，可调紧压环螺栓，当盘根失效无法再调时，应更换新件。当支墩下的基础不好引起支墩变位时，可在支墩四周做排水设备以降低地下水位。寒冷地区支墩混凝土周围应加保温层，以消除支墩四周土壤冻胀对支墩的影响。进入孔法兰盘如有漏水，可将法兰盘连接螺栓拧紧或更换垫片。排气阀内导向轴承磨损过大时宜予以更换。通气孔座及阀盖漏水时，可重新研磨，使孔座及阀盖表面接触良好。

3. 寒冷地区冬季及排冰期对有关建筑物的管理

地处寒冷地区的水电厂，在冬季流冰期间，其水工建筑物经常会受到冰冻和浮冰的威胁，所以应在水库结冰期前，对有关水工建筑物进行全面的检查，做好排水前的各项准备工作，对各种水工建筑物的防冻设备进行检修。必要时，应对拦污栅和闸门槽进行保温。如发现有结冰，应采取机械方法或通热气加以清除，对不能承受冰压力的建筑物，要采取有效措施，使其不受冰压。

如发现水库上游被浮冰堵塞，或水库内有大块浮冰，可能对建筑物产生重大冲击的危险时，应及时采取措施，加以防止。为使排水建筑物能顺利排冰，在排冰期，应注意保持其槛上有足够水深。必要时，应规定排冰期内的上游水位。

对能结成稳固冰层的河流，为防止在河流中形成浮冰，水电厂必须在担负平稳负荷的情况下运行时，使水库水位稳定在尽可能高的水位上，在水库上游河道、引水渠道、日调节池中尽快形成冰层。

尽可能避免在冬季从泄水建筑物泄水，以防止水雾结冰时对附近的输电线路和变电、配电装置造成危害。如必须泄水，应采取防止危害的必要措施。要防止各种水工建筑物及其基础因表部所含水分冰冻而产生膨胀鼓凸现象，必要时，应采取措施加以处理。

冰期过后，应对受流冰作用的有关建筑物进行全面检查。如发现有损坏，应立即进行修复。

4．发电厂房的缺陷及其维修

（1）厂房混凝土裂缝

老厂房混凝土裂缝的产生原因有：①地基不均匀变形引起的裂缝；②温度变化引起的裂缝；③厂房受力或振动产生裂缝。

厂房混凝土裂缝的处理与一般混凝土结构的裂缝处理相同。

（2）厂房漏雨和渗水性

厂房的房顶面积比较大，并受发电振动的影响，已做好的防渗层容易开裂漏雨。一些坝后式厂房或河床式厂房受库水的渗透作用，厂房的基础或边墙可能出现渗水。

发电厂房的漏雨多采用更换防雨层的办法彻底处理。防雨层材料除用沥青卷材外，近年来还采用丁基胶片等材料，防渗效果较好。

大发电厂房的边墙漏水采用水泥砂浆、环氧砂浆抹面的办法进行局部补修，对厂房漏水较严重的部位采用灌浆堵漏方法进行处理。如河床式厂房的大坝横缝、厂房伸缩缝有渗漏，有的地方甚至可能出现射流，漏水原因主要是混凝土施工质量不好，一是伸缩缝止水失效，二是混凝土密实性差，治理的措施主要用水泥灌浆堵漏。

5．防止厂房振动破坏

所有的发电厂房因设计考虑不周，发电厂房的主要振动周期与发电机组的振动周期接近，诱发共振，严重时会引起发电厂房结构的破坏。

消除和减小振动的措施除消除振源外，也可以改变振源和结构的频率，使其避免共振。可视情况考虑选用以下途径：

①向转轮室和尾水管中补气，可有效降低振动。

②提高机组加工和安装质量。

③厂房上、下游立柱加固。厂房上游墙在发电机层以上与上游挡水结构是分开的，若采取结构措施将两者连接起来，可提高厂房上部结构自振频率，避免共振。可以增大立柱断面尺寸，提高厂房下部立柱刚度。但是对于刚性结构当自振频率接近转子频率时，容易在立柱底部出现较大动应力，反而对抗振不利。所以增大立柱断面尺寸时应慎重。

④更换转轮。轴流定浆式水轮机由于叶片不能调节，容易在启、停机过程中和部分负

荷工况时产生水压脉动。把转轮更换为转桨式水轮机，会改善机组振动情况，但更换转轮代价太大。

⑤增设发电机下导轴承。增加下导轴承可以提高支承刚度，缩短支点间距，从而改变轴系基频和降低大轴摆度。

6. 水电厂汛期管理下降

由于厂房布置不合理、洪水设计标准偏低、运用操作等原因，我国的一些水电厂已发生过多次厂房被淹事故。所以，防汛工作是水电厂安全生产的中心环节，关系着水库上下游人民生命财产的安全，必须贯彻"安全第一，预防为主"的方针，各部门必须高度重视，加强水电厂的汛期管理工作，确保水电厂安全度汛，做到遇设计标准洪水不垮坝、不漫坝、不淹发电厂房。对于超标准洪水须有应急抢险措施，使损失减轻到最低限度。

水电厂防汛管理工作应着重抓好以下几个方面的工作。

①建立健全水电厂房汛期工作制度和责任制，主要包括防汛岗位责任制，汛期和汛前、汛后现场检查制，报汛制，年度防汛总结制，使防汛工作制度化、规范化，避免由于随意性而带来的疏漏。

②编制周密可行的防汛计划，做好防汛准备工作，保证防汛工作秩序化。为此应从防汛责任指挥、通信联络、组织协调、物资供应、交通运输、电力能源、照明设施抢险抢修等方面做出全面规划安排。

③落实汛前汛后检修评级工作。在汛前一定时期，应对挡水坝、泄洪设施等水工建筑物按《水电厂水工建筑物评级标准》进行一次详细检查和评级，对建筑物存在的抗洪度汛缺陷应及时维修处理，并要进行泄洪试运行。在坝上游和下游的显著醒目位置标志出水库特征水位。对库区坍岸、滑坡，下游河道设置阻水情况应进行记载，并提出处理方案措施，报请上级批准。

④加强汛期巡视检查和观测。汛前应对观测设施进行全面检查和调试，确保汛期观测的可靠性、稳定性和准确性。在汛期，特别在遇到大洪水、高蓄水位、库水位暴涨暴落、大暴雨、地震等情况时，应按照防汛工作制度和岗位责任制，加强防汛值班和巡视检查，对重要部位、安全薄弱环节进行全时空检视，对发现的异常问题应及时上报情况。

⑤严格执行安全泄洪调度方案。防汛方案，是水电厂安全度汛的前提条件和重要保证。调度泄洪工作应由厂长负责指挥，总工程师亲自安排，由闸门操作定岗人员按操作规程操控，掌握泄洪设施的开启程序和开启度的变化过程，防止严重冲刷危及大坝及其他水工建筑物的安全，泄洪时应尽量避免水库对附近电气设备绝缘的影响。

⑥加强水文预报工作。

二、水电站机电设备的维护管理

机电设备是水电站的核心，分机械设备和电气设备两大类。机电设备运行的稳定性、安全性和可靠性是保证生产正常进行、正常发挥生产效益的最为重要的物质和技术基础，对设备的管理应给予足够的重视。

水电站机电设备包括水轮机、水轮发电机、主变压器、高压断路器、水轮机调速器、发电励磁装置、机组自动控制系统和水力辅助机械系统。

（一）设备运行管理

设备运行管理是指根据电力系统及其自身安全和发、供电及生产的要求，对所辖的机电设备的启停操作、工艺调整、巡视检查、清扫维护、事故处理和运行记录等各项工作。运行管理是设备管理、保证设备正常运行的重要内容。

1. 机电设备的运行管理方式

①有人值班的设备管理，就是24h厂内均有值班人员负责机电等设备的运行操作及维护管理，运行人员定时对设备运行状况进行监测、对运行设备进行操作、对运行设备进行巡回检查、对设备进行预防性试验，进行设备的日常维护小修。

②无人（或少人）值班的设备管理，指24h厂内不设值班人员，机组开停机操作、工艺转换、有功和无功功率调整以及运行监测等工作，均由上级调度所或厂外集中控制的人员及自动监控装置完成，但厂内仍有少数值班人员24h值守处理临时特殊操作。

2. 运行管理的基本要求

运行管理要以安全运行为中心，严格执行运行操作规程，建立操作责任制度，贯彻"两票三制"（即工作票、操作票；交接班制、巡回检查制、设备定期维护试验切换制），采用先进可靠的自动装置提高自动控制水平，加强维护，保证设备安全运行。

3. 运行管理的工作内容

①定期监测。一般每班两次，监测机组运行的主要性能和各部位温度，包含发电机定子绕组、铁芯及各部轴承的温度，空气冷却器进、出口的温度和水压、主变压器、厂用变压器、励磁变压器等的温度，同时对机组各部轴承沿轴线 xy 方向的摆度和振动进行监测。

②定时巡查。一般每班一次，主要巡视检查机组的振度、噪声、异味，各部轴承的油温、油面、水温、水压、导叶开度，发电机断路器油面等有无异常。

③定期预防性试验。根据规定，水电站电气设备必须定期进行预防性试验，目的是早期发现设备缺陷，确保安全运行。主要试验项目是发电机定子绝缘电阻、漏泄电流、主变压器绝缘介损、变压器油耐压、色谱分析、断路器介损以及避雷器、绝缘电阻、漏泄电流等。

④定期维护小修。主要是对运行中发现的设备缺陷及时进行处理，防止事故发生。

（二）机电设备的检修管理

检修是保证机电设备正常运行的重要手段，也应加强管理。

1. 机电设备检修工作的一般要求

①以"预防为主，计划检修"为原则，根据设备运行状况做到预防为主的计划检修。以检修规程规定的检修周期为依据，按设备实际状况来调整计划期和安排检修项目，并结合设备在结构、性能方面的问题，有计划地进行设备改进。

②按统筹安排，坚持长规划、短计划相结合的原则搞好设备轮修。每台机电设备的运转年限、制造质量、运行状况、存在缺陷等有所不同，因而安排检修计划时，合理统筹规划、科学安排、长短结合，使设备及时得到检修，又不出现同时停机影响生产的问题。

③做好设备检修准备工作。设备检修前，根据设备运行状况和解体后检查结果，最后核定检修项目和内容；编制非标准检修项目和设备改进的方案、图纸，并经过审批；做好施工组织；准备好检修材料、工具、专用机械和检修施工场地，并将检修设备和运行设备妥善隔离。

④加强施工管理，保证检修质量。在施工中，重点抓好质量标准、工艺措施的贯彻，严格质量验收。重大项目实行自检、互检、终检相结合的方式，实行严格的验收，做到不合格的坚决返工。

2. 机电设备检修的一般规定

水电厂所有的水轮发电机组都必须定期轮流运行和轮流计划检修。新安装水轮发电机组及其附属设备，投入运行1年左右必须进行一次大修，以后大修周期一般为3~5年，小修周期一般为每年1~2次，对于泥沙磨损和气蚀严重的水轮机，应加强监测、检查，发现问题及时检修。

根据水轮发电机组的工作状况和设备的完好水平，经上级主管部门同意，可延长或缩短机组的大修间隔时间。

第二节　渠系建筑物的养护与修理

一、渠道的养护与修理

（一）渠道的检查与养护

1. 渠道的检查

①经常性检查。包括平时检查和汛期检查。平时检查着重检查干、支渠渠堤险段。检查渠堤上有无雨淋沟、浪窝、洞穴、裂缝、滑坡、塌岸、淤积、杂草滋生等现象；检查路口及交叉建筑物连接处是否合乎要求，同时还应检查渠道保护区有无人为乱挖滥垦等破坏现象。汛期检查主要是检查防汛的准备情况和具体措施的落实情况。

②临时性检查。主要包括在大雨中、台风后和地震后的检查。着重检查有无沉陷、裂缝、崩塌及渗漏等情况。

③定期检查。主要包括汛前、汛后、封冻前、解冻后进行的检查，当发现薄弱环节和问题，应及时采取措施，加以修复解决。对北方地区冬灌渠道，应注意冰凌冻害的影响。

④渠道行水期间的检查。渠道行水期间应检查观测各渠段流态，是否存在阻水、冲刷、淤积和渗漏损坏等现象，有无较大漂浮物冲击渠坡和风浪影响，渠顶超高是否足够等。

2. 渠道的养护

渠道的日常维护工作有以下内容：

①严禁在渠道上拦坝壅水，任意挖堤取水，或在渠堤上铲草取土、种植庄稼和放牧等，以保证渠道正常运行。在填方渠道附近，不准取土、挖坑、打井、植树和开荒种地，以免渠堤滑坡和溃决。

②严禁超标准输水，以防漫溢。严禁在渠堤堆放杂物和违章修建建筑物。严禁超载车辆在渠堤上行驶，以防压坏渠堤。

③防止渠道淤积，有坡水入渠要求的应在入口处修建防沙、防冲设施。及时清除渠道中的杂草杂物，以免阻水。严禁向渠道内倾倒垃圾和排污。

④在灌溉供水期应沿渠堤认真仔细检查，发现漏水渗水以及渠道崩塌、裂缝等险情应及时采取处理措施，以防止险情进一步恶化。检查时发现隐患应做好记录，以便停水后彻

底处理。

⑤做好渠道的其他辅助设施的维护与管理工作。这些辅助设施有量水设施与设备、安全监控仪器设备、排水闸、跌水及两岸交通桥等。

（二）渠道病害的修理

1. 渠道冲刷处理

①修建跌水、陡坡、潜堰、砌石护坡护底等，调整渠道比降，减缓流速和提高抗冲能达到防冲的目的。

②渠道弯曲过急、水流不顺，造成凹岸冲刷时，可采取加大弯曲半径、裁弯取直的办法，使水流平顺，避免冲刷；也可以采取浆砌石或混凝土衬砌冲刷段提高其抗冲能力。

③渠道土质不好，施工质量差，又未采取衬砌措施，引起大范围冲刷时，可采取渠床夯实或渠道衬砌等措施，提高渠道稳定性，以防止冲刷。

④渠道管理不善，流量突增猛减，水流淘刷或漂浮物撞击渠坡时，应加强管理，科学调控，保持流量均匀，消除漂浮物。

2. 渠道淤积的处理

渠道淤积的处理从防淤和清淤两方面采取措施。

①防淤措施：设置防沙、排沙设施，减少进入渠道的泥沙；调整引水时间，避开沙峰引水，在高含沙量时减少引水流量，在低含沙量时加大引水流量；防止水挟沙入渠，防止山洪、暴雨径流进入渠道，避免渠道淤积；衬砌渠道，减小渠道糙率，加大渠道流速，提高挟沙能力，减少淤积。

②清淤措施：水力清淤。在水源比较充足的地区，可在非用水季节，利用含沙量少的清水，按设计流量引入渠道，利用现有排沙闸、泄水闸、退水闸等泄水拉沙，按先上游后下游的顺序，有计划地逐段进行，必要时可安排受益农户参与，使用铁锹、铁耙等农具搅拌，加速排沙。人工清淤，是目前使用最普遍的方法，在渠道停水后，组织人力，使用铁锹等工具，挖除渠道淤沙，一般一年进行 1~2 次。机械清淤，主要是用挖泥船、挖土机、推土机等工程机械来清理渠道淤积泥沙，这种方法速度快、效率高，能降低劳动强度、节省大量劳力。

3. 渠道的沉陷、裂缝、孔洞的修理

渠道修理措施一般有翻修和灌浆两种，有时也可采用上部翻修、下部灌浆的综合措施。

（1）翻修

翻修是将病害处挖开，重新进行回填。这是处理病害比较彻底的方法，但对于埋藏较深的病害，由于开挖回填工作量大，且限于在停水季节进行，是否适宜采用，应根据具体条件分析比较后确定。翻修时的开挖回填，应注意下列各点：

①根据查明的病害情况，决定开挖范围。开挖前向裂缝内灌入石灰水，以利于掌握开挖边界。开挖中如发现新情况，必须跟踪开挖，直至全部挖尽为止，但不得掏挖。

②开挖坑槽一般为梯形，其底部宽度至少0.5m，边坡应满足稳定及新旧填土接合的要求，一般根据土质、夯压工具及开挖深度等具体条件确定。较深的坑槽也可挖成阶梯形，以便出土和安全施工。

③开挖后，应保护坑口，避免日晒、雨淋或冰冻，并清除积水、树根、苇根及其他杂物等。

④回填的土料应根据渠基土料和裂缝性质选用，对沉陷裂缝应用塑性较大的土料，控制含水量大于最优含水量的1%~2%；对滑坡、干缩和冰冻裂缝的回填土料，应控制含水量等于或低于最优含水量的1%~2%。挖出的土料，要试验鉴定合格后才能使用。

⑤回填土应分层夯实，填土层厚度以10~15cm为宜，压实密度应比渠基土密度稍大些。

⑥新旧土接合处，应刨毛压实，必要时应做接合槽，以保证紧密结合，并要特别注意边角处的夯实质量。

（2）灌浆

当处理埋藏较深的病害处时，因翻修的工程量过大，可采用黏土浆或黏土水泥浆灌注等方式。处理方式有重力灌浆法和压力灌浆法。重力灌浆仅靠浆液自重灌入缝隙，不加压力。压力灌浆除浆液自重外，再加机械压力，使浆液在较大压力的作用下，灌入缝隙，一般可结合钻探打孔进行灌浆，在预定压力下，至不吸浆为止。关于灌浆方法及其具体要求，可参照有关规范执行。

（3）翻修与灌浆

如果对结合面的要求低，可对病害的上部采用翻修法，下部采用灌浆法处理。先沿裂缝开挖至一定深度，并进行回填，在回填时预埋灌浆管，然后采用重力或压力灌浆，对下部病害进行灌浆处理。这种方法适用于中等深度的病害，以及不易全部采用翻修法处理的部位或开挖有困难的部位。渠基处理好以后，就可进行原防渗层的施工，并使新旧防渗层结合良好。

4. 防渗层破坏的修理

渠道的防渗技术方法和形式较多，且各有特点。对防渗层的修补处理，要根据防渗层的材料性能、工作特点和破坏形式选择下列修补方法：

（1）土料和水泥土防渗层的修理

对土料防渗层出现的裂缝、破碎、脱落、孔洞等，应将病害部位凿除，清扫干净，用素土、灰土等材料分别回填夯实，修打平整。

对水泥土防渗层的裂缝，可沿缝凿成倒三角形或倒梯形，并清洗干净，再用水泥土或砂浆填筑抹平，或者向缝内灌注黏土水泥浆。对破碎、脱落等病害，可将病害部位凿除，然后用水泥土或砂浆填筑抹平。

（2）砌石防渗层的修理

对砌石防渗层出现的沉陷、脱缝、掉块等，应先将病害部位拆除，冲洗干净，不得有泥沙或其他污物，再选用质量及尺寸均适合的石料，砂浆砌筑。对个别不满浆的缝隙，再由缝口填浆并捣固，务使砂浆饱满。对较大的三角缝隙，可用手锤楔入小碎石，缝口可用高一级的水泥砂浆勾缝。对一般平整的裂缝，可沿缝凿开，并冲洗干净，然后用高一级的水泥砂浆重新填筑、勾缝。如外观无明显损坏、裂缝细而多、渗漏较大的渠段，可在砌石层下进行灌浆处理。

（3）膜料防渗渠道的修理

膜料防渗层除在施工中发生损坏，应及时修补外，在运行中一般难以发现损坏。如遇意外事故而出现损坏，可用同种膜料粘补。膜料防渗层常见的病害主要是保护层的损坏，如保护层裂缝或滑坍等，可按相同材料防渗层的修补方法进行修理。

（4）沥青混凝土防渗层的修理

沥青混凝土防渗层常见的病害主要是裂缝、隆起和局部剥蚀等。对于1mm细小的非贯穿性裂缝，当春暖时，都能自行闭合，一般不必处理；2~4mm的贯穿性裂缝，可用喷灯或红外线加热器加热缝面，再用铁锤沿缝面锤击，使裂缝闭合粘牢，并用沥青砂浆填实抹平。裂缝较宽时，往往易被泥沙充填，影响缝口闭合，应在缝口张开最大时（每年1月左右），清除泥沙，洗净缝口，加热缝面，用沥青砂浆填实抹平。对剥蚀破坏部位，经冲洗、风干后，先刷一层热沥青，然后再用沥青砂浆或沥青混凝土填补。如防渗层鼓胀隆起，可将隆起部位凿开，整平土基后，重新用沥青混凝土填筑。

（5）混凝土防渗层的几种修理方法

①现筑混凝土防渗层的裂缝修补。当混凝土防渗层开裂后仍大致平整，无较大错位时，如缝宽小，可采用过氯乙烯胶液涂料粘贴玻璃丝布的方法进行修补；如缝宽较大，可

采用填筑伸缩缝的方法修补。对缝宽较大的大型渠道，可用下列填塞与粘贴相结合的方法修补。清除缝内、缝壁及缝口两边的泥土、杂物，使之干燥。沿缝壁涂刷冷底子油，然后将煤焦油沥青填料或焦油塑料胶泥填入缝内，填压密实，使表面平整光滑。填好缝 1~2d 后，沿缝口两边各宽 5cm 涂刷过氯乙烯涂料一层，随即沿缝口两边各宽 3~4cm 粘贴玻璃丝布一层，再涂刷涂料一层，贴第二层玻璃丝布，最后涂一层涂料即完成。涂料要涂刷均匀，玻璃丝布要粘平贴紧，不能有气泡。

②预制混凝土防渗层砌筑缝的修补。预制混凝土板的砌筑缝，多是水泥砂浆缝，容易出现开裂、掉块等病害，如不及时修补，不仅会加大渗漏损失，而且将逐渐加重病害，造成更大损失。修补方法是：凿除缝内水泥砂浆块，将缝壁、缝口冲洗干净，用与混凝土板同标号的水泥砂浆填塞，捣实抹平后，保温养护不得少于 14d。

③混凝土防渗板表层损坏的修补。混凝土防渗板表层损坏，如剥蚀、孔洞等，可采用水泥砂浆或预缩砂浆修补，必要时还可采用喷浆修补。

a. 水泥砂浆修补。首先必须全部清除已损坏的混凝土，并对修补部位进行凿毛处理，冲洗干净，然后在工作面保持湿润状态的情况下，将拌和好的砂浆用木抹子抹到修补部位，反复压平，用铁抹子压光后，保温养护不少于 14d。当修补部位深度较大时，可在水泥砂浆中掺适量砾料，以减少砂浆干缩和增强砂浆强度。

b. 预缩砂浆修补。预缩砂浆是经拌和好之后再归堆放置 30~90min 才使用的干硬性砂浆。当修补面积较小又无特殊要求时，应优先采用。

c. 喷浆修补。喷浆修补是将水泥、砂和水的混合料，经高压喷头喷射至修补部位，施工工艺参见喷浆修补的相关内容。

④混凝土防渗层的翻修。混凝土防渗层损坏严重，如破碎、错位、滑坍等，应拆除损坏部位，填筑好土基后重新砌筑。砌筑时要特别注意将新旧混凝土的接合面处理好。接合面凿毛冲洗后，要涂一层厚 2mm 的水泥净浆，才能开始砌筑混凝土，然后要注意保温养护。翻修中拆除的混凝土要尽量利用。如现浇板能用的部分，可以不拆除；预制板能用的，尽量重新使用；破碎混凝土中能用的石子，也可做混凝土骨料用等。

二、渡槽的养护与修理

（一）渡槽的检查与养护

渡槽一般由输水槽身、支承结构、基础、进口建筑物和出口建筑物组成。在实际工程中，绝大部分是钢筋混凝土渡槽，有整体现浇的和预制装配的。常用的槽身断面形式有矩形和 U 形两种。支承结构常用梁式、拱式、桁架式、桁架梁及桁架拱式、斜拉式等。

渡槽的日常检查与养护工作包括以下内容：

①槽内水流应均匀平顺，发现裂缝漏水、沉陷、变形应及时处理。

②渡槽原设计未考虑交通时，应禁止人、畜通行，防止意外发生。

③要经常清理槽内淤积和漂浮物，保证正常输水，防止上淤下冲。

④跨越沟溪的渡槽，基础埋深要在最大冲刷线之下，防止基础遭受淘刷。

⑤寒冷地区的渡槽，基础埋深要在最大冰冻深度下，防止基础冻胀破坏。

⑥跨越多泥沙河流的渡槽，应防止河道淤积、洪水位抬高危及渡槽安全。

（二）渡槽病害的修理

1. 渡槽冻害的防治

（1）冻胀破坏的防治措施

为了防止渡槽基础的冻害，可采用消除、削减冻因的措施或结构措施，也可将以上两种措施结合起来，而采用综合处理方法。

①消除、削减冻因。温度、土质和水分是产生冻胀的三个基本因素，如能消除或削弱其中某个因素，便可达到消除或削弱冻胀的目的。在实际工程中，常采用的措施有换填法、物理化学方法、隔水排水法和加热隔热法。其中换填法是指将渡槽基础周围强冻胀性土挖除，然后用弱冻胀的砂、砾石、矿渣、炉灰渣等材料换填。换填厚度一般采用 30～80cm。采用换填法虽不能完全消除切向冻胀力，但可使切向冻胀力大为减小。在采用砂砾石换填时，应控制粉黏粒的含量，一般不宜超过 14%。为使换填料不被水流冲刷，对换填料表面必须进行护砌。

②防治冻害的结构措施。结构措施可归纳为回避和锚固两种基本方法。

回避法是在渡槽基础与周围土之间采用隔离措施，使基础侧表面与土之间不产生冻结，进而消除切向冻胀力对基础的作用。

实际工程中常用油包桩和柱外加套管两种方法。油包桩是在冻层内的桩表面涂上黄油和废机油等，然后外包油毡纸，在油毡纸外再涂油类，做成二毡二油或三油。套管法是在冻土层范围内，在桩外加一套管，套管通常采用铁或钢筋混凝土制作。套管内壁与桩间应当留有 2～5cm 间隙，并在其中填黄油、沥青、机油、工业凡士林等。

锚固法是采用深桩，利用桩周围摩擦力或在冻深以下将基础扩大，通过扩大部分的锚固作用防止冻拔。

（2）冻融剥蚀修补

修补材料。修补材料首先应该满足工程所要求的抗冻性指标，混凝土的抗冻等级在严寒地区不小于 F300，寒冷地区不小于 F200，温和地区不小于 F100。通常用的修补材料有高抗冻性混凝土、聚合物水泥砂浆、预缩水泥砂浆等。

配制高抗冻性混凝土的主要途径是选择优质的混凝土原材料，掺加引气剂提高混凝土的含气量，掺用优质高效减水剂降低水灰比等。当然，良好的施工工艺和严格的施工质量控制也是非常重要的。一般情况下，当剥蚀深度大于 5cm，即可采用高抗冻性混凝土进行修补。根据工程的具体情况，可以采用常规浇筑或滑模浇筑、真空模板浇筑、泵送浇筑、预填骨料压浆浇筑、喷射浇筑等多种工艺。预填骨料压浆浇筑的优点是可大幅度减少混凝土的收缩，施工模板简单。由于预填骨料已充满整个修补空间，即使收缩发生也不至于使骨料移动。喷射混凝土近年来被广泛应用于混凝土结构剥蚀破坏的修补加固。这是因为喷射混凝土修补施工具有特殊的优点：①由于高速喷射作用，喷射混凝土和老混凝土能良好黏结，黏结抗拉强度约为 0.5~2.85MPa；②喷射混凝土施工作业不需要支设模板，不需要大型设备和开阔场地；③能向任意方向和部位施工作业，可灵活调整喷层厚度；④具有快凝、早强特点，能在短期内满足生产使用要求。

聚合物水泥砂浆（混凝土）。聚合物水泥砂浆（混凝土）是通过向水泥砂浆（混凝土）中掺加聚合物乳液改性而制成的一类有机-无机复合材料。聚合物的引入，既提高了水泥砂浆（混凝土）的密实性、黏结性，又降低了水泥砂浆（混凝土）的脆性。近年来，在我国应用比较广泛的改性聚合物乳液有丙烯酸酯共聚乳液（PAE）、氯丁胶乳（CR）。聚合物乳液的掺加量约为水泥用量的 10%~15%，水灰比一般为 0.30 左右。为防止乳液和水泥等拌和时起泡，尚须加入适量的稳定剂和消泡剂。与普通水泥砂浆（混凝土）相比，改性后的砂浆（混凝土）的抗压强度降低 10%~20%，极限拉伸提高 1~2 倍，弹模降低 10%~50%，干缩变形减小 15%~40%，比老混凝土的黏结抗拉强度提高 1~3 倍，抗裂性和抗渗性大幅度提高，抗冻等级能达到 F300 以上。因此，聚合物水泥砂浆（混凝土）是一种非常理想的薄层冻融剥蚀修补材料。

当冻融剥蚀厚度为 10~20mm 且面积比较大时，可选用聚合物水泥砂浆修补；当剥蚀厚度大于 3~4cm 时，则可考虑选用聚合物水泥混凝土修补。由于聚合物乳液比较贵，因此从经济角度出发，当剥蚀深度完全能采用高抗冻性混凝土修补（大于 5cm）时，应优先选用抗冻混凝土修补。

预缩水泥砂浆。干性预缩水泥砂浆是一种水灰比小，拌和后放置 30~90min 再使用的水泥砂浆。其配合比一般为水灰比 0.32~0.34，灰砂比（1:2）~（1:2.5），并掺有减水剂和引气剂。砂料的细度模数一般为 1.8~2.0。预缩水泥砂浆的性能特点是强度高、收缩小、抗冻抗渗性好，与老混凝土的黏结劈裂抗拉强度能达到 1.0~2.0MPa，且施工方便，成本低，适合于小面积的薄层剥蚀修补。铺填预缩水泥砂浆以每层 4cm 左右并捣实为宜。由于水灰比低，加水量少，故须特别注意早期养护。

施工工艺。为了保证丙乳砂浆与基底黏结牢固，要求对混凝土表面进行人工凿毛处理，并用高压水冲洗干净，待表面呈潮湿状、无积水时，再涂刷一层丙乳净浆，并立即摊铺拌匀的丙乳砂浆。铺设丙乳砂浆分两层进行，第一层为整平层，第二层为面层。为增加整平层和基底的黏结强度，在抹平过程中将砂浆捣实，抹光操作 30min 后，砂浆表面成膜，立即用塑料布覆盖，24h 后洒水养护，7d 后自然干燥养护。施工水泥宜用 525 号普硅水泥及部分 425 号普硅水泥。水灰比为 0.25~0.312，乳液水泥用量比为 0.26~0.28。

2. 混凝土碳化及钢筋锈蚀处理

一般情况下，不需要对混凝土的碳化进行大面积处理，因为施工质量较好的水工建筑物，在其设计使用年限内，平均碳化层深度基本上不会超过平均保护层厚度。一旦建筑物的保护层全部被碳化，说明该建筑物的剩余使用寿命已不长，对其碳化进行全面处理，投资较大，没有多大实际意义。如建筑物的使用年限不长，绝大部分碳化不严重，只是少数构件或小部分碳化严重，对其进行防碳化处理十分必要。当建筑物钢筋尚未锈蚀，宜对其做封闭防护处理。

①采用高压水清洗机清洗结构物表面，清洗机的最大水压力可达 6MPa，可冲掉结构物表面的沉积物和疏松混凝土，清洗效果较好。

②以乙烯-醋酸乙烯共聚乳液（EVA）作为防碳化涂料；其表干时间为 10~30min，黏结强度大于 0.2MPa，抗-25~85℃冷热温度循环大于 20 次，气密性好，颜色为浅灰色。

③用无气高压喷涂机喷涂，涂料内不夹带空气，能有效保证涂层的密封性和防护效果；分两次喷涂，两层总厚度达 150μm 即可。

钢筋锈蚀对钢筋混凝土结构危害性极大，其锈蚀发展到加速期和破坏期会明显降低结构的承载力，严重威胁结构的安全性，而且修复技术复杂，耗资大，修补效果不能完全保证。因此，一旦发现钢筋混凝土中钢筋有锈蚀迹象，应及早采取合适的防护或修补处理措施。通常的措施有以下两个方面。

一是恢复钢筋周围的碱性环境，使锈蚀钢筋重新钝化。将锈蚀钢筋周围已碳化或遭氯盐污染的混凝土剥除，并重新浇筑新混凝土（砂浆）或聚合物水泥混凝土（砂浆）。

二是限制混凝土中的水分含量，延缓或抑制混凝土中钢筋的锈蚀。一般采用涂刷防护涂层，限制或降低混凝土中氧和水分含量，提高混凝土的电阻，减小锈蚀电流，延缓或抑制锈蚀的发展。国外的研究资料表明：涂刷有机硅质水涂料，能够明显降低混凝土中锈蚀钢筋的锈蚀速度，但不能完全制止钢筋的继续锈蚀。因而，防水处理仅能当作临时的应对措施，延缓钢筋混凝土结构的老化速度，直到有可能采取更有效的修补处理对策。

3. 渡槽接缝漏水处理

渡槽接缝漏水，主要是止水的老化失效等原因造成的，处理的方法很多，如橡皮压板式止水、套环填料式止水、粘贴式（粘贴橡皮或玻璃丝布）止水等。

（1）聚氯乙烯胶泥止水的施工方法

①配料。胶泥配合比（质量比）为：煤焦油∶聚氯乙烯∶邻苯二甲酸二丁酯∶硬脂酸钙∶滑石粉 =100∶12.5∶10∶0.5∶25。

②试验。做黏结强度试验，黏结面先涂一层冷底子油（煤焦油∶甲苯为1∶4），黏结强度可达140kPa。不涂冷底子油可达120kPa。将试件做弯曲90°和扭转180°试验未遭破坏，即可满足使用要求。

③做内外模。槽身接缝间隙在3~8cm的情况下，可先用水泥纸袋卷成圆柱状塞入缝内，在缝的外壁涂抹2~3cm厚的M10水泥砂浆，作为浇灌胶泥的外模，3~5d后取出纸卷，将缝内清扫干净，并在缝的内壁嵌入1cm厚的木条，用胶泥抹好缝隙作为内模。

④灌缝。将配制好的胶泥慢慢加温，温度高低控制在110~140℃，待胶泥充分塑化后即可浇灌。对于U形槽身的接缝，可一次浇灌完成；对尺寸较大的矩形槽身，可采用两次浇灌完成。第二次浇灌的孔口稍大，要慢慢浇灌才能排出缝隙内的空气。

（2）塑料油膏止水

施工步骤如下：

①接缝处理。将接缝清理干净，保持干燥。

②油膏预热熔化。最好是间接加温，温度保持在120℃左右。

③灌注方法。先用水泥纸袋塞缝并预留灌注深度约3cm，然后灌入预热熔化的油膏，边灌边用竹片将油膏同混凝土反复揉擦，使其紧密粘贴。待油膏灌至缝口，再用皮刷刷齐。

④粘贴玻璃丝布。先在粘贴的混凝土表面刷一层热油膏，将预先剪好的玻璃丝布粘贴上去，再刷一层油膏，并粘贴一层玻璃丝布，然后再刷一层油膏，务必粘贴牢固。

三、倒虹吸管及涵管的养护与修理

（一）倒虹吸管及涵管的检查与养护

1. 倒虹吸管的检查与养护

倒虹吸管是渠道穿越山谷、河流、洼地，以及通过道路或其他渠道时设置的压力输水管道，是一种交叉输水建筑物，是灌区配套工程中的重要建筑物之一。倒虹吸管一般由进口、管身和出口三部分组成。管身断面形式常见的有圆形和箱形两种。国内灌区工程中的倒虹吸管，绝大多数是钢筋混凝土管和预应力钢筋混凝土管，只有少量的钢管和素混凝土管。钢筋混凝土管和预应力钢筋混凝土管既有预制安装的，也有现浇的。

倒虹吸管的日常检查与维护工作主要包括以下内容：

①在放水之前应做好防淤堵的检查和准备工作，清除管内泥沙等淤积物，以防阻水或堵塞；多沙渠道上的倒虹吸管，应检查进口处的防沙设施，确保其在运用期发挥作用；注意检查进出口渠道边坡的稳定性，对不稳定的边坡及时处理，以防止在运用期塌方。

②停水后的第一次放水时，应注意控制流量，防止开始时放水过急，管中挟气，水流回涌而冲坏进出口盖板等设施。

③在运行期间应经常注意清除拦污栅前的杂物，以防止压坏拦污栅和壅高渠水，造成漫堤决口。

④在过水运行期间，注意观察进、出口水流是否平顺，管身是否有振动；注意检查管身段接头处有无裂缝、孔洞漏水，并做好记录，以便停水检修。

⑤注意维护裸露斜管处镇墩基础及地面排水系统，防止雨水淘刷管、墩基础而威胁管身安全。

⑥注意养护进口闸门、启闭设备、拦污栅、通气孔以及阀门等设施和设备，保证其灵活运行。

2. 涵管的检查与养护

涵管（洞）是指埋设在堤、坝以及路基下，用来输水或泄水的水工建筑物，其断面形式常有矩形、圆形和城门洞形。涵管有现浇的，也有预制的，一般圆形小口径涵管大多为预制安装的。涵管（洞）外侧填筑土石料，底部有直接置于土基或岩基上的，也有放置在基座上的；主要作用荷载有自重、外侧土压力、内外水压力和温度应力。在我国，绝大多数土石坝中埋设有坝下涵管，各大河流的干支堤下埋设有大量的输水和泄水涵洞，因此涵管（洞）是一种应用较多的输水建筑物。涵管（洞）的日常检查与维护工作主要有以下内容：

①保证涵管（洞）进口无泥沙淤积，发现泥沙淤积及时清理。

②保证涵管（洞）出口无冲刷掏空等破坏，并注意进、出口处其他连接建筑物是否发生不均匀沉陷、裂缝等。

③按明流设计的涵管（洞）严禁有压运行或明流、满流交替运行。启闭闸门要缓慢进行，以免管内产生负压、水击现象。

④路基或坝下涵管（洞）顶部严禁堆放重物，禁止超载车辆通过或采取必要措施，以

防止涵洞的断裂。

⑤能够进入的涵管（洞）要定期派人入内检查，查看有无混凝土剥蚀、裂缝漏水和伸缩缝脱节等病害发生。发现病害，应及时分析原因并修补处理。

⑥对坝下有压涵管，在运行期间要注意观察外坝坡出口附近有无管涌和逸出点抬高现象。若发现此现象应查明是否由涵管断裂引起的，并尽快采取必要处理措施。

⑦注意保养闸门、启闭机械设备，保证运用灵活。

（二）倒虹吸管及涵管的修理

1. 倒虹吸管的修理

（1）裂缝的处理

即裂缝处理的方案是：对于既未考虑运行期温度应力，又未采取隔热措施的管道，要采取填土等隔热措施；对于强度不足、施工质量差的管道所产生的裂缝，要采取全面加固措施；对有足够强度的管道的裂缝，主要采取防渗措施。

①包裹保护。这是防止纵向裂缝发生和扩展的有效措施。对裸露在外部的倒虹吸管两侧使用预制空心混凝土砌块进行砌筑外包，上部填土夯实，既能对倒虹吸管起到明显的隔热保温作用，又能减轻风、霜、雨、雪等对管身混凝土的侵蚀。

②加固补强。对因沉陷引起的裂缝，首先应进行固基处理，如采取灌浆培厚等方法；对强度安全系数太低的管道，可采用内衬钢板加固措施进行处理，处理步骤是：在混凝土管内，衬砌一层厚 4~6mm 的钢板，钢板事先在工厂加工成卷，其外壁与钢筋混凝土内壁之间留 1cm 左右的间隙，钢板从进、出口送入管内就位、撑开，再焊接成形，然后在二者之间进行回填灌浆。该法的优点是能有效提高安全系数，加固后安全、可靠、耐久，缺点是造价高，钢材用量多，施工难度大。

③表面涂抹、贴补或嵌补封缝。对结构整体性影响不大的裂缝一般只在表面采用涂抹、贴补或嵌补等方法进行封缝处理。有刚性处理和柔性处理两种类型。

刚性方案。有钢丝水泥砂浆、钢丝网环氧砂浆和环氧砂浆粘钢板等方法，这类方法不仅能够防渗抗裂，而且还能分担裂缝处钢筋的一部分应力，提高建筑物的安全性。

柔性方案。有环氧砂浆贴橡皮、环氧基液贴玻璃丝布、环氧基液贴纱布、聚氯乙烯油膏填缝及乳化沥青掺苯溶氯丁胶刷缝等方法，柔性处理能够适应裂缝开合的微小变形，造价较低，施工方便。缝宽小于 0.2mm 时，采用加大增塑性比例的环氧砂浆修补效果好；缝宽大于 0.2mm 时，采用环氧砂浆贴橡皮效果好。

（2）渗漏处理

①对因裂缝引起的渗漏可按裂缝处理方法进行。

②管壁一般渗漏的处理。可在管内壁刷 2~3 层环氧基液或橡胶液，涂刷时应力求薄而匀，每日刷一遍，总厚度约 0.5mm。若为局部漏水孔或气蚀破坏，可涂抹环氧砂浆封堵。

③接头漏水的处理。对于受温度变化影响大的，仍须保持柔性接头的管道，可在接缝处充填沥青麻丝，然后在内壁表面用环氧砂浆贴橡皮。对于已做包裹处理受温度影响显著减小的管道，可改用刚性接头，并隔一定距离设一柔性接头。刚性接头施工时可在接头内外打入石棉水泥或水泥砂浆，并在管内壁表面涂刷环氧树脂，防止钢管伸缩接头漏水，并应定期更换止水材料。

（3）淤积处理

在进口处设置拦污栅隔离漂浮物以防止堵塞；在进口上游一定距离设置沉沙池和冲沙孔防止推移质的堆积；控制过水流量和流速防止悬移质的沉积。当出现堵塞，应先排除管内积水，再用人工挖出。

（4）冲磨的处理

设置拦沙槽拦截沙石，减轻对管壁的磨损。对已发生气蚀与冲磨的管壁可进行凿除并重新涂抹耐磨材料（见隧洞的冲磨处理）。

2. 涵管常见病害的处理

涵管断裂漏水的加固及修复措施如下：

（1）管基加固

对因基础不均匀沉陷而引起断裂的涵管，一方面进行管身结构补强，另一方面还须加固地基。

①对坝身不很高，断裂发生在管口附近的，可直接开挖坝身进行处理。

②对于软基，应先拆除被破坏部分涵管，然后挖除基础部分的软土至坚实土层，并均匀夯实，再用浆砌石或混凝土回填密实。

③对岩石基础软弱带可进行回填灌浆或固结灌浆处理。

④对直径较大的涵管，当断裂发生在中部，开挖坝体处理有困难时，可在洞内钻孔进行灌浆处理。灌浆处理常采用水泥浆，断裂部位可用环氧砂浆封堵。

（2）更换管道

当涵管直径较小、断裂严重、漏水点多、维修困难时，须更换管道。对埋深较大的管道可采用顶管法完成。顶管法是采用大吨位油压千斤顶将预制好的涵管逐节顶进土体中的施工方法。顶管施工的程序为：测量放线—工作坑布置—安装后座及辅导轨—布置及安装机械设备—下管顶进—管的接缝处理—截水环处理—管外灌水泥浆—试压。顶管法施工技术要求高，施工中定向定位困难。但它与开挖沟填埋法比较，具有节约投资、施工安全、工期短、需用劳动力少、对工程运用干扰较小等优点。

（3）结构补强

因结构强度不够，涵管产生裂缝或断裂时，可采用结构补强措施。

①灌浆。灌浆是目前混凝土或砌石工程堵漏补强常用的方法。对坝下涵管存在的裂缝、漏水等均可采用灌浆处理。例如，河北省钓鱼台水库，由于运用期间产生明、满流交替的半有压流态，在 92m 长的洞壁上漏水点达 59 处，根据这种情况，进行了水泥灌浆处理。全洞共钻孔 120 个，浆孔布设在洞壁两侧，每侧两排，上下错开呈梅花形。上排离洞底 0.7~0.8m，孔深 0.7~0.9m；下排离洞底 0.1m，孔深 1~1.2m。经灌浆处理，基本止住了漏水，孔 0.7m 效果很好。

②加套管或内衬。当坝下涵管管径不容许缩小很多时，套管可采用钢管或铸铁管，内衬可采用钢板。当管径断面缩小不影响涵管运用时，套管可采用钢筋混凝土管，内衬可采用浆砌石料、混凝土预制件或现浇混凝土。例如，广东省马踏石水库土坝下埋设高 1.2m、宽 0.6m 的浆砌石涵洞，顶拱用砖砌筑。在运用期间断裂漏水，先后有 13 处被漏水淘空。后来采用内套钢丝网水泥管，管壁厚 3cm，在工地分段浇筑后进行安装，安装后在新老管间进行灌浆处理，效果很好。加套管或内衬时，须先对原管壁进行凿毛、清洗，并在套管或内衬与原管壁之间进行回填灌浆处理。加套管或内衬必须是人工能在管内操作的情况。

③支撑或拉锚。石砌方涵的上部盖板如有断裂时，可采用洞内支撑的方式加固，对于侧墙加固，还可采用横向支撑法。有条件的也可采用洞外拉锚的办法。这样处理可以避免缩小过水断面。

第三节　水闸的养护和修理

一、水闸的检查和养护

水闸是由混凝土、浆砌石及土等材料构成的，与前述混凝土及浆砌石建筑物的维修内容和方法有很多相似之处。

（一）水闸的检查

水闸检查是一项细致而重要的工作，对及时准确地掌握工程的安全运行情况和工情、水情的变化规律，防止工程缺陷或隐患，都具有重要作用。

1. 检查周期

检查可分经常检查、定期检查、特别检查和安全鉴定四类。

①经常检查。是用眼看、耳听、手摸等方法对水闸的闸门，启闭机，机电设备，通信设备，管理范围内的河道、堤防和水流形态等进行检查。经常检查应指定专人按岗位职责分工进行。经常检查的周期按规定一般为每月不少于一次，但也应根据工程的不同情况另行规定。重要部位每月可以检查多次，次要部位或不易损坏的部位每月可只检查一次；在宣泄较大流量、出现较高水位及汛期每月可检查多次，在非汛期可减少检查次数。

②定期检查。一般指每年的汛前、汛后、用水期前后、冰冻期（指北方）的检查，每年的定期检查应为 4~6 次。根据不同地区汛期到来的时间确定检查时间，例如，华北地区可安排 3 月上旬、5 月下旬、7 月、9 月底、12 月底、用水期前后等 6 次。

③特别检查。是水闸经过特殊运用之后的检查，如特大洪水超标准运用、暴风雨、风暴潮、强烈地震和发生重大工程事故之后。

④安全鉴定。应每隔 15~20 年进行一次，可以在上级主管部门的主持下进行。

2. 检查内容

对水闸工程的重要部位和薄弱部位及易发生问题的部位，要特别注意检查观测。检查的主要内容有：

①水闸闸墙背与干堤连接段有无渗漏迹象。

②砌石护坡有无坍塌、松动、隆起、底部淘空、砌石挡土墙有无倾斜、位移（水平或垂直）、勾缝脱落等现象。

③混凝土建筑物有无裂缝、腐蚀、磨损、剥蚀露筋；伸缩缝止水有无损坏、漏水；门坎的预埋件有无损坏。

④闸门有无表面涂层剥落、门体变形、锈蚀、焊缝开裂或螺栓、铆钉松动；支承行走机构是否运转灵活，止水装置是否完好等。

⑤启闭机械是否运转灵活，制动准确，有无腐蚀和异常声响；钢丝绳有无断丝、磨损、锈蚀、接头不牢、变形；零部件有无缺损、裂纹、磨损及螺杆有无弯曲变形；油压机油路是否通畅，油量、油质是否合乎规定要求，调控装置及指示仪表是否正常，油泵、油管系统是否漏油。

⑥机电及防雷设备、线路是否正常，接头是否牢固，安全保护装置动作是否准确可靠，指示仪表指示是否正确，备用电源是否完好可靠，照明、通信系统是否完好。

⑦进、出闸水流是否平顺，有无折冲水流或波状水跃等不良流态。

（二）水闸的养护

水闸养护包括建筑物结构部分的养护、闸门的养护以及启闭机的养护。下面主要介绍建筑物结构部分的养护：

1. 建筑物土工部分的养护

对于土工建筑物的雨淋沟、浪窝、塌陷以及水流冲刷部分，应立即进行检修。当土工建筑物发生渗漏、管涌时，一般采用上游堵截渗漏、下游反滤导渗的方法进行及时处理。当发现土工建筑物发生裂缝、滑坡时，应立即分析原因，根据情况可采用开挖回填或灌浆方法处理，但滑坡裂缝不宜采用灌浆方法处理。对于隐患，如蚁穴兽洞、深层裂缝等，应采用灌浆或开挖回填处理。

2. 砌石设施的养护

对于砌块石护坡、护底和挡土墙，如有塌陷、隆起、错动时，要及时整修，必要时应予以更换或灌浆处理。

对浆砌块石结构，如有塌陷、隆起，应重新翻修，无垫层或垫层失效的均应补设或整修。遇有勾缝脱落或开裂，应冲洗干净后重新勾缝。浆砌石岸墙、挡土墙有倾覆或滑动迹象时，可采取降低墙后填土高度或增加拉撑等办法予以处理。

3. 混凝土及钢筋混凝土设施的养护

混凝土的表面应保持清洁完好，对苔藓等附着生物应定期清除。对混凝土表面出现的剥落或机械损坏问题，可根据缺陷情况采用相应的砂浆或混凝土进行修补。

水闸上、下游，特别是底板、闸门槽、消力池内的砂石，应定期清理打捞，以防止产生严重磨损。

伸缩缝填料如有流失，应及时填充，止水片损坏时，应凿槽修补或采取其他有效措施修复。

4. 其他设施的养护

禁止在交通桥上和翼墙侧堆放砂石料等重物，禁止各种船只停靠在泄水孔附近，禁止在附近爆破。

（三）水闸的操作运用

不同类型的水闸，有不同的特点及作用。现将水闸的一般操作及运用技术要求简要叙述如下：

1. 闸门启用前的准备工作

（1）严格执行启闭制度

①管理机构对闸门的启闭，应严格按照控制运用计划及负责指挥运用的上级主管部门的指示执行。对上级主管部门的指示，管理机构应详细记录，并由技术负责人确定闸门的运用方式和启闭次序，按规定程序下达执行。

②操作人员接到启闭闸门的任务后，应迅速做好各项准备工作。

③当闸门的开度较大，其泄流或水位变化对上下游有危害或影响时，必须预先通知有关单位，做好准备，以免造成不必要的损失。

（2）认真进行检查工作

①闸门的检查。闸门的开度是否在原定位置；闸门的周围有无漂浮物卡阻，门体有无歪斜，门槽是否堵塞；冰冻地区，冬季启闭闸门前还应注意检查闸门的活动部分有无冻结现象。

②启闭设备的检查。启闭闸门的电源或动力有无故障；电动机是否正常，相序是否正确；机电安全保护设施、仪表是否完好；机电转动设备的润滑油是否充足，特别注意高速部位（如变速箱等）的油量是否符合规定要求；牵引设备是否正常。如钢丝绳有无锈蚀、断裂，螺杆等有无弯曲变形，吊点结合是否牢固；液压启闭机的油泵、阀、滤油器是否正常，油箱的油量是否充足，管道、油缸是否漏油。

③其他方面的检查。上下游有无船只、漂浮物或其他障碍物影响行水等情况；观测上下游水位、流量、流态。

2. 闸门的操作运用原则

①工作闸门可以在动水情况下启闭，船闸的工作闸门应在静水情况下启闭。

②检修闸门一般在静水情况下启闭。

3. 闸门的操作运用

（1）工作闸门的操作

工作闸门在操作运用时，应注意以下几个问题：

①闸门在不同开启度情况下工作时，要注意闸门、闸身的振动和对下游冲刷的程度。

②闸门放水时，必须与下游水位、流量相适应，水跃应发生在消力池内。应根据闸下水位与安全流量关系表和水位–闸门开度–流量关系图表，进行分次开启。

③不允许局部开启的工作闸门，不得在启、闭中途停留使用。

（2）多孔闸门的运行

①多孔闸门若能全部同时启闭，尽量全部同时启闭；若不能全部同时启闭，应由中间孔依次向两边对称开启或由两端向中间依次对称关闭。

②对上下双层孔口的闸门，应先开底层后开上层，关闭时顺序相反。

③多孔闸门下泄小流量时，只有当水跃能控制在消力池内时，才允许开启部分闸孔。开启部分闸孔时，也应尽量考虑对称。

④多孔闸门允许局部开启时，应先确定闸下分次允许增加的流量，然后，确定闸门分次启闭的高度。

4. 启闭机的操作

（1）电动及手电两用卷扬式、螺杆式启闭机的操作

①电动启闭机的操作程序，凡有锁定装置的，应先打开锁定装置，后合电器开关。当闸门运行到预定位置后，及时断开电器开关，装好锁定，切断电源。

②人工操作手、电两用启闭机时，应先切断电源，合上离合器，方能操作。如使用电动时，应先取下摇柄，拉开离合器后，才能按电动操作程序进行。

（2）液压启闭机操作

①打开有关阀门，并将换向阀扳至所需位置。

②打开锁定装置，合上电器开关，启动油泵。

③逐渐关闭回油控制阀升压，开始运行闸门。

④在运行中若须改变闸门运行方向，应先打开回油控制阀至极限，然后扳动换向。

⑤停机前，应先逐步打开回油阀，当闸门达到上、下极限位置，而压力再升时，应立即将回油控制阀升至极限位置；停机后，应将换向阀扳至停止位置，关闭所有阀门，锁好锁定，切断电源。

5. 水闸操作运用应注意的事项

①在操作过程中，不论是遥控、集中控制或机旁控制，均应有专人在机旁和控制室进行监护。

②启动后应注意启闭机是否按要求的方向动作，电器、油压、机械设备的运用是否良好；开度指示器及各种仪表所示的位置是否准确；用两部启闭机控制一个闸门的是否同步启闭。若发现当启闭力达到要求，而闸门仍固定不动或发生其他异常现象时，应立即停机检查处理，不得强行启闭。

③闸门应避免停留在容易发生振动的开度上。如闸门或启闭机发生不正常的振动、声响等，应立即停机检查。消除不正常现象后，再行启闭。

④使用卷扬式启闭机关闭闸门时，不得在无电的情况下，单独松开制动器降落闸门（设有离心装置的除外）。

⑤当开启闸门接近最大开度或关闭闸门接近闸底时，应注意闸门指示器或标志，应停机时要及时停机，以避免启闭机械损坏。

⑥在冰冻时期，如要开启闸门，应将闸门附近的冰破碎或融化后再开启。在解冻流冰时期泄水时，应将闸门全部提出水面，或控制小开度放水，以避免流冰撞击闸门。

⑦闸门启闭完毕后，应校核闸门的开度。水闸的操作是一项业务性较强的工作，要求操作人员必须熟悉业务、思想集中，操作过程中，必须坚守工作岗位，严格按操作规程办事，避免各种事故的发生。

二、水闸的病害处理

对水闸损坏的修理，首先应找出损坏产生的原因，采取措施改变引起损坏的条件，然后对损坏部位进行修复。

（一）水闸的裂缝与修理

1. 闸底板和胸墙的裂缝与修理

闸底板和胸墙的刚度比较小，适应地基变形的能力较差。因此，很容易由于地基不均匀沉陷引起裂缝。另外，由于混凝土强度不足、温差过大或施工质量差等也容易引起底板和胸墙裂缝。

由于地基不均匀沉陷产生的裂缝，在裂缝修补前，首先应采取稳定地基的措施。稳定地基的一种方法是卸载，如将墙后填土的边墩改为空箱结构，或拆除增设的交通桥等。此法适用于有条件进行卸载的水闸。另一种是加固地基，常用的方法是对地基进行补强灌浆，提高地基的承载能力。对于因混凝土强度不足或因施工质量而产生的裂缝，主要应对结构进行补强处理。

2. 翼墙和浆砌块石护坡的裂缝与修理

地基不均匀沉陷和墙后排水设备失效是造成翼墙裂缝的两个主要原因。由于不均匀沉陷而产生的裂缝，首先应通过减荷稳定地基，然后再对裂缝进行修补处理，因墙后排水设备失效，应先修复排水设施，再修补裂缝。浆砌石护坡裂缝常常是由于填土不实造成的，严重时应进行翻修。

3. 护坦的裂缝与修理

护坦的裂缝产生的原因有：地基不均匀沉陷、温度应力过大和底部排水失效等。因地基不均匀沉陷产生的裂缝，可待地基稳定后，在缝上设止水，将裂缝改为沉陷缝。温度裂缝可采取补强措施进行修补，如底部排水失效，应先修复排水设备。

4. 钢筋混凝土的顺筋裂缝与修理

钢筋混凝土的顺筋裂缝是沿海地区挡潮闸普遍存在的一种病害现象。裂缝的发展可使混凝土脱落、钢筋锈蚀，使结构强度过早地丧失。顺筋裂缝产生的原因是海水渗入混凝土后，降低了混凝土碱度，使钢筋表面的氧化膜遭到破坏，结果导致海水直接接触钢筋而产生电化学反应，使钢筋锈蚀。锈蚀引起的体积膨胀致使混凝土顺筋开裂。

顺筋裂缝的修补，其施工过程为：沿缝凿除保护层，再将钢筋周围的混凝土凿除2cm；对钢筋彻底除锈并清洗干净；在钢筋表面涂上一层环氧基液，在混凝土修补面上涂一层环氧胶，再填筑修补材料。

顺筋裂缝的修补材料应具有抗硫酸盐、抗碳化、抗渗、抗冲、强度高、黏聚力大等特性。目前常用的有铁铝酸盐早强水泥砂浆及混凝土、抗硫酸盐水泥砂浆及细石混凝土、聚合物水泥砂浆及混凝土和树脂砂浆及混凝土等。

5. 闸墩及工作桥裂缝与修理

我国早期建成的许多闸墩及工作桥，发现许多细小裂缝，严重老化剥离。其主要原因是混凝土的碳化。混凝土的碳化是指空气中的二氧化碳与水泥中的氢氧化钙作用生成碳酸钙和水，使混凝土的碱度降低，钢筋表面的氢氧化钙保护膜破坏面开始生锈，混凝土膨胀形成裂缝。

此种病害应对锈蚀钢筋除锈，锈蚀面积大的加设新筋，采用预缩砂浆并掺入阻锈剂进行加固。混凝土的碳化，不仅在水闸中存在，在其他类型的混凝土中同样存在。碳化的原因是多方面的，提高混凝土抗碳化能力的措施，尚待不断完善。

（二）消能防冲设施的破坏及处理

1. 护坦和海漫的冲刷破坏及处理

护坦和海漫常因单宽流量大而发生冲刷破坏。对护坦因抗冲能力差而引起的冲刷破坏，可进行局部补强处理，必要时可增设一层钢筋混凝土防护层，以提高护坦的抗冲能力。为防止因海漫破坏引起护坦基础被淘空，可在护坦末端增设一道钢筋混凝土防冲齿墙。

对于岩基水闸，护坦末端设置鼻坎，将水流挑向远处河床，以保证护坦的安全。

对软基水闸，在护坦的末端设置尾槛可减小出池水流的底部流速，可减轻水流对海漫的冲刷；降低海漫出口高程，增大过水断面可保护海漫基础不被淘空及减小水流对海漫的冲刷。

近年来，土工织物作为防冲保护和排水反滤的一种新型材料，已在闸坝等水利工程中得到了越来越广泛的应用。它具有抗拉强度高，整体连续性好；质量轻、抗腐、不霉变、储运方便；质地柔软，具有排水、防冲、加筋土体等功能；施工简便、速度快、施工质量容易控制；工程抗老化、造价低等诸多优越性。土工织物是高分子材料经聚合加工而成的，目前应用较多的有涤纶、锦纶、丙纶等；由于合成类型、制造方法不同，使织物在力学和水力性质方面有很大的差异。根据制造方法，目前土工织物可分为纺织型和非纺织型两种。

在选择土工织物时，要了解下列特性：

①物理特性。主要包括聚合物的种类，材料类型及结构，单位面积的质量，不同压力下的厚度、密度、压缩性等。

②力学特性。包括抗拉强度、撕裂强度、不同材料间摩擦系数等。

③水力学特性。包括渗透系数、织物的孔径、平面渗透能力等。

④耐久性。如抗老化、磨损、生物分解、化学侵蚀、温度变化的能力等。

2. 下游河道及岸坡的破坏及修理

水闸下游河道及岸坡的冲刷原因较多，当下游水深不够，水跃不能发生在消力池内时，会引起河床的冲刷；上游河道的流态不良使过闸水流的主流偏向一边，引起岸坡冲刷；水闸下游翼墙扩散角设计不当产生折冲水流也容易引起河道及岸坡的冲刷。

河床的冲刷破坏的处理可采用与海漫冲刷破坏大致相同的处理方法。河岸冲刷的处理方法应根据冲刷产生的原因来确定，可在过闸水流的主流偏向的一边修导水墙或丁坝，亦可通过改善翼墙扩散角以及加强运用管理等来处理河岸冲刷问题。

近年来，土工织物模袋混凝土作为一种新的护坡技术，在沿海地区已得到较多的应用。它具有可以直接在水下施工，无须修筑围堰及施工排水；模袋混凝土灌注结束，就能经受较大流速的冲刷。机织模袋是用透水不透浆的高强度锦纶纤维织成，织物厚度大，强度高。流动混凝土或水泥砂浆依靠压力在模袋内充胀成形，固化后形成高强度抗侵蚀的护坡。土壤和模袋之间不需要另设反滤层。

（三）汽蚀及磨损的处理

冷水闸产生汽蚀的部位一般在闸门周围、消力坎、翼墙突变等部位，这些部位往往由于水流脱离边界产生过低负压区而产生汽蚀。对汽蚀的处理可采取改善边界轮廓、对低压区透气、修补破坏部位等措施。

多推移质河流上的水闸，磨损现象也较普遍。对因设计不周而引起的闸底板、护坦的磨损，可通过改善结构布置来减免。对难以改变磨损条件的部位，可采用抗蚀性能好的材料进行护面修补。

（四）砂土地基管涌、流土的处理

砂土地基上的水闸，地基发生的管涌、流土会造成消能工的沉陷破坏。这种破坏产生的主要原因是渗径长度不足或下游反滤失效。因此，对沉陷破坏应先采取措施防止地基发生管涌与流土，然后再对破坏部位进行修复。防止地基发生管涌与流土的措施有：加长或加厚上游黏土铺盖、加深或增设截水墙、下游设置透水滤层等。

三、闸门与启闭设备的养护与修理

（一）闸门的养护修理

1. 钢闸门的防腐处理

涂钢闸门常在水中或干湿交替的环境中工作，极易发生腐蚀，加速其破坏，引起事故。为了延长钢闸门的使用年限，保证安全运用，必须经常予以保护。

钢铁的腐蚀一般分为化学腐蚀和电化学腐蚀两类。钢铁与氧气或非电解质溶液作用而发生的腐蚀，称为化学腐蚀；钢铁与水或电解质溶液接触形成微小腐蚀电池而引起的腐蚀，称为电化学腐蚀。钢闸门的腐蚀多属电化学腐蚀。

钢闸门的防腐蚀措施主要有两种：一种是在钢闸门表面涂上覆盖层，借以把钢材母体与氧或电解质隔离，以免产生化学腐蚀或电化学腐蚀；另一种是设法供给适当的保护电能，使钢结构表面积聚足够的电子，成为一个整体阴极而得到保护，即电化学保护。

钢闸门不管采用哪种防腐措施，在具体实施过程中，首先都必须进行表面的处理。表面处理就是清除钢闸门表面的氧化皮、铁锈、焊渣、油污、旧漆及其他污物。经过处理的钢闸门要求表面无油脂、无污物、无灰尘、无锈蚀、表面干燥、无失效的旧漆等。目前，钢闸门的表面处理方法有人工处理、火焰处理、化学处理和喷砂处理等。

人工处理就是靠人工铲除锈和旧漆，此法工艺简单，无需大型设备，但劳动强度大、工效低、质量较差。

火焰处理就是对旧漆和油脂有机物，借燃烧使之碳化而清除。对氧化皮是利用加热后金属母体与氧化皮及铁锈间的热膨胀系数不同而使氧化皮崩裂、铁锈脱落。处理用的燃料一般为氧-乙炔焰。此种方法，设备简单，清理费用较低，质量比人工处理好。

化学处理是利用碱液或有机溶剂与旧漆层发生反应来除漆，利用无机酸与钢铁的锈蚀产物进行化学反应清理铁锈。除旧漆可利用纯碱石灰溶液（纯碱：生石灰：水 = 1：1.5：1.0）或其他有机脱漆剂。除锈可用无机酸与填加料配制的除锈药膏。化学处理劳动强度低，工效较高，质量较好。

气喷砂处理方法较多，常见的干喷砂除锈除漆法是用压缩空气驱动砂粒通过专用的喷嘴以较高的速度冲到金属表面，依靠砂粒的冲击和摩擦以除锈、除漆。此种方法工效高、质量好，但工艺较复杂，需专用设备。

过去的涂料均以植物油和天然漆为基本原料制成，故称为"油漆"。目前已大部分或全部为人工合成树脂和有机溶剂所代替，故称为"涂料"较为恰当，但习惯上仍称为油漆。

涂料可分为底漆和面漆两种，二者相辅相成。底漆主要起防锈作用，应有良好的附着力，漆膜封闭性强，使水和氧气不易渗入。面漆主要是保护底漆，并有一定的装饰作用，应具有良好的耐蚀、耐水、耐油、耐污等性能。同时还应考虑涂料与被覆材料的适应性，注意产品的配套性，包括涂料与被覆材料表面配套、涂料层间配套、涂料与施工方法配套、涂料与辅助材料（稀释剂、固化剂、催干剂等）配套。总之，必须根据实际情况，选择适宜的涂料。

提高施工质量，才能保证防腐效果，如有些钢闸门由于涂料选择不当，经防腐处理后，有效保护期仅为 1~2 年，就需要重新处理。

涂料保护的一般施工方法有刷涂和喷涂两种。刷涂是用漆刷将油漆涂到钢闸门表面。此种方法工具设备简单，适宜于构造复杂、位置狭小的工作面。喷涂是利用压缩空气将漆料通过喷嘴喷成雾状而覆盖于金属表面上，形成保护层。喷涂工艺的优点是工效高、喷漆均匀、施工方便。特别适合于大面积施工。喷涂施工须具备喷枪、储漆罐、空压机、滤清器、皮管等设备。涂料一般应涂刷 3~4 遍，涂料保护的时间一般为 10~15 年。

喷镀保护是在钢闸门上喷镀一层锌、铝等活泼金属，使钢铁与外界隔离从而得到保护。同时，还起到牺牲阳极（锌、铝）和保护阴极（钢闸门）的作用。喷镀有电喷镀和气喷镀两种。水工上常采用气喷镀。

气喷镀所需设备主要有压缩空气系统、乙炔系统、喷射系统等。常用的金属材料有锌丝和铝丝。一般采用锌丝。

喷镀的工作原理是：金属丝经过喷枪传动装置以适宜的速度通过喷嘴，由乙炔系统热熔后，借压缩空气的作用，把雾化成半熔融状态的微粒喷射到部件表面，形成一层金属保护层。

2. 钢丝网水泥闸门的防腐处理

钢丝网水泥是一种新型水工结构材料，它由若干层重叠的钢丝网浇筑高强度等级水泥砂浆而成。它具有质量轻、造价低、便于预制、弹性好、强度高、抗振性能好等优点。完好无损的钢丝网水泥结构，其钢丝网与钢筋被氢氧化钙等碱性物质包围着，钢丝与钢筋在氢氧化钙碱性的作用下生成氢氧化铁保护膜保护网、筋，防止了网筋的锈蚀。因此，对钢丝网水泥闸门必须使砂浆保护层完整无损。要达到这个要求，一般采用涂料保护。

钢丝网水泥闸门在涂防腐涂料前也必须进行表面处理，一般可采用酸洗处理，使砂浆表面达到洁净、干燥、轻度毛糙。

常用的防腐涂料有环氧材料、聚苯乙烯、氯丁橡胶沥青漆及生漆等。为保证涂抹质量，一般须涂 2~3 层。

3. 木闸门的防腐处理

在水利工程中，一些中小型闸门常用木闸门，木闸门在阴暗潮湿或干湿交替的环境中工作，易于霉烂和虫蛀，因此也须进行防腐处理。

木闸门常用的防腐剂有氟化钠、硼铬合剂、硼酚合剂、铜铬合剂等。作用在于毒杀微生物与菌类，达到防止木材腐蚀的目的。施工方法有涂刷法、浸泡法、热浸法等。处理前应将木材烤干，使防腐剂容易吸附和渗入木材体内。

木闸门通过防腐剂处理以后，为了彻底封闭木材空隙，隔绝木材与外界的接触，常在木闸门表面涂上油性调和漆、生桐油、沥青等，以杜绝腐蚀的发生。

（二）启闭设备的养护修理

1. 启闭机类型

启闭机按传动方式分机械式与液压式两类，机械式启闭机按工作方式又分固定式和移动式两类。固定式启闭机又分卷扬式、螺杆式以及其他类三种。固定卷扬式启闭机在水闸工程中运用非常广泛，在水闸工程中也起着重要作用，对其认真检查维护显得尤为重要。卷扬式启闭机的基本构成主要包括动力部分、传动部分、制动部分、悬吊装置和附属设备等部分。

2. 启闭机的检查

启闭机的检查针对检查项目和目的的不同，分为经常检查和定期检查两种方式。

（1）经常检查

检查主要指对驱动部分、变速部分、启吊部分等部分进行的检查。

①驱动部分主要是对电动机、动力线路、控制线路、制动器、主令控制器、限位开关等进行检查。是通过眼观、耳听、鼻嗅等直观的方法对设备的状况进行检查。耳听有无异常声响，鼻嗅有无电器异常焦煳味，如刹车片过紧摩擦发热。停车时制动器动作是否准确，刹车片如果过松，裹力不足闸门会下滑；限位开关与闸门停止的位置是否对应，闸门

开度与主令控制器的指示是否一致。

②变速部分的经常检查主要是油位的检查。检查减速箱是否漏油，各轴承间润滑脂的质量与数量。

③启吊部分主要检查卷筒、开式齿轮、钢丝绳、绳套、吊耳、吊座、定滑轮、动滑轮等，这部分重点检查钢丝绳两头紧固情况，油脂保养情况以及闸门启吊时动、定滑轮是否灵活等。

（2）定期检查

①定期对减速箱进行解体、放油沉淀、清除杂物和水分，测量各级传动轴与轴承之间的间隙，用塞尺检查齿轮侧向间隙是否符合规定、各级传动轴的油封是否完好无损。

②定期检查吊点连接设备，着重检查钢丝绳与启闭机以及闸门的连接是否牢固，重点是水下部分的吊耳检查。钢丝绳与启闭机绳鼓的连接一般用压板及螺栓固定，检查时应注意螺栓是否拧紧、压板下面的钢丝绳有无松动迹象。

③全面检查钢丝绳时，主要检查钢丝绳表面有无锈蚀、磨损断丝等问题。当一个节距长度内断裂的钢丝根数超过规定的标准数值时，就应更换钢丝绳；电器设备等的检查应检查电动机对地绝缘和相间绝缘是否符合规定值，制动器闸瓦有无过度磨损，退程间隙是否符合规定值，这些可以用工器具直接测量或眼观估测。其他操作设备如空气开关、限位开关、接触器、按钮等都应检查，其线路要紧固，触点要良好。

3. 启闭机的养护

为使启闭机处于良好的工作状态，须对启闭机的各个工作部分采取一定的作业方式进行经常性的养护，启闭机的养护作业可以归纳为清理、紧固、调整、润滑四项：

①清理。即针对启闭机的外表、内部和周围环境的脏、乱、差所采取的最简单、最基本却很重要的保养措施，保持启闭机周围整洁。

②紧固。即将连接松动的部件进行紧固。

③调整。即对各种部件间隙、行程、松紧及工作参数等进行的调整。

④润滑。即对具有相对运动的零部件进行的擦油、上油。装在部合动力部分的养护。

动力部分具有供电质量优良、容量足够的正常电源和备用电源。电动机保持正常工作性能，电动机要防尘、防潮，外壳要保持清洁，当环境潮湿时要经常通风干燥；每年汛期测定一次电动机相闸及对铁芯的绝缘电阻，如小于 0.50 时，应进行烘干处理；检查定子与转子之间的间隙是否均匀，磨损严重时应更换；接线盒螺栓如有松动或烧伤，应拧紧或更换；电动机的闸刀、电磁开关、限位开关及补偿器的主要操作设备应洁净，触点良好；电动机稳压保护器的工作性能应可靠；操作设备上各种指示仪器应按规定检验，保证指示准确；电动机、操作设备、仪表的接线必须相应正确，接地应可靠。

传动部分的养护。对机械传动部件的变速箱、变速齿轮、蜗轮、蜗杆、联轴器、滚动轴承及轴瓦等，应按要求加注润滑油；对液压传动装置的油泵，应经常观测其运行情况是否正常，油液质量是否良好，油液是否充足，油箱、管道和阀组有无漏油或堵塞，出现问题及时处理。

制动器的养护。应保持制动轮表面光滑平整，制动瓦表面不含油污、油漆和水分，闸瓦间隙应合乎要求；主弹簧衔铁、各连接铰轴经常涂油，保证制动灵活，稳定可靠。电动液压制动器应不缺油、不锈蚀、定期过滤工作油，定期调整控制阀。

悬吊装置的养护。检查若发现钢丝绳两端固定点不牢固或有扭转、打结、锈蚀和断丝现象，松紧不适，有磨碰等不正常现象，应及时处理，钢丝绳经常涂油防锈，油压机活塞杆要经常润滑，漏油时要经常上紧密封环。

附属设备的养护。高度指示器要定期校验调整，保证指示位置正确；过负荷装置的主弹簧要定期校验；自动挂钩要定期润滑防锈；机房要清洁；寒冷地区冬季应保温。

4. 启闭设备修理

（1）检修的一般技术工作内容

修理主要是指拆卸、修复、更换和安装工作。其中修复是对损坏零件通过各种工艺进行再加工，使其恢复原有的几何尺寸、形状和理化性能。启闭机应按维护制度的规定进行小修（1年）、中修（3年）、大修（5~10年）。大修是对启闭机全面的养护性维修、修复或更换零部件，从而恢复功能。修理工作一般是拆卸和装配两种工作。

（2）螺杆式启闭机的修理

运行中由于无保护装置或保护装置失灵，操作不慎，易引起螺杆压弯、承重螺母和推力轴承磨损问题。螺杆轻微弯曲可用千斤顶、手动螺杆式矫正器或压力机在胎具上矫正，直径较大的螺杆可用热矫正；弯曲过大并产生塑性变形或矫正后发现裂纹对应更换新件；承重螺母和推力轴承磨损过大或有裂纹时应更换新件。

（3）固定卷扬式启闭机的修理

①钢丝绳、卷筒、滑轮组的修理。钢丝绳刷防护油应先刮除清洗绳上的污物，用钢丝刷子刷、用柴油清洗干净后涂抹合适的油脂（将油脂加热至80℃左右，涂抹要均匀，厚薄要适度）。每年进行一次。

卷筒、卷筒绳槽磨损深度超过2mm时，卷筒应重新车槽，所余壁厚不应小于原壁厚的85%。卷筒发现有裂纹，横向一处长度不超过10mm，纵向二处总长度不大于10mm，且两处的距离必须在5个绳槽以上，可在裂纹两端钻小孔，用电焊修补，如果超过上述范围应报废。卷筒经磨损后，露出砂眼或气孔，视情况而定是否补焊。卷筒轴发现裂纹应及时报废，卷筒轴磨损超过规定极限值时应更新。

对滑轮组检查若发现轮槽、轴承等有裂缝、径向变形或轮壁严重磨损时应更换。

②传动齿轮的修理。对传动齿轮包括开式传动齿轮和减速器传动齿轮。

齿轮的失效形式。齿轮失效形式有轮齿折断、齿面疲劳点蚀齿面磨损、齿面胶合和齿轮的塑性变形等。

齿轮的检测。检查齿轮啮合是否良好，转动是否灵活，运行是否平稳，有无冲击和噪声；检查齿面有无磨损、剥蚀胶合等损伤，必要时可用放大镜或探伤仪进行检测，齿根部是否有裂缝裂纹。有条件的可检测齿侧间隙和啮合接触斑点。

齿轮的安装调试。安装要保证两啮合齿轮正确的中心距和轴线平行度，并要保证合理的齿侧间隙、接触面积和正确的接触部位。

③联轴器的检测。对联轴器出现连接不牢固或同心度偏差过大等问题，应进行检修。联轴器安装时，必须测量并调整被连接两轴的偏心和倾斜，先进行粗调，调整使之平齐，而后将联轴器暂时穿上组合螺栓（不拧紧）精调。装调千分表架，测量联轴器的径向读数和轴读数。用移动轴承位置，增减轴承垫片的方法，调整轴的偏心及倾斜。

④制动器检修。制动器检查及质量要求。制动器与制动轴的接触面积不应小于制动带面积的80%，制动的磨损不许超过厚度的1/2。制动轮表面应光洁，无凹陷、裂纹、擦伤及不均匀磨损。径向磨损超过3mm时，应重新车削加工并热处理，恢复其原来的粗糙度、硬度。制动轮壁厚磨损减小至原厚度的2/3时，必须更换。制动弹簧要完好，变形、断裂等失去弹性的须更换。制动架杠杆不得有裂纹和弯曲变形，销、轴连接必须牢固、可靠、转动灵活，不得过量磨损和卡阻。油压制动器的油液无变质和杂质。电磁铁不应有噪声，温升不超过105℃。衔铁和铁芯的接触面必须清洁，不得锈蚀和脏污，接触面积不小于75%。

制动器的调整。制动器分长行程电磁铁制动器、短行程电磁铁制动器和液压电铁制动器三种。制动器的调整主要是指制动轮与闸瓦的间隙或叫闸瓦退距调整、电磁铁形程调整、主弹簧工作长度和制动力矩的调整。一般制动距离应符合下列数值：行走机构约为运行速度的1/15，起升机构约为起升速度的1%。

（4）门式启闭机的修理

门式启闭机的起升机构和运行机构的修理与固定式卷扬机相同。门架为金属结构，防腐处理和连接部位的修理与前述闸门及固定卷扬机的修理方法相近。所不同的是门式启机有车轮和轨道。车轮踏面和轮缘如有不均匀磨损或磨损过度，应调整门架水平度，使车轮均匀接触或对车轮做补焊修理，损坏严重时，应更换新轮；轨道表面有啃轨及过度磨损时，应调整车轮侧向间隙并进行补焊。

（5）液压启闭机修理

液压启闭机分机械系统和油压系统。

机械系统。如漏油量和磨损量均大于允许值，应调整压环拉紧程度，压环发生老化、变质和磨损撕裂时应更换；金属活塞环如有断裂、失去弹性或磨损过大亦应更换；油缸内壁有轻微锈斑、划痕时可用零号砂布或细油石蘸油打磨洁净；油缸内壁和活塞杆有单向磨耗痕迹，应调整油缸中心位置；上述机械系统检修后应按规定进行耐压试验。

油压系统。对高压油泵、阀组应定期清洗，其标准零件损坏时应当用同型号零件修配；泵体加工件有磨损或其他缺陷应送回厂家检修；阀组壁有裂纹、砂眼或弹簧失去弹性，应更换新件；高压管路的油箱、管路焊缝有局部裂纹而漏油时应补焊；弯头、管壁和三通有裂纹而漏油时应更换；油系统修理后应进行打压试验。

参考文献

[1] 张小华，周厚贵. 施工导流 [M]. 北京：中国水利水电出版社，2022.

[2] 樊忠成，李国宁. 水利水电工程 BIM 数字化应用 [M]. 北京：中国水利水电出版社，2022.

[3] 邓艳华. 水利水电工程建设与管理 [M]. 沈阳：辽宁科学技术出版社，2022.

[4] 刘伟，武孟元，孙彦雷. 水利水电工程施工技术交底记录 [M]. 北京：中国水利水电出版社，2022.

[5] 沈英朋，杨喜顺，孙燕飞. 水文与水利水电工程的规划研究 [M]. 长春：吉林科学技术出版社，2022.

[6] 张敬东，宋剑鹏，于为. 水利水电工程施工地质实用手册 [M]. 武汉：中国地质大学出版社，2022.

[7] 陆伟. 水利水电工程金属结构设计技术与实践 [M]. 郑州：黄河水利出版社，2022.

[8] 畅瑞锋. 水利水电工程水闸施工技术控制措施及实践 [M]. 郑州：黄河水利出版社，2022.

[9] 崔永，于峰，张韶辉. 水利水电工程建设施工安全生产管理研究 [M]. 长春：吉林科学技术出版社，2022.

[10] 许佳君，罗元华. 水利水电工程移民公共政策视野下的研究 [M]. 南京：南京大学出版社，2022.

[11] 王玉梅. 水利水电工程管理与电气自动化研究 [M]. 长春：吉林科学技术出版社，2021.

[12] 马小斌，刘芳芳，郑艳军. 水利水电工程与水文水资源开发利用研究 [M]. 北京：中国华侨出版社，2021.

[13] 吴淑霞，史亚红，李朝琳. 水利水电工程与水资源保护 [M]. 长春：吉林科学技术出版社，2021.

[14] 王勤香，田静. 水利水电工程文件整编与管理 [M]. 郑州：黄河水利出版社，2021.

［15］刘焕永，席景华，刘映泉. 水利水电工程移民安置规划与设计［M］. 北京：中国水利水电出版社，2021.

［16］李登峰，李尚迪，张中印. 水利水电施工与水资源利用［M］. 长春：吉林科学技术出版社，2021.

［17］刘利文，梁川，顾功开. 大中型水电工程建设全过程绿色管理［M］. 成都：四川大学出版社，2021.

［18］唐涛. 水利水电工程［M］. 北京：中国建材工业出版社，2020.

［19］程令章，唐成方，杨林. 水利水电工程规划及质量控制研究［M］. 北京：文化发展出版社，2020.

［20］闫文涛，张海东. 水利水电工程施工与项目管理［M］. 长春：吉林科学技术出版社，2020.

［21］潘永胆，汤能见，杨艳. 水利水电工程导论［M］. 北京：中国水利水电出版社，2020.

［22］吕海涛，李大印，吕如瑾. 水利水电工程专业教学变化的透视［M］. 北京：科学出版社，2020.

［23］赵显忠，常金志，刘和林. 水利水电工程施工技术全书［M］. 北京：中国水利水电出版社，2020.

［24］朱显鸽. 水利水电工程施工技术［M］. 郑州：黄河水利出版社，2020.

［25］崔洲忠. 水利水电工程管理与实务［M］. 长春：吉林科学技术出版社，2020.

［26］罗永席. 水利水电工程现场施工安全操作手册［M］. 哈尔滨：哈尔滨出版社，2020.

［27］宋美芝，冯涛，杨见春. 水利水电工程施工技术与管理［M］. 长春：吉林科学技术出版社，2020.

［28］甄亚欧，李红艳，史瑞金. 水利水电工程建设与项目管理［M］. 哈尔滨：哈尔滨地图出版社，2020.

［29］袁俊周，郭磊，王春艳. 水利水电工程与管理研究［M］. 郑州：黄河水利出版社，2019.

［30］高明强，曾政，王波. 水利水电工程施工技术研究［M］. 延吉：延边大学出版社，2019.

［31］王东升，徐培蓁. 水利水电工程施工安全生产技术［M］. 北京：中国建筑工业出版社，2019.08.

［32］王东升，苗兴皓. 水利水电工程安全生产管理［M］. 北京：中国建筑工业出版社，

2019.

[33] 张莹，王东升. 水利水电工程机械安全生产技术 ［M］. 北京：中国建筑工业出版社，2019.

[34] 任加林. 水利水电工程 BIM 框架研究与技术探索 ［M］. 北京：科学出版社，2019.

[35] 李宝亭，余继明. 水利水电工程建设与施工设计优化 ［M］. 长春：吉林科学技术出版社，2019.

[36] 和孙文，葛浩然. 地下工程施工技术 ［M］. 北京：中国水利水电出版社，2019.